トンネル・
ライブラリー
第32号

実務者のための
山岳トンネルのリスク低減対策

土 木 学 会

Tunnel Library 32

Guidelines for Practicing Engineers for Risk Reduction in Mountain Tunneling

June, 2019

Japan Society of Civil Engineers

まえがき

　トンネル工学委員会技術小委員会において，山岳トンネルのリスク低減に関する検討部会を発足させ，山岳トンネルの計画・設計・施工・維持管理のそれぞれの段階で遭遇するリスクとその対応策に関する文献調査と知見の整理を行ってきた．部会は発注者，設計業者，施工業者，大学，研究所等から参画した委員で構成し，その中に「押出し・崩壊に関するリスク」，「地質環境に関するリスク」，「維持管理に関するリスク」を取り扱う WG を立ち上げて部会活動を展開してきた．

　本ライブラリーはその活動成果を取りまとめたものであり，それぞれの段階で想定される様々なリスクをリストアップして整理し，それらのリスクへの具体的対応策を提言の形で記述することを試みた．　これらの提言は実務経験に基づく貴重なものであり，今後の山岳トンネルに掛かる計画・設計・施工・維持管理の業務において，多種・多様なリスクを低減するための一助となれば幸いである．

平成 30 年 11 月

トンネル工学委員会　技術小委員会
山岳トンネルのリスク低減に関する検討部会
部会長　芥川　真一

トンネル工学委員会　技術小委員会

山岳トンネルにおけるリスク低減に関する検討部会　委員構成

部会長	芥川　真一	神戸大学大学院　工学研究科　市民工学専攻	
幹事長兼委員	山田　浩幸	（株）鴻池組　大阪本店　城山トンネル工事	
幹事兼委員	小原　伸高	大成建設（株）　土木本部土木技術部トンネル技術室	
幹事兼委員	木梨　秀雄	（株）大林組　生産技術本部　トンネル技術部	
幹事兼委員	寺戸　秀和	（一社）日本建設機械施工協会　施工技術総合研究所　研究第一部	
幹事兼委員	土門　剛	首都大学東京大学院　都市環境科学研究科　都市基盤環境学域	
幹事兼委員	安田　亨	パシフィックコンサルタンツ（株）　交通基盤事業本部	
幹事兼委員	山本　雅広	中央復建コンサルタンツ（株）　総合技術本部	
旧幹事兼委員	辻村　幸治	（株）エス・ケー・ラボ	
委　員	石田　滋樹	中電技術コンサルタント（株）　交通・都市本部	
委　員	磯谷　篤実	鉄道・運輸機構　設計部　設計第二課	
旧委員	小川　淳	鉄道・運輸機構　東京支社　計画部	
委　員	市川　晃央	（株）竹中土木　技術・生産本部　技術部	
委　員	宇田川　義夫	（株）フジタ　土木本部土木エンジニアリングセンター	
委　員	大谷　達彦	西松建設（株）　土木事業本部土木設計部	
委　員	岡部　正	（株）ケー・エフ・シー　技術部　トンネル・基礎技術室	
委　員	奥井　裕三	応用地質（株）　維持管理事業部　技術部	
委　員	河原　幸弘	（株）エイト日本技術開発　防災保全事業部　関西支社	
旧委員	榎田　敦之	（株）エイト日本技術開発　防災保全事業部　九州支社	
委　員	吉川　直孝	（独）労働者健康安全機構　労働安全衛生総合研究所 建設安全研究グループ	
委　員	木村　定雄	金沢工業大学　環境・建築学部　環境土木工学科	
委　員	日下　敦	土木研究所　つくば中央研究所　道路技術研究グループ（トンネル）	
委　員	小山　倫史	関西大学　社会安全学部（安全マネジメント学科）　地盤災害研究室	
委　員	柴田　匡善	（株）奥村組　東日本支社土木技術部	
旧委員	岡村　正典	（株）奥村組　社長室　経営企画部	
委　員	蒋　宇静	長崎大学大学院　工学研究科　システム科学部門	
委　員	白鷺　卓	鹿島建設（株）　技術研究所　岩盤・地下水グループ	
委　員	土田　淳也	五洋建設（株）　土木部門　土木営業本部　土木プロジェクト部	
委　員	富樫　陽太	埼玉大学大学院　理工学研究科	
委　員	土橋　浩	首都高速道路株式会社	
委　員	芳賀　博文	曙ブレーキ工業（株）　新規プロジェクト	
委　員	林　久資	山口大学大学院　創成科学研究科	
委　員	福田　毅	清水建設（株）　土木東京支店　新東名川西高松建設所	
旧委員	熊坂　博夫	清水建設（株）　技術研究所　社会システム技術センター	
委　員	藤井　宏和	（株）レーザック　モニタリングユニット	
委　員	堀地　紀行	国士舘大学　理工学部	
委　員	前川　和彦	（株）高速道路総合技術研究所　道路研究部　トンネル研究室	
旧委員	海瀬　忍	（株）高速道路総合技術研究所　道路研究部　トンネル研究室	
委　員	宮原　正信	高エネルギー加速器研究機構　先端加速器推進部、ＩＬＣ計画推進室	
委　員	森川　淳司	（株）錢高組　奈川渡２号トンネル（その１）（その２）工事	
委　員	若月　和人	（株）福田組　技術企画部	

トンネル工学委員会　ライブラリー
実務者のための山岳トンネルのリスク低減対策
目　次

頁

まえがき

1. はじめに
1.1 本部会（山岳トンネルのリスク低減に関する検討部会）での発刊趣旨　　2
1.2 部会及びWG構成　　2
1.3 本書の構成　　2

2. リスクの分類とリスク低減
2.1 リスク分類・要因分析　　7
2.2 リスク対応に関する検討　　7
2.3 山岳トンネルにおけるリスク要因と低減対策に関する提言　　8

3. 押出し・崩壊に関するリスク管理
3.1 概説　　23
　3.1.1 押出し・崩壊リスク一般　　23
　3.1.2 事例調査の概要　　25
　3.1.3 本章の概要　　26
　3.1.4 基本的なリスク低減策　　29
3.2 押出し・大変形に関するリスク低減　　34
　3.2.1 押出し・大変形一般　　34
　3.2.2 計画・調査・設計段階のリスクと対策　　39
　3.2.3 施工段階のリスクと対策　　40
　3.2.4 維持管理段階に向けたリスクと対策　　45
3.3 切羽崩壊・地表面陥没に関するリスク低減　　50
　3.3.1 切羽崩壊・地表面陥没一般　　50
　3.3.2 未固結・土砂地山の崩壊リスク　　53
　3.3.3 強風化・崖錐地山の崩壊リスク　　62
　3.3.4 軟岩地山の崩壊リスク　　66
　3.3.5 断層・破砕帯を含む地山の崩壊リスク　　71
　3.3.6 層理・節理の発達した地山の崩壊リスク　　77
3.4 近接施工に関するリスク低減　　83
　3.4.1 近接施工一般　　83
　3.4.2 基本的なリスク低減対策　　88
　3.4.3 計画・調査・設計段階のリスクと対策　　96

1

5

23

3.4.4 施工段階のリスクと対策 　　　　　　　　　　　100

3.5 地すべり・斜面崩壊に関するリスク低減 　　　　　103

　3.5.1 地すべり・斜面崩壊一般 　　　　　　　　　　103

　3.5.2 計画・調査・設計段階のリスクと対策 　　　　112

　3.5.3 施工段階のリスクと対策 　　　　　　　　　　118

　3.5.4 維持管理段階に向けたリスクと対策 　　　　　121

3.6 山はねに関するリスク低減 　　　　　　　　　　　123

　3.6.1 山はね一般 　　　　　　　　　　　　　　　　123

　3.6.2 計画・調査・設計段階のリスクと対策 　　　　131

　3.6.3 施工段階のリスクと対策 　　　　　　　　　　134

【参考資料】押出し・崩壊リスクに関する事例調査 　　149

4. 地質環境に関するリスク管理 　　　　　　　　　　199

4.1 概説 　　　　　　　　　　　　　　　　　　　　　199

4.2 地下水に関するリスク低減 　　　　　　　　　　　201

　4.2.1 地下水に関するリスク一般 　　　　　　　　　201

　4.2.2 地下水位低下のリスク 　　　　　　　　　　　210

　4.2.3 水質変化のリスク 　　　　　　　　　　　　　219

4.3 ガスに関するリスク低減 　　　　　　　　　　　　227

　4.3.1 ガスに関するリスク一般 　　　　　　　　　　227

　4.3.2 ガス爆発のリスク 　　　　　　　　　　　　　236

　4.3.3 酸素欠乏症のリスク 　　　　　　　　　　　　243

　4.3.4 有害ガス中毒のリスク 　　　　　　　　　　　250

4.4 自然由来重金属等に関するリスク低減 　　　　　　258

　4.4.1 自然由来重金属等に関するリスク低減一般 　　258

　4.4.2 計画・調査・設計段階のリスクと対策 　　　　266

　4.4.3 施工段階のリスクと対策 　　　　　　　　　　271

【参考資料】地質環境管理に関する事例調査 　　　　　289

5. 維持管理に関するリスク管理 　　　　　　　　　　315

5.1 概説 　　　　　　　　　　　　　　　　　　　　　315

5.2 外力性の変形に関するリスク管理 　　　　　　　　316

　5.2.1 外力性の変形一般 　　　　　　　　　　　　　316

　5.2.2 計画・調査・設計段階のリスクと対策 　　　　319

　5.2.3 施工段階のリスクと対策 　　　　　　　　　　320

　5.2.4 維持管理段階のリスクと対策 　　　　　　　　322

5.3 はく落に関するリスク管理 　　　　　　　　　　　324

　5.3.1 はく落一般 　　　　　　　　　　　　　　　　324

5.3.2 計画・調査・設計段階のリスクと対策 325

5.3.3 施工段階のリスクと対策 326

5.3.4 維持管理段階のリスクと対策 333

5.4 漏水等に関するリスク管理 339

5.4.1 漏水一般 339

5.4.2 計画・調査・設計段階のリスクと対策 340

5.4.3 施工段階のリスクと対策 342

5.4.4 維持管理段階のリスクと対策 343

5.5 附属物落下に関するリスク管理 346

5.5.1 附属物落下一般 346

5.5.2 計画・調査・設計段階のリスクと対策 347

5.5.3 施工段階のリスクと対策 348

5.5.4 維持管理段階のリスクと対策 349

5.6 作業中の事故に関するリスク低減 350

5.6.1 作業中の事故一般 350

5.6.2 計画・調査・設計時のリスクと対策 352

5.6.3 維持管理段階のリスクと対策 353

5.7 点検困難箇所に関するリスク低減 356

5.7.1 点検困難箇所一般 356

5.7.2 計画・調査・設計段階のリスクと対策 357

5.7.3 施工段階のリスクと対策 357

5.7.4 維持管理段階のリスクと対策 357

【参考資料】維持管理に関する事例調査 361

6. 課題と展望 365

6.1 押出し・崩壊リスクに関する課題と展望 365

6.1.1 事前調査・設計の流れ 365

6.1.2 補助工法の体系化 365

6.1.3 計画・調査・設計・施工情報の共有 365

6.1.4 山岳トンネル工事の機械化・自動化 366

6.1.5 計測・モニタリング技術の開発 366

6.2 地質環境リスクに関する課題と展望 366

6.2.1 調査の継続性確保と合意形成 366

6.2.2 可燃性ガスの検知およびガス爆発 367

6.2.3 酸素欠乏症と有害ガス 367

6.2.4 自然由来重金属 368

6.3 維持管理リスクに関する課題と展望 368

6.3.1 外力性の変形 368

6.3.2 はく落	369
6.3.3 漏水	369
6.3.4 附属物落下	369
6.3.5 作業中の事故	369
6.3.6 点検困難箇所	370

7. おわりに 371

付録 (APPENDIX) 付録-1

On-Site Visualization 技術の併用によるリスク低減

1. はじめに

　高度成長期の 1960 年代に集中的に整備が図られた社会資本もすでに建設後 50 年以上が経ち，老朽化や劣化が進み，今後大規模な修繕や更新の時期を迎えようとしている．

　山岳トンネルの施工方法に関しては，1960 年代は矢板と鋼製支保工で地山を支え，覆工コンクリートで地山を安定させる矢板工法が主流であったが，1971 年に上越新幹線の中山トンネルに日本で初めて NATM が導入され，その後の補助工法の開発，進展もあり，現在では山岳トンネル工事の標準工法として定着している．

　一方，山岳トンネルに関連する事故については，1979 年に発生した日本坂トンネルの火災事故に代表されるトンネル内での火災事故，1995 年阪神淡路大震災や 2004 年に発生した中越地震による覆工コンクリートの変状や 1996 年に発生した豊浜トンネル岩盤崩落事故，さらに，1999 年に発生した山陽新幹線福岡トンネル，北九州トンネルにおける覆工コンクリート片はく落事故や 2012 年に笹子トンネルで発生した天井板崩落事故，最近では，2016 年の熊本地震による山岳トンネルの変状や同年に起こった福岡地下鉄での陥没事故といったように，自然災害のみならず，材料の経年劣化や日常点検の不足といった原因から多数の人的被害や社会的損失を発生する事例が発生している．

　山岳トンネルの建設にあたり，計画・調査・設計，施工，維持管理の各段階においては様々な形態のリスクが内在している．それらへの対応が十分でない場合には，工期の遅れ，工費の増大，人的被害の増大などにつながる可能性が高く，これらの事態に至らぬように最大限の努力を払う必要がある．

　近年，山岳トンネルを取り巻く環境の変化から，都市部での施工やトンネル断面の大断面化，特殊条件下での施工なども増えており，一旦事故が発生するとその影響はより多大なものとなることが懸念される．さらに，すでに施工が始まったリニア中央新幹線や将来的に建設が期待されている国際リニアコライダーのような長大トンネルの建設を安全に施工することが要求されている．また，維持管理の面では，これまで不具合箇所に対処療法的に補修・補強対策を実施してきたが，公共投資が抑制される中で，前述のとおり，管理対象となるトンネル数が急増するため，トンネルの長寿命化の観点から合理的な維持管理手法の確立が望まれている．

　社会基盤施設の 1 つである山岳トンネルは，次世代以降の人々にまで永く使われ続けるものであり，交通網の整備や物流等の発展に寄与してきた．しかし，少子・高齢化が進み，熟練工や経験豊かな人の確保が困難となりつつある現在，持続可能な社会を維持するために社会基盤施設の適切な維持管理を継続して，次世代へと引き継ぐことも難しくなってきた．

　土木学会では，建設マネジメント委員会インフラ PFI 研究小委員会から「道路事業におけるリスクマネジメントマニュアル」が発刊されており，「社会インフラ維持管理・更新検討タスクフォース」などを立ち上げ，インフラ老朽化への対処方法を検討し始めている．

　以上の社会的背景を踏まえ，本部会では山岳トンネルの計画・調査・設計，施工，維持管理といった各段階における種々のリスクを分類するとともに，これまでの施工事例におけるリスクとその対応方法を分析，評価して，そこから学ぶべき教訓を抽出するとともに，理解を深める目的から，今後の山岳トンネルの建設，維持管理における適切なリスク対応策に関する提言をさし絵を用いてわかりやすくまとめることとした．

　本ライブラリーが，今後の山岳トンネルの建設および適切な維持管理において，実務者がリスク対応策を検討する際の一助となり，同種の事故の発生を予防することにつながれば幸いである．

1.1 本部会（山岳トンネルのリスク低減に関する検討部会）での発刊趣旨

　山岳トンネルの計画・調査・設計，施工，維持管理においては様々な形態のリスクが内在している．それらへの対応が十分でない場合には，工期の遅れ，工事費の増大，人的被害の増大などにつながる可能性が高く，これらの事態に至らぬように最大限の努力を払う必要がある．

　土木学会トンネル工学委員会「山岳トンネルのリスク低減に関する検討部会」では，計画・調査・設計，施工，維持管理といった山岳トンネルのライフサイクルにおける種々のリスクに関して，産・官・学のトンネル技術者がそれぞれの立場と経験をもとに，リスクの要因となるハザードの抽出を行い，施工実績に基づく文献調査を行った．

　その調査結果を参考にして，主としてトンネルの建設および維持管理というステージにおいて顕在化するリスクを分類・整理するとともに，計画・調査・設計，施工，維持管理の各段階で取りうるリスク低減対策について検討を進めてきた．

　したがって，本部会では，取り扱うリスクとして，トンネルの建設および維持管理において，これまでの実績から，発生する頻度が高いもの，発生確率は低いが一旦発生すると大きな影響を与えるようなリスクに関して取り上げた．

　また，過去の事例を分析することで，そこから学ぶべき教訓を抽出するとともに，リスク低減対策についてまとめた．

　本部会の検討内容をトンネルライブラリーとして発刊することにより，学会員およびトンネルの建設，維持管理に従事する若手実務者への技術継承がよりスムースに行えるようにするとともに，少しでも事故を予防できるような低減対策の実現を期待したい．

1.2　部会および WG 構成

　本部会のメンバーは，山岳トンネルのライフサイクル（計画・調査・設計，施工，維持管理）全般について検討を行うために，公募による産・官・学のメンバー36 名より構成された．

　文献調査およびハザードの抽出および取扱うリスクの分類に関しては，メンバー全員で数回のブレーンストーミングを実施した．

　その上で，山岳トンネルの計画・調査・設計，施工，維持管理の各段階において顕在化するリスクに関して，過去の施工事例をもとに取扱うリスクとして，山岳トンネル工事で頻度の多いリスク，発生すると影響度の高いリスクとして「押出し・崩壊」「地質環境」「維持管理」という 3 項目に分類し，それぞれのリスクに対して 3 つの WG で詳細な検討を行うとともにライブラリーの執筆を担当した．

　さらに，これらの 3WG とは別に監修 WG を立ち上げ，ライブラリー全体成果をとりまとめ，ライブラリーの全体構成の調整に関しては，部会長，幹事長，各 WG 幹事から構成された編集 WG により実施した．

1.3 本ライブラリーの構成

　「1. はじめに」では，山岳トンネル工事を取り巻く社会背景をふまえ，本ライブラリー発刊趣旨，委員会構成および内容構成について述べている．

　「2. リスク分類とリスク低減」では，広範囲にわたる一般的なリスクのうち，本ライブラリーで取り扱った「押出し・崩壊リスク」，「地質環境リスク」，「維持管理リスク」についての分類および分析とリスク低減に向けた対策についての検討方針を述べている．

「3. 押出し・崩壊に関するリスク管理」では，計画・調査・設計，施工，維持管理の各段階におけるリスクの発生要因とその対応について，既往文献の調査結果に基づき検討を行い，提言について述べている．

「4. 地質環境に関するリスク管理」では，地下水位低下，水質変化とともに，ガスに関するリスク管理や自然由来重金属に関するリスク管理に関して，3章と同様に計画・調査・設計，施工，維持管理の各段階におけるリスクの発生要因とその対応について記述している．

なお，地質リスクのうち，地質状況に伴い発生するリスクに関しては3章にて地質ごとに記述しているので4章からは除外した．

「5. 維持管理に関するリスク管理」では，トンネルのライフサイクルの中で最も長い期間となる維持管理段階におけるリスクへの対応について，計画・調査・設計時，施工時での対応をふまえて検討を行った．

「6. 課題と展望」では，3章～5章で述べた「押出し・崩壊リスク」，「地質環境リスク」，「維持管理リスク」に対するリスク管理に関する総括として，課題と展望についてまとめた．

「7. おわりに」では，本ライブラリーで取扱った山岳トンネルの建設および維持管理に関するリスク低減に向けた対策についての検討結果のまとめと新技術の導入や将来展望について述べている．

2. リスクの分類とリスク低減

リスクの分類に関しては，（社）土木学会建設マネジメント委員会インフラ PFI 研究小委員会で作成された「道路事業におけるリスクマネジメントマニュアル（Ver.1.0），平成 22 年 3 月」の中でアンケート調査結果に基づき，事業段階ごとのリスクとして，表-2.1 特定されたリスクに関する要因，イベントの関係および表-2.2 リスク要因分類と要因の例が示されている．

表-2.1　特定されたリスクに関する要因，イベントの関係 [1]

イベント	要因	社会・経済的				行政的					自然的			技術的				合意形成		
		埋蔵文化財の発見	地域分断に対する反対等	予期せぬ周辺開発の進行	社会経済状況の変化	予算措置の変更	関係法令の変更	上位計画の変更	他の公共主体との協議	他の民間主体との協議	自然災害の発生	地盤状況の差異	自然景観・環境への配慮の不備	技術革新	工事による周辺地域への影響	安全対策の不備	地下埋設物の発見	大気・水質汚染，騒音問題	用地交渉	事業目的等への反対
I 測量・設計	ルート変更による作業のやり直し	○	○	○				○	○			○	○						○	○
	構造変更による作業のやり直し	○	○	○				○	○			○	○				○		○	○
	法令変更への対応						○													
II 設計協議	環境対策に関する協議		○	○														○		
	ルート・構造に関する地元協議		○						○											○
	関係機関との調整								○	○										
	新たな開発計画に関する協議			○					○	○										
	自然環境に関する協議												○							
	埋蔵文化財に関する協議	○																		
III 用地買収	用地交渉に伴う費用・期間の増加																		○	
	予算措置の変更への対応					○														
	社会経済状況の変化への対応				○															
IV 工事	周辺地域への対応														○			○	○	
	予期せぬ地質条件変化への対応											○			○					
	地下埋設物への対応	○													○		○			
	近隣構造物への対応											○			○					
	事故への対応															○				
	自然災害への対応										○									
	関係機関への対応								○	○										
	予算措置変更への対応					○														
	法令等変更への対応						○													
	社会経済状況の変化への対応				○															
V 管理中（供用後段階）	交通量の需要予測の差異				○															
	供用に伴う地域への影響による補填														○			○	○	
	関連機関との調整による改修								○	○										
	自然災害による復旧作業										○									
	法令変更等への対応						○													
	構造物の劣化進行への対応																○			

注：平成 16 年度「道路事業におけるリスクマネジメント検討調査」で実施したアンケート調査において確認されたイベントを各段階ごとに縦軸に，想定される要因を横軸に記載し，各イベントにおいて，それぞれの要因となったものに○印を付した．

（出典：土木学会：道路事業におけるリスクマネジメントマニュアル（Ver.1.0），2010.）

表-2.2　リスク要因分類と要因の例 [1)]

要因分類	要因
埋蔵文化財	価値のある文化財の発見
	価値のある文化財の発見
	国家的価値のある文化財の発見
	地域的価値のある文化財の発見
	新たな埋蔵文化財の発見
地下埋設物	地下埋設物による変更
	都市内トンネル、電線共同溝等掘削
	切土法面
	高架橋
事業目的への反対	事業目的等への反対
	事業目的等への反対
	事業目的等への反対
	周辺住民の事業目的等への反対
	周辺住民のその他反対
上位計画の変更	他の公共事業による計画変更
	コスト縮減目的による変更
	道路種別等の計画変更
	道路構造の計画
	道路構造の計画変更
他の公共主体との協議	接続道路等に関する協議による変更
	農業用地に関する協議による変更
	接続道路に関する協議による変更
	農業用地に関する協議による変更
	道路付帯施設の計画
	雨水・下水対策
	接続道路
	接続道路
	農業用地
	警察
	河川協議
	その他
	接続道路
	農業用地
	警察
他の民間主体との協議	鉄道との交差
	鉄道との交差
自然災害への対応	地震災害
	台風災害
	集中豪雨災害
事故への対応	現場周辺を含む事故
	現場内
	現場周辺の近隣
用地交渉	測量立ち入り拒否等
	境界地画定
	単価交渉
	代替地確保
	土地保有者と借地権者の係争
	残地の処理の要望
	共有地・入会林野など地権者が多数
	その他
工事による周辺地域への影響	住居等周辺構造物の損壊
	井戸枯れ（戸数）
	周辺基盤工事
	日照・電波障害
	漁業、生態系への影響
技術革新	調査等の技術革新
	調査等の技術革新
	調査等の技術革新

要因分類	要因
地盤状況	トンネル掘削地盤の変化
	切土法面地盤の変化
	トンネル掘削地盤の変化
	切土法面地盤の変化
	トンネル掘削
	切土法面
	トンネル掘削
	切土法面
	高架橋
	トンネル掘削
	切土法面
	高架橋
予算措置変更	予算の促進措置
	予算の抑制措置
	予算の休止措置
	予算の促進措置
	予算の抑制措置
	予算の休止措置
社会状況変化	地価の上昇
	地価の下落
	マクロ経済の変化
	インフレの進行
	デフレの進行
	金利・為替の変動
地域分断	地域分断による変更
	地域分断による変更
	地域分断
	地域分断による変更
自然景観・環境	自然景観・環境による変更
	自然景観・環境による変更
	自然景観・環境による変更
	漁業、生態系への影響
	その他
大気・水質汚染騒音問題	大気汚染問題の合意形成のための変更
	騒音問題の合意形成のための変更
	大気汚染問題の合意形成のための変更
	騒音問題の合意形成のための変更
	大気汚染問題の合意形成
	騒音問題の合意形成
	騒音・振動
	大気汚染
	水質汚染
周辺開発	ニュータウンの開発計画による変更
	工業団地の開発計画による変更
	民間大規模施設開発計画による変更
	ニュータウンの開発計画による変更
	工業団地の開発計画による変更
	民間大規模施設開発計画による変更
	都市内工事による変更
	ニュータウンの開発計画
	工業団地の開発計画
	民間大規模施設開発計画
	ニュータウンの開発計画
	工業団地の開発計画
	民間大規模施設開発計画
関連法令の変更	関連法令等の変更
	関連法令等の変更

（出典：土木学会：道路事業におけるリスクマネジメントマニュアル（Ver.1.0），2010.）

　これらの表を見ても，事業推進の各段階において様々なリスクが存在し，それぞれの要因が複雑に関連していることが分かる．

　本ライブラリーにおいては，トンネルの建設および維持管理に主眼をおいた検討を行った．そのため，計画・調査・設計時における用地買収といった基本設計に関するリスク要因，トンネルの建設を左右するような社会情勢の変化（建設市場における諸問題），工事の契約に係るリスク要

因，および，気候変動や自然災害に関連するリスク要因に関しては検討項目からは除外した．

さらに，リスクの顕在化に伴う対策費用の検討に関しては，リスクの抽出，分析，評価の上では考慮して検討を進めたが，項目ごとのリスク対策に関する費用算出に関しては実施していない．

以下に本ライブラリーで取扱う山岳トンネルの建設，維持管理におけるリスクとリスクの対応策としてのリスク低減の考え方について述べる．

2.1　リスクの分類と要因分析

JIS Z 8051：2015 (ISO/IEC Guide 51：2014)）では，「ハザード（hazard）」について「危害の潜在的な源」，「リスク（risk）」について「危害の発生確率及びその危害の度合いの組合せ」と定義しているが，本ライブラリーでは，リスクの分類と要因分析においては，「ハザード」とは，潜在的に危険の原因となる要因のことであり，「リスク」とは実際にハザードが原因となり現実の危険となる可能性を含めた概念と位置づけている．

したがって，ハザードがあったとしても，発生する確率が極めて小さい場合にはリスクは低く，逆に発生する確率が小さくても一旦発生した場合に被害が甚大となる場合にはリスクは高くなる．

本ライブラリーでは，これまでの施工実績について報告された文献について調査分析することで，山岳トンネルの計画・調査・設計，施工，維持管理の各段階において，考えられるハザードのうち，実際のトンネル建設時のリスクと維持管理時に発生するリスクを抽出した．トンネル建設時のリスクは，近接施工，切羽崩壊・地表面陥没，押出し・大変形，盤膨れ，地すべり，山はねについてまとめた．地質・環境リスクとしては，地下水，ガス，重金属についてまとめた．維持管理時のリスクとしては，外力性の変形，はく落，漏水，附属物落下，作業中の事故，点検困難箇所についてまとめた．

2.2　リスク対応に関する検討

リスクに対する対応としては，一般に以下の4つの対応が考えられる．
①リスク回避：リスクを抱えた状態を避けるもので発生確率が高く対策が困難な場合に対応
②リスク低減：リスクの発生確率を下げる，もしくはリスク発生時の影響度を弱くする対応
③リスク移転：リスクを他に転嫁するもので例えば保険による対応
④リスク保有：リスクを甘受し，発生した場合に対応する．発生確率が低く，影響も弱い場合に対応

図-2.2.1にリスク対応に関するマトリックスポジションを示す．

リスク回避とは，右上の領域を示し，発生確率が高くかつ影響度も強い場合に対応するものである．リスクの特性にも左右されるが，回避による対応が多くなると工事もしくは維持管理自体が不可能となる．

逆に，リスク保有に関しては左下の領域を示すものである．

発生確率が低く，影響度も弱いため，リスクを回避も低減も移転もしない，つまり「何も対応せず，発生した損失は甘受する」という対応である．

この対応に関しては，対策による費用が予算上で許容される事項に限定される．

リスク低減とは，図-2.2.2に示すとおり，発生確率が高く，影響度が中から強の範囲を占めるリスクに関して，矢印のように発生確率を下げる，もしくはリスク発生時の影響度を下げる，または両方の対策をとるものである．

リスク移転とはマトリクスポジションの多くを占める対応で，代表的な対応方法が保険によるものである．しかしながら，保険に頼りすぎると対策費用面では確保されるものの，リスクの発生時に適切な対応にかけ，さらなるリスク要因となることも考えられる．

本ライブラリーでは，山岳トンネルの建設および維持管理において発生するリスクに対して，①リスク回避および②リスク低減といった観点から対応策について検討を行った．

前述のリスクの分類と要因分析でも述べたとおり，トンネル建設および維持管理時に発生するリスクのうち，押出し・崩壊のリスク，地質環境のリスク，維持管理に関するリスクの各項目について，リスク回避・低減という観点から整理した．

それぞれのリスクの内容および各段階（計画・調査・設計段階，施工段階，維持管理段階）におけるリスク回避・低減に向けた対応に関しては，3章～5章において，概説の中で抽出したリスクに関する説明を述べ，①リスク要因を抽出し，②その要因分析を行い，③それに対する低減対策への提言を行っている．

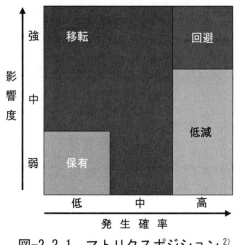
図-2.2.1　マトリクスポジション[2)]

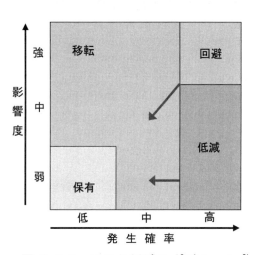
図-2.2.2　リスク低減のポジション[2)]

（出典：リスクサービス㈱ホームページ，2016.12.18 アクセス）

2.3　山岳トンネルにおけるリスク要因と低減対策に関する提言

山岳トンネルの建設及び維持管理時のリスクとして本ライブラリーで取り上げた「押出し・崩壊リスク」，「地質環境リスク」，「維持管理リスク」について，3章から5章の内容を集約して，それぞれのリスク要因と低減対策に関する提言を表2.3.1～表2.3.21に示す一覧表にまとめた．

2.3.1　押出し・崩壊リスク

押出し・崩壊リスクに関して，文献調査から抽出された検討項目について，計画・調査・設計，施工，維持管理の各段階におけるリスク要因と低減対策への提言について検討項目ごとにまとめた．なお，崩壊事例に基づき分類した5つの地山条件と近接施工に対してはリスク要因と低減対策への提言のうち，維持管理段階の部分に関しては表2.3.1に準ずるものと考えた．

表-2.3.1　押出し・大変形に対するリスク要因と対策への提言

段階	リスク要因	低減対策への提言
計画・調査・設計段階	①押出し・大変形挙動の原因となる地質を事前調査で特定できない． ②極度の膨張性地山を掘削可能と判断してルート選定する． ③設計時に予測していなかった押出し・大変形挙動が施工時に発生する．	①事前調査・試験を適切に行うとともに，膨張性が懸念される地質の存在を見落とさない． ②ルート選定段階で極度に膨張性が懸念される地質は避ける． ③地山および設計条件を十分に考慮し，適切な手法により支保工の設計を行う．
施工段階	①褶曲などを受けた低強度の地質が介在する地山構造が十分に把握できていない． ②押出し挙動の原因となる不良地山が突然出現する． ③地山に適した支保パターンや補助工法が選定できていない． ④大変形が発生すると内空断面の確保が困難となる． ⑤強大な地圧に対して支保部材の変状が発生する． ⑥掘削から十分時間が経過しても長期的に変形が継続して収束しない．	①事前の地質情報が不十分な場合，坑内からの水平調査ボーリング，前方探査などを実施して危険な地質構造を事前に把握する． ②不良部に遭遇した場合はゆるみ範囲の調査等を実施したうえで慎重に施工計画を策定する． ③事前に前方の切羽安定性評価を実施し，適切な支保パターンと補助工法を選定する． ④地山挙動を早期に把握して対策にフィードバックする．計測結果を用いた逆解析も有効である． ⑤変状に対して支保の高耐力化や多重化が効果的である． ⑥地山のゆるみ抑制には早期閉合が有効であるが，予期せぬ不具合にも注意が必要である．
維持管理段階	①クリープ的な変形によって覆工に変状が発生する． ②盤ぶくれによってトンネルの路盤部に変状が発生する． ③地下水や中央排水などによるスレーキング（吸水による軟化）が発生する．	①覆工の補強を検討する． ②押出し挙動が強い場合はインバートの形状等にも注意する． ③中央排水工の水処理に注意する．

表-2.3.2　未固結・土砂地山に対するリスク要因と対策への提言

段階	リスク要因	低減対策への提言
計画・調査・設計段階	①事前の地質調査が不足すると，未固結・土砂地山の性状等を正確に把握できない． ②地山条件に合致していない支保パターンや補助工法で設計される．	①未固結・土砂地山に適合した切羽安定評価や流動化判定等に必要となる指標の把握を目的とした調査・試験を選定し，実施する． ②地質調査結果に基づく切羽安定性評価と適切な支保パターン・補助工法の選定を行う．
施工段階	①切羽からの湧水があるまま施工を継続する． ②透水層と不透水層の互層地盤の場合には水位低下工法を実施しても残留水が存在している． ③先受け工を用いる場合には，先端近くでは放射状に開くため，未改良部が発生する． ④先受け工の下部地山や端末管撤去箇所の地山が抜け落ちる． ⑤補助工法の注入材や注入管理値が地山性状に適合していない．	①未固結土砂地山の掘削時には切羽での湧水の状況観察を入念に行う． ②-a 透水層と不透水層の互層地盤の場合には地下水位低下工法実施後の残留水の存在に留意する． ②-b 水抜きボーリングのみで切羽安定が十分ではない場合には補助工法等の別途対策を実施する．（フォアパイリング，注入工法等の地山改良） ③長尺先受け工を用いる場合には，先端近くで放射状に鋼管間隔が広がるため流砂，崩落に留意する． ④先受け工の下部地山や端末管撤去時の抜け落ち防止の対策を講じる． ⑤補助工法の注入工は，適切な注入材，注入管理により施工する．

表-2.3.3　強風化・崖錐地山に対するリスク要因と対策への提言

段階	リスク要因	低減対策への提言
計画・調査・設計段階	①強風化岩の風化の程度に幅がある. ②崖錐が存在する箇所にトンネルが計画される.	①強風化・崖錐地山の性状および分布を詳細に把握するため,地質調査を過不足なく実施する. ②地質調査結果に基づく斜面や切羽の安定性を評価し,最適な対策工を選定する.
施工段階	①計画・調査・設計段階の地質調査結果において把握されていた強風化地山の性状に相違が生じる. ②切羽の小崩落を見過ごして施工を継続する.	①風化箇所は事前調査で見つけるのは困難であることから,坑内からの調査を実施する. ②小崩落は大崩落の一歩前,小崩落を防止することに努める.

表-2.3.4　軟岩地山に対するリスク要因と対策への提言

段階	リスク要因	低減対策への提言
計画・調査・設計段階	①事前の地質調査不足で,切羽崩壊につながる地層変化の存在を予測できていない.	①地層変化を把握するための調査・試験項目を選定し実施する.地層変化を把握できない場合においても,可能性が残る場合には施工段階の坑内調査への申し送りを行う.
施工段階	①坑外からの事前地質調査で十分と判断し,坑内からの地質調査を実施しない,または実施が不十分. ②切羽前方や上方に不透水層を挟んで高水頭を有した地層が存在する. ③切羽崩壊が起こりうる地質状況に適した対策を実施しない. ④切羽前方や上方の地層の地下水位低下が不十分または,誤って低下したと判断する. ⑤切羽崩壊が起こりうる地質状況で,施工効率を優先して掘削工法を選定する.	①崩壊リスクの把握のため,坑外からの事前地質調査のみならず,坑内からの調査を併用する. ②崩壊の誘因となる前方地質の地下水位を確実に低下させる. ③想定される施工上の課題に対して適切な対策を選定する. ④水抜きボーリングの水量が減っても地下水位低下が不十分である可能性を疑う. ⑤掘削工法の選定は施工効率を優先しすぎない.

表-2.3.5　断層・破砕帯を含む地山に対するリスク要因と対策への提言

段階	リスク要因	低減対策への提言
計画・調査・設計段階	①路線計画域に大規模な破砕帯が分布している. ②路線計画域に予見できない派生断層が存在する. ③地質および地下水位の状況から突発湧水が懸念される地山である.	①リスクに応じて,ルート変更を検討する.リスクが不可避であれば,ハード的な対策（支保構造のランクアップ,補助工法等）を検討する. ②予見できない派生断層も存在しうることを念頭にさぐり削孔や先進ボーリングの必要性について施工者に申し送りする. ③水抜きボーリングを実施し地下水位を下げることを施工者に申し送る.地下水位を下げることによる周辺環境影響については設計段階から検討する.
施工段階	①想定していなかった破砕帯が出現する可能性がある. ②地形・地質調査および水文調査が継続されていない,または不足している. ③計画・調査・設計段階からの地質の不確実性による支保構造の不足.	①計画・・調査・設計段階における断層・破砕帯の位置,規模,性状やそれらに対する対策を精査する. ②切羽前方探査を継続的に行い,断層・破砕帯等の位置,規模,性状の早期把握に努める. ③断層・破砕帯の位置,規模,性状に応じ,適切な対策を実施する.

2. リスクの分類とリスク低減

表-2.3.6　層理・節理の発達した地山に対するリスク要因と対策への提言

段階	リスク要因	低減対策への提言
計画・調査・設計段階	①特定の岩種によらず層理，節理に起因する割目（不連続面）が発達している場合がある． ②日本には付加体が広く分布し，付加体の位置，規模，性状等を事前に把握することは困難．	①地山の弾性波速度が測線方向により違いがでることに留意した調査とボーリングコア観察による岩盤のゆるみを把握する必要がある． ②付近の同様な地質での事例を参考に地山の弾性波速度と支保パターンの関係を整理し設計に活かす必要がある．
施工段階	①切羽の小崩落が連鎖的に大きな崩壊に繋がる． ②わずかな湧水，水圧により岩盤がゆるみ切羽崩壊に繋がる．	①支保構造に加えて，鏡面の補強や先受けといった切羽安定化対策を検討する． ②切羽観察においてわずかな湧水でも見逃さず，水圧作用が懸念される場合には，水抜き工を検討する．

表-2.3.7　近接施工に対するリスク要因と対策への提言

段階	リスク要因	低減対策への提言
計画・調査・設計段階	①近接施工による既設構造物等への影響の程度が不明確である． ②設計段階での施工・計測管理計画が不十分である． ③先行トンネルの施工および計測結果の設計への反映が不足している．	①影響予測においては，数値解析結果に加えて，一般的な理論値や過去の施工事例等をふまえた総合的な評価が必要である． ②数値解析結果のみによらず，施工時に計測結果をフィードバックして対策出来る施工・計測計画を立てておく． ③先行トンネルの施工結果を調査・分析してリスクの事前把握を行う．
施工段階	①地山性状にあった対策工が選定されていない． ②補助工法やロックボルトの施工そのものが地山を傷め沈下の原因になる． ③事前の計測管理計画等の準備不足により異常時の対応が遅れる．	①地表面沈下などによる既設構造物への影響を抑制するためには，地山性状に応じた対策を見直すことが重要． ②補助工法の施工によるゆるみの発生には注意が必要． ③適切な管理基準値を設定し，異常があった場合の対応策を事前に検討しておく．

表-2.3.8 地すべり，斜面崩壊に対するリスク要因と対策への提言

段階	リスク要因	低減対策への提言
計画・調査・設計段階	①日本には無数の地すべり地形が分布しており，計画段階でトンネル坑口施工の関係するような小さな地すべりに関する情報が不足している． ②坑口付けの切土設計は，経験に基づく設計が行われることが多い． ③地形上不利な位置に坑口が計画されている． ④トンネル計画ルートにトンネルとの相互作用が疑われる地すべりの可能性がある．	①既に地すべりとわかっている箇所や地すべり地形と疑われる箇所へのトンネルルートはできるだけ避ける． ②地すべりは地形，水系に現れている場合が多く，地形判読を十分に行う必要がある． ③トンネルは坑口が肝心，有利な位置に設けるのを基本とし，坑口付けの切土には十分に注意を払う． ④やむをえず地すべりの影響を受ける場合には，適切な地すべり対策を講じる．
施工段階	①地すべり面，地質条件が誤って評価されている． ②設計段階での地すべり対策工が不十分である． ③地すべり地形で地山が脆弱で滞水している場合，大規模地すべりが懸念される．	①必要に応じて追加地質調査を行う． ②地すべり対策工をしても安心せずに計測監視を行う． ③大規模地すべりが存在するときには細心の注意を払う．
維持管理段階	①供用開始後，地すべりによる偏圧がトンネルに作用する．	①維持管理段階で地すべり箇所を重点的に点検する． ②地すべり箇所の覆工構造の強化． ・断面形状を円形に近い形状とする． ・高強度材料の使用． ・フレキシブルな構造の適用．

表-2.3.9 山はねに対するリスク要因と対策への提言

段階	リスク要因	低減対策への提言
計画・調査・設計段階	①山はね発生可能性を精度よく評価するための手段がない． ②地圧の状況が把握できていない，または把握が難しい．	①-a 大土被りかつ堅硬な岩盤が分布する区間では山はね発生の可能性があると認識する． ①-b 過去の近隣地域の施工事例や文献を参考にし，山はねの危険度を把握する． ②調査ボーリングやコア物性により地圧状況を測定あるいは推定する．
施工段階	①山はねは，発生が予測されていない区間で発生することもある． ②弱層の分布や節理の発達方向によって山はねの発生可能性が高まる場合がある． ③先進ボーリングにあらわれる高地圧・顕著な応力異方状態の兆候を見逃している． ④山はね発生に対する備えが十分でない． ⑤地震によって山はねが誘発されることもある．	①-a 切羽状況や山鳴りなどの兆候をよく観察して山はねリスクについて常に認識を持つ． ①-b 坑内において地圧を測定する． ②-a 堅硬な岩盤中に弱層が存在する場合，切羽がその区間を通過する前後では山はね発生の可能性が高まるので注意を怠らない． ②-b 最大圧縮応力方向と節理方向との関係に気を配る． ③先進ボーリングのボアホールブレイクアウト・コアディスキングの有無に気を配り，山はねの発生兆候を見逃さない． ④-a AE 計測・切羽観察に基づいて作業員の一時退避や山はね対策工を実施する． ④-b 切羽を刺激する作業後には防護を施す，あるいは作業員を一時退避させる． ④-c 山はねによる岩塊飛出しは摩擦式ロックボルト・吹付けコンクリートで抑制する． ⑤地震発生後は山はね兆候に注意し，作業員を一時退避させる．

2.3.2 地質環境リスク

地質環境リスクについて，文献調査から抽出されたリスク検討項目に関して，計画・調査・設計，施工，維持管理の各段階におけるリスク要因と低減対策への提言について検討項目ごとにまとめた．

表-2.3.10　地下水位低下に対するリスク要因と対策への提言

段階	リスク要因	低減対策への提言
計画・調査・設計段階	①路線計画域における水文調査が不足している． ②トンネル掘削に伴う周辺水環境への影響を過小または過大に評価している． ③沢や湧泉等の水源，希少動植物が路線計画域に分布している． ④リスクに対する地元住民を含めた利害関係者との合意形成ができていない．	①水文調査や数値解析等を過不足なく行い,地下水位低下によるリスクを把握する． ②必要に応じて，有識者に助言を求める． ③リスクがあれば，ルート変更を検討する．リスクが不可避であれば，代替水源や防水型トンネル等の対策を検討する． ④リスクについて地元住民を含めた利害関係者との合意形成を図る．
施工段階	①帯水層を掘削する． ②計画・調査・設計段階におけるリスク評価と対策を精査していない． ③水文調査が継続されていない，または不足している． ④リスク対策の効果が期待した通りに得られない． ⑤リスクに対する地元住民を含めた利害関係者との合意形成ができていない．	①応急対策も含めて事前にリスク対策を立案し,迅速に対応できるように準備をする． ②地下水位低下によるリスクや対策を精査する． ③水文調査や数値解析を継続的に行い,地下水位低下によるリスクの早期把握に努める． ④リスク対策の効果を確認し,不十分であれば金銭補償も含めて追加対策を検討する． ⑤地元住民を含めた利害関係者への状況説明を丁寧に行い，合意形成を図る．
維持管理段階	①水文調査が継続されていない，または不足している． ②経年劣化等によりリスク対策の機能が低下する． ③設計・施工記録が管理されていない． ④地元住民を含めた利害関係者に対する補償範囲が明確になっていない．	①水文調査を継続的に行い,地下水位低下による影響の有無や対策の妥当性を確認する． ②供用後も覆工コンクリートや坑内外の排水・送水設備の点検を継続的に行う． ③各種図面や観察・計測結果，検討資料，協議議事録等の施工情報を一元的に管理する． ④代替水源設備の維持管理等,地元住民等利害関係者への補償範囲を明確にしておく．

表-2.3.11 水質変化に対するリスク要因と対策への提言

段階	リスク要因	低減対策への提言
計画・調査・設計段階	①計画路線下流域で生活用水として地下水を利用，または農業，漁業を営んでいる． ②計画路線周辺流域に希少動植物の生息が確認されている． ③計画路線の地山に自然由来重金属等が含まれている．	①利水実態調査や地下水流動解析を実施し，地下水の水質変化によるリスクを網羅する． ②周辺環境に配慮した線形計画を実施する． ③施工技術検討会等の設置により，有識者に助言を求める． ④リスク対策では，周辺地域に与えるリスクの規模に応じた対策工を選定する．
施工段階	①自然条件や地形，地理的条件，社会的条件等の見落としと軽視． ②計画・調査・設計段階での水質調査が継続されていない．または見直しがされていない． ③トンネル掘削作業に伴う濁水やコンクリート打設に伴う強アルカリ水，重機械からの油脂，補助工法で使用する薬液の事業用地外への流出．	①計画・調査・設計段階で実施した水質変化によるリスクや対策の精査，見直しのための中間調査を定期的に実施する． ②水質調査を継続的に行い，水質変化によるリスクの早期把握に努める． ③現地地質条件や水理条件等によって想定される排水量を考慮した濁水処理設備を選定する． ④事前に応急対策や恒久対策も考慮したリスク対策を計画し実施する．
維持管理段階	①計画・調査・設計段階，施工段階の水文調査が継続されていない． ②地山からの強酸性水や重金属等の継続的な溶出による排水機能の低下や支保機能を含めたトンネル構造体の劣化度合いが確認できていない． ③設計，施工記録が管理されていない．	①水質調査を継続実施し，河川水，地下水の水質変化の程度，復元度合いを確認する． ②供用後も覆工コンクリートの点検，排水処理設備の維持点検を継続的に実施する． ③工事記録(設計・変更図，観察・計測結果，議事録)等の施工状況を一元的に管理する．

表-2.3.12 ガスに対するリスク要因と対策への提言

段階	リスク要因	低減対策への提言
計画・調査・設計段階	①計画路線の地山の調査が不十分である． ②ガス貯留構造と発生形態（メカニズム），可燃性ガスの性状に関する知識が不十分である． ③ガス検知システムや管理体制の計画が欠如している．	①可燃性ガス発生の可能性のある地域や地質等について十分に調査する． ②-a 可燃性ガスが貯留される地質構造と発生形態について十分に理解する． ②-b 可燃性ガスの性状（種類，爆発限界等）を把握しておく． ③ガス検知システムと管理体制について検討する．
施工段階	①可燃性ガスの地山での存在状況を的確に把握できていない． ②ガスの希釈，排除等の適切な措置がなされていない． ③火源対策が十分になされていない． ④安全教育を含めた安全管理体制の確立による全作業員への周知徹底不足．	①可燃性ガスの濃度測定を行う． ②可燃性ガスの希釈の風速は少なくとも $0.5m/s$ 以上とし，メタンが定常的に湧出する場合は風速 $1m/s$ とする（換気対策，換気設備）． ③火源対策を行う． ④-a 日常的に換気設備および電気設備を点検する（防爆化不備の点検）． ④-b 定期的な災害防止教育に努める．

表-2.3.13 酸素欠乏症に対するリスク要因と対策への提言

段階	リスク要因	低減対策への提言
計画・調査・設計段階	①酸素欠乏を引き起こす発生形態(メカニズム)に関する理解が不足. ②施工場所の立地条件等の事前調査が不十分. ③作業環境における測定方法や管理基準の計画が不十分. ④換気の検討が不十分.	①酸素欠乏を想定した対応処置を計画する. ②施工場所の立地条件等の調査を行う. ③作業環境の酸素濃度測定は測定時期, 測定方法定めておく. ④作業環境の管理基準と換気基準を定めておく.
施工段階	①換気量の不足. ②ガス検知体制の不備. ③安全教育が不十分.	①-a 作業開始前など定期的に酸素濃度を測定する. ①-b 送気, 排気, 送排気のいずれかの換気方法により新鮮な空気の換気を実施する. ②地層, 地下水の状態および周辺の作業環境調査を実施する. ③現場で教育や避難訓練を実施し, 安全を確保すること.

表-2.3.14 有毒ガス中毒に対するリスク要因と対策への提言

段階	リスク要因	低減対策への提言
計画・調査・設計段階	①計画路線内の火山, 温泉などに有害ガスが分布する. ②換気計画の不備.	①-a 地熱, 温泉がある山地等で発生が予測される有害ガスのうち, 遭遇の可能性が高い地域をあらかじめ把握し, 計画路線での過去の有害ガス発生の有無を確認する. ①-b 有害ガス発生時の対応策をあらかじめ決めておくこと. ②内燃機関を有する施工機械の稼働, 発破の後ガスの発生量をあらかじめ把握し, 換気設備の換気容量を決める.
施工段階	①ガス検知体制の不備. ②有害ガスの許容濃度の設定不備. ③換気量の不足により局所的に有害ガスが滞留する. ④安全教育の不足.	①選任の測定者を指名して有害ガスの濃度測定を毎日実施する. ②有毒ガスの許容濃度と管理基準を定めておく. ③汚染空気の希釈, 排除を適切な送風設備, 送風量で実施する. ④現場での教育訓練を定期的に実施する.

表-2.3.15 自然由来重金属等に対するリスク要因と対策への提言

段階	リスク要因	低減対策への提言
計画・調査・設計段階	【調査・試験計画】 ①対策の要否，対策土量の推定，試験・判定方法，酸性水の有無についての調査・試験不足． ②設計技術者・発注者の認識不足． 【ずり処分計画】 ①要対策土量の想定が難しい． ②要対策土の種類や酸性水の有無がわからない．	【調査・試験計画】 ①対策要否判定のため施工前概略調査を実施する． ②対策土量推定のため施工前概略調査から施工前詳細調査を実施し調査すべき地質の絞り込みを行う． ③酸性水の有無を確認する． ④試験・判定方法をあらかじめ理解する． 【ずり処分計画】 ①関係諸法にしたがって処分方法，処分先を検討する． ②対策の要否，対策土量の推定，試験・判定方法，酸性水の有無についての施工前概略調査から施工前詳細調査を実施し調査すべき地質の絞り込みを行う． ③土量変化率を考慮した最適なずり処分計画をたてる．
施工段階	【施工中調査】 ①設計段階で特定したものと異なる種類の重金属等が出現する． ②設計段階で特定した重金属等含有地質の位置・範囲が異なる． 【仮設備】 ①ずり仮置き場から重金属等を含有する水の流出や粉じんの飛散が発生する． ②ずり運搬時に重金属等を含有する水の流出や粉じんの飛散が発生する． ③トンネル湧水や工事用排水から重金属等を含有する水が流出する． 【ずりの処分・対策】 ①処分場から地下水等を経由して重金属等含有水が移動拡散する． ②処分場において人が直接採取する． ③場外処分場の能力超過，運搬経路近隣住民の苦情申し立てが起き，工事がストップする． 【モニタリング】 ①不十分なモニタリングにより，周辺環境への影響や対策工の効果を確認できない． 【酸性水】 ①計画・調査・設計段階で設定したものと異なる区間で酸性水が発生する． ②計画・調査・設計段階で設定した量よりも多い酸性水が発生する． ③支保部材や覆工が劣化する． ④ずり置き場から酸性水が漏出し，周辺環境を汚染する．	【施工中調査】 ①施工前に地上もしくは坑口からのボーリングで，できるだけ長い距離を調査する． ②施工中はずり仮置き場の容量と合致した頻度，距離で前方探査を実施する． 【仮設備】 ①遮水性，排水管理，拡散防止対策および対策要否判断期間のずり保管量，切羽ごとの分別等を考慮したずり仮置き場とする． ②ずり運搬時の重金属等含有水の流出防止対策や粉じん飛散防止対策を検討する． ③重金属等に対応した濁水処理設備とする． 【ずりの処分・対策（盛土・埋め土利用）】 ①利用箇所周辺の動植物や周辺住民に対して，溶出する地下水のリスク対策を検討する． ②直接採取によるリスク対策を検討する． 【ずりの処分・対策（場外処分場での処理）】 ③周辺の処分場処理能力，運搬距離を十分考慮する． ④住民説明・情報開示の実施や周辺住民に配慮した運搬経路を検討する． 【モニタリング】 ①モニタリングの目的を正しく理解する． ②適正な時期，項目，頻度で調査を実施し，結果を正しく判断する． 【酸性水】 ①先進ボーリング等の施工中調査を検討する． ②酸性水に対する劣化対策を考慮した支保部材や覆工を検討する． ③酸性水が漏出しない処分方法や漏出検知モニタリング方法を検討する．
維持管理段階	①覆工コンクリートや附帯構造物の機能が低下する．	①排水構造の場合は酸性水発生が継続することに注意する必要がある． ②覆工からの漏水が酸性の場合には，長期耐久性に注意を払わなければならない．

2.3.3　維持管理に関するリスク

　維持管理に関するリスクについて，文献調査から抽出されたリスク検討項目に関して，計画・調査・設計，施工，維持管理の各段階におけるリスク要因と低減対策への提言について検討項目ごとに一覧表にまとめた．

　また，特に維持管理段階で問題となる「はく落」や「漏水」や近年課題となっている「附属物落下」に関するリスク要因と低減対策への提言について述べる．

　なお，維持管理作業中の事故や点検困難箇所に関するリスク要因や低減対策についても検討を行った．

　維持管理作業中の事故に関しては，点検作業中に関する項目なので施工段階については，該当しない．また，点検困難箇所に関するリスクについても点検作業中に関する項目なので，計画・調査・設計段階および施工段階については該当しない．

表-2.3.16　外力性の変形に対するリスク要因と対策への提言

段階	リスク要因	低減対策への提言
計画・調査・設計段階	『鉛直土圧』①矢板工法において，覆工背面地山が長期的に安定すると考えて背面空洞充填工を計画していないトンネルの背面空洞に崩落し，覆工が変状する． 『水圧』②高水圧の作用や水圧変化が想定されることに対して，適切な状況把握と詳細な地下水情報不足により適切な対策が講じられずに，施工後に水圧が作用して覆工が変状する． 『凍上圧』③凍上が懸念されるトンネルにおいて適切な凍上対策を講じられずに，施工後に凍上圧が作用して覆工が変状する． 『沈下』④支持力が不足している地盤において，支持力評価や沈下対策を講じておらず，施工中や施工後にトンネルが沈下して覆工が変状する．	『鉛直土圧』①矢板工法では，覆工背面地山の健全性に関わらず，背面空洞充填工を計画する． 『水圧』②地下水位の変動や地質および地山の力学的性質を詳細に把握したうえで，地下水解析に基づき，水圧の低減や覆工強度の向上などの対策をしておく必要がある． 『凍上圧』③適切な凍上発生予測に基づき，最適な対策工を選定して所要建築限界を確保する． 『沈下』④トンネルの支持地盤の支持力評価に必要な地盤情報を収集のうえ，適切な検討に基づき必要な対策工を選定する．
施工段階	『鉛直土圧』①矢板工法のトンネルにおける背面空洞の崩落により鉛直土圧が作用して覆工が変状する． 『水圧』②排水型トンネルにおいて，想定外の水圧が作用して覆工が変状する． 『凍上圧』③矢板工法トンネルにおいて，供用後に凍上圧が作用して天端に圧ざが生じる． 『沈下』④支持力不足の地盤において，供用後にトンネルが沈下して覆工が変状する．	『鉛直土圧』①矢板工法では，覆工背面地山の健全性に関わらず，背面空洞充填工を計画する．また，注入材は湧水量や水質に適合した適切な配合とするとともに，必要な流動性を確保する． 『水圧』③排水型トンネルにおいて，施工時に確認された実際の湧水量に応じて計画・調査・設計段階での湧水対策を補正し，将来的な地下水位の変動に対応できる適切な排水工を設置する． 『凍上圧』②鉛直土圧の項と同様，覆工背面空洞は充填材により確実に充填する． 『沈下』④支持力不足が懸念される地山においては，支持力を確認のうえ，側壁の底版幅の拡大やインバートの設置などの対策を講じる．
維持管理段階	『鉛直土圧』①トンネルに鉛直土圧が作用して覆工天端部に開口ひび割れが発生してはく落が生じる．矢板工法トンネルにおいては，覆工背面空洞の規模が大きくなると岩盤崩落による覆工崩落も懸念される． 『水圧』②排水型トンネルにおいて，湧水の増加や覆工のひび割れ，圧ざ，はく落などが生じる． 『凍上圧』③凍上対策を講じていないトンネルにおいて，凍上圧が作用して覆工に段差や開口ひび割れによるはく落が生じる． 『沈下』④支持力低下を想定していないトンネルにおいて，地盤の劣化等によってトンネルが沈下して覆工に開口ひび割れによるはく落が生じる．	『鉛直土圧』① 背面空洞が起因している場合においては，空洞充填により地盤のゆるみの進行を抑制したうえで，変状の程度によって，覆工の補強対策を講じる． 『水圧』② 地表水の流入対策や排水機能の回復，向上による地下水位の低下対策を講じる． 『凍上圧』③ 覆工背面の空洞充填や水抜き工設置による水分量の低減や，覆工内面への断熱材の貼り付けなどを講じる． 『沈下』④ トンネル沈下が進行している場合は，インバートの設置や地盤改良等により地盤支持力を向上させる．

表-2.3.17 はく落に対するリスク要因と対策への提言

段階	リスク要因	低減対策への提言
計画・調査・設計段階	『目地部周辺』 ①目地構造の選定不具合によるはく落 ②目地設置位置の選定不良によるひびわれ発生やはく落 『断面欠損，背面不陸』 ③覆工拘束の作用によるクラックに起因したはく落	『目地部周辺』 ①適切な目地構造を選定する． ②同一スパンにおける有筋部と無筋部の混在や覆工厚の変化を避ける． 『断面欠損，背面不陸』 ③拘束力の発生予測と適切な目地位置を選定
施工段階	『目地部周辺』 ①目地形状特性によるはく落 ②横断目地部の（型枠の過度な押し上げ，打ち込み不足，のろ）施工不良によるはく落 ③目地部の打ち込み不足による豆板の発生 ④矢板工法迫め部の施工に起因したはく落 ⑤工区境界迫め部におけるはく落（工区境界の後施工側覆工打設時に打ち込み不足による迫め部の施工不良に起因したはく落，トンネル供用後の周辺環境の変化により，想定外の漏水が発生する懸念がある） 『背面空洞』⑥背面空洞に起因したはく落 『断面欠損，背面不陸』⑦防水シートのたるみ，背面地山の凹凸等による覆工厚不足に起因するはく落 『補修材』⑧補修モルタルのはく落 『コールドジョイント』⑨コールドジョイントに起因したはく落 『鋼材腐食』⑩鋼材腐食に伴い構造用鋼材として機能不全な状況，および断面欠損によるはく落	『目地周辺』 ①将来的な目地周辺のうき，はく落が発生しにくい目地構造を選定する． ②目地周辺は施工時にはく落が生じる原因を作ることを認識し，入念な施工を心がける． ③均質な打ち込みを心がけ，目地欠損を防止する． ④迫め部の施工はとくに入念に行う． ⑤目地施工時の「のろ」の発生を防止し，施工後の確認で適切に除去する． 『背面空洞』⑥背面空洞に起因した変状が想定される場合は，適切に背面空洞充填を行うことが望ましい． 『断面欠損，背面不陸』⑦施工時には，極力断面欠損，背面不陸が生じないように対策をとることが望ましい． 『補修材』⑧補修材がはく落の原因とならないように，補修材の選定，はく落防止対策を講じる必要がある． 『コールドジョイント』⑨コールドジョイントが生じないように，適切な材料ロジスティクス（コンクリート供給時間）計画を策定し対応する必要がある． 『鋼材腐食』⑩鋼材腐食が生じないように，適正な鉄筋被りを確保し，ひびわれの発生を抑える対応をとる必要がある．
維持管理段階	『目地部周辺』①目地形状，目地部施工法に起因した変状が目地部周辺に集中する傾向がある． 『背面空洞』②背面空洞に起因した変状（圧ざ）によるはく離や，押し抜きせん断による突発性崩壊が生じる恐れがある． 『補修材』③矢板工法では縦断方向打ち継ぎ目（水平目地）に間詰めモルタルを使用した事例が多く，打音により連鎖的にはく落する危険性がある． 『閉合ひびわれ』④閉合ひびわれによるはく落，過度のたたき落としによる破損の拡大の恐れがある． 『鋼材腐食』⑤鋼材腐食に伴い構造用鋼材として機能不全な状況，および断面欠損によるはく落 『表層劣化』⑥漏水による覆工コンクリートの劣化，および風化・老化，酸劣化・硫酸塩劣化による覆工コンクリートの表層剥離	『目地周辺』①目地周辺の適切な点検計画立案，実施を行う必要がある． 『背面空洞』②空洞に起因する変状が予測される場合は，背面空洞充填を確実に行い，はく落防止対策を実施する必要がある． 『補修材』③目地修復，水平目地の間詰め，断面修復，ひびわれ対策などに補修モルタルを使うべきではない．また打音検査時に過度の打音により連鎖的にはく落させないように，たたき過ぎに注意する必要がある． 『閉合ひびわれ』④閉合ひびわれによるブロック状のはく落が懸念される場合は，適切な点検，補修の実施が求められる． 『鋼材腐食』⑤鋼材腐食を助長させないように，漏水進入対策，表層劣化対策を講じることが望ましい． 『表層劣化』 ⑥漏水による覆工コンクリートの劣化（漏水侵入による不連続はく離面の発生，進展，漏水促進，結露などによる材料分離，劣化等）を防止する． ⑦風化・老化，酸劣化・硫酸塩劣化による覆工コンクリートの表層はく離を防止する対策を講じる必要がある．

表-2.3.18　漏水に対するリスク要因と対策への提言

段階	リスク要因	低減対策への提言
計画・調査・設計段階	①トンネル供用後の周辺環境の経過に伴う水環境の変化. ②未固結地山等において，繰り返し荷重等により湧水とともに地山が流出する. ③坑口部等においてつららや側氷対策の検討が十分に行われない場合. ④不適切なトンネル勾配等の影響により排水機能が低下する.	①将来の周辺環境の変化についても考慮した排水・導水・防水対策を行う必要がある. ②未固結地山や膨張性地山の場合はインバート下面への影響について予測・検討を行う必要がある. ③十分な排水・防水性能を有し，必要に応じて積極的に断面材等を併用する．また，つららの発生状況を十分に予測・照査する必要がある. ④将来にわたる湧水量を予測して，余裕をもったトンネル勾配の設定や，十分な排水機能を有する材料を選定する.
施工段階	①排水工等の設置時や覆工コンクリートの打設作業時における排水工への影響. ②ロックボルトの頭部や吹付けコンクリートの凹凸等による防水シートへの影響. ③湧水集中箇所の対策不足や上半支保工の底板突出部等での保護処理不足.	①排水工や防水工では，施工時においても破損しないような材料および施工方法の選定を行う必要がある. ②防水シートが破損しないような施工法や材料の選定，十分な施工管理を行う. ③上半支保工の底板突出部など不具合が発生しやすい箇所においてはとくに留意して適切な処理を行う必要がある.
維持管理段階	① 供用中のトンネルにおける漏水の影響 ② 寒冷地トンネルにおいては凍結・融解の繰り返し．つらら，側氷の発生 ③ 湧水に伴う路面凍結 ④ 経年や温泉余土，遊離石灰等による排水管や導水工のつまり	①-a 漏水箇所，漏水量，要因等を分析して適切な漏水対策（導水，止水対策）を実施する. ①-b 適切な排水，導水および止水効果により，軌道や設備の劣化抑制に寄与する. ①-c 想定される漏水状況を考慮したはく落対策工および漏水対策材料の選定を行う. ② つらら，側氷の日常的な除去作業とともに断熱処理工などの発生抑制・防止対策を考える．つららの発生状況等より変状の発生原因を分析し，耐火性も考慮した適切な補強対策を行う. ③ わだち解消のための路盤舗装改修等の対策を行うことにより路面凍結による事故発生を防止する．また必要に応じて排水性舗装やロードヒーティング装置等を採用することが望ましい. ④ 排水管の閉塞防止対策や，点検ますを設置して定期的な管理を十分に行い，適切な材料の選定や，定期的なメンテナンスおよび劣化具合に応じた補修や交換を行う.

表-2.3.19　附属物落下に対するリスク要因と対策への提言

段階	リスク要因	低減対策への提言
計画・調査・設計段階	①附属物の取付け位置が，落下により第三者被害が発生する位置となっている． ②附属物が経年劣化や環境要因により破損する．	①附属物は，落下しても第三者被害の無い，もしくは少なくなるように取り付け位置，あるいは取り付け方法等を検討する． ②附属物は取付金具も含めて環境条件による劣化の進行が少なくなるように検討する．
施工段階	①附属物を取り付けるにあたっての配慮が不足している． ②附属物を取り付ける部分（主に覆工コンクリート部）の確認が不足している．	①附属物の取付けにあたっては，ボルト，ナットへの合いマークの設置等，効率的な点検を行えるようにする． ②附属物の取付けにあたっては，取付け部分の状態を確認するとともに，確認状況の記録を残しておくようにする．
維持管理段階	①附属物は，定期的な点検が実施されるが，多種多様な附属物が取り付けられているため，点検計画が個々に異なり複雑である． ②附属物は，定期的な更新が必要となるが，本体更新の複雑性のため，取付け金具に対する注目度が低い．	①附属物の点検は各々の特徴を考慮して適切に行う． ②附属物の更新は本体だけでなく取付け金具も含めて適切な時期に行い，あわせて新技術の動向にも注意を払う必要がある．

表-2.3.20　作業中の事故に対するリスク要因と対策への提言

段階	リスク要因	低減対策への提言
計画・調査・設計段階	①維持管理作業を考慮せずに附属物設置位置を計画している． ②維持管理作業を考慮せずに車線幅員を設定している． ③監視員通路スペースが狭い．	①安全で効率的な維持管理を想定したトンネル附属物設置位置の選定 ②安全な維持管理作業ができる内空断面の設定（適正な車道幅員の設定） ③安全な維持管理作業ができる内空断面の設定（適正な作業員通路の設定）
維持管理段階	①操作ミスによる高所作業者作業デッキの走行車線へのはみ出し ②運行ダイヤ確認不足による列車との接触や，交通誘導不備による走行車両との接触，走行車両の規制車線への誤進入 ③点検作業に対する注意喚起伝達不足 ④作業者の不注意 ⑤安全対策装備，作業環境の不備 ⑥作業デッキからの飛散，落下物対策の不備	①点検車両および作業デッキが規制車線からはみ出ないように交通誘導員と連携をはかる．【道路】 ②最新の運行ダイヤの確認と鉄道事業者の指定する有資格者の配置【鉄道】，適切な交通誘導設備配置による走行車両との接触や規制車線への誤進入防止，および衝突時被害の最小化対策の実施【道路】 ③走行車両に対して点検作業中であることを的確に伝達する．【道路】 ④不注意による作業員の労働災害を防止するために適切な教育を実施する．【共通】 ⑤作業員および作業場所に応じた適切な装備を施し，安全に十分配慮する．【共通】 ⑥作業デッキから落下物や飛散物が生じないよう，落下・飛散防止対策を講じる．【共通】

表-2.3.21　点検困難箇所に対するリスク要因と対策への提言

段階	リスク要因	低減対策への提言
維持管理段階	①点検困難箇所を点検するために点検者が危険にさらされる（点検作業に起因するリスク）． ②点検困難箇所の点検を省略したために，重大な変状を見逃す（点検省略に起因するリスク）．	①各種計測装置の利用 ②ロボット技術の利用 ③点検困難箇所を低減する施設配置，機材の開発等

参考文献

1)（社）土木学会建設マネジメント委員会インフラPFI研究小委員会：道路事業におけるリスクマネジメントマニュアル（Ver.1.0），2010.3.
2) リスクサービス㈱ホームページ，http://www.risk-services.co.jp/，2016.12.18アクセス

3. 押出し・崩壊に関するリスク管理

3.1 概説

3.1.1 押出し・崩壊リスク一般

本章では，押出し・崩壊に関するリスク管理について，計画・調査・設計，施工，維持管理の各段階におけるリスクの発生要因とその対応策について，既往文献の調査結果に基づき検討を行い，各リスクに対する提言について述べている．

(1) 不良地山の種類

竹林ら[1]は，山岳トンネルが遭遇しうる不良地山を「地山の力学的な要因」，「地下水に関する要因」，「地球化学的な要因」の3つの要因に分類し，それぞれにおけるトンネル施工時の問題と対応策，地質特性について，主に文献と筆者らの経験に基づいて地質的に考察を加えている．図-3.1.1は，各種の不良地山を要因別に分類し，さらに問題となる事象別に整理したものである．

同文献から不良地山におけるリスク低減策を整理すると表-3.1.1のとおりである．

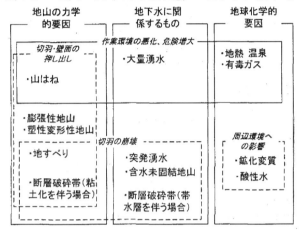

図-3.1.1 不良地山の要因別分類[1]

(出典：竹林ら；トンネル工学報告集，第16巻，2006.)

表-3.1.1 不良地山とリスク低減策[1]を編集

要因	不良地山	リスク低減対策
力学的	膨張性	・事前調査における力学的条件の詳細把握 ・地山の力学的条件に適用した支保工の選定 ・切羽前方のゆるみを抑制するための補助工法，掘削工法の選定 ・施工状況に応じて臨機応変に変更可能な施工体制の準備
	塑性変形性	・地山条件に適応した剛性の大きい支保工の計画
	山はね	・初期応力の状態を測定する（鉛直応力＜水平応力） ・円形に近いトンネル断面を採用 ・鋼管膨張型ボルトやファイバー混入の吹付けコンクリートの採用 ・AEセンサー測定による山鳴り現象の把握
	地すべり	・事前調査・設計段階での地すべりの有無の確認（専門技術者による） ・地すべりによる変位がある場合は地すべり安定対策を優先させる ・トンネル内湧水の積極的な排水処理 ・周辺地山の緩みやトンネル位置関係に応じて支保工，覆工の剛性増加 ・切羽面の自立性確保のための補助工法
地下水	大量湧水・突発的湧水	・切羽より水抜きボーリングなどで事前に地下水位を低下させる ・地山改良工法などによる難透水ゾーンの形成
	地すべり頭部陥没帯	・ルートは陥没帯を避ける ・回避できない場合は，排水工法で地下水位を低下させる 　または，注入固化する方法などの補助工法を採用
	帯水した断層破砕帯	・地表踏査による事前把握（1/2500～1/5000程度） ・ボーリング調査（地表あるいは施工時の先進ボーリング）での確認
地球化学的	高温地熱・温泉	・地表からのボーリング調査（出来れば調査坑が望ましい） ・作業員の健康被害を防ぐための十分な換気 ・高熱に適応した支保材料の選定
	可燃性ガス・有毒ガス	・既存資料などによる旧坑道（空洞）やメタンガスの事前把握 ・先進ボーリングによるガス含有状況の掌握 ・掘削中のガス検知管理と換気装置の配備
	酸性水・重金属の溶出	・変質帯の性質に着目した化学分析等の実施 ・有害物に対応した排水，ずり処理の計画的な実施

また，岩盤の強度特性を考慮した岩種表にもとづいて，各種の不良地山の岩石と岩盤状態を**表-3.1.2**のように整理しており，それぞれの岩石において土被り等の地山条件が揃った場合に不良地山になることが示されている．

表-3.1.2　各種岩盤と不良地山の種類の関係 [1]

岩盤状態				不良地山の種類										
				地山の力学的要因				地下水の影響				地球化学的要因		
地山区分	岩石の硬軟	岩石名	節理・割れ目の多少 空洞の有無	膨張性地山	塑性変形	山はね	地すべり	湧水と共に崩壊 地すべり	含水未固結	断層破砕帯	多量湧水	地熱・温泉	有害ガス	熱水・鉱化変質
φ 地山	硬質岩	花崗岩、花崗閃緑岩、片麻岩、斑れい岩	割れ目少			△						△		
			割れ目多								△	△		
		塊状蛇紋岩、チャート、砂岩	割れ目少			△								△
			割れ目多								△			△
		石灰岩	空洞無し			△								△
			空洞有り								○			△
	中硬岩・軟岩	安山岩、玄武岩、流紋岩	割れ目少		△	△					△	△		△
			割れ目多		△			△			△	△	△	△
		緑色片岩、砂質片岩	割れ目少		△									
			割れ目多		△			○			△			
		礫岩、砂岩（第三紀）	割れ目少		△							△	△	△
			割れ目多		△						△	△	△	△
		砂質凝灰岩（高強度）	割れ目少		△							△		△
		凝灰角礫岩（高強度）	割れ目多		△			△			△	△	△	△
	土砂	礫層、砂層、風化砂質土			△		○				○			
		断層破砕帯（角礫質）			△			△	○	○	△			
		熱水・鉱化変質砂質土			△			△	△	△	△	△	△	○
c 地山	中硬 岩質岩	粘板岩、頁岩、泥質片岩	割れ目少		△	△								△
			割れ目多		△			○			△			△
	軟質岩	泥岩（第三紀）、凝灰岩類（低強度）	割れ目少	△				△				△		△
			割れ目多	○				○			△	△	△	△
		葉片状蛇紋岩、粘土質蛇紋岩		○				○					△	△
	土砂	断層破砕帯（粘土）		○				○	△	△		△		△
		更新世粘性土、風化粘性土		○				○	△				△	
		熱水・鉱化変質粘性土		○				○	△	△		△	△	○

注）○：関係大　△：関係あり

（出典：竹林ら；トンネル工学報告集，第16巻，2006.）

(2) 押出し・崩壊リスクの分類

押出し・崩壊リスクとしては，前述した「地山の力学的要因」や「地下水に関する要因」に着目し，切羽の崩壊や地表面の陥没につながるようなリスク，あるいは地上や地中の重要構造物に影響を与えるような重大な地表面沈下や近接施工による影響等のリスクについて着目した．

本章では，「押出し・大変形」，「切羽崩壊・地表面陥没」，「近接施工」，「地すべり・斜面崩壊」，「山はね」の5つのリスク項目を挙げ，整理した．

押出し・崩壊リスクの概念図を**図-3.1.2**に示す．

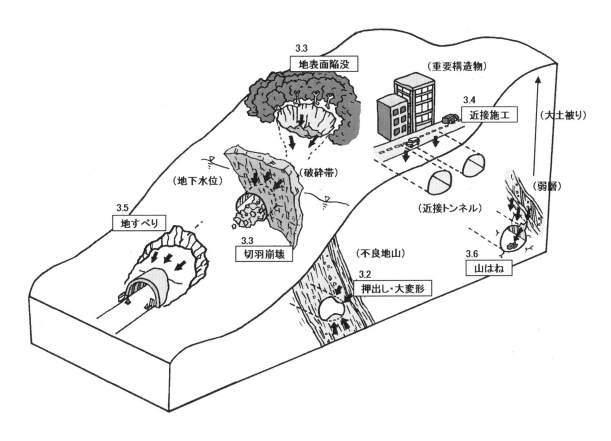

図-3.1.2　押出し・崩壊リスクの概念図

3.1.2 事例調査の概要
(1) 一次調査

押出し・崩壊に関するリスク対応事例の文献調査を実施した．調査は主に「土木学会論文集」，「トンネル工学論文・報告集」，「岩盤力学に関するシンポジウム講演論文集」，「トンネルと地下（日本トンネル技術協会誌）」の文献を対象とし，それぞれ過去25年間（NATMがトンネル標準工法になって以降）に掲載されたもののうち，押出し・崩壊に関するキーワードが含まれるトンネル施工事例について文献調査を行い，トンネル計画条件，想定されるリスク，リスク低減の段階と対応策，リスク低減に関する課題や教訓等について整理した．

(2) 二次調査

二次調査では，一次調査で得られた文献のうちリスク低減の具体的方策について，具体の図表やキーワードなどを抽出し，24事例を整理した．また，リスク低減に関する提言については，文献に記載のないものは，文献から推測される提言について記載した．（章末の「押出し・崩壊リスクに関する事例調査」を参照）

なお，次節以降の各リスク項目の検討にあたっては，近年の建設事故事例などの文献をはじめ，個別に各リスク項目に限定した詳細な施工事例調査を追加実施し，施工条件，施工状況などを整理し，リスク要因やリスク低減に関する提言の整理の参考とした．

3.1.3 本章の概要

(1) 押出し・崩壊リスクの概要

本章で取り扱った押出し・崩壊リスクについて，各リスク低減の概要を記載する．

「**3.2 押出し・大変形に関するリスク低減**」では，切羽前方から発生する押出しに伴う切羽天端および鏡面の崩壊や，著しい天端沈下，内空変位および脚部沈下によってトンネル断面が縮小する変形に着目し，それらの変状が見られた代表的なトンネル事例を整理し，発生メカニズム，調査・予測手法やリスク低減策について解説している．

基本的なリスク低減策として施工段階では，かつての加背の小分割やいなし効果を期待した施工から，近年では補助ベンチ付き全断面掘削工法による早期閉合や長尺フォアパイリング工・長尺鏡ボルト工の採用などへと移り変わっている．

ここでは最新の施工事例や技術動向を踏まえ，計画・調査・設計および施工段階における調査手法，補助工法，施工管理方法などについて提言するとともに，維持管理段階に向けた対策として，覆工の補強やインバートの形状などについても触れている．

「**3.3 切羽崩壊・地表面陥没に関するリスク低減**」では，切羽崩壊・地表面陥没に関するリスク低減について，過去の施工事例やその崩壊現象等の特徴を整理し，これまでの調査研究や変状事例調査結果から「①未固結・土砂地山」，「②強風化・崖錐地山」，「③軟岩地山」，「④断層・破砕帯を含む地山」，「⑤層理・節理の発達した地山」の5つの地山状況に分類して，リスク要因とその低減策を整理している．

なお，地山状況にかかわらず共通するまたは有効なリスク低減策として，施工中の切羽前方探査による地山予測，効果的な補助工法・対策工の選定，計測工による施工へのフィードバック，設計・施工段階における情報伝達と一元管理などに着目して，基本的な事項についても解説している．

「**3.4 近接施工に関するリスク低減**」では，単なる山岳トンネルの近接施工という条件ではなく，昨今の都市部等での厳しい施工条件下での山岳トンネル工法での施工に着目し，トンネルの施工による掘削影響が重大な被害をまねく恐れのある以下の2つのリスクに着目して，整理している．

・重要構造物に近接する施工リスク

・複数トンネルを近接して施工するリスク

いずれのリスク要因や低減策も，3.2の押出し・大変形などのリスク，3.3の地山状況ごとの切羽崩壊・地表面陥没のリスクと重複する部分はあるが，トンネル直上の重要構造物下での施工，供用中の重要構造物との近接施工などの特殊条件下では，計画・調査・設計および施工の各段階において，不測の事態に対応した綿密なリスク低減策が求められることがある．本節ではこれらに留意して参照されたい．

「**3.5 地すべり・斜面崩壊に関するリスク低減**」では，山岳トンネルにおける地すべり，斜面崩壊リスクとして，「崖錐に起因する地すべり・斜面崩壊」，「傾斜層に起因する地すべり・斜面崩壊」，「大規模地すべり」の3つを取り上げ，それらが問題となったトンネルの事例を調査するとともに，各地すべり，斜面崩壊現象の特徴，地山状況を整理している．

リスク低減策として基本的に地すべりを回避したルート選定が重要であるが，回避できない場合は各種リスクを内在することとなる．リスク低減に関するキーワードとしては，地すべりの評価および調査方法の限界，安全性とコスト評価，トンネル施工のゆるみ対策との関係，斜面モニタリングと避難システムなどが挙げられ，幅広い視点での対応が必要となる．また，本節では維持管理段階に向けた対策として，施工時に問題となったトンネルについて，地すべり箇所の点検の強化，覆工構造の強化などについても言及している．

「**3.6 山はねに関するリスク低減**」では，高い地圧によってトンネル周辺の岩盤が急激に脆性破壊し，その岩盤の一部が爆発的に内空へ飛び出す山はねに関するリスク低減について述べている．わが国の山岳トンネルにおける山はねの施工事例は少ないが，今後計画されるトンネルの中には1,000mを超えるような大土被りトンネルもあり，このような条件下では山はねリスクを念頭にいれて計画，調査，設計，施工を行う必要がある．

本節では，山はねの基本的な発生メカニズム，発生条件を整理した上で，山はねリスク対策の基本方針や山はねの発生の可能性を把握する手段についてまとめている．

山はねリスクに関して対策することは非常に難しいことではあるが，計画・調査・設計段階においては出来る限り事前に調査を実施し，山はねの可能性を把握，認識し，施工段階では切羽および坑内状況を常に観察し，切羽作業後の防護や作業員の退避などについても注意が必要である．

(2) 押出し・崩壊リスクの要因とリスク低減策・提言

「押出し・大変形」，「切羽崩壊・地表面陥没」，「近接施工」，「地すべり・斜面崩壊」，「山はね」の各リスクにおける要因とリスク低減のための提言を，「計画・調査・設計」，「施工」，「維持管理」の段階ごとにまとめたものは**2章**の**表-2.3.1～表-2.3.9**に整理しているが，これらの内容をリスク要因と対策のキーワードで整理したものを**図-3.1.3**に示す．

計画・調査・設計段階では，地形・地質，周辺環境，施工などの設計条件が調査不足などの何らかの理由で明確に出来ないことなどが主なリスク要因として挙げられる．また，これらの条件が不足または明確でない中で無理に設計したものは，地山条件に適合しない設計などのリスク要因に発展することになる．

これらのリスク対策としては，測量や地質調査などを過不足なく実施し，適切に地山を評価し，地山に適合した設計とすることが重要となる．また，極度の不良地山においては，それらを回避してルートを選定することも考える必要がある．不良地山での設計が明らかな場合や難度の高い設計を実施する場合においては，過去の施工事例などを十分に調査・分析し，設計に反映することが必要である．なお，不測の事態を想定して対策工のメニューや施工・計測管理計画などを立案することが重要であり，施工段階へ漏れなく申し送ることを忘れてはならない．

施工段階では，設計段階で想定していなかった不良な地山に遭遇することが多く，地質の予見の難しさなどがリスク要因となる．設計がどのような条件で実施されているか，どのようなことが問題となっているかを十分に照査，確認することが重要であり，対策工が不足していないか，地山条件に見合った設計となっているか，施工の入り口段階でリスク要因を見極める必要がある．実施工においては，変状などの兆候を見逃さず，変状が発生した場合においても，二次的な問題を発生させることは避けなければならない．

これらのリスク対策としては，やはり施工前や施工中に再度地質条件を確認するとともに，適切な支保パターンや補助工法への設計の見直し，計測管理を十分に実施し，初期の施工を次段階への施工にフィードバックすることが重要である．なお，施工時には変状の兆候やリスクのある地質構造が想定される場合は，切羽前方探査等により事前に地山を確認することが必要である．また，被害が発生した場合を想定して，被害を最小限にするための避難措置等は，常に考えておかなければならない．

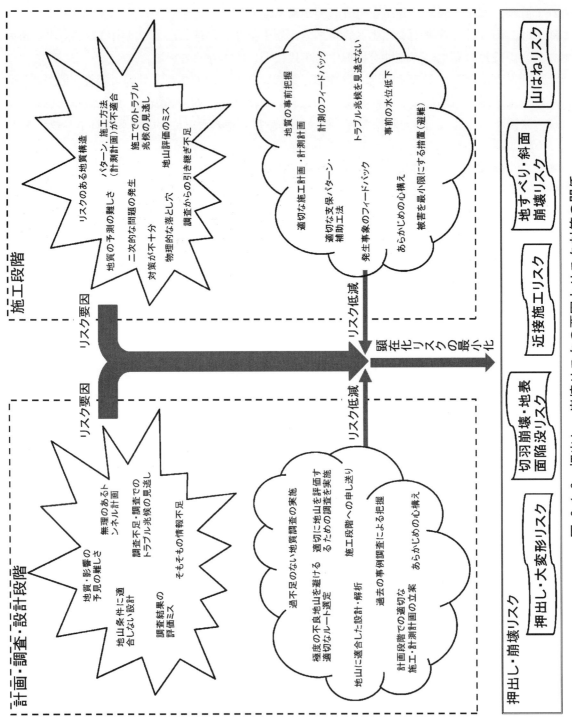

図-3.1.3　押出し・崩壊リスクの要因とリスク対策の関係

3.1.4 基本的なリスク低減策

次節以降では，「押出し・大変形」，「切羽崩壊・地表面陥没」，「近接施工」，「地すべり・斜面崩壊」，「山はね」の5つのリスク項目について，計画・調査・設計，施工，維持管理の各段階におけるリスク低減策について述べるが，ここではそれらリスク項目に共通する基本的なリスク低減策について主な事項を記載する．

(1) 施工中の切羽前方探査による地山予測

トンネルでは，地表条件その他の理由により，路線選定などの計画段階や設計段階の地質調査で地山条件を十分に把握することが困難な場合がある．このため，施工中であっても必要に応じて計画，設計段階と同様な地質調査が実施されるケースがある．

このうち，施工中の坑内からの調査による切羽前方の地山情報の入手は有効な手段であり，「トンネル標準示方書[2]」では，表-3.1.3に示すとおり，施工中の坑内から実施する切羽前方探査技術を切羽観察，先進ボーリング，削岩機の活用，物理探査，調査坑を利用した調査に分類し，前方探査技術の現状と評価を行っている．また，松井ら[3]は，最新の切羽前方探査技術も含めて表-3.1.4のように分類している．

先進ボーリングに代わるものとしては，削孔検層と反射法切羽前方探査などは有効な方法である（図-3.1.4）．削孔検層は，ドリルジャンボによる削孔時に得られる削孔速度，打撃圧等の油圧データを活用して，切羽前方地山の硬軟を客観的に評価する手法である．得られた削孔データについての工学的判断に課題が残るが，比較的短時間で探査可能であり，簡易な前方探査技術として広く活用されている．一方で，比較的広範囲の地山（切羽前方100m程度）を対象として，反射法地震探査の原理を用いた切羽前方探査（TSP：Tunnel Seismic Prediction, HSP：Horizontal Seismic Profiling）が採用されることもある．ここで紹介した弾性波のほか，電磁波等を使用する物理探査は，対象となるトンネルの土被り，地質状況，地下水状況などに応じてそれらの使用限界，区分を理解したうえで，探査手法を使い分けることが必要である．

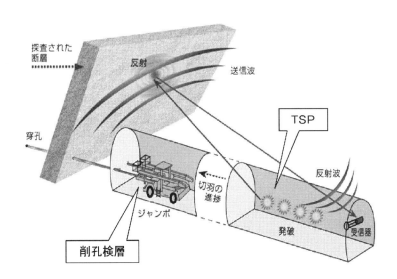

図-3.1.4 削孔検層と切羽前方探査の概念図

また，切羽観察を実施し，先進ボーリングとその他の物理探査等を組み合わせて実施することで，さらに前方の地山予測の精度が高まる．松井ら[3]は，複数の手法の組合わせについて，事例を紹介しているので参照されたい．

表-3.1.3 施工中の坑内から実施する前方探査技術の現状と評価[2]

区分	調査および試験内容	切羽観察	先進ボーリング						削岩機の活用	物理探査		調査坑	
			ボーリング調査 ノンコア	ボーリング調査 コア	削孔検層法	ボアホールスキャナ	孔内試験および検層	地山試料試験	削孔検層法	坑内水平反射法弾性波探査	電磁誘導法	調査坑の掘削	各種原位置試験
		切羽の地質状況	削孔情報	コア状況	削孔エネルギー	孔壁の画像	力学特性等		削孔エネルギー	弾性波反射面等	比抵抗分布	各種の地山情報	力学特性等
基本事項	探査距離(m)*1	鏡	ボーリングの延長						30m	150m	50m	調査坑の延長	
	準備,作業時間*2	◎	△	△	△	△	△		△	△	△	◎	△
	解析時間*3	◎	◎	△	◎	◎	○		◎	◎	◎	◎	△
調査項目*4 地層状況の変化	破砕帯等の位置		○	◎	◎				◎	○	○	◎	
	破砕帯等の走向,傾斜	◎								○	○	◎	
	破砕帯等の規模(幅等)		○	◎	◎							◎	
	地下空洞の有無		○	◎	◎	◎			◎		○	◎	
	ガスの賦存位置		○	○	△				△			◎	
	岩質,地層対比	◎	△	◎	△				△			◎	
地下水	帯水層の位置		○	○	○				○	△	○	◎	
	帯水層の透水性	△					◎	◎				△	◎
	水圧	△										△	
地質の状態	不連続面の間隔	◎		◎		◎						◎	
	不連続面の状態	◎		◎		◎						◎	
	風化,変質	◎		◎							○	◎	
力学的性質	地山強度		△	△	△				◎				◎
	変形係数	△										○	
	異方性	△					◎			◎			
	緩み領域	△	△	△	○	○			◎			△	
	実用化のレベル*5	◎	◎	◎	◎	◎	◎	◎	◎	◎	△	◎	◎

*1 探査距離　同一技術でも岩質等の地山条件によって差異が生じる
*2 準備，作業時間　◎：1～2時間程度，　○：半日程度，　△：1日以上掘削休止
*3 解析時間　◎：ほぼリアルタイム，　○：数日以内，　△：1週間以上
*4 調査項目に関する評価　◎：信頼性の高い情報となる，○：傾向をつかめる情報となる，△：参考になる程度の情報となる
*5 実用化のレベル　◎：実用化技術，慣用技術，　○試行段階の技術，　△：実験段階の技術

（出典：土木学会；トンネル標準示方書［山岳工法編］・同解説, 2016.）

表-3.1.4　トンネル切羽前方探査の分類表 [3]

大分類	小分類
ボーリングによる方法	・水平コアボーリング（ロータリーボーリング） ・水平コアボーリング（ロータリーパーカッションドリル） ・削孔検層（コア or ノンコアボーリング）
弾性波を利用する方法	・弾性波探査反射法 ・弾性波トモグラフィ
電磁波を利用する方法	・FDEM 探査 ・地中レーダによる TBM 切羽前方探査
地山の変形を利用する方法	・坑内変位を利用する方法 （たわみ曲線，L/S 法，PS-Tad，TT-Monitor） ・坑内変位と数値解析を組み合わせる方法 （逆解析による方法，PAS-Def）
その他の技術	・超長尺ボーリング ・ウォーターハンマー工法 ・先行変位計測技術
複数の手法の組合せ	・電磁波探査と削孔検層と弾性波探査の組合せ ・削孔検層と坑内弾性波探査の組合せ ・削孔検層とボーリング孔内弾性波探査の組合せ ・削孔検層と孔内観察の組合せ ・削孔検層と数値解析の組合せ ・水平コアボーリングと各種岩石試験の組合せ ・切羽前方地質情報の可視化

（出典：松井ら；トンネル技術者のための地盤調査と地山評価，2017.）

(2) 効果的な補助工法，対策工の選定

「トンネル標準示方書 [4]」では，表-3.1.5 に示すとおり，切羽安定対策，地下水対策，地表面沈下対策，近接構造物対策に大別して補助工法を分類している．

切羽の安定性が懸念される場合には，地形・地質，地下水，地上条件，トンネル断面規模などの条件に応じて，最適な補助工法を計画する必要がある．たとえば，強度の低いスレーキング性を有する地山では，吹付けコンクリートによる保護と早期閉合などが重要である．また，小土被りの近接対象物件に対しては，坑内および坑外からの補助工法を使い分け，効果的で経済的な補助工法を選定する必要がある．

補助工法や対策工の選定にあたっては，どの程度トンネル周辺地山のゆるみを許容し，その許容量に対して，いかに合理的な設計，施工ができるかが課題となる．設計，施工にあたっては，それらの工法の対策効果を十分把握したうえで，単独あるいは複数工法での組合わせ，対策規模や仕様などを決定する必要がある．

なお，トンネル掘削断面の早期閉合による支保工応力の増加や，パイプルーフ施工による地山の隆起，長尺先受け工による支保工脚部の沈下影響など，補助工法や対策工を実施した場合のあらたな影響も想定される．対策効果のみならず，それらの影響を十分理解したうえで，支保工設計や施工・計測計画へ反映するなど，留意が必要である．

補助工法については，各種の文献が発刊されている．「土木学会：トンネル・ライブラリー第20 号　山岳トンネルの補助工法 [5]」では，補助工法に関する調査，設計，施工について網羅的に取りまとめており，多数の事例が紹介されている．また，臨床トンネル工学研究所トンネル補助工法委員会では，「補助工法十戒 [6]」としてトンネル工事に携わる技術者が特に留意すべき事項や勘所について簡潔かつ分かりやすく取りまとめているので参照されたい．

表-3.1.5 補助工法の分類表 [4]

分類	工法	天端の安定	鏡面の安定	脚部の安定	地下水対策	地表面沈下対策	近接構造物対策	硬岩	軟岩	未固結	適用区分
天端の補強	フォアポーリング	○						○	○	○	*1
	長尺フォアパイリング	○				○	○		○	○	*3
	水平ジェットグラウト	○	○	○		○	○			○	*3
	スリットコンクリート	○								○	*3
	パイプルーフ	○				○	○		○	○	*3
鏡面の補強	鏡吹付けコンクリート		○					○	○	○	*1
	鏡ボルト		○			○		○	○	○	*1
脚部の補強	ウイングリブ付き鋼製支保工			○		○			○	○	*1
	脚部吹付けコンクリート			○		○			○	○	*1
	仮インバート			○		○			○	○	*1
	脚部補強ボルト			○		○			○	○	*1
	脚部補強パイル			○		○			○	○	*2
	脚部補強サイドパイル			○		○			○	○	*2
	脚部補強注入			○		○			○	○	*3
地下水位対策（排水）	水抜きボーリング	○	○	○				○	○	○	*1
	ウェルポイント	○	○	○	○					○	*3
	ディープウェル	○	○	○	○					○	*3
	水抜き坑	○	○	○				○	○	○	*3
地下水位対策（止水）	止水注入工法	○	○	○	○	○		○	○	○	*3
	凍結工法				○	○				○	*3
	圧気工法				○	○				○	*3
	遮水壁工法				○	○				○	*3
地山補強	垂直縫地工法	○		○		○			○		*3
	注入工法，攪拌工法	○		○		○	○		○		*3
	遮断壁工法						○			○	*3

注）○ 比較的よく採用される工法
*1 通常のトンネル施工機械設備，材料で対処が可能な対策
*2 適用する工法によって通常のトンネル施工機械設備，材料で対処が可能な工法と困難な工法がある対策
*3 通常のトンネル施工機械設備，材料で対処が困難で，専用の設備等を要する対策

（出典：土木学会；トンネル標準示方書［山岳工法編］・同解説，2016.）

（3）計測工による施工へのフィードバック

既施工区間の実績を逆解析などにより定量的に評価し，未施工区間における安全性・施工性の高い施工法を選定するためには，計測工によるフィードバック，いわゆる情報化施工が重要である．たとえば，施工時の地表面沈下や天端沈下，内空変位，支保工応力などを把握し，これらの計測結果を対策工に反映する．長大トンネルなどでは，先行して掘削する避難坑の計測データを本坑掘削時に活用することも有効である．

また，早期閉合時の支保工強度（規模，仕様），閉合距離などを，A計測データによって定量的に判断し，施工法を変更することも可能であり，補助工法の選定フローや施工管理フローを準備し，対応することが重要である（図-3.1.5）．

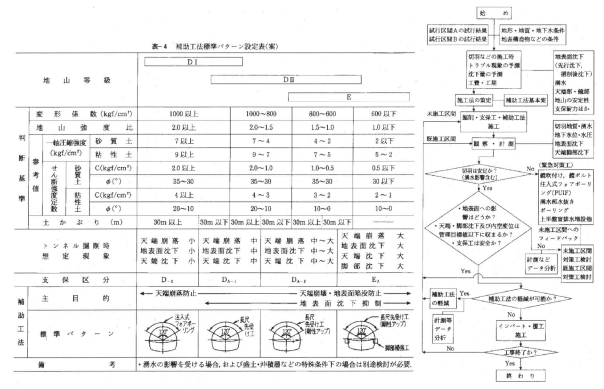

(a) 補助工法の標準パターン設定　　　　(b) 標準区間工事管理フロー
図-3.1.5　補助工法の標準パターンの設定と施工管理フローの例[7]
(出典：中尾ら；トンネルと地下，第30巻2号，1999.)

なお，吹付けコンクリート，鋼製支保工などのトンネル掘削断面の初期の挙動や，法面などのトンネル坑口周辺地山の挙動を把握し，色の変化で変位の現状を現場関係者が直接目視確認（可視化）できるOSV（On-Site Visualization）による技術も有効であり，実用化されている．OSVによる施工事例については，巻末の付録に紹介されているので参照されたい．

(4) 設計，施工段階における情報伝達と一元管理

人為的なミスを防止し，設計から施工段階，施工から維持管理段階に円滑に移行するためには，設計，施工段階における確実な情報の伝達，共有が必要となる．

設計段階において，地質調査をはじめとした基礎データが不足する場合や，これらの与条件にもとづき設計が実施された場合には，施工時に問題となる事項や追加で調査，検討が必要な事項について確実に記録し，施工段階へ申し送る必要がある．

また，施工段階では，トンネル完成後の竣工図に加えて，トンネル施工時の切羽観察，計測結果，トラブル発生時の対策資料，設計変更の記録など，施工時の情報について管理し，施工者，発注者（または管理者）で情報を共有する必要がある．

なお，これらの施工情報を一元管理することは，今後の類似環境下においてトンネルを新設する際の参考資料として有用なものとなる．施工情報の一元管理にあたっては，維持管理段階で必要な情報不足を防止し，必要な時に容易に検索できるように，記録すべき項目や内容，様式，保管期間および保管場所等をあらかじめ定めておく必要がある．

たとえば，施工時に断層・破砕帯部で切羽の崩落等が発生した場合には，その位置，規模，性状等を施工者から管理者に情報提供することで，維持管理の際には，その周辺を詳細に調査することができる．また，地震発生時には，管理者側は断層・破砕帯の位置をあらかじめ認識していれば，トンネルの安全性を迅速に確認することも可能となる．

3.2 押出し・大変形に関するリスク低減

3.2.1 押出し・大変形一般
(1) 押出し・大変形の事例

新第三紀以降の泥岩や凝灰岩，断層部の粘土，破砕帯，温泉余土，蛇紋岩およびその他の不良地山では，強大な地圧により支保工に変状が発生するなど，施工に難渋することがある．押出し・大変形の著しい地山における問題点は，切羽前方から発生する押出しに伴う切羽天端および鏡面の崩壊と，著しい天端沈下，内空変位および脚部沈下によってトンネル断面が縮小する変形挙動とに大別できる．

押出し・大変形に関するリスクを抽出するため，文献調査を実施して64件の施工事例を抽出した．代表的な事例を表-3.2.1に示す．

表-3.2.1　押出し・大変形が生じたトンネル事例

トンネル名	場所	用途	延長	施工時期	地質	最大土被り	坑内変位	代表的な対策工
占　冠	北海道	道路	3.9 km	2004-2011	蛇紋岩，泥岩，砂岩，礫岩	約380m	内空変位180mm超インバート変状	二重支保工，早期閉合
東占冠	北海道	道路	2.5 km	2004-2009	蛇紋岩，泥岩	約130m	天端沈下約60mmインバート変状	全断面早期閉合，鋼製ストラット，高強度吹付け
穂　別	北海道	道路	4.3 km	2004-2011	粘板岩，蛇紋岩	約390m	天端沈下約200mm脚部沈下約400mm	高強度SFRC，AGF，二重支保工，早期閉合
赤　岩	北海道	道路	2.1 km	2001-2006	蛇紋岩，粘板岩	約100m	天端沈下約280mm内空変位約330mm	地すべり，上半仮閉合，二重支保工，覆工補強
北の峰	北海道	道路	2.9 km	2013-2017	新第三紀泥岩	約60m	天端沈下約100mm内空変位約150mm	高耐力支保工，早期閉合，インバート形状変更
岩　手	岩手県	鉄道	25.8 km	1992-2001	凝灰岩・粘板岩・チャート	約230m	天端沈下約100mm内空変位約150mm	インバート早期閉合，高強度吹付け，SFRC覆工
盃山II期	山形県	道路	1.2 km	1999-2001	流紋岩・凝灰岩・熱質変成岩	約100m	天端沈下100mm超内空変位300mm超	長尺鋼管先受け，脚部補強，上半仮閉合
日暮山II期	長野県群馬県	道路	2.1 km	1996-2002	新第三紀泥岩，砂岩	約200m	I期線掘削時には内空変位最大約3m	円形導坑先進工法（水抜き，いなし効果）
飯　山	長野県	鉄道	22.2 km	1998-2009	新第三紀泥岩，砂岩，凝灰岩他	約330m	内空変位900mm超支保工変状	高耐力・多重支保工，早期閉合，長尺鏡ボルト他
八之尻	山梨県	道路	2.5 km	2009-2017	強風化泥岩，玄武岩	約180m	天端沈下約100mm内空変位約200mm	全断面早期閉合，二重支保工，中央導坑先進
島田第一	静岡県	道路	2.7 km	2002-2011	砂岩，泥岩，砂岩泥岩互層	約180m	天端沈下約250mインバート変状	薬液注入，インバート補強ロックボルト他
瀬　波	新潟県	道路	1.0 km	1999-2004	第三紀泥岩	約50m	天端沈下約800mm内空変位約500mm	脚部補強パイル，長尺鏡ボルト，中央導坑先進工法
新親不知	新潟県	鉄道	7.3 km	1994-2004	蛇紋岩・凝灰角礫岩・流紋岩他	約350m	押出し量200mm超支保工変状，湧水	増しロックボルト，支保工補強，水抜きボーリング
春日山II期	新潟県	道路	1.0 km	1995-1999	泥岩砂岩互層・断層破砕帯	約30m	I期線施工時には内空変位600mm超	上半仮閉合，高圧噴射先受け，高圧噴射先行脚部補強
朝　日	富山県	鉄道	7.55km	1996-2004	凝灰岩破砕帯	約400m	内空変位550mm超	早期閉合，高耐力支保工，二重支保工
七　尾	石川県	道路	1.8 km	2007-2011	凝灰角礫岩，含礫砂岩	約150m	内空変位約160mm支保工変状	高強度吹付け，全断面早期閉合
飛　騨	岐阜県	道路	10.7 km	1998-2008	花崗岩・流紋岩	約1,000m	内空変位500mm超支保工変状	上下半加背割，高強度SFRC吹付け，多重支保工，中央導坑先進，他
島　田	和歌山県	道路	0.9 km	1998-2001	古第三起付加体，砂岩，頁岩	約130m	天端沈下約150mm内空変位約200mm	変位未収束区間では吹付けコンクリート断面閉合
地　芳	愛媛県高知県	道路	3.1 km	2000-2009	粘板岩，緑色岩砂岩，石灰岩他	約390m	大量湧水，支保工変状，脚部沈下等	止水注入，高剛性支保工，全断面早期閉合，全周長尺鋼管先受工，中央導坑先進
俵　坂	長崎県佐賀県	鉄道	5.7 km	2008-2016	古第三紀泥岩，凝灰角礫岩	約260m	内空変位200mm超	増しロックボルト，仮インバート，早期閉合

(2) 発生メカニズム

トンネル掘削時の押出し・大変形が発生するような特殊な地山条件を一般に膨張性地山と呼んでいる．膨張性地山は大きく2種類に大別される[8]．

- 押出し性地山（squeezing ground）：トンネル掘削に伴い地山周辺に生じた応力が地山強度を超えて地山が塑性化した場合に，見かけ上，塑性流動的に地山がトンネル内に向かって押し出してくるように外力が作用し変形する地山．トンネル底盤がはらみだす盤ぶくれといわれる現象を伴うこともある．また，せん断破壊に伴うダイレタンシーも含む．
- 膨潤性地山（swelling ground）：吸水して体積膨張するような地山．地山に存在する膨潤性粘土鉱物（モンモリロナイト等）の吸水膨張によって体積が増加した地山がトンネル内に向かって押し出す現象．

スクイージング（squeezing）とスウェリング（swelling）を明確に区別して押出し・大変形の原因を特定することは難しい．スクイージングした後にスウェリングするような複合的な挙動もあるが，実際の現象としてはスクイージングによるものが支配的であると考えられている．

(3) 調査・予測手法

押出し・大変形の予測手法として，既往の研究で示された代表的な判定指標を**表-3.2.2**に示す．

表-3.2.2　地山の膨張性を示す指標の例[9]

	仲野(1975)	日本鉄道建設公団(1977)	大塚ほか(1980)	佐藤ほか(1980)	吉川ほか(1988)
膨張性を示す指標	地山強度比(G_n) $= \sigma_c / \gamma H$ σ_c：一軸圧縮強度 γ：単位体積重量 H：土被り厚 ①$G_n \leqq 2$ 　押出し性～膨張性 ②$2 < G_n \leqq 4$ 　軽度の押出し性～地圧が大きいと推定される ③$4 < G_n \leqq 6$ 　地圧が大きいと推定可 ④$6 < G_n \leqq 10$ 　地圧があると推定可 ⑤$10 < G_n$ 　地圧がほとんどないと推定可	膨圧発生の可能性が非常に大きいもの ①岩石中の主要粘土鉱物がモンモリロナイト ②$2\mu$m以下粒子含有率 $\geqq 30\%$ ③塑性指数$\geqq 70$ ④陽イオン交換容量 $\geqq 35$meq/100g ⑤浸水崩壊度D ⑥ボーリングサンプル中破砕部多い 膨圧発生の可能性あり ①岩石中の主要粘土鉱物がモンモリロナイト ②$2\mu$m以下粒子含有率 $\geqq 15\%$ ③塑性指数$\geqq 25$ ④陽イオン交換容量 $\geqq 20$meq/100g	①変形係数$\leqq$ 8 000kgf/cm² ②一軸圧縮強度 $\leqq 40$kgf/cm² ③単位体積重量 $\leqq 2.05$gf/cm³ ④自然含水比$\geqq 20\%$ ⑤液性限界$\geqq 100\%$ ⑥塑性指数$\geqq 70\%$ ⑦流動指数$\geqq 20\%$ ⑧$2\mu$m以下粒子含有率 $\geqq 30\%$ ⑨陽イオン交換容量 $\geqq 35$meq/100g ⑩膨張率$\geqq 2\%$	①自然含水比$> 20\%$ ②単位体積重量(乾燥) < 1.8gf/cm³ ③(第1回吸水量/自然含水比) > 2.0 ④浸水崩壊度C～D ⑤モンモリロナイト含有量 $> 30\%$ ⑥RQD$< 30\%$	著しい膨張性を呈する地山 ①ボーリング時 ・無水掘りが必要 ・コア膨張が顕著 ②$G_n \leqq 1.5$（< 0.5で顕著） ③モンモリロナイト含有量 $\geqq 20\%$ かつ 　自然含水比$\geqq 20\%$ ④浸水崩壊度D 膨潤性を呈する地山 ①ボーリング時 ・コア採取率低い ・コアディスキングが顕著 ②$1.5 \leqq G_n < 2.0$ ③モンモリロナイト含有量 $\geqq 20\%$ または 　自然含水比$\geqq 20\%$
備考	新第三紀泥岩	赤倉トンネル 新第三紀中新世椎谷層 新第三紀鮮新世灰爪層	鍋立山トンネル 新第三紀中新世椎谷層 定性的に上記①～⑤,⑩は膨張性との相関あり ⑦,⑨等は相関性低い	青函トンネル算用師工区 新第三紀中新世泥岩	新第三紀泥岩

注）1kgf/cm²≒0.1MN/m²
モンモリロナイト含有量 ＝ スメクタイト含有量．膨潤性を持つ粘土鉱物には，モンモリロナイト，バイデライト，ノントロン石，サポナイト，ヘクトライト，ソーコナイト，スティーブンサイト等があり，これらの粘土鉱物を一括してスメクタイトと呼んでいる．一般に利用されているX線回折では，スメクタイトであることは同定できるが，モンモリロナイト等の鉱物までは同定できない．

（出典：土木学会；トンネル標準示方書［山岳工法編］・同解説, 2016.）

また，アイダン・オメールら[10]は，地山の状態が変化する境界のひずみ値を弾性限界ひずみで正規化した状態ひずみ比の考え方を導入し，これが応力－ひずみ挙動のどの段階にあるのかをスクイージングレベルとして分類することで地山挙動を予測する手法を提案している．竹林ら[11]は，押出し・大変形挙動の著しい地山は内部摩擦角が小さく，いわゆるC地山のS（破砕・変質岩と土砂）にグループ化され，地山強度比が小さくかつ内部摩擦角が小さいほどその傾向が強いことを示している（表-3.2.3）．また，内部摩擦角 $\phi=30°$ を境として変位傾向に差があることを示している．高橋ら[12]は，既往の施工事例を整理し，地山強度比とともに土被りおよび支保内圧について体系化し，図-3.2.1のような判断基準を提案している．詳細は各文献を参照されたい．

表-3.2.3 破砕・変質を考慮した岩石グループ[11]

	H（硬質岩）	M（中硬質岩）	L（軟質岩）	S（破砕・変質岩と土砂）
φ地山（塊状岩盤）	花崗岩、花崗閃緑岩、ホルンフェルス、片麻岩、斑れい岩、石灰岩、チャート、砂岩(中古生層)など	安山岩、玄武岩、石英安山岩、流紋岩、ひん岩、礫岩、砂岩(第三紀層)	蛇紋岩、凝灰岩、凝灰角礫岩	左記の各種岩石の破砕変質の内、粘土化していない場合。および砂層、礫層(第四紀層)
C地山（層状岩盤）		粘板岩、頁岩(中古生層)	千枚岩、黒色片岩、緑色片岩、泥岩、頁岩(第三紀層)	層状岩盤の破砕・変質したもの。塊状岩盤で破砕・変質して粘土化したもの。およびシルト、粘性土層(第四紀層)

（出典：竹林ら；トンネル工学研究発表会論文・報告集，2001.）

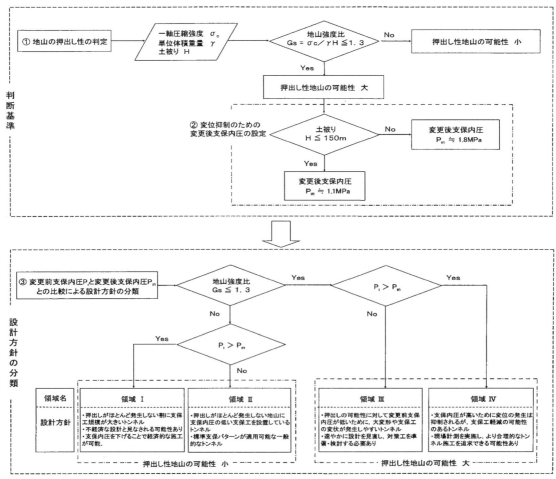

図-3.2.1 施工事例にもとづく判断基準[12]

（出典：高橋ら；土木学会論文集，No. 777，2004.）

ただし，これらの研究事例にも示されているように，1指標のみで押出し・大変形の可能性を精度よく予測することは困難であり，複数の指標を用いるなど総合的に判断する必要がある．

(4) 基本的なリスク低減対策

文献調査結果より，押出し・大変形が発生したトンネルにおいて実施された各対策工の採用件数を図-3.2.2に示す．

計画・調査・設計段階で採用された対策工の報告事例が少ないため，主に施工段階で採用された対策工が計上されている．また，鏡吹付けコンクリートのように軽微な対策工は必ずしも文献中に明記されていないため，件数として計上されていない場合がある．採用件数はあくまで目安であることに留意されたい．

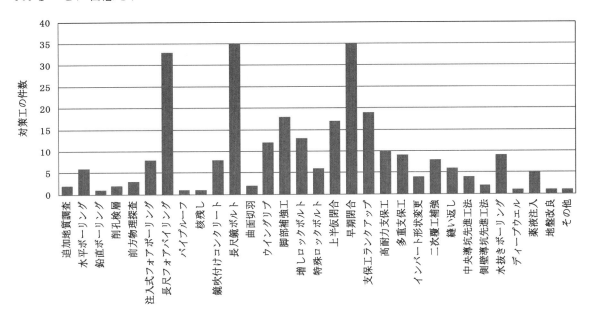

図-3.2.2 押出し・大変形における施工段階の対策工

かつて，押出し・大変形に遭遇した場合，加背を小さくしたり，いなし効果を期待した施工が採用されたりしていたが，近年では，補助ベンチ付き全断面掘削工法により切羽直近での早期閉合を採用する事例が多くなっており，文献調査結果からも裏付けられている．早期に支保構造を安定化させることによる周辺地山のゆるみ抑制を目的にしていると考えられる．

また，補助工法として長尺フォアパイリングおよび長尺鏡ボルトの採用も多くなっている．押出し・大変形地山では，天端および鏡面の安定性が低いことに加え，早期閉合に伴って加背が大きくなることも多く，作業の安全確保も同時に問題になっているためと考えられる．一方，ADECO-RS（Analysis of Controlled Deformation in Rocks and Soils）[13]に基づいた考え方が国内に普及してきたことも要因として考えられる．ADECO-RSは，トンネル掘削時の挙動を三次元問題として扱い，必要に応じて切羽前方地山を補強することにより内空変位を制御してトンネルの安定化を図るものであり，国内でもこの考え方を導入した施工事例もみられる[14]．

支保部材においては，強大な地圧がトンネル断面に作用することから，支保の健全性を確保するために高耐力支保工（高強度吹付けコンクリート，高規格鋼製支保工，高耐力ロックボルト）や増しロックボルトが多く採用されており，近年では多重支保工の採用事例も増えてきている．また，長期的な変状対策として覆工に繊維補強コンクリートを採用する事例もある．

以上のように，押出し・大変形が生ずる地山においては，掘削工法だけでなく，補助工法や支保パターン，覆工等も含めて総合的に対策工を検討する必要がある．

(5) リスクと対策の相関

押出し・大変形に関わるリスクと対策を**図-3.2.3**に示す．次項以降でそれぞれの段階ごとに解説する．

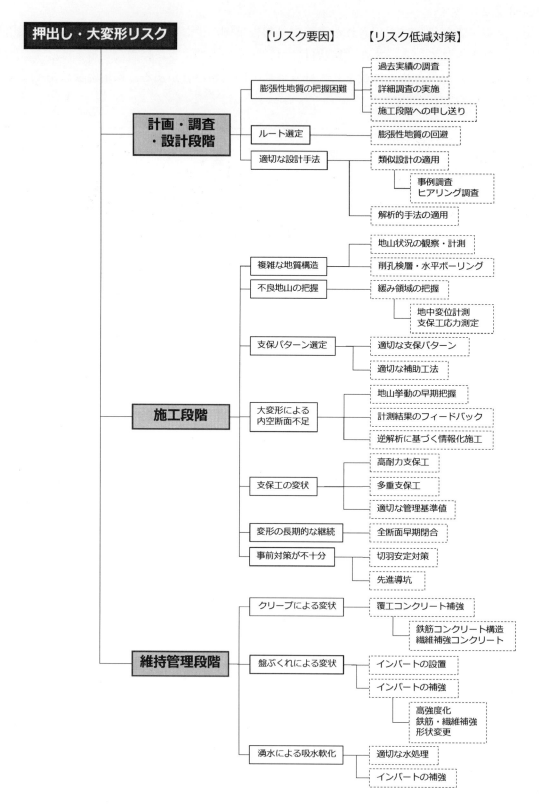

図-3.2.3　押出し・大変形地山におけるリスクと対策

3.2.2 計画・調査・設計段階のリスクと対策

【計画・調査・設計段階のリスク要因】
① 押出し・大変形挙動の原因となる地質を事前調査で特定できない.
② 極度の膨張性地山を掘削可能と判断してルート選定する.
③ 設計時に予測していなかった押出し・大変形挙動が施工時に発生する.

【解説】　①②について　山岳地帯の線状構造物であるトンネルにおいては，比較的広範囲にわたる地質状況を把握する必要がある．しかしながら，標準的に行なわれているボーリング調査では調査範囲が限定的であり，弾性波探査などの物理探査手法では，地質構造の複雑さのために調査精度には限界がある．また，経済的な問題も無視できない．このため，事前調査により詳細な地質情報を得ることは困難であることが多い．限られた調査にもとづく設計では，施工時の押出し・大変形挙動を事前にすべて予測することは現実的に不可能であると考えられる．このため，地質を事前に特定できない，あるいは掘削可能と判断した場合，予期せぬ押出し・大変形が施工時に発生することがある．

　③について　設計時に膨張性地山を特定できず，押出し・大変形挙動を予期していなかった場合，施工時において事前の備えが不十分となる恐れがある．たとえば，施工時の追加調査不足や押出し・大変形の初期挙動の見逃し等が，押出し・大変形挙動に対する対応の遅れにつながりやすい．内空断面を確保できず縫返しを余儀なくされることも少なくない.

　一般に，膨潤性（swelling）が懸念される地山においては，表-3.2.2に示す細粒分含有率や膨潤性粘土鉱物含有量等が主な指標となる．一方，押出し性（squeezing）が懸念される地山においては，トンネル周辺地山の強度不足に伴う広範囲な破壊領域形成とこれに起因する塑性流動が押出し・大変形の原因となるため，表-3.2.2に示す地山強度比が主な指標となる．膨潤性と押出し性を区別したうえで要注意地山を特定する必要がある.

【計画・調査・設計段階のリスク回避または低減に対する提言】
① 事前調査・試験を適切に行うとともに，膨張性が懸念される地質の存在を見落とさない.
② ルート選定段階で極度に膨張性が懸念される地質は避ける.
③ 地山および設計条件を十分に考慮し，適切な手法により支保工の設計を行う.

【解説】　①について　地形・地質調査および過去のトンネル施工実績等から，膨張性の可能性があると想定した場合には，3.2.1(2)に示した発生メカニズムや3.2.1(3)に示した調査・予測手法をふまえて，さらに詳細な調査を実施して，存在を確認しておく必要がある．また，詳細な地質調査が実施できない場合は，次段階の設計や施工へ申し送ることが重要である.

　②について　掘削予定区間の地質において膨張性の程度が極度に大きいと想定される場合には，施工時に地山の塑性化に伴う切羽天端や鏡面の大規模な崩壊が引き起こされる場合があり，その場合には，安全性の確保が問題となるだけでなく，復旧対策やそれによる工期の遅延などが生じ，社会的な費用が増大することとなる．北越北線の鍋立山トンネルのように，極度の膨圧により645mの掘削に10年間を要している例もある．過去に類似地質における施工実績がないような，または施工が大きく難航したトンネルと同様の膨張性が懸念される地質が確認された場合については，当該地質を避けたルートを選定することによりリスク低減が図れると考えられる.

　上記のような適切な設計を行うことに困難が想定される場合，あるいは，様々な対策によっても変状が発生する可能性が高い場合や多大な工費・工期が見込まれる場合は，不良地山を避けてルート選定あるいは見直しすることも選択肢として検討する.

　③について　このような押出し・大変形挙動は，通常のトンネルとは異なる挙動を示すため，

事前に膨張性が懸念される地質の分布状態や性状等を可能な限り調査する必要がある．しかしながら，このような挙動を示す地山の分布を施工前に的確に把握することは困難である．また，地山の判定については，3.2.1(3)に示した指標によっても押出し性の大小を判定できないことが多い．このため，膨張性が疑われる地質が分布する場合は，近隣のトンネルや類似地質の施工事例をできる限り調査し，押出し性の判定に反映させることも必要である．特に，近隣の類似地山でトンネルの施工がなされている場合，その施工記録および担当者のヒアリング等も地山評価の参考にすることができる．また，解析的検討により事前に地山挙動を予測することも有効である．

支保設計においては，施工時に押出し・大変形の問題が発生した区間で供用後の変状が発生することが多いため，長期にわたるトンネルの安定性を考慮すれば，地山の経時的な材料劣化を想定したうえで，支保部材にある程度の余力を見込むことが望ましい．しかしながら現状では，そのような検討，特に地山自身の支保機能の長期変化を予測することは困難である．このため，地山および支保部材，場合によっては覆工の構造的機能も組み合わせ，全体としてのトンネルの安定が満足されるような設計を行うことが望ましい．

また，掘削後の内空変位量が大きいと予想される場合，縫返しが必要とならないように，地山特性に応じた適切な変形余裕量を考慮した支保パターンとすることも必要である．

本坑の施工に先立って避難坑を掘削する場合には，これを調査坑として利用して各種調査，試験および計測を行い，本坑の設計，施工に反映させることでリスクを大幅に低減できる．

3.2.3 施工段階のリスクと対策

【施工段階のリスク要因】
① 褶曲などを受けた低強度の地質が介在する地山構造が十分に把握できていない．
② 押出し挙動の原因となる不良地山が突然出現する．
③ 地山に適した支保パターンや補助工法が選定できていない．
④ 大変形が発生すると内空断面の確保が困難となる．
⑤ 強大な地圧に対して支保部材の変状が発生する．
⑥ 掘削から十分時間が経過しても長期的に変形が継続して収束しない．

【解説】　①について　鏡面が鏡肌で，地質が油目状の光沢のある圧砕された泥岩部の掘削においては，鏡面や天端部の押出し，崩壊が多発した事例が確認されている（図-3.2.4）．鏡面および天端の崩壊は，薄い砂岩を介在する複雑に褶曲した地山特性にもとづく泥岩部の膨張性地圧と，それに起因する応力再配分現象とされている．また，蛇紋岩は粘土状，葉片状，塊状などの性状によって押出し性挙動が異なる．これらの地質構造に限らず褶曲などの構造運動の作用を受けた低強度の地質が存在する場合は同様な崩壊が起こる可能性があると考えられる．

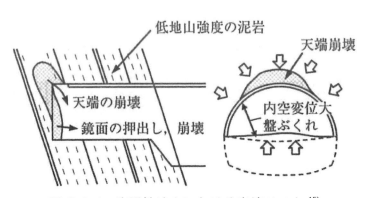

図-3.2.4　膨張性地山における崩壊リスク[15]

（出典：日本道路協会；道路トンネル観察・計測指針，2009．）

②について　一般的な事前調査では，地表面からの弾性波探査等による物理探査や調査ボーリングが多く適用されているが，正確な地山情報を把握することは，技術的にもコスト的にも困難であり，数量，精度，調査手法において多くの問題を含んでいる．また，押出し・大変形挙動の発生メカニズムは，地山の力学的性質に深く関連しているが，これらを実施工に役立つレベルで把握することも困難である．さらに，押出し・大変形挙動は，トンネルの支保部材や施工方法とも関連するため，その事前予測は非常に困難である．

このため，事前調査および事前設計にある程度のリスクを含んでいることを認識し，事前調査から施工時へと段階を追うごとに，調査の精度を上げていくことが肝要である．

③について　施工中に地山が悪化してきたり，坑内変位が増加傾向にある場合には支保工のランクアップが検討されるが，支保パターンを変更しても変形量の増加傾向が収束せず許容できない押出し・大変形が生じる場合がある（**図-3.2.5**）．

また，標準工法であるNATMでは，基本的に計測および支保の対象は切羽後方であり，切羽前方地山の挙動には着目していない．トンネル掘削時の周辺地山のゆるみは，切羽到達以前から発生することが知られているが，押出し・大変形を示すような地山強度が低い場合，切羽到達時にはすでに地山が広範囲に緩んでいると考えられる．このため，切羽到達後の対策だけでは不十分であり，対策が後手に回ってしまう可能性がある．

④⑤について　計測工は，施工中のトンネルが十分な管理状態にあるか否かを判断するための基本的な施工管理手法の一つであるが，押出し・大変形地山では地山挙動の程度に応じて施工方法や支保パターン等を変更する必要があるため，その重要性は非常に高い．ただし，内空変位で100mm程度以上，変位速度で10～20mm／日程度以上と地山挙動が急激に変化することが一般的であるため，標準的な施工管理では，内空断面の確保が困難となるばかりでなく，支保部材の変状によってトンネルの構造的安定性が損なわれる可能性がある．

⑥について　押出し・大変形挙動は，その発生メカニズムで示したとおり，掘削によって一時的にトンネル構造が不安定な状態となることにより，周辺地山が継時的に広範囲に破壊して引き起こされると考えられる．このため，押出し・大変形は，支保工の規模とその施工時期や，インバートによる断面閉合時期，といった施工方法に大きく影響をうける．しかしながら，掘削工法として適用されることの多い上半先進ベンチカット工法では，インバート打設による断面閉合まで長時間を要し，トンネル構造をなかなか安定させることができない．

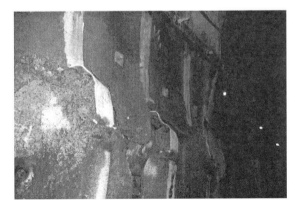

　　（a）上半支保工の肩部　　　　　　　　　（b）上半支保工の根足部
図-3.2.5　押出し・大変形による支保工の変状事例[16]
（出典：剣持ら；土木学会論文集F，Vol.63，No.2，2006．）

【施工段階のリスク回避または低減に対する提言】
① 事前の地質情報が不十分な場合，坑内からの水平調査ボーリング，前方探査などを実施して危険な地質構造を事前に把握する．
② 不良部に遭遇した場合はゆるみ範囲の調査等を実施したうえで慎重に施工計画を策定する．
③ 事前に前方の切羽安定性評価を実施し，適切な支保パターンと補助工法を選定する．
④ 地山挙動を早期に把握して対策にフィードバックする．計測結果を用いた逆解析も有効である．
⑤ 変状に対して支保の高耐力化や多重化が効果的である．
⑥ 地山のゆるみ抑制には早期閉合が有効であるが，予期せぬ不具合にも注意が必要である．

【解説】 施工中においては，地山状況の観察，坑内変位計側，支保工応力計測および岩石試験等を行い，これらの結果にもとづいて，施工中のトンネルが置かれている状況および今後の予測等について総合的に判断する必要がある．また必要に応じて，設計，施工法の変更を迅速かつ適切に行うことが肝要である．

①について 膨張性が懸念される地質を有するトンネルは土被りが大きい場合も多く，事前の地質調査のみでの正確な調査には限界があることも多い．事前調査および事前設計にある程度のリスクを含んでいることを認識し，事前調査から施工時へと段階を追うごとに，調査の精度を上げていくことが肝要である．たとえば，坑内からの水平調査ボーリング等を併用することにより不良箇所を事前に把握して，掘削時の対策に活用することでリスク回避を図ることが重要である．調査方法としては，比較的容易に実施できる削孔検層だけでなく，必要に応じて水平調査ボーリングによりコアを採取し，不良箇所の性状や分布を把握することも有効である．地山全体から見れば限定的な情報ではあるが，コアを直接目視確認できるとともに，必要に応じて岩石試験および土質試験により切羽前方の力学的性質や劣化特性を調べることも可能である．押出し・大変形挙動の要因を総合的に判定することができるため，リスク回避または低減のための事前調査として最も確実性が高いと言える．ただし，調査のために長時間を要し，掘削作業に大きな影響を与えるとともに，調査コストも問題となる．採用にあたっては，結果の活用方法も含めて十分に検討する必要がある．

先進ボーリングに代わる方法として削孔検層や反射法切羽前方探査も有効である（3.1参照）．

②について 膨張性地山のトンネル掘削では，切羽前方地山の塑性化領域が深部に広がることにより，鏡面の押出し，崩壊につながるため，上記前方地質調査に加え，必要に応じて，ゆるみ範囲がどの程度まで広がっているかについての調査（地中変位測定，支保応力測定）を実施し，切羽の観察記録，内空変位のデータと合わせて総合的に切羽崩壊の危険性を判断し，施工サイクルや，トンネル掘削工法の変更を行うことでリスクの低減を図る必要がある．

③について 不安定で脆弱な地質の掘削が予想されている場合は，上記地質調査やゆるみ範囲の調査にもとづき，切羽安定性評価を実施し，適切な支保パターンと補助工法を選定し，天端崩落や切羽崩壊の危険性を低減させる必要がある．

支保パターンにおける対応としては，トンネルの変形を許すことにより支保工に作用する地圧を軽減させようとする方法と，剛性の高い支保部材によって地圧に対抗し変形を抑制する方法とに大別される．近年の国内では，合理的で良好な結果が得られた施工実績も多いことから，後者が多く採用されている．一般的に，計測状況に応じて支保部材のサイズアップや高規格化で対応が図られるケースが多い[17),18)]．これのみでは支保工剛性が不足する場合には多重支保工が採用される[16),19)]．計測結果等をふまえて適切な支保部材を選定することが重要である．

補助工法においては，切羽前方のゆるみ範囲の拡大を抑え，地山の風化を防止することが重要であり，長尺鏡ボルト，鏡吹付けコンクリートは有効な対策である（図-3.2.6）．さらに，長尺鏡

ボルトに代えて，あるいは併用して先進導坑を施工する場合もある．先進導坑は，剛性の大きな長尺鏡ボルトと見なすことができ，地山のゆるみ抑制に効果的である．日暮山トンネルでは，膨張性泥岩区間で導坑先進工法を採用した結果，切羽安定効果および変位減少効果が確認されている(図-3.2.7)．

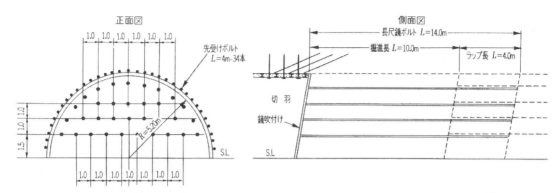

図-3.2.6 施工段階におけるリスク低減（先受け工，長尺鏡ボルト）[20]
（出典：奥村ら；トンネルと地下，第29巻5号，1998．）

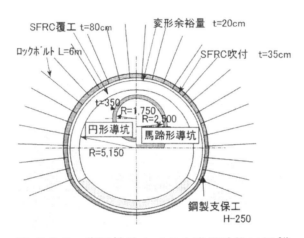

図-3.2.7 膨張性地山での先進導坑施工例[21]
（出典：谷井ら；トンネル工学報告集，2001．）

④について　押出し・大変形挙動を示す地山では，掘削直後の初期変位速度が大きいため，掘削後早期に計測点を設置するとともに，計測頻度を高めるなど通常よりも計測を強化する必要がある．近年，地山挙動を早期かつ確実に把握する目的で，自動追尾トータルステーション等を用いた内空変位計測の自動化や，変位の現状を現場関係者が直接目視確認できる OSV (On-Site Visualization) システムが開発され，現場で活用されている．

得られた計測データは，その後の施工にフィードバックし，より適切な施工を行うために活用する．膨張性地山では，最終変位を早期に予測して対処する必要があることから，初期変位速度から最終変位を予測する手法が有効であり，多くの現場で用いられている．施工の初期段階では，当該トンネルでのデータ蓄積が少ないため，過去の施工実績等を活用する．また，計測データと数値解析手法を組合せることにより地山状況を定量的に判定し，支保パターン，早期閉合の手法や閉合距離を地山状況に応じて設定，変更することができ，リスクの合理的な低減が可能となる．

⑤について　膨張性地山では，掘削初期段階で急激な坑内変位が発生するため，支保パターンのグレードアップが必要となるケースが多い．最適な支保工の検討を行うためには，本来は地山状況や施工条件に応じて個別に設定すべきであり，解析的手法を用いた設計法の確立が課題とな

るが，具体的に整理された報告は少ない．ここでは，全断面早期閉合を適用する際に提案されている管理基準値および支保パターンのグレードアップ，グレードダウンに関する施工管理手法を**表-3.2.4，表-3.2.5**に示すので参考にされたい．

さらに，従来の支保部材をグレードアップするのみでは変形を抑制できず，支保工が破壊するような場合は，支保工の内側にさらに支保工を二重あるいは三重に設置する多重支保工が採用されるケースもある．この場合，内側に施工する支保工の設置タイミングが課題になる．

切羽付近で多重支保工を一気に設置することで，断面の変形や周辺地山のゆるみを抑制する考え方もあるが，想定以上に地圧が強大な場合，一次および二次支保工ともに健全性が損なわれることになる．このような場合，一次支保工の変位と変状をある程度許容し，切羽から離れた位置で内側に二次あるいは三次支保を建て込むことで，支保全体の健全性を確保する考え方が採用されることがある．地山状況に応じた対応が必要である．

表-3.2.4 全断面早期閉合適用時の管理基準値[22]
（グレードアップ基準の目安）

項　目	天端沈下	水平内空変位
最終変位量	30mm	60mm
切羽通過後の初期変位速度	10mm/日	20mm/日
一次閉合後の初期変位速度	5mm/日	5mm/日

※この表は，地山悪化時における全断面早期閉合の仕様のグレードアップ基準に対する目安を示す．グレードダウン基準は，グレードアップ基準より小さな値に設定する．
※一次閉合後の初期変位速度は，鋼製インバートストラットの要否の判断基準とする．

（出典：角湯ら；トンネルと地下，第45巻7号，2014.）

表-3.2.5 七尾トンネルのグレードアップの例[22]

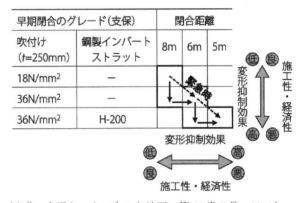

（出典：角湯ら；トンネルと地下，第45巻7号，2014.）

⑥について　膨張性地山において，トンネル構造の安定性を確保するために，補助ベンチ付き全断面工法によって，切羽近傍でインバートによりリング状に閉合された剛なトンネル構造を早期に構築することで，トンネル構造の安定化を図る早期断面閉合の採用事例が増加し，その有効性が広く認められてきている．ただし，その効果の反面，予期せぬ不具合にも注意が必要である（**図-3.2.8**）．

まず安全面として，早期断面閉合では，全断面あるいはそれに近い形で掘削するため，上半先進ベンチカット工法と比べて切羽部での解放面が大きくなり，切羽が不安定になりやすい．また，一次インバートの施工に伴い，切羽近傍での作業時間も長くなり，切羽崩落に巻き込まれるリスクが高くなる．このため，長尺鏡ボルト等の切羽安定対策や支保のランクアップ等による切羽周辺地山のゆるみ抑制を検討する必要がある．

また，一次インバートの強度・剛性についても検討が必要である．早期断面閉合では，閉合距離を短縮する程その効果は高くなると考えられるが，これに伴って通常よりも大きな解放力が支保工に作用するようになるため，一次インバートの座屈や盤ぶくれといった変状が発生することがある．このような場合には一次インバートのランクアップも検討する．さらには，インバートの半径はアーチ部より大きいため，トンネル断面として耐荷力を増すため，インバート半径を小さくすることを検討する．実績では，上半半径の1.5～2倍程度が多く採用されている．

さらに，下半支保工と一次インバートとの接続部で変状することもあるため，接続部への配慮も重要である．すなわち，下半の鋼製支保工とインバート支保工との接続部を滑らかに応力伝達できる構造にするとともに，ここが構造的に弱部とならないようにする必要がある．下半支保工

とインバート支保工との接続方法の一例を**図-3.2.9**に示す.

　膨張性の要因である押出し性と膨潤性は，長期間にわたって進行し，トンネル完成後に変状となって現れることもある．供用後に補修・補強を行うのは一般に困難であるため，できる限り設計・施工時に対応しておくことが望ましい．維持管理段階に向けた対策は**3.2.4**に記述する．

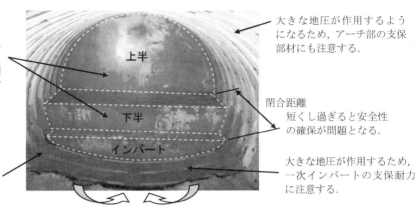

図-3.2.8　早期閉合における留意事項

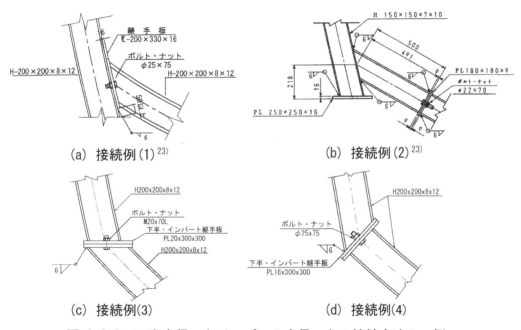

図-3.2.9　下半支保工とインバート支保工との接続方法の一例

3.2.4　維持管理段階に向けたリスクと対策

【維持管理段階のリスク要因】
① クリープ的な変形によって覆工に変状が発生する．
② 盤ぶくれによってトンネルの路盤部に変状が発生する．
③ 地下水や中央排水などによるスレーキング（吸水による軟化）が発生する．

【解説】　①について　いわゆる NATM が導入されてから，山岳トンネルの覆工では力学的機能を付加しない考え方が一般的である．しかしながら，膨張性地山においては，時間依存性の地山挙動を示すことが多く，支保の施工後であってもクリープ挙動によって変位収束に長時間を要することが多い．基本的には，覆工の施工時期は変位が収束した段階以降であるが，支保のみでは変位収束が得られない場合には，覆工に力学的機能を付加することによって，覆工にも地山荷重

を負担させる場合がある．また，支保により一旦は変位収束が得られても，供用後における周辺地山の強度低下により，将来，覆工に変状が現れることも懸念される．

②について　トンネル施工時には安定していると判断された地山であっても，供用後に盤ぶくれが発生し，対策を余儀なくされることがある．供用中のトンネルで盤ぶくれが発生した代表的なNATMの事例を**表-3.2.6**に示す．

従来，施工時に顕著な変位が発生せず，コストや工期を重視する場合には，インバートを設置しないケースも多かった．しかしながら，長期的な地山の安定性を施工時に判断することは困難であり，なかには，供用後に盤ぶくれ等の変状が発生するケースも少なくない．

また，インバートを設置した場合でも，一般にインバート半径はアーチ部の半径よりも大きく，その形状に起因して地圧に対する耐荷力が低い．このため，押出し性の大きなトンネルでは，インバートを設置していても供用後に盤ぶくれによって路盤部に変状が発生することがある．

表-3.2.6　盤ぶくれ発生トンネル一覧 [24)から抜粋]

トンネル名	用途	工法	インバート	建設年
風波トンネル	道路	NATM	有り	1987（竣工）
うれしのトンネル	道路（高速）	NATM	無し	1990（供用）
俵坂トンネル	道路（高速）	NATM	無し	1990（供用）
盃山トンネル	道路（高速）	NATM	有り	1990（竣工）
浅間山トンネル	道路	NATM	無し	1992（竣工）
小山田トンネル	道路	NATM	無し	1992（供用）
一本松トンネル	道路	NATM	無し	1993（供用）
一ノ瀬トンネル	鉄道（新幹線）	NATM	有り	1994（竣工）
碓氷峠トンネル	鉄道（新幹線）	NATM	無し	1995（竣工）

（出典：土木学会；山岳トンネルのインバート，2013.）

③について　トンネルの施工に起因して，地山内の水みちの変化や地山強度の低下が発生した場合，設計および施工時の考え方と乖離してしまう可能性がある．特に，泥岩や凝灰岩などの膨潤性地山では，地下水や中央排水などの水によってスレーキングが引き起こされ，これがさらなる地山強度の低下，塑性地圧の増加につながり，盤ぶくれの発生リスクが高まる．

【維持管理段階に向けたリスク回避または低減に対する提言】
① 覆工の補強を検討する．
② 押出し挙動が強い場合はインバートの形状等にも注意する．
③ 中央排水工の水処理に注意する．

【解説】　①について　トンネル施工時に強い押出し挙動が発生した場合，将来，覆工に変状が現れる可能性があるため，供用性およびライフサイクルコストの観点から，何らかの手段で覆工を補強することが望ましい．覆工に力学的機能を付加する場合，鉄筋コンクリート構造，あるいはじん性の高い繊維補強コンクリート[25)]を採用するケースが多い．

現状，このような地山で覆工に力学的機能を付加する場合の設計手法は確立されていない．ただし，既往の事例より，覆工に対する設計荷重の考え方は次の3つに大別できる（**図-3.2.10**）[26)]．

　1) 覆工打設後のクリープ荷重（支保の荷重分担を考慮）
　2) 支保と覆工で全荷重を分担
　3) 覆工のみで全荷重を負担

1)は，覆工打設時に支保に作用している地山荷重は将来的にも支保が負担するものとし，覆工は打設後のクリープによる増分荷重のみを負担するという考え方である．2)は，トンネル断面に

作用する全地山荷重を推定した後，これより支保に負担させる荷重を差し引き，残りの荷重を覆工に負担させる考え方である．1)および 2)ともに，将来における支保の劣化や地山の強度低下について検討の余地が残る．3)は，支保や地山の時間的な強度劣化を考慮し，全地山荷重を覆工のみで負担させる考え方である．1)，2)より安全側であるが，過大設計と見なされる可能性もある．

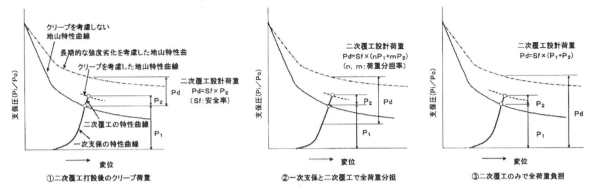

図-3.2.10　押出し性地山における覆工設計の概念[26]

(出典：高橋ら；トンネル工学研究論文・報告集，2002.)

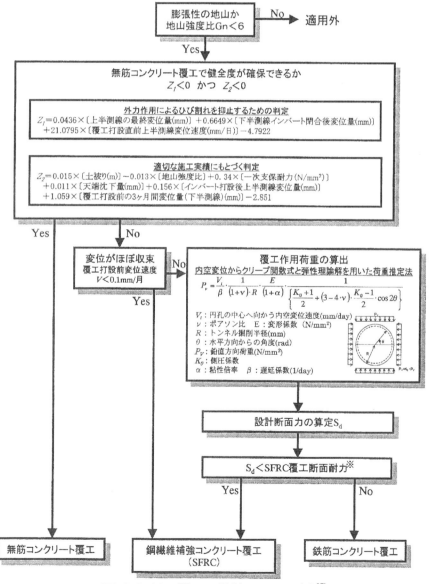

図-3.2.11　覆工の設計フローの例[27]

(出典：岡﨑ら；トンネルと地下，第35巻10号，2004.)

このほか，既往の施工実績を整理し，変位がほぼ収束した後に覆工を打設した場合であっても，将来的に覆工に荷重が作用する可能性があることを考慮した覆工仕様選定手法も提案されている（図-3.2.11）[27]．なお，これらの設計荷重の具体的な算出方法は，各文献に詳述されているので参照されたい．

②について　供用開始後に変状対策を実施する場合，多大な労力とコストを要するため，施工時に長期的な安定性を評価し，対策を講じておくことが合理的である．

インバート部の変状に着目した場合，その変状は以下の2つに大別できる．
- インバートがないことに起因する変状
- 設置したインバート自体の変状

インバートがないことに起因する変状については，以前と異なり近年は，押出し・大変形が発生する可能性のある地山では標準設計においてインバートを設置する傾向になってきていることから，ここでは省略する．なお，供用後に盤ぶくれが発生した事例を分析した結果として，インバート設置に関する判定指標が提案されている[28]．また，以前は変位を抑制する目的で本インバートを打設する場合もあったが，近年は，長期耐久性を確保するという観点から，覆工と同様に変位が収束してから本インバートを打設するようになってきており[29]，変位を抑制するために断面を閉合する手段として，吹付けコンクリートや鋼製支保工を併用した一次インバートを設置することが一般的である．

インバートを設置しても，設計・施工時における地山の長期的安定性の評価が十分でなく，インバート自体が変状する場合もある．押出し・大変形の発生が推測される場合は，インバートにおいても何らかの配慮が必要になる可能性が高い．インバート部で実施できる補強対策としては，インバート半径の変更と一次インバート（支保的インバート）の設置とに大別できる（図-3.2.12）．インバート半径を変更する場合，上半半径に対して1.5〜2.3倍程度と，より円形に近い形状が採用されている[30]．

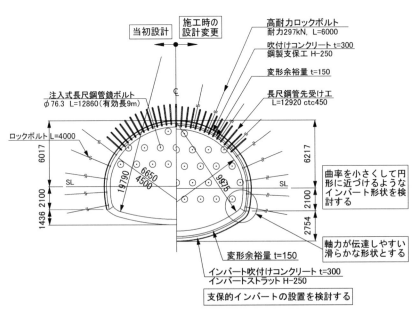

図-3.2.12　インバートの補強対策

その他のインバートに関わる対策としては，次のような方策が挙げられる．地山条件や施工方法に応じて適用性を検討する必要がある．
- コンクリートの高強度化
- 金網，繊維，鉄筋などによるコンクリートの補強

・下向き補強ロックボルト，インバート下部地山の補強
・支保工脚部の押抜き対策としてのせん断補強
・支保工とインバートの形状変更（軸力伝達のため滑らかな形状とする）

インバートの安定性評価を合理的に行うため，アーチ部の坑内変位だけでなく，施工時の一次インバートの変位計測も行い，この結果をふまえて本インバートの構造を決定した事例もある（図-3.2.13）．

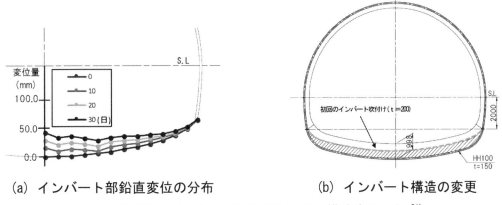

(a) インバート部鉛直変位の分布　　(b) インバート構造の変更

図-3.2.13　インバート部の変位計測と構造変更の例[31]

（出典：宮沢ら；トンネル工学報告集，2017．）

③について　供用後の盤ぶくれに対して，設計および施工時において長期的な地下水流動にも配慮する必要がある．供用開始後に路盤部の変状（クラックおよび隆起）が発生した事例[32]では，トンネル施工時に強い押出し挙動が発生した区間において，粘土鉱物を多量に含む地山が吸水膨張することによって盤ぶくれが発生したと考えられている．また，その変状発生メカニズムは次のように推測されている．

・施工時，押出し挙動に対してインバート打設により変位を収束させたが，塑性圧によってインバート内部に微細なひび割れが発生した可能性がある．
・地下水の影響によって塑性地圧が増加し，インバートにひび割れが発生，同時に中央排水も破損した．
・中央排水を流下する湧水がインバート下の地山に浸透し，さらなる塑性地圧の増大を引き起こす．
・最終的にインバートの隆起と破壊，路面隆起に至る．

さらに，既設インバートの破壊メカニズムをふまえ，損傷したインバートを撤去したうえで，より耐荷力のあるインバートを施工している．長期にわたって発生する塑性地圧を定量的に評価することは困難であるが，湧水の存在する地山では，将来的なリスク回避策として②で示したようなインバートの補強対策も検討する必要がある．

3.3 切羽崩壊・地表面陥没に関するリスク低減

3.3.1 切羽崩壊・地表面陥没一般
(1) 切羽崩壊・地表面陥没の事例

切羽崩壊・地表面陥没の事例について，表-3.3.1に整理した．小土被りから比較的大きな土被り部の未固結および脆弱な地山において，崩壊・陥没の事例が報告されている．

表-3.3.1　地表面陥没・崩落の見られたトンネル（NATM） [33)]を加筆修正

トンネル名	断面	土被り	地質	陥没発生位置	発生時期	陥没形状	記事
牛鍵	新幹線	約5～6m	黒ボク，ローム，粘性土，砂質土	トンネル直上田畑	2005年5月31日	幅約7～17m，長さ約60m，深さ約8m	ディープウェル施工後，水田水張りによる地下水上昇
北山	道路	約12～13m	泥質メランジュ	トンネル直上梨の木畑	2005年4月12日	幅約15m，長さ約18m，深さ約1.5m	脚部沈下，上半ベンチ終点部がせん断破壊
ヒースロー	不明	約20m	不明	トンネル直上空港プラットホーム	1994年10月22日午前1時頃	地表陥没によるビルの傾き	インバート構造の不備基盤の不備
オーストラリア有料道路	道路	17m	頁岩，玄武岩	ランプ坑門から120m	2005年11月2日	径6mの穴	・低強度の頁岩中の節理・低強度の貫入粗粒玄武岩
飯山	新幹線	190m	洪積世砂礫	山林	2003年9月11日午前3時頃	直径約70m深さ30m	トンネル内に土砂流出
日暮山	2車線道路	130m	泥岩部（膨張性）	トンネル直上	1999年12月9日	クレーター状（直径30m，深さ18m）土石流（8000m³）	突発湧水
生駒	鉄道	約80m	断層破砕帯	側壁導坑切羽付近直上	1984年3月28日	不明	湧水による地盤のゆるみ
サンパウロ地下鉄4号線	地下鉄	不明	不明	不明	2007年1月12日	直径60m，深さ30m	多量の降雨による地盤の軟化と地下水の上昇
笠森（圏央道）	道路	約22～24m	堆積物砂岩	トンネル直上と隣地の林地と周辺耕作地	2010年10月19日	直径約5～7m，深さ約5mの陥没穴（2つ）	切羽からの湧水による土砂

（出典：土木学会；実務者のための山岳トンネルにおける地表面沈下の予測評価と合理的な対策工の選定，2012.）

(2) 切羽崩壊・地表面陥没現象の特徴

トンネル施工による切羽の崩壊や地表面の陥没等は，地山条件に関する要因から設計・施工に関するものまで広範囲にわたり，しかも各々の要因が複雑に絡み合った結果として生じるため，要因を特定することは困難であり，地質の急変，地下水の帯水など，崩壊等の予兆がない場合も多い．ただし，崩壊要因は特定できなくても，崩壊現象はいくつかのパターンに分類することは可能である．

3．押出し・崩壊に関するリスク管理　　51

　既往の文献[33),34)]によると，これらの崩壊現象について**表-3.3.2**，**表-3.3.3**のとおり整理され
ている．また，**表-3.3.3**では，崩壊現象の要因と代表的な発生地質について整理されており，切
羽安定に対する影響度として，基岩の性質，不連続面の状況，湧水の状況が挙げられている．

表-3.3.2　トンネル崩壊現象の概念（その１）[33)を編集]

崩壊要因	切羽周辺の不良地山 鏡面などの弱層で囲まれたブロック	
模式図	天端崩落 / 全断面切羽崩壊 / 上半切羽崩壊 / ベンチ崩壊	
崩壊要因	天端部の弱層 （鉛直に近い傾斜を持った亀裂，井戸などの人工構造物）	帯水層下位にある 難透水性薄層
模式図	地表面	地表面 / 地下水位 / 帯水層 / 難透水層
崩壊要因	小土被り	
模式図	地表面	

（出典：土木学会；実務者のための山岳トンネルにおける地表面沈下の予測評価と合理的な対策工の選定，2012.）

表-3.3.3　トンネル崩壊現象の概念（その２）[34]

崩壊現象の要因	代表的な発生地質	概念図	切羽安定に対する影響度	
不連続面の発達に起因する崩壊	塊状岩盤 中硬岩・軟岩 　火成岩類 　砂岩・礫岩		基岩の性質	小
	層状岩盤 中硬岩・軟岩 　片岩類 　頁岩 　粘板岩		不連続面の状況	大
			湧水の状況	大〜中
湧水に起因する崩壊 （地山流出）	断層・破砕帯		基岩の性質	大
	土砂地山 崖錐等 洪積層		不連続面の状況	小
			湧水の状況	大
切羽面の押出しや低地山強度に起因する崩壊	層状岩盤 軟岩 　凝灰岩類 　泥岩 　片岩類 　蛇紋岩		基岩の性質	大
			不連続面の状況	中〜小
			湧水の状況	中
	土砂地山 崖錐等 洪積層 破砕帯		基岩の性質	大
			不連続面の状況	小
			湧水の状況	大

（出典：日本道路協会；道路トンネル観察・計測指針　平成21年改訂版，2009）

（3）崩壊事例における地山状況の整理

　先に示したとおり，崩壊現象はいくつかのパターンに分類可能であり，また崩壊原因の中で支配的要因である地山状況もいくつかのパターンに限定できる．これまで山岳トンネルにおける切羽安定に関する調査研究[35]や大規模変状の事例調査等では，地山状況として，①未固結・土砂地山，②強風化・崖錐地山，③軟岩地山，④断層・破砕帯を含む地山，⑤層理・節理の発達した地山の5つに分類していることが多いため，切羽崩壊・地表面陥没に関するリスクの整理においてもこれらを参考にした．

　次項以降では，①〜⑤の地山状況ごとの個別の崩壊リスクについて，計画，調査，設計，施工，維持管理の各段階におけるリスク低減策（提言）について整理している．

3.3.2 未固結・土砂地山の崩壊リスク

未固結・土砂地山は，第四紀のシルト層，粘土層，砂層，含水砂礫層や新第三紀鮮新世の泥岩や凝灰岩，砂岩等の堆積岩類，まさ土等の風化残積土，火山灰，火山礫，軽石等からなる火山噴出物，盛土や埋め土等による地形改変地などの未固結ないし低固結度の地山である．

このような地山においてトンネル施工上問題となる現象は，切羽の崩壊，湧水に伴う地山の流出，地山流出に伴う地表陥没，トンネル底盤の脆弱化（支保工の支持力低下），地表部渇水，地表面沈下などである．これらの現象を回避または低減するために，調査・設計段階から施工段階に亘って適切な対策を計画，実施することが重要である．

計画・調査・設計段階，施工段階のリスク要因と対策について**図-3.3.1**にまとめ，以下に各リスクと対策について述べる．

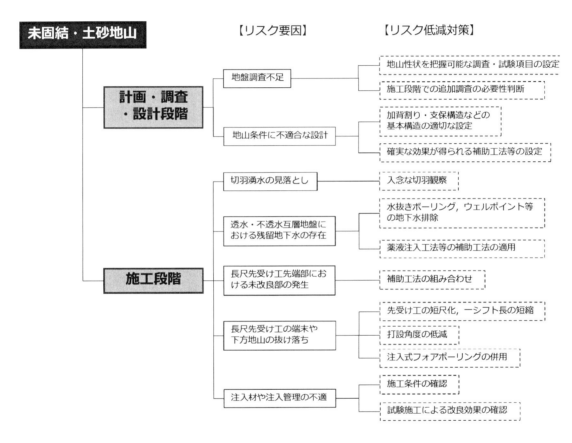

図-3.3.1 未固結・土砂地山の崩壊リスクと対策

(1) 計画・調査・設計段階のリスクと対策

【計画・調査・設計段階のリスク要因】
① 事前の地質調査が不足すると，未固結・土砂地山の性状等を正確に把握できない．
② 地山条件に合致していない支保パターンや補助工法で設計される．

【解説】 ①について 一般的な事前調査は，地表面からの弾性波探査等による物理探査や調査ボーリングが多く適用されており，コストや技術的な制約により，完全な地質情報を捉えることに限界がある．また，地山の固結度等の性状にバラツキもあることから，計画・調査・設計段階の調査結果を基に，施工段階での追加調査や掘削時に得られる情報を踏まえて補完することで，より正確な情報を取得することが肝要である．

②について　未固結・土砂地山におけるトンネル施工では，切羽の自立性確保，トンネルや地山の変形抑制が重要となる．掘削方法や補助工法が施工条件や地山性状に合致していない場合，切羽の崩壊やトンネルの過大変形を招く可能性が高まることから注意が必要である．

【計画・調査・設計段階のリスク回避または低減に対する提言】
① 未固結・土砂地山に適合した切羽安定評価や流動化判定等に必要となる指標の把握を目的とした調査・試験を選定し，実施する．
② 地質調査結果に基づく切羽安定性評価と適切な支保パターン・補助工法の選定を行う．

【解説】　①について　未固結・土砂地山におけるトンネル施工は，砂質土の場合には，自立性の評価が重要であり，地層構成，各層の土質，N 値，内部摩擦角，地下水頭，透水性等を総合的に検討し，地山の挙動を想定する必要があり，特にトンネル湧水を伴うと予想されるときは，粒度分析，密度試験等を行って，流動化の発生の推定を行う必要がある．粘性土地山の場合には，地山強度比を用いた評価が行われている．また，補助工法を含む施工方法の検討に必要な調査も加えて行わなければならない．　なお，地下水位低下工法を併用する場合は，トンネル近傍の調査に留まらず範囲を広げ，揚水による周辺影響の評価を行うための調査も実施する必要がある．

　未固結地山において最も課題となる切羽の自立性評価については，室内試験における流動化判定が重要となる．一般に細粒分（粒径 75μm 以下）の含有量が少なく均等係数が 5 以下の場合は流動化しやすく，特に砂質土地山においては，含水比が高いと地山の流動化を生ずることがある．

　地山の流動化の有無に関する指標の例を**表-3.3.4** に示す．主に細粒分含有率，均等係数を指標とし，流動化の評価を行っている事例が多い．また，**図-3.3.2** は，東北新幹線のトンネル（五戸トンネル，六戸トンネル，三本木原トンネルおよび牛鍵トンネル）における評価事例である．本事例では，未固結の砂層を主体としており，細粒分含有率≦10%，均等係数≦5 の領域に多くの試料が入っており，この領域で崩落を生じている[37]．**表-3.3.5** に鉄道トンネルの砂質地山における地山分類を示す．これは，切羽近傍の限界動水勾配と地山の相対密度から砂質地山におけるトンネル切羽の安定を評価する手法を基に設定されている．

表-3.3.4　地山の流動化を示す指標の例[36]

	矢田ほか (1969)	森藤(1973)	日本国有鉄道 構造物設計事務所(1977)	土木学会 (1977)	奥園ほか (1982)	木谷ほか(1993)
指標	単位体積重量 ≦2.65g/cm³ 土粒子の比重 ≦1.70 均等係数≦4 50%粒径 ≦1.50mm 10%粒径 ≦0.15mm	細粒分含有率 ≦10%	①均等粒径の砂 ・細粒分含有率≦10% ・均等係数≦5 ・飽和砂 ②地下水位の高い砂および砂礫層 ③不透水層中に介在する帯水砂層	細粒分含有率 ≦10% 均等係数≦5	細粒分含有率 ≦8% 均等係数≦6 透水係数 ≧10^{-3}cm/s	①自立が困難 ・相対密度<80% ・切羽近傍の動水勾配が大 ②流出の可能性がある状態 細粒分含有率<10%
備考	加木トンネル	生田トンネル				信濃川水路トンネルほか 詳細検討には試料試験が必要

（出典：土木学会；トンネル標準示方書［山岳工法編］・同解説，2016.）

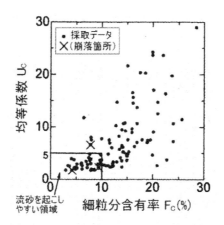

図-3.3.2 東北新幹線のトンネルにおける均等係数,細粒分含有率の分布 [37)]
(出典：北川ら；トンネル工学研究発表会論文・報告集, Vol.15, 2005.)

表-3.3.5 砂質地山の計画段階での地山分類（鉄道トンネル） [38)]

地山等級	地山の状態	分類指標 相対密度 $D_r(\%)$	分類指標 細粒分含有率 $F_c(\%)$
IN	切羽がほぼ安定した状態とみなされる地山	$D_r \geq 80$	$F_c \geq 10$
IL	切羽が不安定で,わずかな変化によって流出する可能性のある状態の地山	$D_r \geq 80$	$F_c < 10$
特L	切羽の自立性が著しく低い状態にあり,掘削に支障する重大な状態変化が予測される状態の地山	$D_r < 80$	

注1) 鉄道トンネルの地山等級区分による.
注2) 本分類は土砂地山のうち,主に砂質土からなる地山条件に適合する.
注3) 本分類は掘削時の切羽前方圧力水頭が切羽中心より＋10m未満であることを適用条件とする．なお，＋10m以上の場合は別途水位低下工法等の検討を要す.

(出典：土木学会；トンネル・ライブラリー第20号, 2009.)

②について　当該地山におけるトンネル施工の問題点は，以下の3点が挙げられる[39)].

・地山の強度が小さいため切羽の自立性が悪い：未固結地山に共通の問題であり，切羽の自立性を確保するための対策が必ず講じられる．

・地山の強度や剛性が小さいため変形が大きくなる：小土被りで近接構造物がある場合には，これらの機能に支障を与えないように地山の変形（特に沈下）を抑制する必要がある．また，近接構造物がない場合においても，トンネルに過大な変形を生じさせることは，切羽の崩落，不安定化を引き起こす原因となるので，地山の変形を極力抑制する必要がある．

・湧水により切羽が不安定になる：含水未固結地山において生じるものであり，特に砂層では湧水により地山が洗掘され，切羽が不安定となり，著しい場合には，切羽流出にまで至る．また，ロックボルトの定着不良，吹付けコンクリートのはく離，支保工の沈下等，施工上も大きな障害となる．

計画・調査・設計段階においては，特に前記3点に留意し，事前調査を実施し，切羽の自立性確保，トンネル安定性確保の観点で，地質，トンネル断面，土被り，環境条件に応じて，加背割り，支保構造等の基本構造を適切に採用し，その上で各種補助工法の採否や早期断面閉合等の掘削方法の適用を設計時点から考慮しておくことが肝要である．

以下に，未固結・土砂地山での設計事例[40]を示す．本事例の地形・地質状況（図-3.3.3）は，トンネル全線にわたって小土被り条件で最大土被りが約8m（約0.5D，D：トンネル掘削幅），表層にはN値5以下の軟弱なロームが厚く堆積し，その下部からトンネル底盤にかけてN値10程度の強風化した火山礫凝灰岩が分布していた．設計段階においては，上記施工条件を考慮したFEM解析を実施し，切羽の安定性を確保し，地表面沈下等を変形抑制する施工方法として，中央導坑先進補助ベンチ付き全断面工法，先受け工および支保的インバートによる早期断面閉合が採用された（図-3.3.4）．なお，実施工では，追加地質調査，B計測や解析によるフィードバック等を行い，設計の妥当性を確認しながら施工を行った．

未固結・土砂地山は，地形改変地においても遭遇する可能性が高い．沢や谷部への盛土や斜面への腹付け盛土等が施工された地形改変地にトンネルを計画する場合，旧地形の情報および盛土性状，地下水の有無等を詳細に把握することが施工時の変状発生を防止するために重要となる．

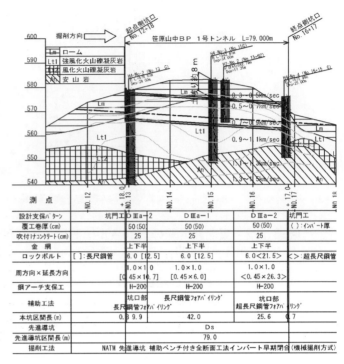

図-3.3.3　設計事例：地質縦断図[40]
（出典：若林ら；第78回（山岳）施工体験発表会，2016.）

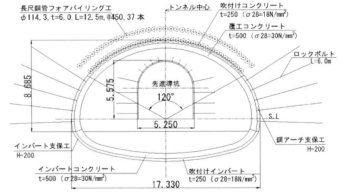

図-3.3.4　設計事例：支保パターン図[40]
（出典：若林ら；第78回（山岳）施工体験発表会，2016.）

したがって，このような地形においては，計画・調査・設計段階から密に調査を実施し，対策工の要否判断や選定を行うことが必要である．

(2) 施工段階のリスクと対策

【施工段階のリスク要因】
① 切羽からの湧水があるまま施工を継続する．
② 透水層と不透水層の互層地盤の場合には水位低下工法を実施しても残留水が存在している．
③ 先受け工を用いる場合には，先端近くでは放射状に開くため，未改良部が発生する．
④ 先受け工の下部地山や端末管撤去箇所の地山が抜け落ちる．
⑤ 補助工法の注入材や注入管理値が地山性状に適合していない．

【解説】　①について　未固結・土砂地山は，切羽の流出，大量湧水や崩壊，土被りの小さい場合の地表面沈下や陥没等の問題が生じる．特に粒径が均一な細砂の場合は流動化が生じ，切羽崩壊につながる可能性が高いことから注意が必要である．

②について　図-3.3.5 は，東北新幹線三本木原トンネルの崩壊事例[41),42)]である．本トンネルは，砂層と粘土層の互層地盤（図-3.3.6）であり，地下水位が高く地下水量も豊富であり，かつ周辺の砂質土は流動性が高い（細粒分含有率：10%以下，均等係数：5 以下，間隙比：0.7 以上）ため，トンネル掘削前にディープウェル工法による水位低下対策を講じていた．本崩落事例の発生原因は，鏡については揚水により地山全体の水頭が確実に低下しているものの，層境界に地下水が残留しており，この水が細粒分を伴って切羽に流出し，徐々に地山を緩ませていたことや，揚水により含水比が下がった細粒分含有率の乏しい砂層が切羽の進行によるゆるみ領域拡大に伴って乾燥流砂を起こしたこと等が考えられた．

このように，互層地盤においては，地下水位低下工法を採用して水頭が低下していても，地下水が残留している場合には，残留水への適切な対処が切羽の自立性確保に必要である．また，砂層に粘土層が介在していたり，粘土層に砂層が介在しているような不均質な地山では，事前に地下水を排除することが難しい場合があるため注意が必要である．

③について　補助工法のひとつである先受け工は，図-3.3.7 に示すように，トンネル前方へ外周方向に角度を持って打設されるものである．したがって，打設する切羽位置では鋼管間隔が設計通り打設されるが，先端近くでは放射状に開くため，未改良部が発生する可能性がある．この場合，鋼管間の未改良部において，流砂や抜け落ち等が発生し，崩落につながる場合もあるため注意が必要である．

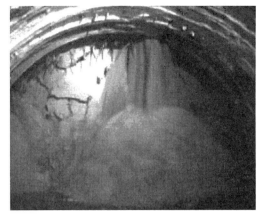

図-3.3.5　切羽崩壊事例[41)]
（出典：蓼沼ら；土木学会トンネル工学研究発表会論文・報告集，Vol.13，2003．）

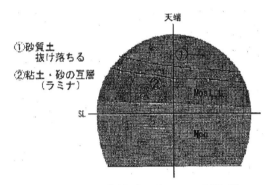

図-3.3.6　崩壊時の切羽の地層[41)]
（出典：蓼沼ら；土木学会トンネル工学研究発表会論文・報告集，Vol.13，2003．）

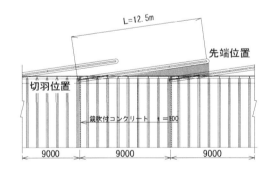

(a) 縦断図

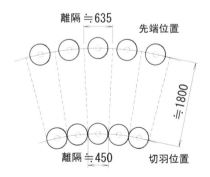

(b) 鋼管の離れ

図-3.3.7　先受け工の鋼管の開き

④について　未固結・土砂地山の場合，地山の粘着力が小さく，**図-3.3.8**に示すように，掘削面と先受け工との開き拡大に伴い先受け工下部地山のはく落や抜け落ち等が発生する可能性が高い．また，無拡幅タイプの長尺鋼管先受け工の場合，端末管を切断撤去する必要があり，**図-3.3.9**に示すように，撤去時に当該箇所の地山の抜け落ちやゆるみを生じさせる場合があり，崩落につながった事例もあるため，地山状況により適切な対策を講じる必要がある．

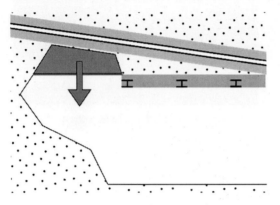

図-3.3.8　先受け工下部地山の抜け落ち

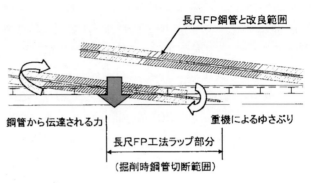

図-3.3.9　天端崩壊メカニズム [43]
（出典：賀川ら；土木学会トンネル工学研究発表会
論文・報告集，Vol.21，2011．）

⑤について　補助工法の注入材や注入量等が地山性状に適合していない場合，期待する地山改良効果が得られず，結果として**図-3.3.10**のような流砂や抜け落ちが発生したり，さらには崩落につながることもある．したがって，事前調査で得られた情報を基に適切な注入材を選定するとともに，施工段階においても地山の改良効果を切羽において確認し，改良効果が低い場合は，注入材の種類や注入管理仕様（設計注入量，注入圧等）の変更を行うなど，注入形式を地山に適合したものとすることが重要である．

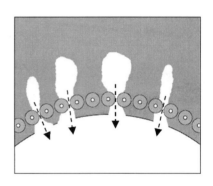

図-3.3.10　改良不足等による改良体隙間からの抜け落ち

【施工段階のリスク回避または低減に対する提言】
① 未固結土砂地山の掘削時には切羽での湧水の状況観察を入念に行う．
②-a 透水層と不透水層の互層地盤の場合には地下水位低下工法実施後の残留水の存在に留意する．
②-b 水抜きボーリングのみで切羽安定が十分ではない場合には補助工法等の別途対策を実施する（フォアパイリング，注入工法等の地山改良）．
③ 長尺先受け工を用いる場合には，先端近くで放射状に鋼管間隔が広がるため流砂，崩落に留意する．
④ 長尺先受け工の下部地山や端末管撤去時の抜け落ち防止の対策を講じる．
⑤ 補助工法の注入工は，適切な注入材，注入管理により施工する．

【解説】　①について　未固結・土砂地山のトンネル掘削時には，湧水による土砂流出や崩落が発生する可能性が高い．したがって，トンネル掘削時に切羽からの湧水状況を入念に観察し，湧水が認められる場合には，水抜きボーリング（**図-3.3.11**）などの地下水を排除する対策を掘削に先行して積極的に採用するとともに，切羽前方の地山状況を確認する水平ボーリングや物理探査を行い，掘削時の切羽安定性を事前評価することで，崩壊リスクを軽減させることが必要である．

②-a，②-b について　地下水位がトンネル天端以上にある施工条件で，未固結・低固結な砂質，砂礫質地盤中の施工においては，水の流れが生じると，クイックサンド現象が発生し，砂や礫が動いて大きな土砂流出につながるため留意が必要である．地下水により切羽が自立しない場合には，水抜きボーリングやディープウェル，ウェルポイントなどによる水位低下[44]を最優先することが望ましく，更に切羽の自立性が困難な場合は，積極的に先受け工等の補助工法等の対策工を採用することが必要である．図-3.3.12 は，砂層と粘土層の互層地盤における対策事例である．本事例では，水抜きボーリングと先受け工，加背割りの変更（上半先進⇒多段ベンチカット）により対処している．このように，地山状況に合わせて対策工を選定し組み合せることで，効果的で合理的な対策を講じることが重要である．

図-3.3.11　水抜きボーリング排水状況

地下水位低下工法を実施している場合でも，粘土層（不透水層）と砂層（透水層）の互層やレンズ状構造等の不均質な構造を呈する地盤では，地下水が残留し，ときには被圧している場合があることから，坑内からの水抜きボーリングやウェルポイント，先受け工等を併用することが崩落リスクを低減させるために必要である．また，粒径の均一な砂質地山等では水位低下により，含水比が極端に低下

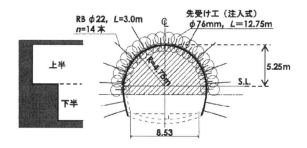

(a) 上半先進工法

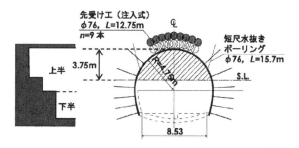

(b) 対策後：多段ベンチカット工法
（上半加背2分割）
図-3.3.12　砂質系地山での対策事例[42]
（出典：小西ら；トンネルと地下，第45巻11号，2014.）

すると粘着力が小さくなり，砂時計の砂のように流出する流砂現象が生じることがあるので種々の地山特性を勘案して対策工の選定を行うことが必要である．

また，地下水位低下工法を採用した場合でも対策効果が十分でない場合や地下水位を低下させることができない施工条件では，薬液注入工法やセメント系地盤改良工法（高圧噴射撹拌，機械式撹拌等）を採用することが望ましい場合もある．これらの工法は，地上もしくは坑内からの施

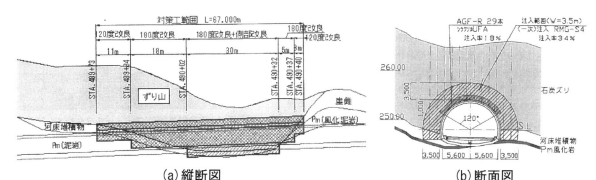

(a) 縦断図　　　　　　　　　　(b) 断面図
図-3.3.13　薬液注入工法の適用事例[45]
（出典：計良ら；トンネルと地下，第40巻8号，2009.）

工となり，工法選定の際は施工条件を含めて総合的に判断することが必要となる．
図-3.3.13 に地上および坑内からの薬液注入工法による対策例[45]を示す．本事例は，地上から瞬結タイプによる一次注入，坑内から長尺先受け工による 2 次注入を行い，集水井を設置して地下水位低下を実施して切羽安定を図ったものである．
図-3.3.14 に事前地山改良工法による対策を実施した事例[46]を示す．本事例は，小土被りで地上において地山改良（事前混合処理と浅層混合処理）の施工が可能であったことから採用されたものである．

③について　**図-3.3.7** に示したように，長尺先受け工の先端付近では鋼管間隔が広くなるため，未固結・土砂地山では鋼管間からの流砂現象や抜け落ちなどが生じる可能性が高い．特に粘着力の小さな地山では，この影響が大きくなることから，適切な対策を講じることが崩壊リスク低減に繋がることになる．対策として，先受け工の施工間隔（シフト長）の縮小や注入式フォアポーリングの併用，打設角度の低減（**図-3.3.16**）等の対策が考えられる．**図-3.3.15** に先受け工のシフト長変更例を示す．このようにシフト長を短くし，先受け鋼管と支保工との間の地山の未改良部を少なくすることで，地山を安定化させることが可能となる．また，**図-3.3.17** に先受け工の鋼管間隔縮小の事例[47]を示す．本事例では，鋼管間地山の連結確保および未改良部分の低減を目的として，当初 450mm 相当の鋼管間隔を 300mm に縮小したものである．

④について　未固結・土砂地山では，先受け工下部地山のはく落や抜け落ち等が発生する可能性が高いことから切羽安

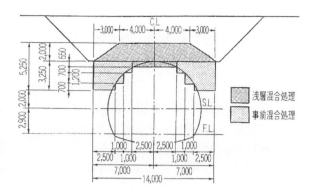

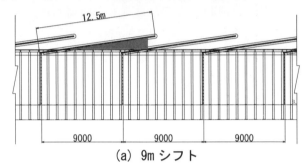

図-3.3.14　事前地山改良工法の適用事例[46]
（出典：北川ら；トンネルと地下，第 35 巻 4 号，2004.）

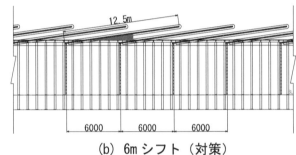

図-3.3.15　長尺先受け工のシフト長変更の例

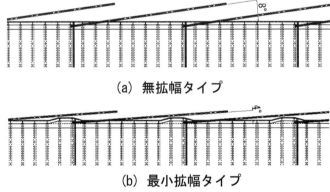

図-3.3.16　長尺先受け工のタイプ（一例）

定確保のために適切な対策を講じる必要がある．対策として，先受け工のシフト長の縮小（**図-3.3.15**）や注入式フォアポーリングの併用，打設角度の低減（**図-3.3.16**）等が挙げられる．
　また，無拡幅タイプの先受け工において，切羽安定確保のため端末管撤去時に地山の抜け落ちやゆるみを防止する対策を講じる必要がある．対策として，拡幅タイプの先受け工（**図-3.3.16**）や端末管事前撤去型の先受け工，多重式先受け工，注入式フォアポーリングの併用等が挙げられる．
　一例として，端末管事前撤去型の先受け工による対策例[47],[48]を**図-3.3.18**に示す．無拡幅タイプ

の先受け工において，端末管をトンネル掘削前に撤去可能であり，掘削時に端末管の切断撤去を不要とするもので事例[47]によると抜け落ち量が50%程度低減された実績がある．

⑤について　先受け工や鏡ボルト等の補助工法は，注入材による改良効果が発揮されることで地山と補強材が一体化し，期待する効果を得ることが可能となる．したがって，地山性状に合致した注入管理仕様と注入材の選定が重要となる．事前調査の結果や地下水状況等の施工条件から適切な注入材を選定し，場合によっては試験施工を実施し，改良効果を確認することが重要である．表-3.3.6に注入材の性能比較を示す．本表のように，注入材の種類により効果・特性が異なることから，長短を理解したうえで最適な注入材を選定しなければならない．

図-3.3.19および図-3.3.20は，施工途中における補助工法の注入に関する試験施工の実施事例である．本事例[48]は，未固結の礫質土に適合した長尺先受け工と長尺鏡ボルトの注入管理仕様（注入圧力・注入量）を確定するため鏡部で試験注入を実施し，圧力上昇値〜注入量関係の把握や改良体の出来形の確認を行ったものである（**参考資料　事例11**）．このように，補助工法に期待する効果を確実に

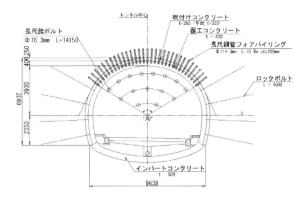

図-3.3.17　先受け工の鋼管間隔縮小の事例[47]
（出典：市川ら；土木学会年次学術講演会，2015．）

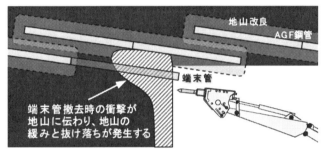

(a) 従来型

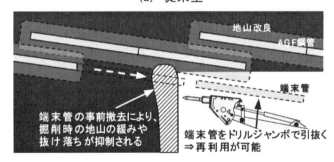

(b) 端末管事前撤去型

図-3.3.18　従来型と端末管事前撤去型の工法比較[48]
（出典：牧野ら；トンネルと地下，第47巻1号，2016．）

得るため，施工途中においても注入管理仕様の最適化を図ることが切羽安定性の確保に必要である．

表-3.3.6　注入材の性能比較表[49]

注入材名称		項目 瞬結性	浸透性	発泡性	耐逸走 リーク対応	耐湧水	充填効果 (ホモゲル強度)	限定改良	施工性 反応性制御	適用地山 (実績参考)
ウレタン系	ウレタン	○	△	○	○	○	○	○	○	全般
	シリカレジン	○	△	○	○	○	○	○	○	全般
セメント系	1.5ショット	○	△	×	△	×	○	○	△	粘性土・風化岩
	1液型	×	△	×	×	×	○	○	○	粘性土・風化岩
水ガラス系	溶液型	△	○	×	×	△	○	△	△	砂層・砂礫層
	縣濁型	△	△	×	×	△	○	△	△	砂層・砂礫層

○：良，△：中位，または地山条件・注入方式により可能，×：なし，または期待できない

（出典：土木学会；トンネル・ライブラリー第20号，2009．）

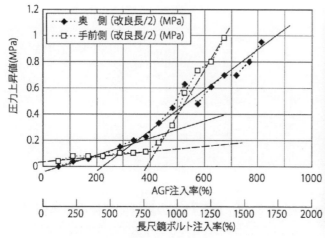

図-3.3.19 補助工法の注入に関する試験施工結果[48]

図-3.3.20 試験施工による改良体の出来形確認

（出典：牧野ら；トンネルと地下，第47巻1号，2016．）

施工条件によって未固結・土砂地山では，坑外からの補助工法を採用した場合が確実な地山改良を行うことができる場合もあるため，工法選定においては多方面からの検討が必要である．

3.3.3 強風化・崖錐地山の崩壊リスク

崖錐堆積物は，岩片や土砂がルーズな状態で堆積したものであり，水を含むことが多い地山である．また，強風化岩は，指圧で容易に砕けるものからハンマーで砕けるものまで，様々な固結度を有する地山である．このような地山は，一般的に地表付近に存在することから，坑口部や小土被り区間に出現する可能性が高い．トンネル施工上問題となる現象は，斜面崩壊，地すべり，切羽の崩壊，地山流出に伴う地表陥没，トンネル底盤の脆弱化（共下がり），地表面沈下などである．これらの現象を回避または低減するために，調査・設計段階から施工段階にわたって適切な対策を計画，実施することが重要である．

計画・調査・設計段階，施工段階のリスク要因と対策について図-3.3.21にまとめ，以下に各リスクと対策について述べる．

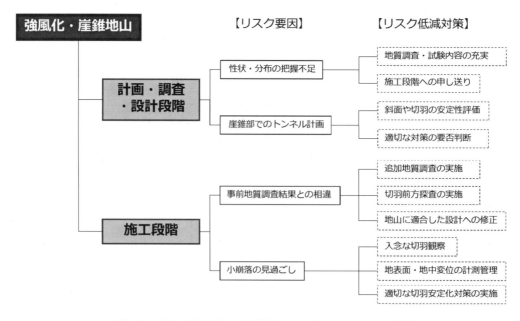

図-3.3.21 強風化・崖錐地山の崩壊リスクと対策

(1) 計画・調査・設計段階のリスクと対策

> **【計画・調査・設計段階のリスク要因】**
> ① 強風化岩の風化の程度に幅がある．
> ② 崖錐が存在する箇所にトンネルが計画される．

【解説】　①について　強風化岩は風化の程度に幅があり，指圧で容易に砕けるものからハンマーで砕けるものまで強度のバラツキが大きい．風化の程度を過小評価すると，坑口部の斜面崩壊の発生や切羽の不安定化を招く可能性がある．

　②について　崖錐堆積物が存在する箇所にトンネル坑口が計画された場合，現段階は安定している斜面でも坑口部の施工により斜面変位を生じさせる可能性があり，斜面崩壊や地すべりを誘発する場合がある．また，小土被りで崖錐がトンネル周囲に存在する場合も同様である．

> **【計画・調査・設計段階のリスク回避または低減に対する提言】**
> ① 強風化・崖錐地山の性状および分布を詳細に把握するため，地質調査を過不足なく実施する．
> ② 地質調査結果に基づく斜面や切羽の安定性を評価し最適な対策工を選定する．

【解説】　①について　計画・調査・設計段階の調査においては，地表地質調査，ボーリングコアから採取した試料の室内強度試験などにより，できるだけ直接的，定量的な強度の把握に努めることが望ましい．これら試験で得られた地山の強度定数などを基に，坑口切土斜面や切羽の安定性を評価し，必要に応じて対策工を計画することが施工時の不安定化リスクを低減させるために重要である．

　また地表を踏査し，地形を把握することにより，地すべりの有無などを判断することも重要である．調査ボーリングは，固結度や地質分布などが詳細に把握できるよう，調査位置や数量を適切に設定することが必要である．

　上記のような調査を設計段階で実施し，事前に評価することは施工を安全かつ円滑に進めるために重要であるが，地山は基本的に不均質であることから完全に評価できないことを認識し，施工時にも追加調査や切羽観察，坑内外の変位計測などを実施し，支保構造の妥当性を判断することが重要である．

　②について　強風化・崖錐地山が分布する箇所でトンネルを計画する場合，地質調査結果に基づき，トンネル施工が影響を及ぼす範囲（坑口部の施工に伴う影響範囲，トンネル掘削によるゆるみ影響範囲）においては，斜面崩壊や地すべり誘発，切羽崩壊が生じないよう安定性を評価し，必要に応じて適切な対策を講じることが必要である．なお，斜面に関する具体的対応は「**3.5 地すべり・斜面崩壊に関するリスク低減**」を参照されたい．

(2) 施工段階のリスクと対策

> **【施工段階のリスク要因】**
> ① 調査・設計段階の地質調査結果において把握されていた強風化地山の性状に相違が生じる．
> ② 切羽の小崩落を見過ごして施工を継続する．

【解説】　①について　事前調査において風化箇所や風化度を詳細に把握するには限界があり，突発的に強風化の未固結層などの弱層が出現した場合には，崩落に繋がる可能性がある．施工時には，設計段階で見込んでいた地山性状と相違が生じた場合は，必要に応じて追加調査を実施し，風化の程度や範囲を把握し，対策工の要否判断を行うことが重要である．

　②について　強風化した地山において，抜け落ちや肌落ち等，小崩落が発生している状況で施工を継続した場合，さらに風化が進行した地山に遭遇する可能性ある．さらに，小崩落が発生する状況で地山性状が変化せず，対策を講じずに掘削を継続し，土被りが徐々に大きくなり地圧が

(a) トンネル側方　　　(b) トンネル側方（拡幅部）　　　(c) 切羽前方

図-3.3.22　先進ボーリング実施例

増大していく条件下では，大崩落に繋がる可能性がある．しがたって，小崩落の発生が認められた場合には早期に，切羽前方の地山性状や土被り等の施工条件を考慮し，対策実施の判断を行い，適切に対応することが崩落リスクを低減させるために有効である．また，崖錐地山における対応も上記に準じ，適切に対応することが必要であり，さらに当該地山では地すべりや斜面崩壊など地表面の変状にもつながる可能性があることから留意が必要である．

【施工段階のリスク回避または低減に対する提言】
① 風化箇所は事前調査で見つけるのは困難であることから，坑内からの調査を実施する．
② 小崩落は大崩落の一歩前，小崩落を防止することに努める．

【解説】　①について　施工時には，事前調査で不足している情報がある場合には追加調査を実施し，地山の強度特性，変形特性および詳細な地質分布などを把握し，支保工の妥当性を再評価することが必要である．また，風化箇所，風化の程度などを事前調査で完全に把握することは困難であるため，施工時に坑内からの前方探査や切羽観察などにより詳細に把握することが，安全施工のために重要である．強風化地山に土砂化あるいは粘土化が認められた場合は，「3.3.2 未固結・土砂地山の崩壊リスク」に記載の対処を行うことが必要となる場合がある．

図-3.3.22 は，前方探査の先進ボーリング実施例である．坑内から地山状況を確認するため，パーカッションワイヤーラインサンプリング工法により実施しているものである．なお，先進ボーリングは，地山性状を考慮し，前方地山を傷めないよう，ボーリングの実施位置を決定することが必要である．

また，坑口部の施工においては，坑口付け時の斜面掘削において地山状況を評価し，必要に応じて斜面対策を講じ，トンネル施工時の補助工法などの対策も同時に検討することが重要である．

②について　強風化している脆弱な地山や崖錐地山を掘削する場合，掘削時に切羽の抜け落ち，肌落ちや小崩落が生じる可能性が高い．したがって，切羽観察を入念に行い，切羽の変状が認められた場合は防止対策を適切に講じながら施工を進めることが，大崩落の発生防止に繋がることとなる．

また，地表への影響も懸念される場合には，事前の対策工の要否を検討することはもとより，地表や地中の計測を行いながら施工を行い，大きな地表面沈下や地すべりの誘発，斜面崩壊などの不測の事態の発生が懸念される場合には，適切な対策工を選定し採用することが重要である．

図-3.3.23 は，トンネル坑口部の強風化の脆弱地山区間の施工において採用された対策工選定フローの事例[50]である．本事例では，天端および切羽の安定化対策は，トンネル掘削時の切羽観察により決定し，対策工は長尺先受け工，注入式フォアポーリング，長尺鏡ボルトを基本として崩壊の位置と規模に応じて選定している．地表面沈下および坑内変位の変形対策については，地

表の動態観測と坑内変位計測により決定し，対策工はゆるみが大きく地表にまで達する場合は，長尺先受け工を，坑内変位が大きい場合はインバートの早期断面閉合を基本としている．このように，施工に先立ち対応フローを立案し，これに基づき施工を行うことで，トンネルや周辺地山の不安定化リスクを低減させることが可能となる．

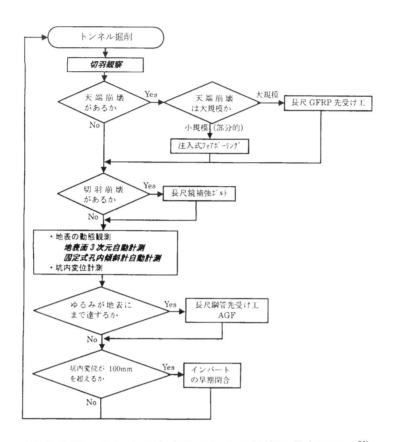

図-3.3.23 トンネル安定化のための対策工選定フロー[50]
（出典：高岡ら；土木学会トンネル工学研究発表会論文・報告集，Vol.21，2011.）

3.3.4 軟岩地山の崩壊リスク

軟岩地山は，中硬岩地山と土砂地山との中間に位置する岩種であり，主に泥岩，シルト岩，砂岩，礫岩，凝灰岩などが該当し，掘削においては通常，機械掘削が適用されている．軟岩を主体とした地山をトンネル掘削する場合，切羽の崩壊が過去にいくつも発生しており[51)～53)]，中には地上の陥没に至るような大規模崩落が生じている例もある（図-3.3.24，図-3.3.25）．軟岩主体の地山で過去に崩壊を起した事例を見ると，切羽前方に不透水層を挟んで帯水層が存在する地質構成，泥岩等不透水層の前方に未固結砂礫層が存在する地質構成，泥岩等不透水層の上部に帯水軟弱層が存在する地質構成において切羽が崩壊しており，崩壊リスクの高い地質構成例と判断できる（表-3.3.7）．

図-3.3.24 地表面陥没状況

図-3.3.25 切羽崩壊状況

表-3.3.7 過去の崩落事例に基づく崩壊リスクの高い地質構成の例

地質構成	概要図（縦断図）
切羽前方に不透水層を挟んで帯水未固結層が存在	
泥岩等不透水層の前方に未固結砂礫層が存在[54)]	
泥岩等不透水層の上部に帯水軟弱層が存在	

計画・調査・設計段階，施工段階のリスクと対策について**図-3.3.26**にまとめ，以下に各リスクと対策について述べる．

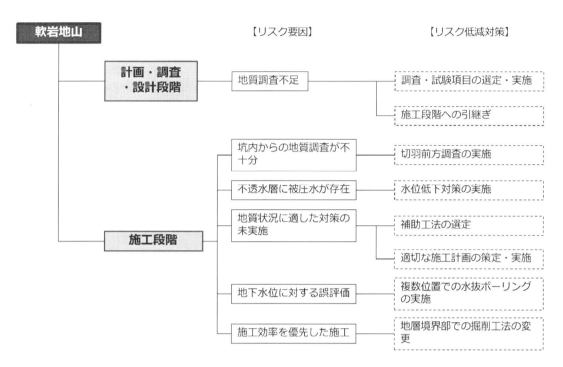

図-3.3.26　軟岩地山の崩壊リスクと対策

(1) 計画・調査・設計段階のリスクと対策

【計画・調査・設計段階のリスク要因】
① 事前の地質調査不足で，切羽崩壊につながる地層変化の存在を予測できていない．

【解説】　①について　計画・調査・調査段階において，軟岩主体の地質での切羽崩壊につながるリスク要因として，地質調査で危険性のある地層変化が事前に把握できないことが挙げられ，施工段階においても切羽崩壊の危険性がないと思い込んで掘削してしまうことで，切羽崩壊リスクが高まる．

【計画・調査・設計段階のリスク回避または低減に対する提言】
① 地層変化を把握するための調査・試験項目を選定し実施する．地層変化を把握できない場合においても，可能性が残る場合には施工段階の坑内調査への申し送りを行う．

【解説】　①について　山岳トンネルでは，土被りが大きいことや地形が急峻なことなどにより事前調査による地質の正確な把握が制限されることがあるが，その中でも可能な範囲で地質調査や物理探査を実施して崩壊の危険性のある地質構成を見逃さないよう努める必要がある．事前調査では崩壊の危険性のある地質構成の存在が認められない場合や明確には把握できなかった場合においても，切羽崩壊の可能性が残る場合には，施工段階において精度の高い調査を実施すべきことを確実に引き継ぐことがリスク低減のために必要である．

(2) 施工段階のリスクと対策

> **【施工段階のリスク要因】**
> ① 坑外からの事前地質調査で十分と判断し，坑内からの地質調査を実施しない，または実施が不十分．
> ② 切羽前方や上方に不透水層を挟んで高水頭を有した地層が存在する．
> ③ 切羽崩壊が起こりうる地質状況に適した対策を実施しない．
> ④ 切羽前方や上方の地層の地下水位低下が不十分または，誤って低下したと判断する．
> ⑤ 切羽崩壊が起こりうる地質状況で，施工効率を優先して掘削工法を選定する．

【解説】 軟岩を主体とした地質において，切羽の崩壊につながると考えられるリスク要因を 5 つ取り上げた．これらのリスク要因は上記で述べたような実際の崩壊事例の原因を参考とした．

　①について　山岳トンネルでは土被りが大きい場合など，坑外からの事前調査には限界があり，地質調査ボーリングなども削孔深度が大きくなることや地形状況が険しいことなどから本数を多く実施できないことがある．また，山岳トンネルの掘削においては，切羽状況を確認しながら進めることが通常である．一方で地層の変化が著しい地質構成においては，切羽前方の危険を予見できず，切羽の崩壊を招いている例がある．

　②について　最近における大規模な切羽崩壊が生じている事例は，上記でも述べたとおり，切羽前方に不透水層を挟んで帯水層が存在する地質構成，泥岩等不透水層の前方に未固結砂礫層が存在する地質構成，泥岩等不透水層の上部に帯水軟弱層が存在する地質構成を有するトンネルであり，地層の境界および高い水頭を有した地下水に起因していることが分かる．

　③について　切羽前方の崩壊の危険を予見できた場合でも地下水位低下や補助工法などの対策を想定される事象に応じて適切に行わない場合には，崩壊リスクは高まることとなる．

　④について　対象となる地層の地下水位を低下させることは崩壊リスクを低減することになるが，対象地層全体の水位を低下させることができていなければ，または水位が低下していないのにしたと誤った判断をすることとなれば，崩壊リスクが残存することになる．

　⑤について　事前の調査などで切羽前方に崩壊リスクが存在することが予見できていた場合，掘削のスピードなど施工効率を優先して施工方法を選択することは，崩壊のリスクを高めることとなり，リスクが顕在化した場合の被害を大きくする可能性がある．

> **【施工段階のリスク回避または低減に対する提言】**
> ① 崩壊リスクの把握のため，坑外からの事前地質調査のみならず，坑内からの調査を併用する．
> ② 崩壊の誘因となる前方地質の地下水位を確実に低下させる．
> ③ 想定される施工上の課題に対して適切な対策を選定する．
> ④ 水抜きボーリングの水量が減っても地下水位低下が不十分である可能性を疑う．
> ⑤ 掘削工法の選定は施工効率を優先しすぎない．

【解説】 上記で想定したリスク要因に対応して，軟岩を主体とした地質における崩壊リスク低減のための提言項目を示す．ここに，施工時の崩壊は様々な条件が重なって生じていると考えられること，全く同様の条件の地山は存在しないことから，実際のトンネルでは，ここで示すリスク回避・低減策を参考にしながら，地山に応じた事前調査や対策を行うことが必要と考えられる．

　①について　地層の変化の著しい場合などには，坑内からの地質状況の把握を併用する必要があり，水平先進ボーリング（**図-3.3.27**）や物理探査を実施する．そのうえで，得られた情報から，崩壊リスク要因となりうる地質構成が存在するか，または，現在は把握できていないが坑内や坑外からの補完調査が必要かなどを検討し，課題把握に努める．また，課題に対して実掘削時の対策を立案し，どのような切羽崩壊リスクが存在するかについて確認する必要がある．なお，ボー

リング調査はトンネル断面に対して1点の調査であることから、調査結果がトンネル断面全体を代表できるものかどうかについては十分慎重に判断する．

②について　軟岩を主体としたトンネル掘削における崩壊リスク要因は，地質境界の前方または上方の地下水に起因したものであり，対象となる帯水層の地下水位を低下させることが崩壊リスク低減に極めて重要である．地下水位の低下方法は，坑内からの水抜きボーリング（**図-3.3.28**），ウェルポイントや坑外からのディープウェルがあるが，湧水が多い場合や互層が連続する場合などは水抜き導坑を検討することも必要である．さらに地下水位が低下したことを確認するため，水圧測定を行うことも検討する（**図-3.3.29**）．

③について　前方に切羽崩壊のリスクのある層境や帯水層が想定されていて，地下水位の低下のみで切羽安定が不十分と判断される場合には，対象箇所の対策として先受け工（**図-3.3.30**）や注入工を検討する必要がある．先受け工や注入工を選定する場合は，確実な先受け効果や注入効果が得られるよう，適切な施工計画，注入計画を策定することが肝要である．注入工を崩壊リスク低減策として選定した場合には，注入範囲が確実に改良されることが重要であることはいうまでもないが，注入することによる止水効果により，背面の帯水層の地下水位が上昇し，崩壊リスクが高まるおそれがある．そのため，注入を行った場合にも背面の地下水位の監視および低下を図る必要がある．

④について　②の地下水位低下を坑内からの水抜きボーリングにより実施した場合，対象となる帯水層からのボーリング孔内湧水量が減少しても，地質の構成や水みちの位置により水位低下が不十分なことも起こりうることから，地質が一様でない可能性がある場合には，左右や高さを考慮して追加の水抜きボーリングにより地下水位低下の確実性を高めることも必要である．最後に地下水位が低下したことを確認するため，水圧測定を行うことも検討する（**図-3.3.29**）．

⑤について　軟岩を主体とした地質で崩壊リスクが高まる地質構成を有する場合における地層境界部の掘削にあたっては，地質が堅固な区間と同様の掘削工法ではリスクが高まる危険がある．施工速度の速い全断面掘削や補助ベンチ付き全断面掘削より，加背が小さく地質の変化に対応しやすいショートベンチカットやミニベンチカットに施工方法を変更することも含めて地質を見極めたうえで慎重な判断が必要となる（**図-3.3.31**）．

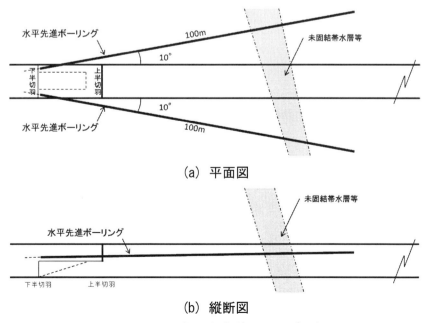

(a) 平面図

(b) 縦断図

図-3.3.27　水平先進ボーリングの例

図-3.3.28 水抜きボーリング

図-3.3.29 水圧測定器具

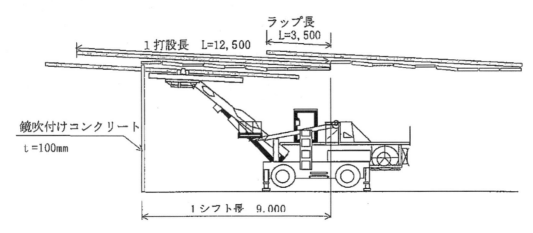
図-3.3.30 補助工法の例（先受け工）

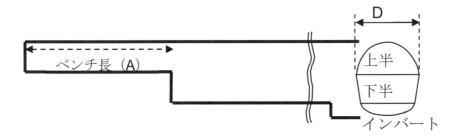

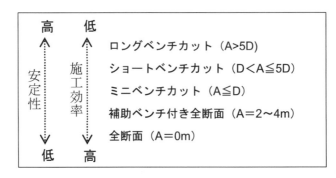
図-3.3.31 ベンチカット工法と施工効率

3.3.5 断層・破砕帯を含む地山の崩壊リスク

断層・破砕帯は，細かく破砕された岩石，砂，シルト，粘土等が存在することに加えて，それら細粒化した土が遮水層を形成していることが多く，高圧・多量の地下水が貯留されていることもある．したがって，元来の地山強度が低いために安定性は悪いが，さらに突発的な湧水が切羽崩壊等の要因にもなる．また，掘削後の変形量が大きくなり，ゆるみ領域の増大も不安定化要因となる[55]．

断層・破砕帯の崩壊現象は，断層・破砕帯で湧水を伴った破砕岩片や土砂等の流出，流砂現象が発生する場合があり，湧水を伴うためにその規模は大規模になることも多い．切羽安定に対しては，「基岩の性質（固結度や粒度組成）」と「湧水状況」の影響が大きい（図-3.3.32）．

計画・調査・設計段階，施工段階のリスクと対策について図-3.3.33にまとめ，以下に各リスクと対策について述べる．

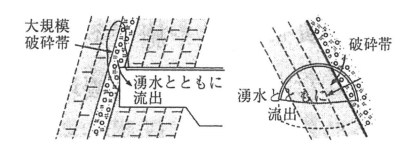

図-3.3.32 崩壊現象の概念（断層・破砕帯）[55]
（出典：社団法人日本道路協会；道路トンネル観察・計測指針（平成21年改訂版），2009．）

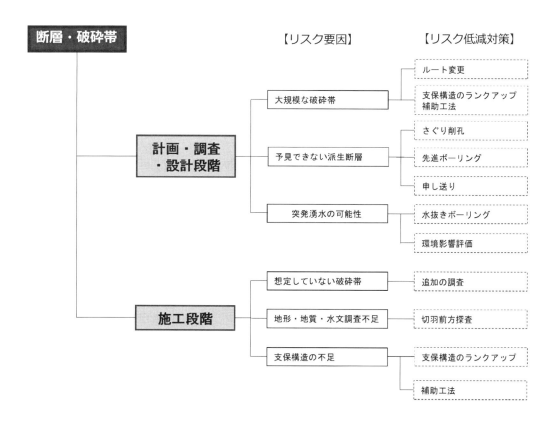

図-3.3.33 断層・破砕帯を含む地山の崩壊リスクと対策

(1) 計画・調査・設計段階のリスクと対策

【計画・調査・設計段階のリスク要因】
① 路線計画域に大規模な破砕帯が分布している．
② 路線計画域に予見できない派生断層が存在する．
③ 地質および地下水位の状況から突発湧水が懸念される地山である．

【解説】　①について　大規模な破砕帯の岩質は脆弱で切羽の自立性が悪いことが多く，問題になるような土圧が発生し易く，施工を困難にする．また，断層破砕帯やその背後の地山に，高圧，多量の地下水が貯留されている場合もある．路線計画域における事前調査が重要であり，地形・地質調査が不足すれば，大規模な破砕帯の位置，規模，性状を明らかにできず，設計時の支保構造，補助工法の不足を招く．

　②について　大規模な破砕帯が分布する場合には，派生断層も存在する場合が多く，すべての派生断層の位置，規模，性状を事前調査から明らかにすることは困難を伴う．

　③について　水文調査が不足すれば，地下水位，帯水層および遮水層の有無，地下水の湧水圧，湧水量等の予測ができず，設計段階において湧水対策（薬液注入，水抜き工等）を計上しないという問題が発生する．ボーリング調査等から計測された湧水量から実際に想定される湧水量を計算する際，想定湧水量が実際の湧水量を過小または過大に評価するリスクもある．過小評価した場合には，湧水対策を計上しないという問題が発生する．一方，過大評価した場合には，過度の湧水対策を実施することとなりコスト増加に繋がる．

【計画・調査・設計段階におけるリスク回避または低減に対する提言】
① リスクに応じて，ルート変更を検討する．リスクが不可避であれば，ハード的な対策（支保構造のランクアップ，補助工法等）を検討する．
② 予見できない派生断層も存在しうることを念頭に，さぐり削孔や先進ボーリングの必要性について施工者に申し送りする．
③ 水抜きボーリングを実施し地下水位を下げることを施工者に申し送る．地下水位を下げることによる周辺環境影響については設計段階から検討する．

【解説】　①について　断層・破砕帯の位置，規模，性状によっては，ルート変更を検討することが望ましい．ルートを変更することで，結果的にハード的な対策に係る経費等を抑えることにも繋がり，経済的な施工となる場合もある．やむをえず，断層・破砕帯を通過しなければならない場合，ハード的な対策として，設計段階から支保構造のランクアップ，補助工法（注入式フォアパイリング，長尺先受け工法，鏡吹付け，核残し，鏡ボルト等）の導入を検討する必要がある．

　②について　断層の位置，規模，性状を明らかにする上で，**表-3.3.8** に示す特に有効な調査方法として，空中写真判読，現地踏査，地表地質踏査，弾性波探査，ボーリングを挙げている[56]．また，有効な調査方法としては，資料調査，電気検層，孔内試験（物理検層）を挙げている．これらの調査方法を実施したとしても派生断層の位置，規模，性状を明らかにできない場合もあるため，先進ボーリングや探り削孔の必要性について施工者に申し送りする必要がある．大規模な破砕帯が存在する場合には，複数の派生断層が存在することを想定する必要がある．

　③について　地下水位，帯水層および遮水層を把握するためには，**表-3.3.8** に示す特に有効な調査方法として，電気検層およびボーリングを挙げている．また，地下水の湧水圧，湧水量を把握するためには，ボーリングおよび孔内試験（孔内湧水圧試験）を挙げている．これらの地形・地質調査および水文調査を併用し，**図-3.3.34** のように，総合的に断層・破砕帯の位置，規模，性状を把握し，また水の流れを想定し，集水地形や地下水が集中する箇所を重点的に調査することが望まれる．特に，断層や破砕帯の両側に透水係数の低い遮水層が存在する場合には，断層や

破砕帯が滞水層を形成している場合もある．土被りが大きく地下水位も高い時には滞水層が被圧されている場合もあり，遮水層を掘削したことにより，滞水層の地下水が遮水層を突き破り，突発湧水となって坑内になだれ込む事象も想定される．このような地山に対しては，予め水抜きボーリングを実施し地下水位を下げることを施工者に申し送ることが肝要である．その場合，地下水位を下げることによる周辺環境影響については設計段階から検討することが望ましい．環境影響評価については，「**4 地質環境に関するリスク管理**」を参照のこと．

表-3.3.8 地形・地質調査項目と調査方法[56)を一部修正]

調査項目	調査事項	資料調査	空中写真判読	現地踏査	地表地質踏査	弾性波探査	電気検層	ボーリング	孔内試験 物理検層	孔内試験 孔内湧水圧試験
地質構造	断層，破砕帯の位置，規模，性状	○	◎	◎	◎	◎	○	◎	○	
湧水	地下水面，帯水層および遮水層				○		◎	◎	○	○
湧水	地下水の湧水圧，湧水量							◎		◎

注）◎：特に有効な調査方法　　○：有効な調査方法

（参考：日本道路協会；道路トンネル技術基準（構造編）・同解説，2003．）

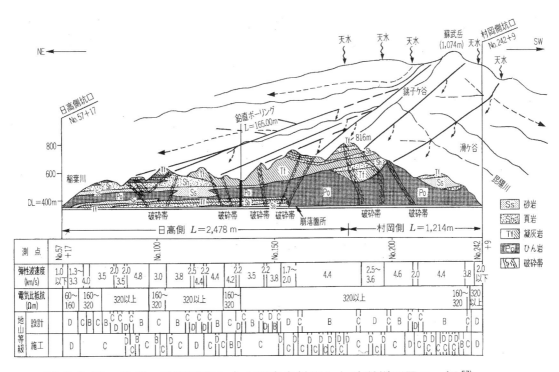

図-3.3.34 地形・地質調査と水文調査を併用した地質縦断図の一例[57)]
（出典：樋上ら；トンネルと地下，第33巻1号，2002．）

(2) 施工段階のリスクと対策

【施工段階のリスク要因】

① 想定していなかった破砕帯が出現する.

② 地形・地質調査および水文調査が継続されていない,または不足している.

③ 計画・設計段階からの地質の不確実性による支保構造の不足.

【解説】 ①について　自然・環境的な要因であり,路線選定上,断層・破砕帯を避けることができなかった際に施工段階のリスク要因となる.破砕帯を掘削することに対して,計画・設計段階において可能な限りの調査・検討が行われていたとしても,調査精度等に限界があり,地質の不確実性を払拭することはできない.このため,着工時点で破砕帯の位置や規模,性状等を正確に把握することは困難であり,突然,想定していなかった破砕帯が出現する場合もある.

　一方,②と③は,いずれも技術者や調査・施工方法の技術レベル等に起因する技術・経済的な要因である.

　②について　施工段階でも過不足なく地形・地質調査および水文調査を継続していなければ,断層・破砕帯,滞水層および遮水層を見逃し,適切な対策を事前にかつ迅速に講じることができない.

　③について　前述①のように,地質の不確実性等によって,計画・設計段階におけるリスク評価や対策を施工段階においてもそのまま適用できるとは限らない.計画・設計段階で評価されたリスクや検討された対策の精査を怠るとリスクに見合った対策を講じることができず,リスクが顕在化することになる.たとえば,地層の傾斜が垂直～受け盤状では,天端に突然弱層が出現し,崩落リスクが高まる（**図-3.3.32**参照）.また,突発湧水等の予期しない現象に遭遇し,復旧対策のコスト増加,工期の遅れ,最悪の場合には人的被害,周辺環境への被害を伴った災害に発展する.

【施工段階におけるリスク回避または低減に対する提言】

① 計画・調査・設計段階における断層・破砕帯の位置,規模,性状やそれらに対する対策を精査する.

② 切羽前方探査を継続的に行い,断層・破砕帯等の位置,規模,性状の早期把握に努める.

③ 断層・破砕帯の位置,規模,性状に応じ,適切な対策を実施する.

【解説】 ①について　技術・経済的な制約により,計画・設計段階の調査・検討が必ずしも十分とは言えない場合がある.このため,設計照査に併せて,計画・設計段階で提示された断層・破砕帯の位置,規模,性状やそれらに対する対策を精査し,必要に応じてトンネル施工中に切羽前方探査等の追加の調査を実施することが望ましい.

　②について　断層・破砕帯,滞水層,遮水層等の位置,規模,性状を確認するために,施工中も**表-3.3.9**に示すようにドリルジャンボによる先進ボーリング（ノンコア）,TSP探査（坑内弾性波反射法）,切羽からの比抵抗電気探査等の切羽前方探査を検討し,地山状況に応じて適切な探査を選択し実施することが望ましい[57].各探査の特徴を**表-3.3.9**にまとめた.

　③について　切羽前方探査の結果,破砕帯が予想される場合には,破砕帯に入る手前からトンネル天端部の先行地山改良を行うことが必要である.また,切羽前方のゆるみ防止工の施工に当たってはフォアパイリングの種類,長さ,間隔,打設時期等を検討し適切な対応が必要である.トンネルと破砕帯が斜交し,トンネルの片側が破砕質,反対側が硬質岩となる場合には,トンネルに偏圧が作用し不安定な状態となりやすいため破砕岩部分の支保のランクを上げるか,または弱部を事前補強することも検討する.

切羽前方探査の結果を受けて，地山状況や湧水量に基づき，対策を実施したフローチャートを図-3.3.35に一例として掲載する[57].

維持管理に向けた対策として，施工中に明らかとなった断層・破砕帯の位置，規模，性状等を施主側に伝達することで，供用中はその周辺を詳細にモニタリングすることが可能となる．たとえば，地震発生時には，施主側は断層・破砕帯の位置を予め認識しているため，トンネルの安全性を迅速に確認することができる．

表-3.3.9　切羽前方探査法 [57)を編集]

切羽前方探査法	特徴
ドリルジャンボによる先進ボーリング（ノンコア）	・施工性は良いが，地質予想が限定的，延長 30m 程度での実績が多い． ・地質が悪い場合，別途，詳細な調査（コアボーリングなど）が必要となる． ・水量・水圧・破砕帯の存在などにより孔壁が自立しない不良地山では，削孔が難しい．
ドリルジャンボによる先進ボーリング（AGF 鋼管使用）	・地質悪化部でケーシング管として利用． ・硬岩では対応可能だが，硬軟入り混じると削孔が難しい．
通常のボーリングマシンによるコアボーリング	・工期，工費はかかるが，コア（地質状況）を目視で確認できるため信頼性が高い． ・ケーシングがあるため破砕帯での施工が可能． ・水量，水圧が大きい場合は削孔が難しい．
シールドボーリング工法による先進ボーリング（コア・2 重管シールドリバース工法）	・工期，工費はかかるが，コア（地質状況）を目視で確認できるため信頼性が高い． ・水量，水圧，破砕帯での実績豊富，長距離可能（200〜300m）．
TSP 探査（坑内弾性波反射法）	・はっきりした地質の境界面（断層など）があれば有効，延長 100〜150m 可． ・施工性が良く，半日程度で施工可能であるが，湧水の予測はできない． ・地質が悪い場合，別途，詳細な調査（コアボーリングなど）が必要となる．
切羽からの比抵抗電気探査	・施工性が良く，半日程度で施工可能であるが，探査距離に限界がある． ・ボーリング孔を利用する場合，ボーリングから高圧多量湧水がある場合，施工が難しい．
前方地質調査を兼ねた先進導坑	・信頼性は高いが，工事機械の段取り替えが必要であり工期・工費がかかる． ・高圧，多量の湧水がある場合，導坑施工時の安全性確保・切羽安定確保のための前方地質調査，対策が必要． ・多量の湧水がある場合，水抜き効果がある．掘削工法との兼ね合いで決める必要がある．

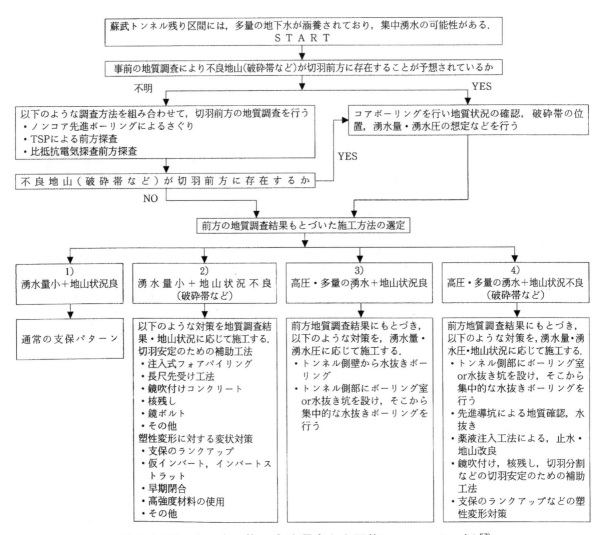

図-3.3.35 トンネル施工方法選定と主要施工フローの一例[57]

(出典：樋上ら；トンネルと地下，第33巻1号，2002.)

3.3.6 層理・節理の発達した地山の崩壊リスク

硬岩・中硬岩・軟岩では，掘削面と地山ブロック（キーブロック）が崩壊しやすい位置関係にある場合，節理・層理・片理等の不連続面が多い場合，不連続面の強度が小さい場合（開口，鏡肌，粘土薄層の挟在）に不安定化要因となる．したがって，不連続面の方向・長さ・頻度等の幾何学的情報と，不連続面の開口幅・挟在物の種類や強度等の情報が重要となる．不連続面が開口している場合，流れ目を呈する場合，粘土を挟在している場合等は，地山掘削により岩塊間のバランスが失われて安定性が低下する．

不連続面の発達に起因する崩壊は，不連続面に沿った岩塊の滑落や岩片のはく離・はく落，さらに地層境界等の大きな不連続面に沿った層すべり等がある．崩壊は，硬岩から軟岩までの広範囲の岩盤で発生する．不連続面が水の通り道になる場合もあり，その場合には岩塊同士の摩擦抵抗力が低減し不安定化する場合もある．したがって，切羽安定に対しては「不連続面の状況」と「湧水状況」の影響が大きい（**図-3.3.36**）．

計画・調査・設計段階，施工段階のリスクと対策について**図-3.3.37**にまとめ，以下に各リスクと対策について述べる．

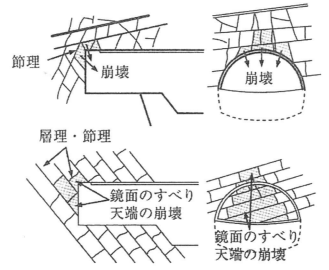

図-3.3.36 崩壊現象の概念（不連続面の発達に起因する崩壊）[58]
（出典：日本道路協会；道路トンネル観察・計測指針（平成21年改訂版），2009.）

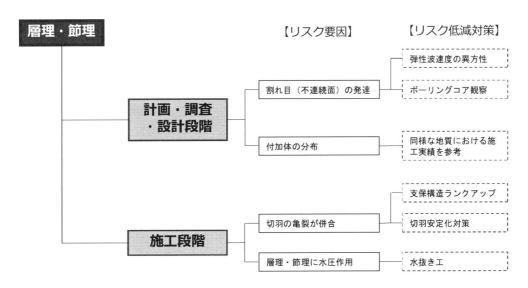

図-3.3.37 層理・節理の発達した地山における崩壊リスクと対策

(1) 計画・調査・設計段階のリスクと対策

【計画・調査・設計段階のリスク要因】
① 特定の岩種によらず割目（不連続面）が発達している場合がある．
② 日本には付加体が広く分布し，付加体の位置，規模，性状等を事前に把握することは困難．

【解説】 ①について 中・古生層などの堆積岩，火山岩，特に片理・葉理などが発達し，著しい異方性を示す結晶片岩・粘板岩・頁岩などから成る地山は，応力解放や発破時の衝撃でゆるみを生じ，肌落ち，落盤または崩落を生じやすい．また，その他の地山においても層理・節理が発達している場合もある．

②について 付加体とは，地殻運動による海溝への沈込みに伴って大陸側へ順次に付加された地層を表しており，図-3.3.38 に示すように，時代の古い地層が北側へ押しやられて若い地層が下側に潜り込んで層理面が東西方向の走向で北側に傾斜しているのが特徴である[59),60)]．海底に堆積した地層が重なった付加体地山においては切羽鏡面の自立性に乏しく，切羽鏡面および天端部分の崩壊がくり返し発生し，内空変位・支保変状が大きく生じることがある．特に問題となることは，事前の地形・地質調査において，良好な地山と判断されたにもかかわらず，実際に掘削すると，不良地山であることが判明する場合である．この場合，支保パターンの変更，補助工法の採用等により，計画・設計段階の施工コストの見積りが大幅に変更されることとなる．たとえば，四万十帯と呼ばれる付加体を有した高田山トンネルでは，4km/sec 前後の比較的高い弾性波速度と 20〜80MPa の一軸圧縮強さとなり，全体的に良好地山と判断され，設計時の地山等級別延長比率は C_I が 62%，C_{II} が 16%を占めていた．それにもかかわらず，実際の地質性状は想定地質と明らかに異なり，掘削による応力解放やごくわずかな湧水により容易に細片化しやすい不良地山であったため施工支保パターンの大幅な変更を余儀なくされたこともある[60),61)]．

日本における付加体の分布を図-3.3.39 に示す．路線計画域に付加体が分布している場合，路線計画域を変更が可能か否か検討する必要がある．路線計画域を変更できない場合には，上記したようなリスクが顕在化する可能性があり，施工時に対策を要する．

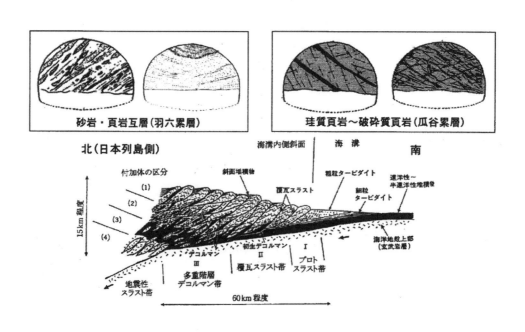

図-3.3.38 付加体の構造模式図[59),60)]

（出典：加賀美ら；科学, Vol.53, No.7, 1983.）

（出典：木村ら；トンネル工学研究論文報告集, Vol.12, 2002.）

3．押出し・崩壊に関するリスク管理

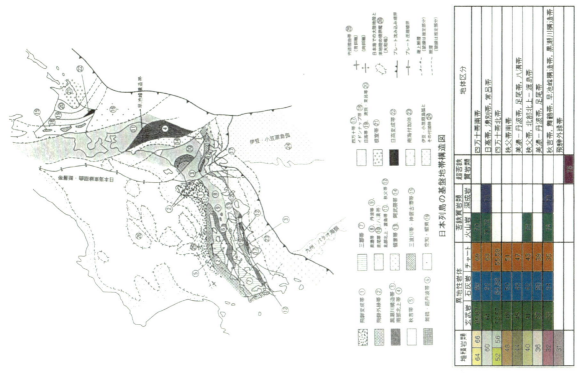

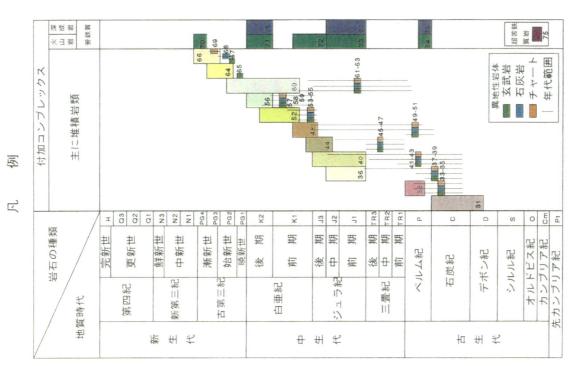

(a) 凡例

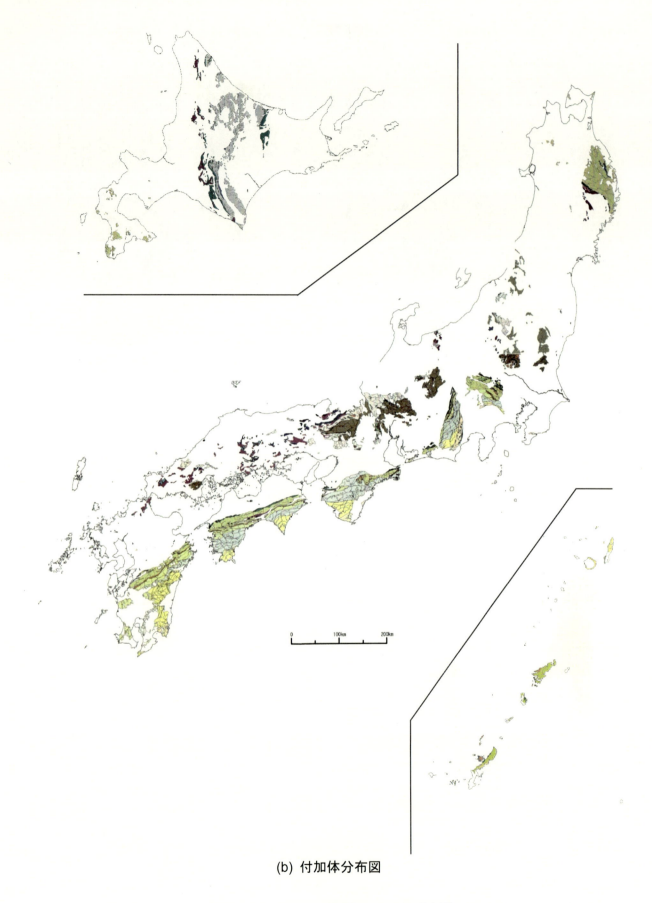

(b) 付加体分布図

図-3.3.39 日本の付加体の分布図 [62)を編集]
(出典：ジェオフロンテ研究会；付加体地質とトンネル施工，2005.)

【計画・調査・設計段階におけるリスク回避または低減に対する提言】

① 地山の弾性波速度が測線方向により違いがでることに留意した調査とボーリングコア観察による岩盤のゆるみを把握する必要がある.

② 付近の同様な地質での事例を参考に地山の弾性波速度と支保パターンの関係を整理し設計に活かす必要がある.

【解説】　①について　火成岩類,砂岩・礫岩,片岩類,頁岩,粘板岩等を有する地山または付加体を有する地山では,弾性波速度および地質の観察結果から決定された CI・CII 主体の当初設計が,DII 主体の施工へと大幅な変更となった場合もある[60].

つまり,付加体のような地山では,岩盤が著しい異方性を示す場合があり,弾性波速度の測線方向により違いが生じる.したがって,既往の資料調査等から計画路線上に付加体が存在する場合には,地形・地質調査にトモグラフィ解析による高精度弾性波探査,比抵抗調査,ボーリングコア観察による岩盤のゆるみを把握するなど,追加の調査を実施することが望ましい.

②について　上記したような調査結果に応じて,設計段階から支保構造のランクアップ,補助工法(長尺鏡ボルト,鏡吹付けコンクリート,先受け工等)を計画することも検討すべきである.これらにより,切羽付近に拘束力を与えて内圧を高め,地圧・内圧のバランスを取りながら先行変位を抑制し,また切羽周辺の先行ゆるみ領域の拡大を防止する必要がある[61].

(2)　施工段階のリスクと対策

【施工段階のリスク要因】

① 切羽の小崩落が連鎖的に大きな崩壊に繋がる.

② わずかな湧水,水圧により岩盤がゆるみ切羽崩壊に繋がる.

【解説】　①について　層理・節理の発達した地山に対して,計画・設計段階において可能な限りの調査・検討が行われていたとしても,調査精度等に限界があり,地質の不確実性を払拭することはできない.このため,突然,想定していなかった層理・節理の発達した地山が出現する場合もある.地山が有していた潜在的な層理・節理に加え,掘削に伴う地山の応力解放および応力再配分により,切羽の岩盤同士の亀裂が伸展,拡大,閉合した場合,重力によりキーブロックが抜け落ちてしまう可能性もある.それに伴ってさらに力学的な均衡を失った岩盤が崩落し,切羽の小崩落,ひいては大崩落へと連鎖的に繋がる可能性もある.

②について　前述のような地質の不確実性等によって,設計段階における支保パターンが施工段階においてもそのまま適用できるとは限らない.層理・節理にわずかな湧水が浸透,水圧が作用し,岩盤にゆるみを発生させる場合もある.設計段階で評価された地質の精査を怠ると,実際の地質に見合った対策を講じることができず,リスクが顕在化することになる.

たとえば,切羽上方の遮水層の層厚が想定よりも薄く,切羽の掘削に伴い遮水層が削られ,遮水層上層の帯水層の水圧に遮水層が耐え切れず,切羽にクラックが発生する可能性もある.層理・節理の間隔が細かく,前述したような現象が発生すると,場合によっては,切羽面では肌落ち,小崩落,大崩落へと連鎖的な崩落が発生し,切羽周面ではロックボルト頭部の変形および破断,吹付けコンクリートのクラックおよびはく落,天端崩落といった著しい支保構造の変状および急速な変位増加が発生する場合もある.

【施工段階におけるリスク回避または低減に対する提言】
① 支保構造に加えて，鏡面の補強や先受けといった切羽安定化対策を検討する.
② 切羽観察においてわずかな湧水でも見逃さず，水圧作用が懸念される場合には，水抜き工を検討する.

【解説】　①について　技術・経済的な制約により，計画・設計段階の調査・検討が必ずしも十分とは言えない場合がある．このため，設計照査に併せて，計画・設計段階で提示された地山分類，支保構造，補助工法等を精査する必要がある．施工中に切羽前方探査（先進ボーリング，弾性波探査，孔内速度検層等）を別途実施することも有効である.

層理・節理の間隔によっては，鏡面に対して，長尺鏡ボルト，鏡吹付けコンクリート，先受け工等を施工し，切羽安定化対策を検討することが望ましい．切羽周面に対しては標準支保パターンよりもロックボルトの間隔を密に打設することも有効である．層理・節理によって分断されている岩塊をボルトにより縫い付け一体化させることが肝要である．場合によっては，層理・節理を縫い合わせるようにランダムに打設する方法も検討することが望ましい.

②について　一般的に実施される支保パターンの剛性強化ではリング状（周面方向）の剛性は高まるが，不良地質下での切羽前方の先行ゆるみ防止には効果的とは言えない．これは，支保の剛性を上げると周方向の塑性半径は低減されるが，切羽前方の塑性域は支保の剛性によらず一定であるためと考えられる [63]．また，切羽の自立性（自立時間）は，地山の工学的性質，掘削断面の大きさに関係し，無支保の掘削断面が大きくなるほど低下する．したがって，層理・節理が発達した地山においては，鏡面が崩壊すれば連鎖的に軟弱な天端部の崩壊へ繋がるため，切羽鏡面の安定化が最も重要である [61].

そのため，切羽周辺の先行ゆるみ領域の拡大防止，変位抑制効果を期待し，周方向よりも開放面積の大きい切羽鏡面に長尺鏡ボルト，鏡吹付け，先受け工等を組み合わせて施工し拘束力を与えて切羽面で三軸応力状態を作り出し，強固な支保構造を構築することが望まれる [61].

3.4 近接施工に関するリスク低減

3.4.1 近接施工一般

近年補助工法の進歩により，厳しい条件下での山岳トンネルの施工が行われることが多くなってきているが，用地に制約がある都市部などでは構造物と近接して施工せざるを得ない事例が増えている．ここでは，新設の山岳トンネルの建設における近接施工のリスクとして，主に既設構造物に近接するトンネルの施工と複数のトンネルを近接して施工するリスクを抽出し，対応策について述べる．

(1) 近接施工のリスク分類

a) 既設構造物に近接してトンネルを施工するリスク

ここで取り扱うリスクは，地表面などのトンネル掘削影響範囲内に重要な既設構造物が存在し，トンネルの掘削によって構造物に傾斜や沈下などの影響が生じ，構造物の機能を損なう可能性がある場合について述べる．一般的に新設トンネルの施工が既設構造物に影響を与えるかどうかの近接程度の判定の目安としては，図-3.4.1 のような影響範囲で示されることが多い．このうち，図-3.4.1(b)は，既設構造物が安定を保つために必要な範囲を示したものであり，新設トンネルを計画する際の目安となる．

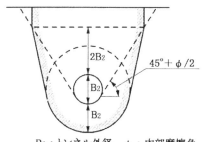
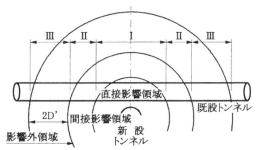

(a) 新設トンネルの施工による影響範囲の例 [64]
（出典：土木学会；トンネル標準示方書［山岳工法編］・同解説，2016.）

既設構造物が安定を保つために必要な範囲 (b, f)
① $b \leqq 0$ かつ，$f \geqq Df_1 - 2H$
② $0 < b \leqq 2H$ かつ，$f \geqq b + (Df_1 - 2H)$

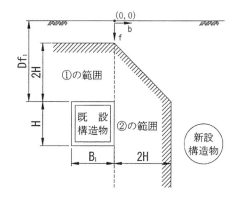

(b) 既設構造物が安定を保つために必要な範囲の例 [65]
（出典：日本トンネル技術協会；都市部近接施工ガイドライン，2016.）

図-3.4.1 新設トンネルの近接施工の影響範囲の設定例

既設構造物がトンネル直上の地表面に存在する場合には，新設トンネルの掘削に伴う地表面沈下や沈下による相対傾斜角が問題となることが多く，切羽の押出しや崩落が発生した場合には，既設構造物への影響は甚大なものとなる．また，既設構造物が新設トンネルの側方や下方に存在する場合には，脆弱な地山ではトンネル掘削により地中変位や浮き上がりなどの影響が生じる可能性もある．なお，変形や応力のみならず，地下水の影響や発破振動の影響などについても留意が必要である．

トンネルの施工によって何らかのリスクが生じる可能性のある構造物は，家屋，ビル，道路，軌道，高架橋，橋台・橋脚（杭基礎）など多岐にわたり，その影響の程度も地山条件，離隔や位置関係，規模，施工方法，施工順序によって大きく左右される．このため，トンネルの計画，設計時には，その影響について十分に予測，検討し，対策工を選定する必要がある．また，施工の際には管理者等関係機関と協議し，設定した許容値を超過しないように計測管理を行うことが重要である．

b）複数トンネルを近接して施工するリスク

ここでは，用地の制約などによりトンネル相互の離隔を十分に確保できずに複数のトンネルを近接して施工する際のリスクについて述べる．トンネルの近接としては，以下の①から③に示すように同時あるいは段階的に複数のトンネルが相互に影響を受けるものを対象とした．

①併設トンネル（図-3.4.2）

2 本以上のトンネルが左右，上下に並行して同時あるいは段階的に施工される場合で，特に 2 本の場合を双設トンネルという．道路トンネルでは，上り線と下り線が双設トンネルをなす場合が多い．併設トンネルでは，先行トンネルが後行トンネル側に変形したり，先行トンネルの周辺地山がさらにゆるみ，支保工への作用荷重が増加する場合がある．また，後行トンネルは先行トンネルの施工によるゆるみ等で単独のトンネルに比べて変形が大きくなる場合がある．

②めがねトンネル（図-3.4.3）

併設トンネルの中で，2 本以上のトンネルを隣接させ，中央壁（センターピラー）を共有する場合であり，トンネル前後の区間で用地幅に制約がある場合等に採用される．めがねトンネルは導坑，先行トンネル，後行トンネルの各掘削時に周辺地山の応力再配分が繰り返し生じ，トンネルが相互に影響を受ける．また，中央壁に荷重が集中する傾向となり，中央壁の沈下や回転，中央壁上部地山の塑性化等が周辺地山や支保工，覆工の安定性に大きな影響を与える．なお，先行トンネルの支保工や覆工に適切な補強を行ったり，インバートの早期閉合を併用することにより，導坑を設けないきわめて近接した併設トンネルとして施工した事例も増えている．

③交差トンネル

2 本以上のトンネルが上下に位置し，同時あるいは段階的にある角度で交差する場合をいう．交差トンネルでは，後行トンネルが先行トンネルの下部を通過する場合には，先行トンネルが沈下し，支保工，覆工の応力が増加する場合がある．また，先行トンネルの上部を通過する場合には，先行トンネルに作用する荷重が軽減されて上方に変形したり，先行トンネルのグランドアーチが損なわれ，支保工，覆工の応力が増加したりする場合がある．

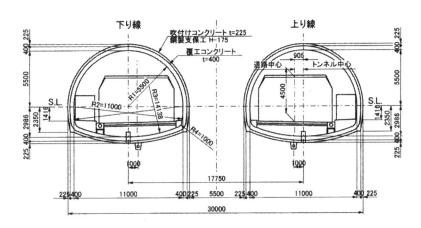

図-3.4.2 併設トンネルの施工事例 [64]

（出典：土木学会；トンネル標準示方書［山岳工法編］・同解説，2016.）

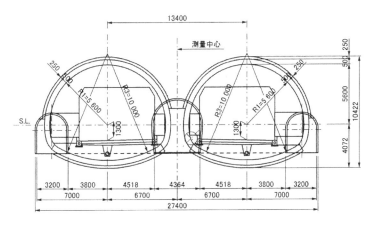

(a) 3本導坑方式の施工事例

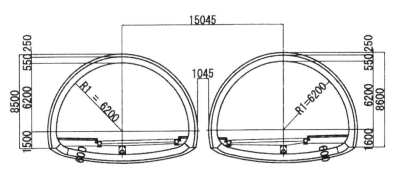

(b) 導坑方式から無導坑方式に変更した施工事例

図-3.4.3 めがねトンネルの施工事例 [64]

（出典：土木学会；トンネル標準示方書［山岳工法編］・同解説，2016.）

(2) 近接施工の事例

トンネルの近接施工を行った34件の事例を**表-3.4.1**に示す．これらの事例は，土被りが20m程度以下の地山を掘削したものが多く，地上に各種の構造物が近接していることがわかる．このうちの12例は，重要構造物直下において，双設トンネルやめがねトンネルのような複数のトンネルを掘削したものである．

表-3.4.1　近接施工の事例[66]を編集

No.	トンネル名	種　別	延　長	土かぶり	近接する重要構造物	備　考
1	安芸府中トンネル	道路	上り線 990m 下り線 1026m	約 25m	発電所，送電鉄塔，家屋，墓地	
2	市川トンネル	新幹線	925m	3m	国道，有料道路	
3	引佐第二トンネル	大断面道路	上り線 1347m 下り線 1528m	25m 以下	家屋等	
4	今里第一トンネル	大断面道路	394m	約 15m	民間研究施設	双設
5	オランダ坂トンネル	2車線道路	480m	2D 以下	住宅密集地	双設
6	岸谷生麦線トンネル	大断面道路	304m	15m 以下	中学校体育館，公園	双設，段階施工
7	北須磨トンネル （北工区）	2車線道路	1107.5m	20m 以下	マンション，病院，住宅， 県道，埋設物	めがね，ピラー
8	北山トンネル	2車線道路	上り線 923.5m 下り線 950.5m	15m 以下	道路，家屋	双設
9	北大和トンネル	鉄道複線	1100m	7〜26m	住宅造成盛土，家屋	
10	黒田トンネル	2車線道路	1867m	20m 以下	民家，I 期線坑口	
11	識名トンネル	2車線道路	559m	30m	住宅，墓地	双設
12	小路トンネル	道路	265m	最大 10.5m	民家，道路	4 連めがね
13	新武岡トンネル	2車線道路	111.5m		住宅地，市道	
14	新湊川トンネル	水路	683.2m	13m	鉄道軌道部	
15	第一黒部トンネル	新幹線	919m	2〜10m	水田，民家，農道，ライフライン	
16	高丘トンネル	新幹線	6918m	10m 以下	民家集落，高速道路	
17	高館トンネル	新幹線	1280m	18m 以下	国道	
18	筑紫トンネル（山浦工区）	新幹線	2335m	20m	高速道路	
19	野老山トンネル	2車線道路	340m	20m 以下	国道	
20	戸吹トンネル	2車線道路	600m	15m 以下	河川	双設
21	豊見城トンネル	2車線道路	上り線 331m 下り線 324m	5m〜24m	県道，住宅	双設
22	長田トンネル	2車線道路	960m	3m〜6m	住宅，公共施設，地中埋設物	
23	長峯トンネル	新幹線	115m	1D 以下	家屋，構造物	
24	八都計道 3・4・57 号線	2車線道路	249m	約 10m	民家，生活道路	
25	東山トンネル	2車線道路	2600m	5m〜10m	都市直下，幹線道路， ライフライン	
26	フォートカニング トンネル	2車線道路	340m	3m〜9m	一般道路	
27	藤白トンネル	2車線道路	2136m	10m 以下	送電鉄塔	
28	法花トンネル	2車線道路	627m	3m〜10m	公園施設，駐車場，広場	双設
29	保土ケ谷トンネル	3車線道路	214m	5m〜10m	道路，住宅，重要埋設物	
30	まきばトンネル	2車線道路	190m	15m 以下	上水道配水池	
31	箕面トンネル （南工区）	大断面道路	2200m	約 15m	老人ホーム	
32	森支線トンネル	2車線道路	164m	14m 以下	マンション，住宅	双設
33	六戸トンネル	新幹線	3810m	4m〜20m	県道，町道，鉄道，水路	
34	涌波トンネル	2車線道路	本線 663m 連絡道 179m	17m 以下	住宅地	双設，ピラー

(3) 既設構造物に近接して実施する工事の流れ

　図-3.4.4 に既設構造物に近接する工事の計画，設計ならびに工事開始から完了までの一般的な手順を示す．既設構造物に近接して実施する工事にあたっては，既設構造物に有害な影響を与えないことを第一に考える必要がある．これらのフローを参考に近接する工事の計画，設計から施工完了まで一貫して新設構造物の建設による既設構造物への影響をチェックすることが重要である．あらかじめ既設構造物に与える影響について検討し，必要に応じて計測管理や対策工の実施などの措置を講じる必要がある．

3．押出し・崩壊に関するリスク管理　　87

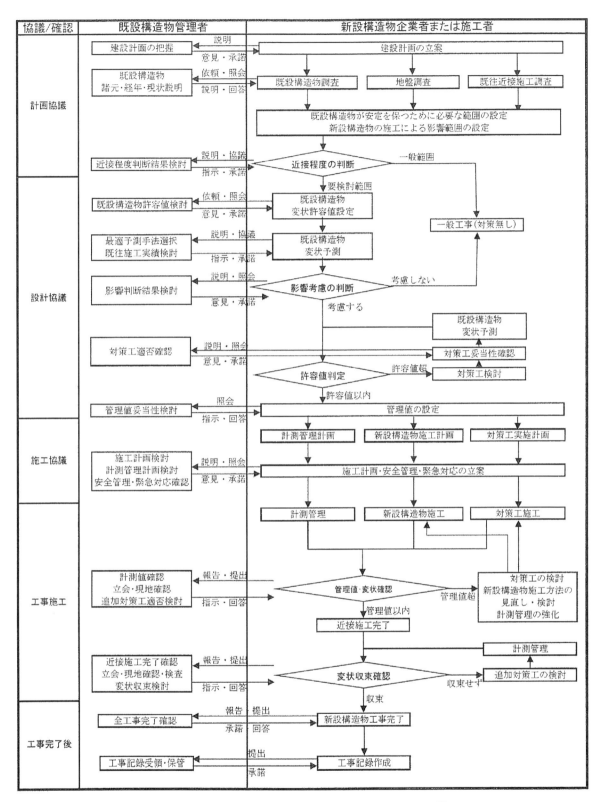

図-3.4.4　既設構造物の調査項目および方法 [65]
（出典：日本トンネル技術協会；都市部近接施工ガイドライン，2016.）

3.4.2 基本的なリスク低減対策

(1) 既設構造物の調査

　既設構造物とトンネルとの近接度の判定や，既設構造物の変位・変形量および応力の許容値の設定をするためには，既設構造物を調査することが大切である．既設構造物の調査項目の細目および方法を**表-3.4.2**に示す．

表-3.4.2　既設構造物の調査項目および方法[66]

項　目	細　目	方　法
構造物の機能・形状	用途，構造形式，位置等	資料調査，測量調査等
建物，構造物の状態	健全度，利用状況等	目視観察，ヒアリング等
地形・地質条件	地表面の状態，不安定地形の有無，地山の物性値，地下水位等	地質踏査，ボーリング調査等

(出典：土木学会；トンネル・ライブラリー第24号，2012.)

　許容値の設定には，地表面の変形に関する許容値および各種施設や建築構造物などに関する許容値を事業者間において十分に協議し，決定する必要がある．**表-3.4.3**は，1972年から1982年の既往文献調査から近接施工における許容値，管理値の実績をまとめたものである．

表-3.4.3　近接工事における各管理者の許容値，管理値の実例[66]

用途	企業者	形式	許容値		管理値	
鉄道	国鉄	新幹線高架橋	相対鉛直変位	5mm	±3〜5mm	
軌道		新幹線高架橋	水平変位	3mm		
			鉛直変位	3mm		
		高架橋	柱沈下量	3mm	2.4mm	
		高架橋	柱相対沈下	2.3mm		
		高架橋橋台			水平変位	5mm
		高架橋橋台・橋脚	沈下	10mm		
			傾斜	3分20秒		
		橋台・橋脚	鉛直変位		鉛直変位	±20mm
					傾斜	1度
		軌道	沈下・隆起	±10mm		
		〃			沈下・隆起	±20mm/day
		〃			鉛直	9mm/day、5mm/hr
					水平	7mm/day、4mm/hr
		トンネル	沈下	10mm		
		架道橋	〃			
		(くい基礎)				
	営団地下鉄	ずい道	鉛直変位	±5mm		
	大阪市	地下鉄	沈下	9mm	沈下	8mm
	交通局	地中構造物			傾斜	80秒
	名古屋市	地下鉄			沈下	5mm
	交通局	地中構造物			傾斜	180秒
道路	建設省	陸橋	水平変位	10mm		
		(くい基礎)	鉛直変位	30mm		
		陸橋	沈下	13mm		
		(くい基礎)				
		陸橋	不等沈下	8.7mm		
		(くい基礎)				
		アーチ橋橋台	鉛直変位	±50mm		
			水平変位	±37mm		
		陸橋	傾斜	±160秒	±120秒	
		(くい基礎)	沈下	±17mm	±15mm	
			変位	±25mm	±20mm	
建築物		鉄骨鉄筋コンクリート5F	沈下	5mm		
		RCベタ基礎地上	沈下	5mm		
		9F地下3F				
		RC直接基礎	フーチング部材角	1/300〜1/500		
		ビルRC3F・4F	傾斜	±160秒	±120秒	
		貨物ビルRC・8F	標準値	15mm		
			最大値	30mm		
		家屋	絶対沈下量	2〜3cm		
			変形角	$(1〜2)×10^{-3}$rad		
			相対沈下	2.25cm		
その他	東電	放水路トンネル	鉛直変位	+20〜40mm		
	東京ガス	ガス管	沈下	20mm	沈下	4mm

＊1972年〜1982年の文献（専門誌，機関誌）を対象とした調査結果

(出典：土木学会；トンネル・ライブラリー第24号，2012.)

なお，土木学会のトンネル・ライブラリー第24号「実務者における地表面沈下の予測評価と合理的対策工の選定」[66]や日本トンネル技術協会の「都市部近接施工ガイドライン[65]」では，各管理者の管理基準値や，近接施工における許容値，管理値の近年の実績がまとめられているのであわせて参照されたい．

近接構造物が建築構造物である場合は，構造物の要求性能は終局限界，損傷限界，使用限界の3つの状態を設定し，各状態に対して構造物の安定性，使用性を確保する必要がある．また，既設構造物が地下構造物である場合，地下構造物に与える影響は，構造物の安定性と性能の確保を基本として検討する必要がある．このうち，構造物の安定性の検討は，現状の構造物の応力状態を踏まえて許容できる影響の評価を行うことが困難であることから，解析的手法を用いて，近接施工に伴う既設構造物の増加応力を構造物の安定性に関する許容値以下とする方法で評価するのが一般的である．**表-3.4.4**には，近接構造物が既設トンネルである場合の許容値の設定例を示す．

表-3.4.4　トンネル覆工応力の許容値の目安 [67]

既設トンネル覆工の健全度判定区分	増加圧縮応力 (N/mm^2)	増加引張応力 (N/mm^2)
B、OK	0.3σck	0.06σck
A	0.2σck	0.04σck
AA	0.1σck	0.02σck

※NEXCO が建設・管理する道路に適用

(出典：東・中・西日本高速道路；設計要領第三集トンネル本体工保全編，2009.)

(2) 地山条件の把握

都市部の小土被りや軟弱地盤などの条件下でトンネルを施工する場合，トンネルの掘削に伴い周辺地山がゆるむことにより，地山の強度不足やグラウンドアーチ効果を十分に形成できない可能性がある．これらは，トンネル周辺地山の強度特性や変形特性に起因するものであり，さらに既設構造物に近接したトンネル施工を行う場合には十分に地山条件の事前調査を行い，類似事例の分析や数値解析による地表面沈下量や既設構造物への影響予測を実施することが重要である．詳細な地山情報を得るためには，電気検層や孔内水平載荷試験などの原位置試験や三軸圧縮試験などの室内試験を行う．また，トンネルの掘削に伴う湧水や地下水位低下による既設構造物への影響調査も重要である．粘性土地山における圧密沈下が想定される場合は圧密試験を，切羽の流動化が想定される砂質土地山では粒度試験を行う．都市部における留意すべき条件とその調査方法について**表-3.4.5**に示す．

表-3.4.5　都市部における留意すべき条件とその調査方法 [64]

留意すべき条件	発生する現象	おもな調査方法	得られる情報	検討事項
小さな土被り	グラウンドアーチが形成されにくい 地山の緩みに伴う地表面沈下や陥没	ボーリング調査	地質の分布等	沈下の予測 (地表に構造物等がある場合)
		原位置試験	強度および変形特性，透水性等	
		室内試験	物理特性，強度および変形特性，透水性等	
軟弱地盤が分布する地山	地表面沈下 地下水位の低下 圧密沈下	ボーリング調査	地質の分布，地下水の分布等 (腐植土層，泥炭層の有無等)	沈下の予測 (地表に構造物等がある場合) 圧密沈下の予測 (とくに第四紀更新世の粘性土層，泥炭層がある場合) 地下水位の予測 (地下水利用がある場合)
		原位置試験	強度および変形特性，透水性等	
		室内試験	物理特性，強度および変形特性，透水性，圧密定数等	
レンズ状構造等を呈する不均質な層状地盤	宙水や被圧水による突発湧水 切羽の崩壊	ボーリング調査	地質の分布，地下水の分布等	詳細な地層構成の把握 突発湧水，切羽の崩壊等の危険性の予測
		物理探査	地質の分布，地下水の分布等	
		原位置試験	強度および変形特性，透水性等	
		室内試験	物理特性，強度および変形特性，透水性等	
埋没谷等顕著な不整合面が分布する地山	層境からの大量の突発湧水 切羽の崩壊	ボーリング調査	地質の分布，地下水の分布等	詳細な地層構成の把握 突発湧水，切羽の崩壊等の危険性の予測
		物理探査	地質の分布，地下水の分布等	
		原位置試験	強度および変形特性，透水性等	
		室内試験	物理特性，強度および変形特性，透水性等	

(出典：土木学会；トンネル標準示方書［山岳工法編］・同解説，2016.)

(3) 影響予測

 一般に，トンネル施工に伴う地山変位による影響予測は，経験則や理論式を応用して沈下量を算定する手法や，数値解析によって行われる．経験則による影響予測手法は，簡便であることから地山条件が一般的な場合には適用されることが多い．理論式による影響予測手法に関しては，近接構造物や支保部材，多種の補助工法に及ぶ影響を予測する必要のあるトンネルでは，精度良く影響を予測することは難しい．そのため，施工前の目安を得るために用いられる．

 既設構造物への近接施工の影響予測には，解析的手法が採用されることが多い．なお，数値解析を用いる場合，地山条件を模擬できる解析手法であるか，逐次掘削機能を有するか否か，力学モデルや地山・支保工・補助工法の解析入力値が妥当であるかなどをよく検討することが必要である．

 併設・交差トンネルなどの影響予測では，地質条件にもよるが，トンネル同士の離隔がトンネル中心間隔で掘削幅の 2 倍～5 倍以下程度になると，トンネル相互に影響を受け支保工に作用する荷重が増加し，支保工の健全性が失われたり，単独トンネルよりも大きな変位が生じるリスクが考えられる．このようなトンネルの変形や，支保工の健全性低下に対するリスクを低減するために，地山やトンネルの挙動について過去の事例を参考とするとともに数値解析，理論解析等を併用して予測し，対策を講じることが重要である．数値解析による方法は，技術の向上によりトンネルの併設・交差部を模擬した三次元解析を行うことが可能となってきた．たとえば，高取山トンネル[68]では，二車線道路トンネル本線がダクトトンネルと交差すること，地質が花崗岩断層破砕帯を貫く箇所があることから，三次元数値解析による影響予測が行われた（**図-3.4.5**）．支保工に作用する荷重を想定した構造解析を三次元シェル―ばねモデルで行い，地表面への影響照査には，三次元有限要素法を用いて検討を行っている．

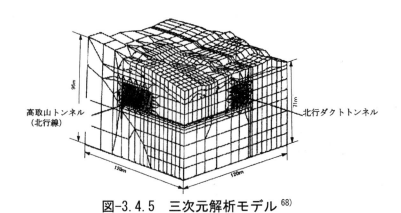

図-3.4.5　三次元解析モデル[68]

（出典：瀬戸口ら：トンネル工学研究論文・報告集，Vol.11，2001．）

 めがねトンネルでは，土地利用の制約を受けやすい都市部での施工が多く，地形・地質的にも小土被りかつ未固結地山の場合が多い．このような地山ではトンネル間の地山が応力再配分を繰り返し，両トンネルからの鉛直荷重を受けトンネル間のピラー部が沈下するリスクがある．さらに，後行トンネル掘削時による応力再配分による先行トンネルへの影響が生じる恐れもある．そのため，先行・後行トンネルの掘削順序や，支保工・補助工法の施工タイミングを考慮した影響予測，支保工・補助工法の選定を行うことが必要となる．

 表-3.4.6は，数値解析によりめがねトンネル掘削時の影響予測を行った北須磨工区（北）トンネル工事における数値解析ステップを示したものである．この事例では，二次元数値解析による影響予測を行っているが，応力解放率を変化させることによって，先行・後行トンネル掘削や，支保工・補助工法の設置を再現している．

表-3.4.6　めがねトンネルの掘削影響予測解析ステップ[69]

解析ステップ	施工手順	掘削応力解放率
STEP 0　初期応力算出 （薬液注入） STEP 1　導坑掘削 STEP 2　導坑支保工設置		STEP 1　40％ STEP 2　60％
STEP 3　センター・ピラー・コンクリート打設 　　　　先進坑上半掘削 STEP 4　先進坑上半支保工設置		STEP 3　40％ STEP 4　60％
STEP 5　干渉部注入 　　　　先進坑下半掘削 STEP 6　先進坑下半支保工設置		STEP 5　40％ STEP 6　60％
STEP 7　後進坑上半掘削 　　　　補助工法施工 　　　　（PU・IF 等） STEP 8　後進坑上半支保工設置		STEP 7　40％ 　　　（20％：RJFP） 　　　（30％：AGF） STEP 8　60％ 　　　（80％：RJFP） 　　　（70％：AGF）
STEP 9　後進坑下半掘削 STEP10　後進坑下半支保工設置		STEP 9　40％ STEP10　60％
STEP11　先進坑インバート掘削 STEP12　先進坑インバートコンクリート 　　　　打設		STEP11　40％ STEP12　60％
STEP13　後進坑インバート掘削 STEP14　後進坑インバートコンクリート 　　　　打設		STEP13　40％ STEP14　60％

（出典：山田ら；土木学会トンネル工学研究発表会論文・報告集，Vol.13，2003.）

(4) 計測管理

　近接施工にあたっては，既設構造物の変状をその許容値以下に抑えなければならない．既設構造物の変状は，先の影響予測に基づき予測するが，影響予測で得られた構造物の挙動や変位の結果が施工時に再現されるとは限らない．したがって，現場で得られた情報をもとに施工管理し，その後の施工に反映することが必要となる．なお，影響予測をもとに管理値を小さく設定しすぎると，実施工時に工事の影響に関係なく，外部環境の影響のみで管理値を超過してしまうことがあるため，留意が必要である．**図-3.4.6**は計測管理フローの例，**表-3.4.7**は計測管理値の区分と対応の例を示したものである．計測管理の区分は，一次管理値，二次管理値，限界値の 3 段階で管理するのが一般的である．

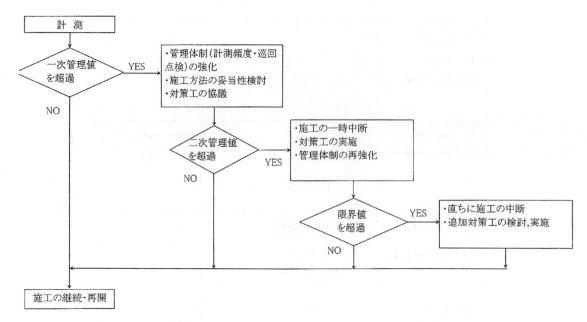

図-3.4.6 計測管理フローの例 [65]

(出典:日本トンネル技術協会;都市部近接施工ガイドライン,2016.)

表-3.4.7 計測管理値の区分と対応の例 [65]

区分	管理値の設定	対応	備考
一次管理値	限界値×50%*	・管理体制(計測頻度・巡回点検)の強化 ・施工方法の妥当性検討 ・対策工の協議	*50%は一例
二次管理値	限界値×80%*	・施工の一時中断 (注2) ・対策工の実施 ・管理体制の再強化	*80%は一例
限界値 (注1)	限界値×100%	・直ちに施工の中断 (注2) ・追加対策工の検討,実施	
(注1):限界値は,計測管理上の指標として設定する最大値であり,構造物の許容変位量や構造物を構成する部材の変形量,許容応力度などから,既設構造物に現在すでに発生している変状等を考慮して設定する. (注2):施工の中断により逆に近接構造物におよぼす影響が大きくなる場合もあるので,事前に十分な検討を行っておくことが必要である.			

(出典:日本トンネル技術協会;都市部近接施工ガイドライン,2016.)

都市部の既設構造物が存在する近接施工においては,通常の山岳部のトンネルに比較して必然的に計測箇所や頻度は多くなる.特に,地表面沈下,近接構造物の挙動,近接構造物の損傷状態,周辺の地下水位変動などに留意が必要であり,切羽通過前の先行変位などの把握や計測値と事前予測解析値との対比は,合理的な支保工,補助工法,施工法を選定あるいは見直しするうえで非常に重要である.

(5) 対策工の選定

トンネル掘削に伴い,既設構造物の機能が損なわれる可能性がある場合は,掘削工法,掘削方式の変更や補助工法を適切に選定することが必要となる.

既設構造物との近接施工における対策は，①トンネル側で掘削挙動を抑制する方法，②中間地山を改良して掘削挙動を抑制する方法，③既設構造物を補強する方法がある．

　①トンネル側で掘削挙動を抑制する方法としては，これまで3.3で述べたような基本的な切羽安定対策のほか，地山補強を目的とした注入工法，攪拌工法が採用される．切羽安定対策では天端，鏡面，脚部の安定対策，地下水対策を複合的に組み合わせて採用する場合が多い．施工時の計測において地表面や近接構造物の挙動に着目し，計測結果を逐次実施工に反映する情報化施工を取り入れる施工事例も多くある．図-3.4.7は，近接構造物別の土被りと対策工の組み合わせについて調査した結果をまとめたものである．道路や民家に近接する場合は，先受け工，鏡面補強，脚部補強を組み合わせて実施している事例が多く，慎重な施工が行われていることがわかる．また，近年長尺鏡ボルトなどを積極的に採用し，切羽面の自立性を確保したうえで，トンネル変位抑制に効果的なインバートの早期閉合を行い，地表面への影響を極力少なくした事例も増えている（図-3.4.8）．

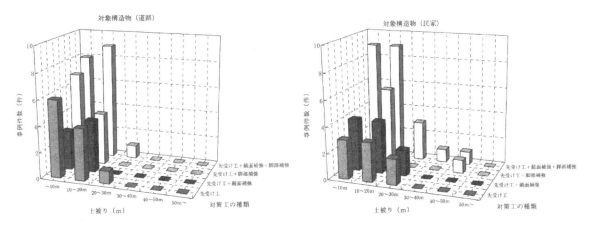

図-3.4.7　対象構造物別の対策工の組合わせと土被り[66]

（出典：土木学会；トンネル・ライブラリー第24号，2012.）

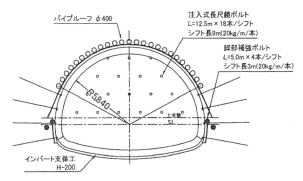

図-3.4.8　国道直下を小土被りで交差するトンネルの対策例[70]

（出典：奥谷ら；トンネルと地下，第36巻12号，2005.）

　地下水がトンネル掘削に影響を及ぼす可能性がある場合は，地下水対策が必要となる．しかしながら，トンネル掘削に伴い近接構造物への影響が懸念される場合，排水工法によって未固結地山の見かけ強度低下や脱水沈下（即時沈下），圧密沈下が促進され，近接構造物への影響が生じる可能性があるため，地下水対策の選定ではこのような点に留意が必要である．

　②中間地山を改良して掘削挙動を抑制する方法としては，地盤の強化，改良工法や遮断壁工法がある．前者の地盤の強化，改良工法は，注入や噴射攪拌等，変位抑制を目的とした工法である．ただし，施工順序，近接の程度によっては地山をいためたり，近接構造物に被害が生じることも

あるため，注意が必要である．後者の遮断壁工法は，鋼矢板，柱列杭，噴射攪拌，鋼管杭等，変位の伝達や地下水位の低下を抑える工法であるが，地下水の流れを遮断する場合があるので，地下水環境への注意が必要である．

　③既設構造物を補強する方法は，これまで採用された事例はまれであるため，対策工の選定には既設構造物の種別や，近接の程度などを十分考慮した検討が必要である．図-3.4.9に地下河川ボックスカルバートの下に山岳トンネルが近接交差した事例を示す．既存のボックスカルバート周辺に薬液注入を実施し，ボックスカルバート埋め戻し部の強度を周辺地山と同等にしたり，目地部分に引張強度や変形追随性を有する樹脂を塗布することで，止水板の破損や目地からの漏水を抑制している．新設トンネル側では長尺鋼管先受け工が施工されており，既設構造物を補強する方法だけではなく，トンネル側での対策も併用して実施されている．

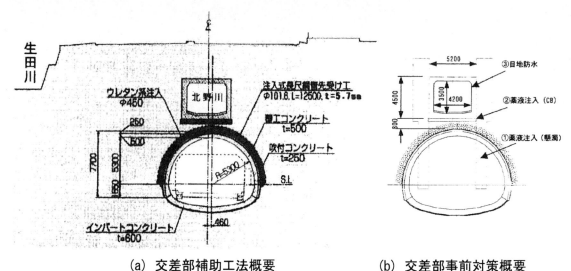

(a) 交差部補助工法概要　　　(b) 交差部事前対策概要

図-3.4.9　地下河川ボックス下の山岳トンネル近接交差事例[71]

(出典：兼島ら；第50回施工体験発表会（山岳），2002．)

　併設，交差トンネルにおける対策工の選定では，相互の影響を予測した結果に応じて，支保工，覆工や対策工を設計し，トンネルに大きな変形が生じると予想される場合には，さらに支保工の強化，覆工の補強をすることがある．併設，交差トンネルでは，先行トンネルを掘削後に後行トンネルを掘削するため，それぞれのトンネルに生じる影響が異なる．そのため，表-3.4.8のようにトンネルの施工順序を考慮した対策を選定する必要がある．

表-3.4.8　併設，交差トンネルの対策工[64]

対象	影響	対策工
先行トンネル	変形	・支保工，覆工，インバートの耐力増加，インバート早期閉合
後行トンネル	変形	・地山の先行支持，掘削断面の分割，インバート早期閉合 ・支保工の強化，支保工脚部支持力の強化，切羽の補強 ・前方地山の改良
	振動	・制御発破等の振動抑制，無発破工法
	地下水	・排水，止水
トンネル間の地山	変形	・地盤強化および改良，鋼矢板工法等による遮断
	地下水	・排水，止水

(出典：土木学会；トンネル標準示方書［山岳工法編］・同解説，2016．)

めがねトンネルでは，総掘削幅が大きいため，地表面沈下の抑制や崩壊防止のための補助工法を併用することが必要である．これまで，めがねトンネルは3本導坑方式や1本導坑方式による施工が多く見られてきた．3本導坑方式のように導坑を複数本掘削すると，3つのピラーで上部からの荷重を支持するため沈下抑制効果が高いが不経済となる．一方で1本導坑方式の場合，1本のピラーで上部からの荷重を支持するため，3本導坑方式と比べ地表面および脚部が沈下する可能性が高くなる．そのため，地表面沈下抑制のための先受け工や水平ジェットグラウト，地山地耐力不足が懸念される場合には地山補強が必要となる．また，近年無導坑方式が採用される事例も多く見られる．無導坑方式は，導坑がないため工期が短縮でき経済的である．無導坑方式が採用される場合は，対策工として切羽安定対策に加えて，先行トンネルの支保工や覆工に補強を行ったり，補助ベンチ付き全断面工法を採用したインバートの早期閉合を行ったりする事例が増えている．

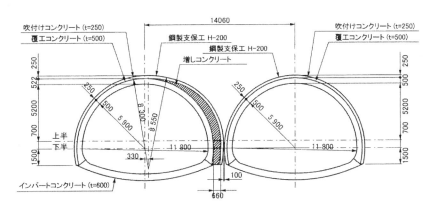

図-3.4.10 先行トンネルの支保工補強事例[64]

（出典：土木学会；トンネル標準示方書［山岳工法編］・同解説，2016．）

(6) リスクと対策の相関

近接施工に関わるリスクと対策の関係を整理して，その相関図を図-3.4.11に示す．次項以降でそれぞれについて解説する．

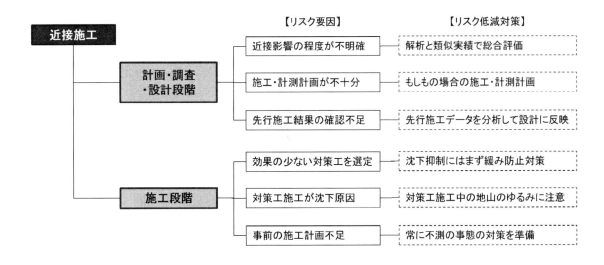

図-3.4.11 近接施工のリスクと対策の相関図

3.4.3 計画・調査・設計段階のリスクと対策

【計画・調査・設計段階のリスク要因】
① 近接施工による既設構造物等への影響の程度が不明確である．
② 設計段階での施工・計測管理計画が不十分である．
③ 先行トンネルの施工および計測結果の設計への反映が不足している．

【解説】　①について　都市部でのトンネル施工の場合，地表面沈下の制限をうける場合や既設構造物に近接する可能性が高い．リスクとなり得る既設構造物の事例として，道路・鉄道・水路・建築物等の構造物，上下水道・ガス管等の埋設物が多く見られる．既設構造物がトンネル掘削影響範囲内に存在していたトンネルの例を挙げると，オランダ坂トンネル（図-3.4.12）では長崎市特有の斜面利用状況から，トンネル全線にわたり地上部に住宅が密集していた．また，新湊川トンネル（図-3.4.13）では，土被りが1D程度の地上には鉄道営業線がトンネルと斜交していた．

図-3.4.12　オランダ坂トンネル[73]
（出典：飛島建設ホームページ）

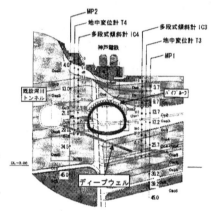

図-3.4.13　新湊川トンネル[74]
（出典：佐々木ら；トンネル工学研究論文・報告集，2000.）

　既設構造物に与える影響の程度は，地山条件，離間や位置関係，規模，施工方法，施工順序によって異なるため，事前に十分な調査および検討を行う必要があるが，既設構造物の調査が不十分な場合，構造物の位置や仕様と規模，健全度が不明確なままとなり，トンネル掘削による構造物への影響予測が困難になったり，構造物の健全性を確保するための許容値の設定ができないなどのリスクが生じる．

　また，数値解析による影響予測は現在においては一般的な手法であるが，二次元で検討を行う場合には，既設構造物との近接問題が適切にモデル化できているか，解析結果を適切に評価できているかなどに注意が必要である．

　②について　既設構造物に近接するトンネルや，複数のトンネルを近接施工する場合，トンネル掘削が既設構造物に与える影響や，複数のトンネルが互いに受ける影響について検討し，必要に応じて適切な支保部材，覆工および対策工を選定し，計測計画を行うことが大切である．しかし，このような条件下において標準的な施工・計測計画を行った場合，既設構造物や互いのトンネルに有害な影響を与える可能性がある．

　③について　複数トンネルを近接して施工する場合，調査・確認を十分に行わずに単独トンネルの支保ランクと同様の設計を行うと，予想以上の地表面沈下や変位等のリスクが生じる可能性がある．また，先行トンネルと後行トンネルの支保工ランクについても，先行施工したトンネルで得られた施工時の情報を十分に検討して選定しなかった場合，互いのトンネルに過大な変形が生じる可能性がある．

【計画・調査・設計段階のリスク回避または低減に対する提言】
① 影響予測においては，数値解析結果に加えて，一般的な理論値や過去の施工事例等をふまえた総合的な評価が必要である．
② 数値解析結果のみによらず，施工時に計測結果をフィードバックして対策出来る施工・計測計画を立てておく．
③ 先行トンネルの施工結果を調査・分析してリスクの事前把握を行う．

【解説】　①について　トンネル施工に伴う既設構造物への影響度評価においては，数値解析における地表面変位予測結果と，既設構造物の許容沈下量，変位量および傾斜角を照らし合わせる．数値解析の手法としては，3次元解析を実施するための時間的かつ労力的負荷が大きいことや，地質調査結果が不十分な段階での三次元解析による検討は不合理な面があることから，2次元解析により実施することが多い．しかしながら，交差トンネルの場合や，トンネル縦断方向の変形が問題になる場合などには，3次元解析により評価を行う場合もある（表-3.4.9）．長峰トンネルでは，地表面に構造物が近接していること，特徴的な地山形状のため地形の3次元構造を考慮する必要があること，そして縦断方向の補助工法を検討する必要があることから，3次元FEM解析による検討が実施されている（図-3.4.14）．解析結果では，3次元解析を実施したことにより，地山の変形領域の分布を視覚的に捉えることができている．

一方で，数値解析による予測は，解析条件の設定によって結果に差異が生じるため，解析結果は単独ではなく，過去の類似条件下での近接施工事例を収集，分析して，経験的判断も加味したうえで的確な影響予測や対策工の検討に供することが重要である．

つまり，既設構造物の調査を入念に行い，既設構造物の健全度および重要性を考慮した安全側の評価を行ったり，十分な地質調査結果より得られた数値解析パラメータを用い，トンネル掘削による地山の変形を適切な手法を用いて予測したりすることが大切である．

表-3.4.9　3次元数値解析の適用にあたり考慮すべき点 [75]

A) 力学上の特徴	構造力学的な性格が3次元的であり，目的とする情報が2次元的な取り扱いでは得られない，あるいは不十分である． ①切羽の形状や掘削手順を考慮する問題 ②縦断方向の補助工法を考慮する問題 ・先受け工，切羽支保，多重支保など ③3次元構造や近接構造物を考慮する問題 ・交差部，地表建造物など ④地形，地質の3次元構造を考慮する問題 ・断層部との交差，坑口部など
B) 解析条件の精度	目的とする情報の内容と精度が，利用できる解析条件の信頼性や精度と釣り合っているかという判断基準である．例えば，地質調査結果が不十分な段階での3次元解析による検討は不合理な面がある．
C) 解析作業時間，費用対効果	3次元解析に要する時間的，労力的負荷は，2次元よりも大きいため，設計・施工の実務的な場面では，目的とする結果の内容，精度とのバランスを考慮して適用が判断される．

（出典：依田ら；トンネルと地下，第39巻3号，2008．）

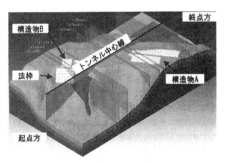

(a) 3次元解析モデル

(b) 起点側坑口部の解析結果

図-3.4.14　3次元FEM解析の実施例 [75]

（出典：依田ら；トンネルと地下，第39巻3号，2008．）

②について　数値解析による影響予測や，支保部材および対策工の選定が，完全なものと過信せず，トライアル施工や試験施工を行うことが好ましい．また，数値解析による結果の精度を向上させるために，逆解析を用いる方法をとることもある．たとえば，笹原山中バイパス2号トンネル[76]では，先進導坑で得られた掘削時変位や支保部材の作用効果にもとづく逆解析を行い，掘削時の挙動予測および支保部材応力の事前予測を行っている．

さらに，施工時に予想外の現象が生じた際に速やかに対応できるように，施工管理フローや対策検討フローの立案を行うことが望ましい．また，計測監視が近接施工で生じるリスクの低減対策となりうるため，適切な計測計画を立案することが大切である．主な地表条件に対して一般的に採用されている計測手法を表-3.4.10に示す．

近接施工における計測手法の選定では，地表条件，許容値や計測精度，既設構造物の重要性および経済性等を総合的に検討する必要がある．たとえば，道路や鉄道施設に近接する場合，建築限界内へ立ち入ることができないため，路肩や軌道外路盤等の建築限界外に計測点を設けたり，壁面や高欄に水管式沈下計等の変位変換器を連続的に設置し，電気的に挙動を監視するなどの手法が用いられている．建物や鉄塔等の構造物や埋設管に近接する場合，その管理者と十分な協議を行ったうえで，対象物に沈下計や傾斜計等の変位変換器を直接取り付けることが多い．

直接的に地表面の計測が行えない場合や地下構造物同士の近接施工では，地盤内の変位を計測する必要があり，ボーリング孔内に水平・鉛直変位を検出する変換器が用いられる．

トンネル施工に伴う地下水位の低下は，圧密沈下の発生等により既設構造物に大きな影響を及ぼす要因の一つと考えられることから，特に都市部における未固結含水地山等では地下水位計測を行うことが大切である．

計測箇所の選定にあたっては，事前の数値解析等による予測結果と実際の施工に伴う計測結果とを比較検討するため，計測箇所は予測を行った位置と同一とするべきである．あわせて，想定外の挙動や要因分析にも適用できるように計測箇所の配置計画を行うことが望ましい．また，計測基準点がトンネル施工の影響により移動することがあるため，基準点は施工の影響を受けない不動点とする必要がある．

表-3.4.10　主な地表条件に対して採用されている計測手順[66]

計測種別	地表条件	道路（路面）	鉄道（軌道）	河川・水路	橋梁	鉄塔	埋設管	家屋・建物	山林	耕作地	斜面・傾斜地	主な計測機器
地表の計測	水準（レベル）測量	○	○	△	○	○	△	○	○	○		レベル，標尺 電子レベル
	光波（TS）測量	○	○	△	○	○	△	○	○	○		トータルステーション，プリズム 自動追尾トータルステーション
	GPS測量	○	○	△	○	○		○	△	△		GPS計測システム
	沈下計による計測	○	○	○	○	○	○	○	△	△		水管式沈下計 ワイヤ式沈下計
	*傾斜計による計測	△	△	△	△		○				○	直読（気泡管）式傾斜計 電気式傾斜計
	*地表面伸縮計測						△					自記式伸縮計 電気式伸縮計
地中の計測	地中（層別）沈下計測	○	○	△	○	○	○	○	△	△	○	層別沈下計
	*地中傾斜計測	○	○	△	○	○	○	○	△	△	○	挿入式傾斜計 埋設型傾斜計
	*地下水位計測	△	△	△	△	△	△	△	△	△	△	水位計
坑内からの計測	孔内沈下（傾斜）計測	△	△	△	△	△	△	△				孔内沈下計（水管式） 孔内水平傾斜計

＊は間接的に地表面沈下に関連する計測項目　　　　　　　　　　○：良く採用　△：場合により採用

（出典：土木学会；実務者のための山岳トンネルにおける地表面沈下の予測評価と合理的対策工の選定，2012.）

近接施工における計測では，対象物の安定性や施工の妥当性を適切に判断する必要があり，そのために必要な情報が得られる計測システムを構築する必要がある．計測システムは一般にデータの取得方法によって，手動計測，半自動計測および自動計測に大別されるが，近接施工の場合，自動計測システムを用いたリアルタイム（常時）監視の必要性を検討する必要がある．**図-3.4.15**のように，インターネットを活用することで外部からのデータ閲覧とともに，測定値が管理値に達したときに自動的に担当者の携帯電話等に警報を発するシステムもある．

　③について　先行トンネル施工時に得られた地山性状や，変更・追加した対策工，掘削工法を確認し，後行トンネルの設計に反映することが大切である．

　地上部に重要な構造物がある場合，設計時には数値解析などにより影響予測と対策工の検討がなされている．設計時に軽微な対策で施工可能と判断されたものでも，施工時には設計時との地質条件の違いから対策工の追加を余儀なくされているケースもある．

　後行して施工するトンネルの施工計画では，先行トンネル施工時に得られた地質条件（脆弱な地質の分布・性状）や施工・計測データなどを十分に把握したうえで，再度施工時の影響予測を行い，適宜対策工を見直しする必要がある．

　設計段階においても単独トンネルとして設計するのではなく，先行トンネルの施工データを有効に活用し，設計精度を上げ，施工時の手戻りを抑制するとともに安全性の向上に努める必要がある．

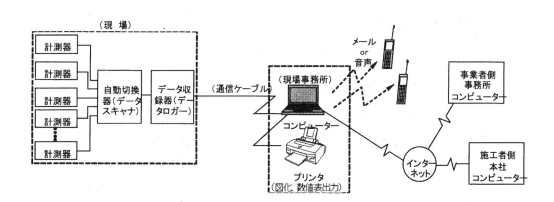

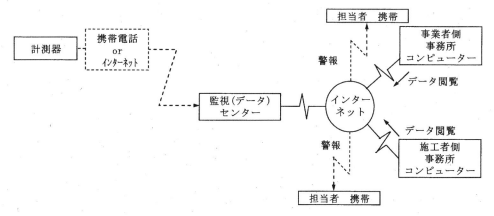

図-3.4.15　自動計測システムの例[66]

（出典：土木学会；実務者のための山岳トンネルにおける地表面沈下の予測評価と合理的対策工の選定，2012.）

3.4.4 施工段階のリスクと対策

> 【施工段階のリスク要因】
> ① 地山性状にあった対策工が選定されていない.
> ② 補助工法やロックボルトの施工そのものが地山を傷め沈下の原因になる.
> ③ 事前の計測管理計画等の準備不足により異常時の対応が遅れる.

【解説】 ①について 既設構造物に近接して施工する場合や,複数のトンネルを近接施工する場合には,トンネル掘削時の影響を抑制するための対策工が必要となる.設計段階では事前調査に基づいて対策工の検討がなされるが,事前調査で地山性状を十分に確認できていない場合には,地山性状に適する対策工が選定されず,その効果が十分でないため近接施工の影響が生じるリスクがある.

②について 近接施工では,トンネル掘削時のゆるみ抑制,坑内変位の抑制,切羽の安定対策のために,パイプルーフ,AGF工法などの補助工法を用いることが多い.また,標準支保パターンで定められた通りにロックボルトが打設される.これらの施工には削孔,鋼管設置,注入作業等が必要であるが,近接施工が問題となる都市部の未固結地山や,脆弱な地山では,補助工法やロックボルトの施工そのものが地山を傷め沈下の原因となることが懸念される.

③について 近接施工では,設計段階で計測項目が計画されていることが多い.しかし,計測結果を施工に反映するための計測管理計画が不十分であることがあり,施工時に問題が発生したときの対応が遅れることがある.そのような場合には,近接構造物に大きな影響を与え,場合によっては地表の通行車両や通行人に危害を加える可能性がある.工期,工費にも莫大な影響を与えることが懸念される.

> 【施工段階のリスク回避または低減に対する提言】
> ① 地表面沈下などによる既設構造物への影響を抑制するためには,地山性状に応じて対策を見直すことが重要.
> ② 補助工法の施工によるゆるみの発生には注意が必要.
> ③ 適切な管理基準値を設定し,異常があった場合の対応策を事前に検討しておく.

【解説】 ①について 施工段階には,設計段階の評価と異なる地山性状である場合がしばしばある.その場合には,当初設計の対策工が十分な効果を発揮しないことも考えられる.施工業者は,トンネル掘削前に,補助工法や薬液注入工などに関する試験施工を実施して,当該地山に適した施工方法を検討することが望ましい.しかし,試験施工をするためのヤードや,工期の制限があり,事前に試験施工ができないことも多い.そのようなことも踏まえ,設計段階では,トンネル掘削初期の補助工法については,グレードの高い工法を設計しておくことは有効である.

また,施工業者は,施工開始後に,切羽観察・計測を十分に行い,地山の性状を把握する努力が必要である.トンネル掘削を進めるにあたり,把握した地山性状を踏まえ,補助工法を適宜見直していくことが重要である.

②について 重要構造物に近接して施工する場合には,補助工法やロックボルトの施工そのものが近接構造物へ影響を与える可能性があることを念頭において,施工計画の立案,施工を実施することが重要である.

たとえば,笹原山中バイパス2号トンネル[76]では,城跡が近接する低土被り未固結地山区間において長尺鋼管フォアパイリング工の採用を検討したが,大量の削孔水を必要とする工法であることから粘性土層および風化〜強風化層の軟弱地山の劣化が懸念された.このため,少量の削孔水および圧縮空気で削孔可能な起泡削孔装置を使用することで,地山劣化と切羽の不安定化を抑制し,先受け工の地山改良効果とあわせて掘削中の天端崩落を防止できたと報告されている.

新湊川トンネル[74]では，鉄道軌道直下の掘削に際してパイプルーフ（φ800mm×17本）を採用したが図-3.4.16，図-3.4.17のようにパイプルーフ施工の影響で最大15mm程度の沈下が見られた．パイプルーフ施工時には，上半掘削時と同程度のゆるみが発生し，それが地表まで到達して沈下を生じたと報告されている．ここでは，ロックボルト打設によるさらなる地山のゆるみの影響を考慮し，ロックボルト施工は実施していない．このように，構造物直下でのトンネル施工は，地山のゆるみを極力少なくするような工夫が必要である．

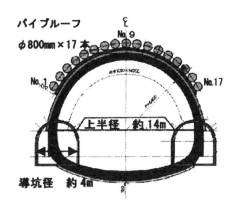
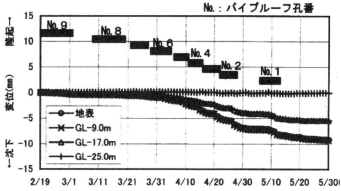

図-3.4.16　鉄道直下部標準断面[74]　　図-3.4.17　パイプルーフ施工時地中変位計測定結果[74]
（出典：佐々木ら；トンネル工学研究論　　（出典：佐々木ら；トンネル工学研究論文・報告集，2012.）
　　　文・報告集，2012.）

③について　施工者は，トンネル掘削開始前に計測監視計画を十分に検討して，施工計画に記載する必要がある．管理基準値を設定して，それぞれの管理レベルに応じた対策工を計画しておき，事前に発注者と協議をしておく（図-3.4.6，表-3.4.7）．地表面沈下，内空変位，天端沈下，支保工応力等に着目して管理値と管理レベルを定め，管理レベルに応じた計測・施工体制を構築する．管理レベルの設定は，計測管理対象物の許容値に基づいて決める方法や，計測管理対象物の施設管理者との協議によって決める方法がある．計測結果の評価を迅速に実施し，後続の施工に対してフィードバックさせることが重要である．また，対策工に必要となる資機材は，すぐに使用できるように準備をしておき，計測監視計画にしたがって，迅速に対応できるようにしておくことが重要である．また，先行トンネル施工時の情報については管理者，施工者等が適宜情報を管理及び提供し，設計者を含めて情報共有することが好ましい．

たとえば，住宅密集地内を貫くトンネル施工[77]では，家屋からの離隔が10m以内であることなどから，表-3.4.11に示す計測項目および管理基準値を設定して情報化施工を行った報告がみられる．特に家屋がトンネルに近接している区間では地山変位の挙動をリアルタイムに把握して，効果的に対策を実施する必要があることから，地中沈下計，地中傾斜計，伸縮計等を設置して，自動計測により昼夜に変状が発生しても直ちに対処できるように監視した．

さらに，工事に係わる全職員，全作業員に，計測監視計画を徹底しておくことが重要であり，決められた手順に従うことを繰り返し教育することが必要である．このときに，計測データの見える化は有効であり，たとえばOSVの技術を活用することは効果的である．OSVによる施工事例については，巻末の付録に紹介されているので参照されたい．

表-3.4.11　各計測項目ごとの管理基準値 [77)を編集]

	項目	単位	管理値Ⅰ	管理値Ⅱ	管理値Ⅲ	備考
坑内計測	天端・脚部沈下	mm	5.0	10.0	15.0	地表面沈下の管理値と同じ
	内空変位	mm	5.0	10.0	15.0	同上
坑外計測	地表面沈下	mm	5.0	10.0	15.0	トンネル側家屋基礎部，建築基礎構造設計指針（日本建築学会）を準拠
	家屋基礎部	×10^{-3}rad (秒)	0.6 (124)	1.1 (227)	1.7 (350)	家屋基礎の相対沈下量から算定
	地中沈下（最大）	mm	5.0	10.0	15.0	地表面沈下の管理値と同じ
	地中傾斜（区間最大）	×10^{-3}rad	0.194	0.571	1.681	地山の一軸圧縮強度 qu=3N/mm^{2}から限界せん断ひずみより設定

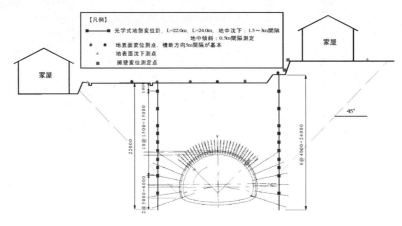

図-3.4.18　計測工の配置断面図（No.46+00）[78)]

（出典：小林ら；とびしま技報，第54号，2005.）

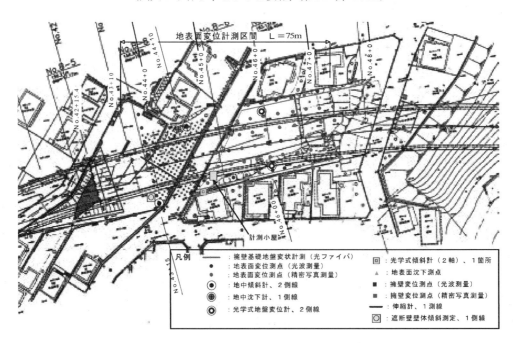

図-3.4.19　計測工の配置平面図 [78)]

（出典：小林ら；とびしま技報，第54号，2005.）

3.5 地すべり・斜面崩壊に関するリスク低減

3.5.1 地すべり・斜面崩壊一般
(1) 地すべり・斜面崩壊の事例

　地殻変動により傾斜，褶曲した地層は，侵食作用を受けて起伏に富んだ地形となり，その結果，**図-3.5.1**に示すような地すべり地形が形成される．このような地形では，上方の斜面からの落石や小崩落によって崖錐が形成されていることが多い．特にトンネル坑口では，坑口付けの切土時の斜面崩壊や，トンネル掘削時の切羽崩壊が発生することが多い．

　地質的には，「風化しやすい新第三紀の泥岩，凝灰岩」，「断層破砕帯を伴う中～古生層変成岩」，「火山作用（温泉作用や熱水変質作用）を受けた変質岩」が分布する箇所で，地すべり，斜面崩壊のリスクが高く，大規模地すべりも懸念される．

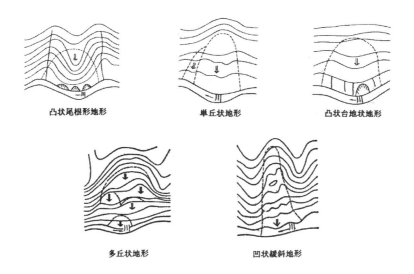

図-3.5.1　代表的な地すべり地形[79]
(出典：日本道路協会；道路土工－切土工・斜面安定工指針（平成21年度版），2009.)

　このような状況を踏まえ，山岳トンネルにおける地すべり，斜面崩壊のリスクとして「崖錐に起因する地すべり・斜面崩壊」，「傾斜層に起因する地すべり・斜面崩壊」，「大規模地すべり」の3つに分類した（**表-3.5.1**）．**表-3.5.2**には，地すべり，斜面崩壊が問題となったトンネルの事例を示し，該当する地すべり分類を示した．

表-3.5.1　地すべり・斜面崩壊の分類

分類	特徴的な現象
崖錐に起因する地すべり・斜面崩壊	崖錐は，上方の斜面から供給された落石や小崩落によって形成された地形である．特に，坑口部は崖錐が形成されていることが多く，坑口付けの切土時に地すべりが問題となることが多い．
傾斜層に起因する地すべり・斜面崩壊	地殻変動により傾斜，褶曲した傾斜層が形成される．傾斜した地層が侵食作用を受けて起伏に富む地形となり，地すべりの発生や，トンネル掘削時に問題を引き起こしやすい状況となる．
大規模地すべり	地すべりの規模が大きい場合，地すべり土塊内や，地すべり面近傍をトンネル掘削する際，地すべりの活性化や，トンネルに変状が生じることがある．

表-3.5.2　地すべり・斜面崩壊が問題となったトンネル例

トンネル名	種別	発生位置	分類	対策
西郷トンネル	道路	坑口部	・崖錐に起因する 　地すべり・斜面崩壊	・押え盛土 ・グラウンドアンカー工
楠彌寺トンネル	鉄道	坑口部	・傾斜層に起因する 　地すべり・斜面崩壊	・トンネルを延長 ・押え盛土
市棚トンネル	鉄道	坑口部	・傾斜層に起因する 　地すべり・斜面崩壊	・排土
子持トンネル	道路	坑口部	・傾斜層に起因する 　地すべり・斜面崩壊	・押え盛土 ・集水ボーリング
高場山トンネル	鉄道	坑口部	・大規模地すべり	・線形見直し ・トンネル再建設
日暮山トンネル	道路	坑内	・大規模地すべり	・地下水位低下工
名取トンネル	道路	坑内	・大規模地すべり	・線形見直し ・トンネル再建設
今戸トンネル	道路	坑口部	・大規模地すべり	・鋼管杭
奥山トンネル	道路	坑口部	・大規模地すべり	・押え盛土
観音平トンネル	道路	坑口部	・大規模地すべり	・押え盛土
第3大沢トンネル	鉄道	坑内	・大規模地すべり	・地下水位低下工
的之尾トンネル	道路	坑口部	・崖錐に起因する 　地すべり・斜面崩壊 ・大規模地すべり	・トンネル掘削時のゆるみ抑制 　制対策 ・押え盛土
赤岩トンネル	道路	坑内	・大規模地すべり	・トンネル覆工構造の強化

　図-3.5.2に示すように，日本の各地に無数の地すべり地形が分布しているため，トンネルルート近傍に地すべり地形が存在するケースがほとんどである．そのため，トンネルの計画・調査・設計段階，施工段階，維持管理段階で，地すべり・斜面崩壊に関するリスクを考慮することは重要であり，本項でこれらのリスクを整理する．

　なお，本項では，地すべり，斜面崩壊を下記のとおりに定義した．

地すべり：斜面の一部あるいは全部がゆっくりと斜面下方に移動する現象．斜面崩壊にくらべて，一般的に移動土塊が大きい．

斜面崩壊：斜面表層に存在する土砂や岩石がすべり落ちる現象．

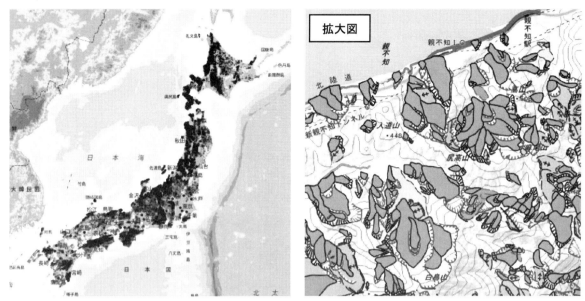

図-3.5.2 日本の地すべり地形の分布[80]
(出典：防災科研；J-SHIS Map, http://www.j-shis.bosai.go.jp/map/)

(2) 地すべり・斜面崩壊現象の特徴

表-3.5.1に示した，山岳トンネルにおける地すべり，斜面崩壊のリスクの特徴を示す．

a) 崖錐に起因する地すべり・斜面崩壊

崖錐は，上方の斜面から供給された落石や小崩落によって形成された地形である．図-3.5.3に示すように崖錐堆積物自体の崩壊と崖錐堆積物と基盤との境界での地すべり挙動がある．特に，坑口部は崖錐が形成されていることが多く，坑口付けの切土時に地すべりが問題となることが多いことから坑口を必要以上に追い込むことは避けるべきである．また，トンネル掘削のための坑口付けは，一般的に切土（切土勾配1:0.5）を行う．切土施工に伴う地山のゆるみや，トンネル掘削にともなうゆるみにより，地すべり，斜面崩壊を誘発するリスクがある．

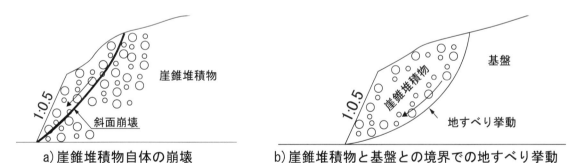

a) 崖錐堆積物自体の崩壊　　b) 崖錐堆積物と基盤との境界での地すべり挙動

図-3.5.3 崖錐に起因する地すべり・斜面崩壊

図-3.5.4に示す新東名高速道路西郷トンネル（施工時名称：掛川第二トンネル）の下り線西坑口は崖錐堆積物が厚く分布しており，地すべり対策として押さえ盛土とグラウンドアンカー工が採用された．この事例では，地形判読により偏圧地形にあること，崖錐堆積物が広範囲かつ厚く分布していることが読み取れたことから，崖錐堆積物と基盤との境界を確認する調査ボーリングを実施し，トンネル施工時においても多段式傾斜計や地下水位観測による動態観測が行われた．トンネル掘削は，支持力不足対策として側壁導坑先進工法が採用された．

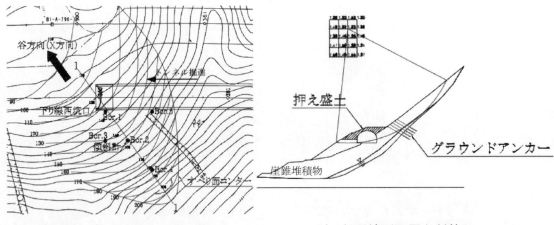

|a) 平面図とすべり面コンター図|b) 主測線断面図と対策工|

図-3.5.4 崖錐に起因する地すべり対策事例[81]

（出典：大坪ら；土木学会第59回年次学術講演会, Vol.59, No.6, 2004.）

b) 傾斜層に起因する地すべり・斜面崩壊

地殻変動により傾斜，褶曲した傾斜層が形成される．傾斜した地層が侵食作用を受けて起伏に富む地形となり，地すべりの発生や，トンネル掘削時に問題を引き起こしやすい状況となる．特に，坑口部や小土被り部において，トンネル掘削に伴う地山のゆるみによって，地すべり，斜面崩壊を誘発するリスクがある（**図-3.5.5**）．

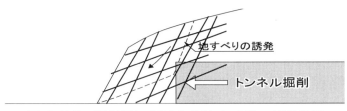

図-3.5.5 傾斜層に起因する地すべり・斜面崩壊

図-3.5.6に傾斜層が起因となってトンネルに強大な偏圧が作用したJR日豊本線の市棚トンネルで実施された対策工を示す．地質は，中生代白亜紀の槇峰層の頁岩から構成されている．トンネル掘削開始後，地表面が川側へ移動しはじめ強大な偏圧が発生した．そこで，対策工としてトンネル上部の排土（2,000m³），山麓部にコンクリート擁壁工，トンネル覆工に抱きコンクリート工を施工し，崩壊を免れた事例である．

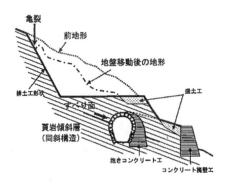

図-3.5.6 傾斜層による偏圧が作用した事例（市棚トンネルの対策工概念図）[82a), 82b)]

（出典：大島ら；トンネル技術者のための地相入門, 2014.

渡邊實；地質工学, 1935.）

c) 大規模地すべり

　地すべりの規模が大きい場合，地すべり土塊内や，地すべり面近傍をトンネル掘削する際，地すべりの活性化が懸念される．また，脆弱層や突発湧水が出現し，切羽の崩壊やトンネルに変状が生じることがある．

　図-3.5.7のように地すべり土塊中にトンネルが掘削された場合には，地すべり土塊の移動によりすべり面付近では，大きな変状が発生する場合がある．

　さらに，大規模地すべりでは，トンネル自体が崩壊する事例もある．国鉄飯山線高場山トンネルは，昭和45年1月22日午前1時24分に地すべりによりトンネル延長の約半分が崩壊した．このトンネルでは，崩壊以前にも多数の地すべり調査と対策工が実施されており，崩壊が迫ってからは地すべり計を中心とした観測が行われた．そのため，地すべりの規模や崩壊時期の予知が的確に行われた事例でもある．

　図-3.5.8に高場山トンネルの崩壊状況を示す．また，**図-3.5.9**が地すべり平面図とトンネルの崩壊状況，**図-3.5.10**が地すべり断面図である．

　比較的最近の事例でも，**図-3.5.11**に示すように変状トンネルを放棄し，新設路線で再建設されたトンネルもある[84]．

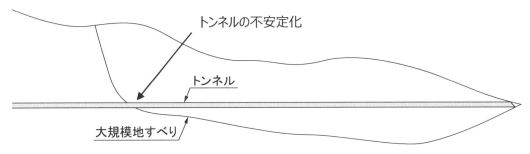

図-3.5.7　大規模地すべり

 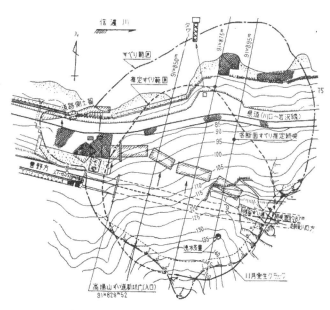

図-3.5.8　高場山トンネルの崩壊状況[83]　　図-3.5.9　高場山トンネル地すべり平面図[83]

(出典：山田ら；地すべり，Vol.8, No.1（通巻第25号），1971.)

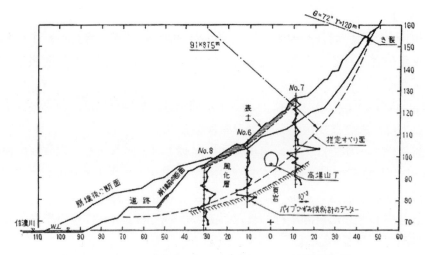

図-3.5.10　高場山トンネル地すべり断面図 [83)]

（出典：山田ら；地すべり，Vol.8, No.1（通巻第 25 号），1971.）

　　（a）旧トンネル閉塞状況　　　　　　　　（b）新設トンネルの開通状況

図-3.5.11　地すべりによりトンネルを放棄した事例 [84)]

（出典：柴崎ら；J.of the Jpn. Landslide Soc., Vol46, No.4, 2009.）

(3) 地すべりにおける地山状況の整理

表-3.5.1に示すトンネル施工で問題となる地すべりの分類（坑口付けなどで不安定化する斜面問題も含む広義の地すべり）に対応する地山状況の特徴を**表-3.5.3**に示す.

表-3.5.3　地すべりにおける地山状況の整理[85]～[87]を元に作成

分類	特徴	模式図	トンネル掘削上の留意点
崖錐	①乱雑な堆積構造 ②粒径1m以下の角礫質である ③非固結の堆積物 ④一定均質な粒径を示さない ⑤崖錐表層の勾配は34°(崖錐の安息角)以下の上部斜面に対して緩傾斜面を形成している	(出典：鈴木；建設技術者のための地形図読図入門　第3巻, 2008.)	・切羽崩壊 ・地表陥没
傾斜層	①同斜構造を示すケスタ地形 ②褶曲構造による向斜谷と背斜尾根 ③差別削剥による向斜尾根と背斜谷	受け盤であるAより，流れ盤であるBの方が，トンネル位置としてはより危険である. (出典：大島他；トンネル技術者のための地相入門, 2014.)	流れ盤 ・偏土圧 ・トンネル崩壊 受け盤 ・偏土圧
地すべり	①地形が特徴的：半円形，U字形，馬蹄形，コの字形の平面形をもつ急崖や急斜面(地すべり滑落崖)に囲まれた相対的低所とその低所から下方に張り出す緩斜面をなす微起伏地 ②側方の不動域の山腹斜面と比較して発生域では低く急勾配であり，定着域では高く緩斜面となっている ③山地，丘陵地における水田，千枚田の発達，住居の点在 ④崩山，大崩，抜山，欠出，押田，割山，飛土等地すべりを示唆する地名	(出典：大島他；トンネル技術者のための地相入門, 2014.)	・トンネル自体の移動 ・トンネルの変形 ・トンネルのせん断

表-3.5.3 に示す地形的な模式図を地形図で示すと図-3.5.12（崖錐），図-3.5.13（傾斜層），図-3.5.14（地すべり）となる．

崖錐は，図-3.5.6 に示すように急傾斜の斜面から傾斜が緩くなる遷緩線より下部の斜面が崖錐形成場となっている．

傾斜層は，岩盤中にみられる断層，層理，片理，節理に影響を受けた地形であり，年代の古い岩盤ほど構造運動などの影響を受け層理面や片理面が傾斜して，図-3.5.13 に示すケスタ地形として，特徴的な地形を呈する場合がある．

地すべりは，表-3.5.3 に示す模式的図を平面的な地形図として表わすと図-3.5.14 のような特徴的な地形を呈するため，大規模な地すべりについては，地形図からも判読できる場合が多い．また，地すべり地形図が防災科学技術研究所[88),89)]などから公開されている．

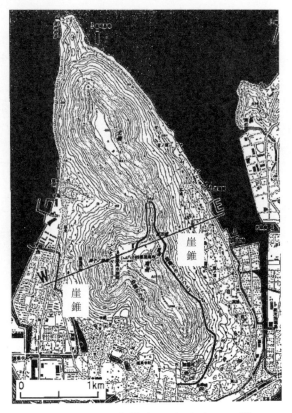

図-3.5.12 崖錐を呈する地形図[90)]

（出典：鈴木隆介著；建設技術者のための地形図読図入門 第3巻 段丘・丘陵・山地，古今書院，2008.）

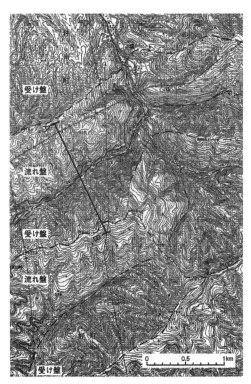

図-3.5.13 傾斜層を呈する地形図（国土地理院 1：25,000 地形図「内田」昭和59(1984)年修正測量）[91)]

（出典：大島ら；トンネル技術者のための地相入門，土木工学社，2014.）

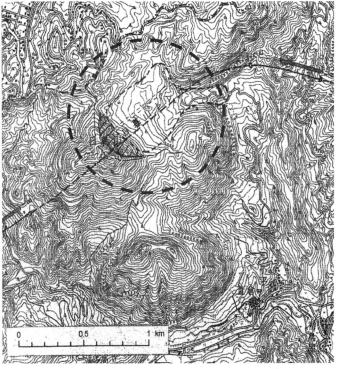

図-3.5.14 地すべり地形を呈する地形図（国土地理院 1：25,000 地形図「南軽井沢」平成9(1997)年部分修正に南側のⅡ期線ルートを追記）[92)]に加筆

（出典：大島ら；トンネル技術者のための地相入門，土木工学社，2014.）

(4) 基本的なリスク低減対策

既往の文献[93],[94]，を参考にして，トンネル工事における地すべり・斜面崩壊のリスク低減対策を**表-3.5.4**に整理をした．計画・調査・設計・施工・維持管理段階のそれぞれの対策を示した．また，リスクと対策工の相関図を**図-3.5.15**に示した．

計画・調査・設計段階では，十分な地質調査を実施して，地すべりを回避したトンネルルート，坑口位置を選定することが重要である．また，地質条件に応じた適切な対策工を設計することが重要である．

施工段階においては，適切に対策工を実施することが重要である．現地で想定される地すべり・斜面崩壊の形態や，必要抑止力に応じた適切な対策を実施することが必要である．施工にあたっては，計測監視が重要となる．また，計画・調査・設計段階で想定されていた地質条件と大きく異なっていたため，坑口の安定を確保するために，坑口を手前に出してトンネルを延長する事例もある．

維持管理に向けた対策としては，施工時に地すべりによる不安定化が生じた箇所については，トンネル覆工構造を強化する対策がある．また，施工時に地すべりによる不安定化が生じた箇所については，点検を強化して，変状監視を徹底することが重要である．

表-3.5.4 地すべり・斜面崩壊のリスク低減対策

段階	リスク低減対策
計画・調査・設計	十分な地質調査
	地すべりを回避したトンネルルートの選定
	安定した坑口位置の選定
	地質条件に応じた対策工の設計
施工	対策工の実施 ・地表水排除工 ・地下水排除工(水抜き工等) ・吹付けコンクリート ・鉄筋挿入工 ・グラウンドアンカー工 ・抑止杭 ・垂直縫地ボルト ・地山注入 ・押え盛土 ・排土工 ・地山注入 ・トンネル掘削時のゆるみ抑制対策(トンネル補助工法)
	計測監視
	安定した坑口位置までトンネルを坑口を手前に出して延長する
維持管理	トンネル覆工構造の強化
	地すべり箇所の点検強化

(5) リスクと対策の相関

図-3.5.15に地すべりのリスクと対策に関する相関図を示す．

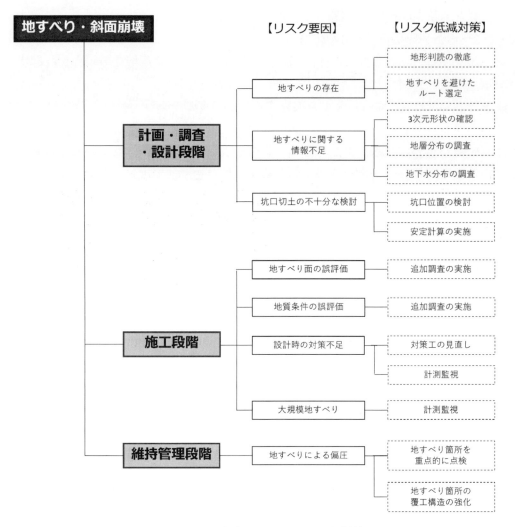

図-3.5.15　地すべりのリスクと対策

3.5.2　計画・調査・設計段階のリスクと対策

　トンネルの計画段階では，既往文献や地すべりマップなどから地すべりの有無を確認し，さらに地形図や空中写真判読を行って，地すべりを見逃さないことが重要である．

　調査・設計段階では，計画されたルート周辺の地形・地質，地すべりの分布の有無，地すべり地形の有無を精査し，地すべりを見逃さないことが重要であり，かつ地すべりの平面的な分布や深さ方向の分布，および移動速度を確定する必要な調査を実施し，地すべり対策や斜面安定化対策を事前に設計しておくことが重要である．

【計画・調査・設計段階のリスク要因】
① 日本には無数の地すべり地形が分布しており，計画段階でトンネル坑口施工の関係するような小さな地すべりに関する情報が不足している．
② 坑口付けの切土設計は，経験に基づく設計が行われることが多い．
③ 地形上不利な位置に坑口が計画されている．
④ トンネル計画ルートにトンネルとの相互作用が疑われる地すべりの可能性がある．

【解説】 ①について　日本には図-3.5.2に示されるように無数の地すべり地形が分布している．ただし，地すべり地形はある特定の地質に集中して分布している場合が多く，道路や鉄道，水路などのルートが地すべり地帯を通らざるを得ない場合も多い．また，地すべり地形として公に認識されていなくても，トンネルに影響するような小規模な地すべりが存在する場合があり，リスク要因となる．

　また，道路や鉄道，水路などのルート計画時においては，大縮尺の地形図を基に検討が実施されることから，トンネルに影響するような，地すべりとしては比較的小規模なものが把握できない場合があるため，リスク要因となる．

　②について　坑口付けの切土設計は，実績や経験に基づいて行われる場合が多い．地質構造を十分に見極めたうえで評価された切土勾配であればよいが，ボーリング調査など地山深部の情報が不足している断面においては，調査断面と異なる岩盤状況である場合があり，リスク要因となる．

　③について　トンネルは一般に明かり部より工事費がかかることからトンネルを短くするために，地形上不利な位置に坑口が設けられていることがある．特に沢地形では，河川水や沢水の処理，支持力の面で不利な場合があり，リスク要因となる．

　④について　トンネルの幾何構造，すなわち線形計画上の制約から，やむをえずトンネルの計画ルートに地すべりが避けられない場合があり，リスク要因となる．

【計画・調査・設計段階におけるリスク回避または低減に関する提言】

① 既に地すべりとわかっている箇所や地すべり地形と疑われる箇所へのトンネルルートはできるだけ避ける．

② 地すべりは地形，水系に現れている場合が多く，地形判読を十分に行う必要がある．

③ トンネルは坑口が肝心，有利な位置に設けるのを基本とし，坑口付けの切土には十分に注意を払う．

④ やむをえず地すべりの影響を受ける場合には，適切な地すべり対策を講じる．

【解説】 ①について　地すべりは避けるのが原則だが，避けることができない場合は，計画段階から存在を把握し，3次元的な形状や硬軟，地下水の分布などを詳細に把握する密な調査を行うように段階的な計画が必要である．

　②について　地すべり移動によって形成される地形には表-3.5.3に示すような特徴がある．すなわち，緩斜面や小崖，クラック，根茎の引張，樹木の屈曲などの微地形の発生，頭部には緩斜面や陥没帯が形成されることが多く，変動状況によってあちこちに小崖，亀裂が生じるので，比較的平滑な周辺斜面に比べて凹凸に富んだ特異な斜面を形成する．ただし，実際の地すべりではこれらの微地形がすべてみられる場合は少ない．移動量が小さい場合や地すべり発生後に長期間経過して侵食をうけた場合の微地形は，不明瞭で見逃されやすい．

　地すべり地には，図-3.5.16(a)に示すように特徴的な水系を形成することがある．地すべり地では，土塊や岩塊の移動に伴って，亀裂が生じて地盤の透水性が良くなるので，雨水や融雪水が地中に浸透しやすい．このため，表面流が発生しにくくなり，周辺斜面に比べて水系の未発達な斜面になる．また，地すべりの頭部付近には周辺の流路と異なる方向に流れる「斜流谷」があり，末端部には土塊の押出しによる河川の屈曲がみられることがある．地すべりが山頂まで達していると図-3.5.16(b)に示す二重山稜となっている場合がある．これらの特徴は地形図や空中写真から読み取ることができる情報である．

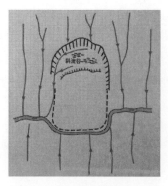
(a) 地すべり地に特徴的な水系[95]

(b) 地すべりを示唆する二重山稜[96]

図-3.5.16 地すべり地に特徴的な水系と地形の例

（出典：上野将司；危ない地形・地質の見極め方，2012.）

地すべりは，地形図や空中写真判読などから判読するのが一般的であるが，地名などからも地すべりを示唆することがある[97]．

比較的大きな地すべりは，地すべりマップとして公開されている[88),89)]ことは先に述べたが，大きな地すべりの周辺や地すべりが多発地帯には，地すべりマップで地すべりとして抽出されていない地すべりがあることに注意する必要があることや地形図の判読のみから地すべりと読み取れない場合があることに注意が必要である．

また，図-3.5.17に示す地すべりの形状比を参考にするとよい．

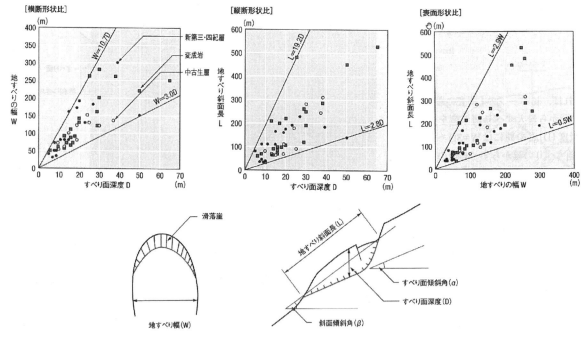

図-3.5.17 地すべりの形状比[98]

（出典：上野将司；危ない地形・地質の見極め方，2012.）

③について　トンネルの坑口は，安定した地山で地形条件のよい位置に選定するように努めなければならない．トンネルの路線は各種調査成果を考慮し，周辺環境の保全や対策等を検討したうえで，問題となる地形や地質をできるだけ避け，適切な土被りを確保し，できるだけ地下水位の低い位置を選定する[99]．

また，トンネルの坑口付近は斜面に位置し，土被りが小さいため不安定なところである．その

ため坑口位置は，山の鼻（山のりょう線の末端部）や斜面の最大傾斜角に直交に近く，かつ斜面の滑動等のない安定した健全な地山に設けるよう努めなければならない．しかし，トンネルに接続する明かり区間やトンネル全体の選定条件の制約から，やむをえず偏圧の作用，斜面崩壊，落石，土石流，洪水，雪崩等の災害および降雪の吹溜り，濃霧等を受ける可能性のある位置に設置せざるをえない場合もある．その際はこれらの事情に十分留意し，路線位置の微調整を行い，坑門の位置や構造に加え，ロックシェッドやスノーシェッド等の防災施設の設置も含めた検討も追加する．

なお，地すべりや大規模な斜面崩壊はトンネルの重大な変状を引き起こす危険性があるので，それらが予想される範囲内にトンネルの坑口を計画しないよう心がける必要がある．

坑口部の施工の難易は，地形とトンネル軸線の位置関係によって大きく異なる．地形とトンネル軸線とは概ね図-3.5.18に示すような位置関係があり，一般的な特徴は次の通りである[0]．

a) 斜面直交型（図中a）

最も理想的なトンネル軸線と斜面との位置関係である．しかし，斜面中腹に坑口が計画される場合は工事用道路の確保や取付け部の道路構造との関連など施工上の特別な配慮が必要となる．

b) 斜面斜交型（図中b）

トンネル軸線が斜面に対し斜めに進入するため非対称の切取斜面や坑門となる場合があり，また，流れ盤などの場合は偏土圧が作用することがある．このため，坑門形式や偏土圧に対する検討が必要であり，可能であれば避けるべきである．

c) 斜面平行型（図中c）

斜交が極端な場合で，長い区間にわたって谷側の土被りが極端に小さくなる場合があり，偏土圧に対して特別な配慮が必要となり極力避けるべきである．

d) 尾根部進入型（図中d）

一般には安定している場合が多いが，ケルンバット（分離丘陵）の場合は背後に断層があることが多い．また，崖錐が侵食を受け凸型状に残っている場合もあるため，十分な地質調査を行い，地質状況を把握する必要がある．

e) 谷部進入型（図中e）

一般に崖錐などの未固結堆積層が厚く分布し，地下水位が高い場合が多く，地耐力不足によるトンネルの沈下や掘削による斜面の崩壊などが発生しやすいことから慎重な検討を行う必要がある．また，土石流，雪崩などの自然災害が発生しやすい位置関係である．

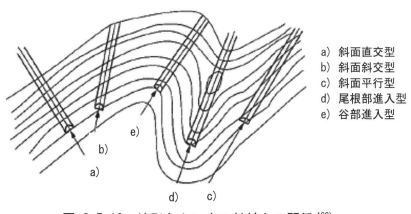

図-3.5.18 地形とトンネル軸線との関係[100]

（出典：日本道路協会；道路トンネル技術基準（構造編）・同解説，2003.）

坑口付けのための切土勾配は 1:0.5 で設計されることが多い. 切土後, トンネル掘削開始までの短期的な安定を確保できればよいため, 十分な検討がなされていない設計事例が見受けられる. そのような中, 施工において, 坑口付けの切土が原因となる斜面崩壊や地すべりがしばしば発生している.

このような状況を踏まえると, 坑口付けの切土設計にも, 十分に注意を払う必要があると考える. 一般的に採用されている切土勾配 1:0.5 は, **表-3.5.5** に示す硬岩地山や軟岩地山の標準切土勾配程度であることをあらためて認識する必要がある. 地山が脆弱な場合には, 切土勾配をゆるくすることや, 鉄筋挿入工, 押え盛土など, 地山に応じた対策を十分に検討する必要がある.

坑口付けの切土により発生した斜面崩壊や地すべりが, 規模の大きな地すべりを引き起こすことも懸念される. 坑口は, 特に不安定になりやすい場所であることを肝に銘じて, 安全確実な設計をすることが重要である. 工事費を安価にするために対策工を省略すると, かえって, 施工時の変状対策費や, 維持管理費が増加する可能性もある.

また, 設計図面には, 坑口付けのための切土形状や, 置換えコンクリートのための掘削形状を記載し, 切土範囲を明確にしておくべきである. 設計図面にこれらの切土平面図が無いことが多く, 施工段階になって坑口付近の切土形状が用地境界に収まらないことがわかる事例もみられる. その場合, 安定する切土勾配を確保することが難しい状況となる.

表-3.5.5　切土に対する標準のり面勾配 [101]

地山の土質		切土高	勾配
硬岩			1：0.3〜1：0.8
軟岩			1：0.5〜1：1.2
砂	密実でない粒度分布の悪いもの		1：1.5〜
砂質土	密実なもの	5m 以下	1：0.8〜1：1.0
		5〜10m	1：1.0〜1：1.2
	密実でないもの	5m 以下	1：1.0〜1：1.2
		5〜10m	1：1.2〜1：1.5
砂利または岩塊混じり砂質土	密実なもの, または粒度分布のよいもの	10m 以下	1：0.8〜1：1.0
		10〜15m	1：1.0〜1：1.2
	密実でないもの, または粒度分布の悪いもの	10m 以下	1：1.0〜1：1.2
		10〜15m	1：1.2〜1：1.5
粘性土		10m 以下	1：0.8〜1：1.2
岩塊または玉石混じりの粘性土		5m 以下	1：1.0〜1：1.2
		5〜10m	1：1.2〜1：1.5

(出典：日本道路協会；道路土工－切土工・斜面安定工指針（平成 21 年度版）, 2009.)

④について　トンネルの線形等の理由によりやむをえず地すべりの影響下となった場合や地すべりの可能性がある地山におけるトンネルの設計にあたっては, 地すべりの分布状況および性状を十分に把握するとともに, 適切な調査, 動態観測を行い, 地山およびトンネルの安定性を評価しなければならない.

地すべり調査における動態観測については, **図-3.5.19** に示すように地表変動や地中変動, 水文状況および構造物の挙動について総合的な観測体制を構築する必要がある.

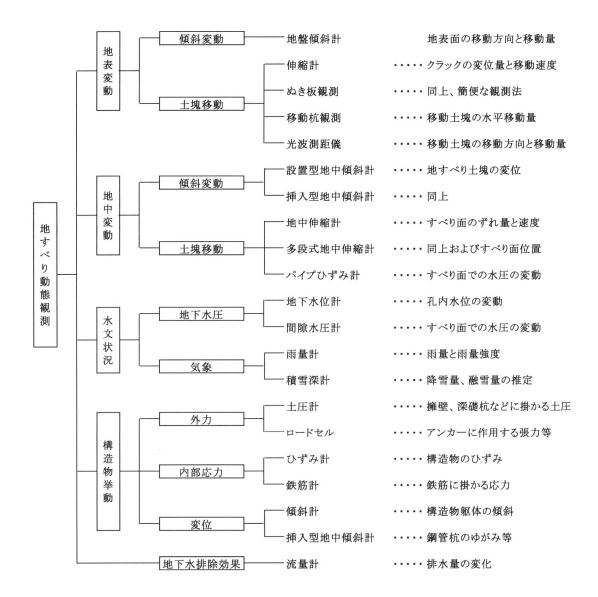

図-3.5.19 地すべりの動態観測の項目と観測機器

地すべり対策については，**表-3.5.2**に示す事例やトンネル標準示方書等に示されている事例が参考になる．地すべり対策工としては，水抜きボーリング等の地下水位低下工法や押さえ盛土による抑制工と抑止杭工やグラウンドアンカー工等の抑止工を適切に組み合わせて設計や施工計画に見込んでおく必要がある．すなわち，押さえ盛土や抑止工単独で用いるのではなく，地すべり土塊内や地すべり頭部からの排水工を適用し，地下水位をできる限り低下させる対策との併用が望ましい．

さらに，実施工段階を想定して地すべり挙動の予測や計測計画，管理基準値の設定を事前に計画しておく必要がある．

3.5.3 施工段階のリスクと対策

施工時においては，調査・設計時に，取り除けなかったリスクが残っている可能性があることを考慮して，施工計画を行うことが重要である．

【施工段階のリスク要因】
① 地すべり面，地質条件が誤って評価されている．
② 設計段階での地すべり対策工が不十分である．
③ 地すべり地形で地山が脆弱で滞水している場合，大規模地すべりが懸念される．

【解説】 ①，②について 地質調査の結果に基づいて，トンネル設計が行われる．地質調査の段階で，地すべり面の位置や地質条件を誤って評価してしまった場合，設計段階で適切な対策工を計画することができない．地すべり面の位置や地質条件が誤って評価された場合，設計された地すべり対策工が不十分となる可能性がある．また，トンネル掘削の影響を受けて，地すべりの安定性が低下する．設計時に，トンネル掘削の影響を十分に考慮されていない場合にも，地すべり対策工が不十分となる可能性がある．このような場合，地すべりリスクを抱えて，トンネル掘削を行うことになる．

③について 大規模地すべりの中や，その近傍において，トンネル掘削を行う場合がある．大規模地すべり部には，地山が脆弱化し，滞水していることが多い．大規模地すべり地の近くを施工する際に，脆弱地山や突発湧水が現れて，切羽崩壊が発生することがある．このような場合，トンネルの大きな変状に進展する事例が見られる．

【施工段階におけるリスク回避または低減に対する提言】
① 必要に応じて追加地質調査を行う．
② 地すべり対策工をしても安心せずに計測監視を行う．
③ 大規模地すべりが存在するときには細心の注意を払う．

【解説】 ①について 施工者が工事を受注した後，坑口等の地すべり地形において，地質調査が十分でないことがわかった場合には，追加調査について発注者と協議することが重要である．坑口部周辺の踏査を行うとともに，必要に応じてボーリング調査を実施することが重要である．追加ボーリングの計画にあたっては，既存ボーリング結果で確認できていない点を明確にした上で，ボーリング調査位置や調査深度等を計画することが必要である．

図-3.5.20 に施工時に追加ボーリングを実施した事例を示す．この事例では，追加ボーリングを実施して，地すべり面の位置や地質条件を確認するとともに，ボーリング孔に傾斜計を設置してトンネル掘削時の地すべりの挙動を監視した．

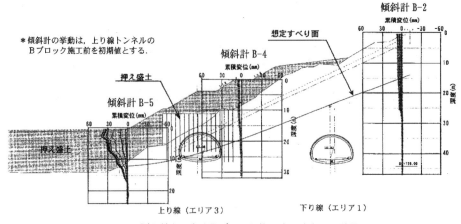

図-3.5.20 施工段階での追加ボーリングの実施事例

地すべりの安定検討を行うときには，地すべりとトンネルの位置関係を十分に把握して，トンネル掘削によるゆるみを考慮して検討を行うことが重要である．ゆるみを考慮する方法として，「NEXCO設計要領第一集 土工 建設編」[102]に計算手法が示されている．図-3.5.21，図-3.5.22は，その考え方を図化したものである．

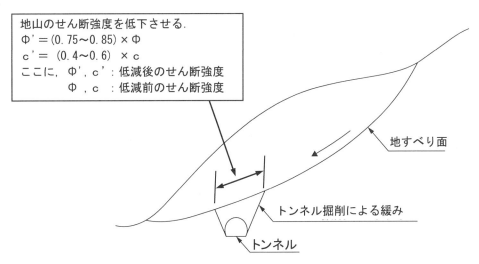

図-3.5.21 地すべりとトンネルの位置関係を考慮した地すべり解析 [102)を参考に作成]
（地すべり面の下をトンネル掘削する場合）

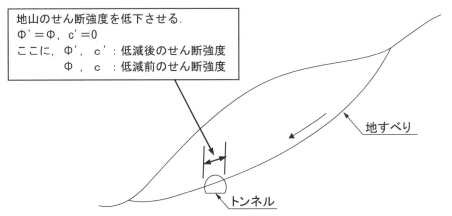

図-3.5.22 地すべりとトンネルの位置関係を考慮した地すべり解析 [102)を参考に作成]
（地すべり面を横切ってトンネル掘削する場合）

②について　設計段階で計画されていた対策工を実施しても，気をゆるめずに施工をする必要がある．地すべり近傍のトンネル掘削は，極力，地山のゆるみを発生させない方法を検討し，施工時に計測監視を徹底する．計測監視は，地表面，トンネル坑内の挙動を監視し，地すべりの兆候を見逃さないことが大切である．変位速度に着目した監視も有効である．また，計測監視のみでなく，地表や坑内のクラック等の目視監視も重要であり，クラックが見られたときは，その進展の有無を計測して監視する．

地すべりは地下水位に大きく影響を受ける．地下水位の監視を行い，トンネル周辺の地下水位を上昇させないことに心がけることが重要である．特に，地すべりのリスクが大きいと判断した場合には，地すべり対策工（鉄筋挿入工，グラウンドアンカー等）を施工する際にも，水を使わない削孔方法の採用等の慎重な施工を検討することも重要である．

施工者は，切土施工時の地山の状況をよく観察するとともに，計測監視をすることが必要である．計測監視では，管理基準値を設定して，基準値を超過したときの対応を事前に具体的に決めておくことが重要である．変状が発生したときに応急対策を迅速に実施するために，緊急資材を準備しておく必要がある．また，坑口部に公道，民家等がある場合には，第三者災害の防止を最優先して，迅速な交通規制を実施することができるように，関連機関と事前に協議をしておくことも重要である．変状が発生したときには，計測データを分析して，変状のメカニズムをよく把握して，対策工を検討する必要がある．

図-3.5.23に地すべり計測の事例を示す．この事例では，GPS自動計測システムを用いて，リアルタイムに地表面の挙動を監視した．

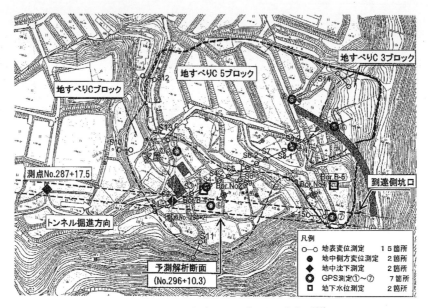

図-3.5.23 地すべり計測の事例 [103]
（出典：柳川ら；土木学会第65回年次学術講演会，2010.）

③について　施工者も，工事受注後に，トンネル路線における大規模地すべりの有無を確認することが必要である．大規模地すべり部では，地すべりの誘発に加えて，トンネル自体の不安定化をもたらす懸念がある．大規模地すべりが存在するときには，トンネル掘削にあたって，トンネル自体の安定確保のための計測監視体制を計画することが重要である．

図-3.5.24，図-3.5.25の事例は，トンネル近傍に，複数の地すべりが分布する事例[104]である．地すべり規模は，幅，長さともに1km以上の規模であった．トンネル掘削時に，地表の地すべり土塊が最大530mm移動した．このために，地すべり対策工として，地下水位を低下させるために，φ3m，深さ15mの集水井，φ66mmの集水ボーリングを33本×2段，集水井底部よりφ215mm，長さ14mのボーリングを設けた．このような大規模な対策が必要となることがある．

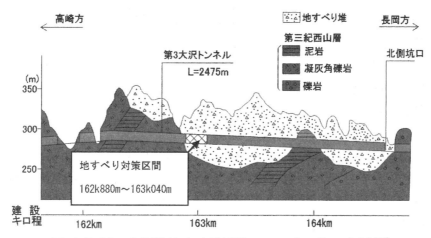

図-3.5.24 大規模地すべり近傍のトンネル施工事例[104]
（出典：大島ら；トンネル技術者のための地相入門，2014.）

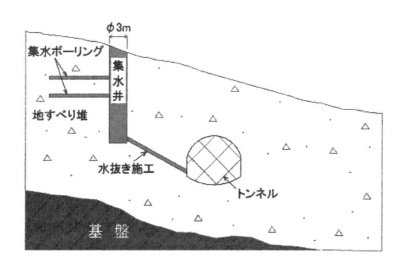

図-3.5.25 大規模地すべり近傍のトンネル施工事例[104]
（出典：大島ら；トンネル技術者のための地相入門，2014.）

3.5.4 維持管理段階に向けたリスクと対策

トンネル供用開始後については，通行車両の安全確保が最重要課題である．そのため，施工時に地すべりが問題となったトンネルについては，維持管理段階においても，十分な監視が必要となる．

【維持管理段階のリスク要因】
① 供用開始後，地すべりによる偏圧がトンネルに作用する．

【解説】　①について　地すべりが問題となった箇所では，トンネルに偏圧が作用することがある．供用開始後，長期にわたり偏圧が作用して，トンネルに変状が生じるリスクがある．コンクリートのはく落等が生じた場合には，通行車両に影響を与えることが懸念される．

また，トンネルが大規模地すべり土塊の中に位置する場合，トンネル全体が地すべり土塊と一体となって移動する．維持管理段階では，トンネル変状に加えて，トンネルの縦断線形，横断線形についても異常がないか確認する必要がある．

【維持管理段階に向けたリスク回避または低減に対する提言】
① 維持管理段階で地すべり箇所を重点的に点検する．
② 地すべり箇所の覆工構造の強化．
　・断面形状を円形に近い形状とする．
　・高強度材料の使用．
　・フレキシブルな構造の適用．

【解説】　①について　維持管理段階では，地すべりが問題となった箇所を，重点的に点検する必要がある．通常の巡回パトロール，定期点検に加えて，継続的に地すべり挙動のモニタリングを行うことも検討すべきである．リスクが大きい地すべり箇所では，トンネル覆工応力，目地段差，坑内温度を常時測定して，監視を行っている事例もある[105]．

②について　地すべりが問題となった箇所では，供用後に地すべり荷重が作用する可能性があるため，トンネル構造について，十分な検討が必要である．図-3.5.26 の事例[105] は，施工中の調査ボーリングにより大規模な地すべりとトンネルが交差することが判明した事例である．この事例では，維持管理時のリスクを低減するために，施工段階において，地すべりとの交差部について，下記の対応を行った．

・トンネル構造の安定性を確保するために円形に近い断面形状とした．また，2 重支保構造の採用，上半仮閉合，一次インバートによる早期閉合および長尺鋼管先受け工により，地山のゆるみを抑制した．
・トンネル覆工を，50 年後に作用する地すべり力の推定値に対して，安定を確保できる構造とした．高強度コンクリート（$\sigma_{ck}=50N/mm^2$），高密度鉄筋（内側主鉄筋 D29@125mm，外側主鉄筋 D29@250mm）を採用した．
・想定以上の外力が作用した場合も考えて，フレキシブルな構造とするために，1 打設長を 6m に短縮し，打継ぎ部には 5cm の目地材とスリップバーを設置とした．

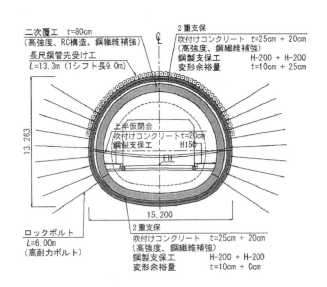

図-3.5.26　大規模地すべりでのトンネル構造例[105]
（出典：川村ら；トンネルと地下，第 37 巻 12 号，2006．）

3.6 山はねに関するリスク低減

3.6.1 山はね一般
(1) 山岳トンネルにおける山はねの特徴

　山はねは，高い地圧によってトンネル周辺の岩盤が脆性破壊し，破壊された岩盤が爆発的に内空へ飛び出す現象である．わが国では山岳トンネルにおける山はねの事例報告数は少ないものの，1970年～1980年代にかけて施工された新清水・大清水・関越トンネルにおける事例はよく知られるところである．これらの場合，山はねは，切羽あるいは切羽近傍で発生しやすく，跳ねた岩塊の大きさは小岩片～数 m^3 までと様々であるが，その形状は平板状であることが多いようである．**図-3.6.1**は雁坂トンネルで発生した山はねの状況をとらえた写真である．

　新ら[106]は，上記の事例を含めて国内の山はね発生事例を整理・報告している（**表-3.6.1**）．岩種は堅硬な火成岩（特に花崗岩類）で多いが，軟質な火砕岩などにおける報告もある．発生した区間の土被りは50m程度～1,000m以上と幅があるが，土被りが大きいほど発生事例報告は多い．

　海外における山はね事例報告は鉱山に関するものが多くを占めるが，山岳トンネルに関するものもいくつかある．Feng[107]のまとめた山はねに関する論文集では，中国の鉄道，道路，導水路トンネルや，インドのヒマラヤ地域の導水路トンネルにおける事例が報告されている．大規模な山はねの事例を挙げると，中国のJinPingⅡ水力発電所の導水路掘削工事（最大土被り2,525m，岩質は大理石）では，極めてはげしい山はねが発生し，80kNのプレストレスが与えられたロックボルトが複数引き抜かれるなど，合計50mの区間にわたってトンネルに大きな被害が発生した．また，山はねの衝撃で10トンを超えるフォークリフトが跳ね上がったともある．ヒマラヤのParbatiⅡ水力発電所の導水路トンネルでは，土被り1,500mを超えた珪岩（砂岩起源の変成岩）からなる地山において山はねが発生し，数名の作業員が死亡，切羽の作業員たちはパニックに陥った．事故後，作業員たちは，同僚を喪失したことや引き続く山はねに対するパニックを克服するまで数か月を要し，この間は掘進速度は極めて遅くなった．この事例からわかるように，山はねは発生が突発的であることから，作業員に与える心理的影響が大きいことも特徴の1つである．

　今後に計画されるトンネルの中には1,000mを超えるような大土被りトンネルも増えるものと思われるが，このような場合は，山はねリスクを念頭にいれて調査・設計ならびに施工することが重要と考えられる．

(a) 山はねの瞬間

(b) 剥落岩塊片

図-3.6.1　雁坂トンネルにおける山はね発生状況[108]を一部編集・加筆
(出典：粂田ら；西松建設技報，第15号，1992.)

表-3.6.1　わが国における山はねの発生したトンネルと状況[106]

岩種区分	地点名	岩石名	山はねおよび類似現象の発生状況	発生区間長(km) ■頻発区間　▨敷発的な区間	山はね発生箇所の土被り(m) 坑道掘削深度(m)
花崗岩	新清水トンネル	石英閃緑岩	主に側壁で発生 一般的節理方向と類似した方向に破断 100cm²程度から畳2枚程度の板状岩塊		斜坑／本坑
	大清水トンネル	石英閃緑岩	主に掘削周壁，一部切羽でも発生 節理が少ない一枚岩，水平節理がある箇所で発生 最大1m²程度の板状岩塊，飛散が拡大		
	関越トンネル	石英閃緑岩	主に切羽で発生，切羽上部東側に多い 数本の密着した特定方向の節理がある箇所で発生 岩塊は最大4×2m，小岩片が次々飛ぶこともある		堆積岩区間
	雁坂トンネル	花崗閃緑岩	花崗閃緑岩区間の一部，70m区間で発生 切羽に多少の節理や亀裂があり，岩全体が 堅硬である場合に多く発生，特に天端で発生		フォルンフォルス・堆積岩区間
	西風トンネル	花崗岩	水平方向の節理が卓越，天端崩落，山鳴り発生 中央部活断層（己斐断層）両側の100～300mで AEカウント数増大，風化岩に変状はない	山鳴り・吹き付け変状区間	
酸性火山岩	足尾鉱山	石英粗面岩	下部坑道から採掘階段が接近した際に山鳴り発生 発破中，発破直後に発生		粘板岩区間
	生野鉱山	凝灰岩	断層に近く，上部に玄武岩が厚い箇所で発生 採掘切羽では発破直後に発生する 他の空洞の影響を受けない箇所でも発生		掘削深度記述なし
片岩	別子鉱山	石英片岩	採掘切羽付近での山鳴りと岩盤の異常な挙動 山なりは採掘したブロックに集中して移動　断層に 遭着したとき，平行する切羽との距離などに関係		海面下の深度 ＋1,200mの土被り
軟質な火砕岩	岩手トンネル	凝灰岩	内空変位300mmを超える変形に伴う 山鳴りに伴い板状岩盤が剥離する切羽崩壊		
	札幌近郊砕石場	溶結凝灰岩	カッターの噛み込み，石材の小規模なハネ		深度不明だがごく浅い

（出典：新ら；資源・素材 2009（札幌）講演集，2009.）

(2) 山はねの発生メカニズム・発生条件について

　山はねはそれぞれのトンネルで現象が特徴的であり，発生条件を一般的に説明するまでには至っていない．しかしながら，現場の経験からは，地下掘削地点の地山応力状態，地質状況と岩質，岩盤の強度，掘削断面の形状，応力集中ならびに変形状態，さらには発破などによる損傷領域の大きさや，亀裂分布などに影響される[109),110)]とされている．少し補足すると，これらの要因のうち，地山の応力（地圧）が山はねの直接的原因である．また，水平地圧が卓越するなど異方応力状態が著しい場合，掘削に伴うトンネル内空近傍の応力集中を助長し，山はねが発生しやすい状態を引き起こす．岩盤に存在する亀裂・節理もその分布の状態によっては，掘削後の応力再配分過程において応力の伝達を規制して局所的な応力集中をもたらし，山はねの原因となりうる．

　現場の経験では，山はねは乾いた切羽で発生し，湧水の存在する切羽ではあまり認められないようである[111),112)]．この現象については，湧水が発生するような開口した節理がある箇所には岩盤の応力がかかっておらず山はねは発生しない[112)]というものや，岩盤の既存亀裂に水が浸透すると岩盤のひずみエネルギー蓄積容量が低下し[107)]，結果として山はねが抑制されるなどの見解がある．なお，後者を支持するようなものとして「地山に水をかけ切羽を濡らすことが原始的であるが，山はねに対し相当効果があったと思われる」[111)]という大清水トンネルでの事例がある．

　以上を踏まえると，硬岩の大土被り地山では，基本的に山はねは発生しうると考えるべきであろう．水平地圧が卓越していたり，亀裂・節理の分布や掘削断面形状によっては，小さな土被りであっても発生するものと解釈できる．湧水の有無も指標となる．この発生条件についての概念は図-3.6.2のように表現できる．

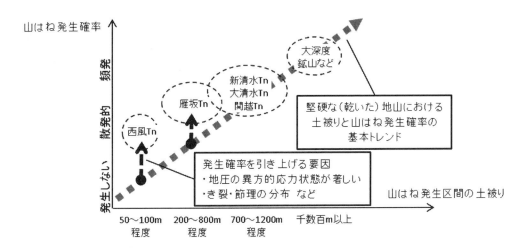

図-3.6.2 山はね発生確率と土被りとの関係の概念図

(3) 山はねリスク対策の基本方針

わが国の山岳トンネル施工における山はね対策事例は表-3.6.2にまとめられている．山はねによってもたらされるリスクは，「作業員の安全の喪失」，「吹付けコンクリートなどの支保の損傷」，「作業員退避やトンネルの損傷復旧にともなう工程の遅延」が主なものと思われる．これらのリスクへの対策の基本は，表-3.6.3に示したように，①事前に山はね発生の可能性を把握すること，②山はねから作業員を隔離または防護し安全を確保すること，③山はねの発生を抑制あるいは山はねによるダメージを低減するために支保を増強することである．

①の「事前に山はね発生の可能性を把握する」ことは，作業員の安全確保や支保の損傷を防ぐための方策を検討するうえの基本情報となる．このためには，後に述べる a)～h) の方法を用いることが考えられる．②の「作業員の安全対策」には，山はねの発生確率が高い時間（発破や穿孔作業直後）に退避時間を設けたり，山はねに起因するはく落，岩塊飛出しの危険性を減少させるため支保の増強（繊維補強吹付けコンクリート等）を行う．③に対しては，一掘進長を抑えるなどして過大な応力集中を避けるように掘削することや，山はねに有効な支保（摩擦式ロックボルト，繊維補強吹付けコンクリートなど）を採用することが挙げられる．これらの支保は，地山を補強することによって山はねの発生自体を抑制，あるいは岩盤を縫いつけ保持する効果によって飛出し・はらみだしを低減する効果をもつ．なお，海外の鉱山などでは規模の大きな山はねが生じる地山に対しては，変形性の大きい支保を用いることによって地山の変形をある程度許容し，山はねのエネルギーを消散させることで対応しているようである．

海外の山はね対策では，地山を積極的にゆるませて応力を緩和することも行われている．このために岩盤を発破（Destress blasting）する[107),113),114)]，応力集中域に多数の穿孔（Destress drilling）を行う[107),114)]，岩盤を水圧破砕する[107),114)]などの方法がとられる．ただし，これらの手法は不用意に行うとそれ自体が山はねの引き金となる[113)]こともあり，その実施には綿密な計画が必要である．

応力緩和という観点からは，発破掘削は，トンネル周辺に損傷領域を発生させて再配分応力を分散し応力集中を緩和させる[109)]ので，ある程度山はねリスクを低減させる効果をもっているといえる．その一方で，発破損傷領域に生じた亀裂はトンネル周辺岩盤の応力場を複雑にしたり，発破振動による動的な応力場の擾乱によって，予期せぬ山はねを引き起こす原因ともなりうる．Feng[107)]による編著には，同じ地山・土被り条件での発破掘削とTBM掘削の実例を比較し，発破掘削は，TBM掘削に比べて山はねの頻度・規模が小さくなるが，切羽の後方で遅れて発生する「Time-delayed rockburst」の割合が大きいとの報告がある．つまり，発破掘削では，山はねの発生位置・タイミングが不規則な傾向があり，対策が取りにくいというリスクがあるといえる．

表-3.6.2 山はねの発生したトンネル施工例 [115]

トンネル名 (線名)	トンネル延長 (m)	地質	掘削断面積 (m²)	施工法	支保工	覆工巻厚 (cm)	山はねの発生状況と位置	山はね対策工
清水 (上越線)	9 702	花崗岩 石英閃緑岩 花崗閃緑岩 ホルンフェルス	30 (在来線単線)	底設導坑先進上半逆巻工法 (矢板工法)	・松丸太、松板	30 (コンクリートブロック積)	・土被り1 000m程度以上 ・底設導坑側壁	・待機時間
新清水 (上越線)	13 490	石英閃緑岩 花崗閃緑岩 ホルンフェルス 花崗岩	35.4 (在来線単線)	全断面掘削工法 (矢板工法)	・鋼製支保工 (H-150) ・ロックボルト	30	・土被り500m程度以上 ・側壁	・10kgレールと矢板、鋼製支保工 (H-100、H-125) と矢板による天端、側壁部防護 ・待機時間
大清水 (上越新幹線)	22 221	花崗岩 花崗閃緑岩	85.4 (新幹線複線)	全断面掘削工法 (矢板工法)	・鋼製支保工 (H-200) ・ロックボルト	50	・土被り500m程度以上 ・切羽後方天端～側壁 ・切羽後方220m程度の天端～側壁	・ロックボルト ・落下防止網 ・鋼繊維補強吹付けコンクリート ・待機時間
関越自動車道 (関越道) 下り線	10 926	石英閃緑岩 ホルンフェルス	84.2 (ロックボルト断面) 86 (掘削断面)	全断面掘削工法 (矢板工法)	・ロックボルト、金網 鋼製支保工 (H-200)	40 45	・土被り750m程度以上 ・鏡	・一掘進長の短縮 (1.5～3mから1.2m) ・鏡ボルト (L=3m、22本/断面と防護ネット) ・支保工をロックボルトから鋼製支保工と矢板に変更 ・待機時間の設定 (AE測定を試験的に採用)
関越自動車道 (関越道) 上り線	11 020	石英閃緑岩 ホルンフェルス	85 (二車線)	全断面掘削工法	・ロックボルト (L=3m) ・吹付けコンクリート (t=5cm)	30	・土被り300m程度以上 ・鏡、天端、側壁	・一掘進長の短縮 (2.5mから1.5m) ・吹付けコンクリートを鋼繊維補強吹付けコンクリートに変更 ・鏡吹付けコンクリート (t=5cm) ・鏡ボルト (L=3m、22本/断面) ・待機時間の設定 (AE測定) ・点数評価 (AEと切羽観察) による対策工の採用
雁坂 (国道140号)	6 645	花崗閃緑岩 ホルンフェルス 砂岩、粘板岩	60 (二車線)	補助ベンチ付き全断面掘削工法	・ロックボルト ・吹付けコンクリート ・鋼製支保工	30	・土被り300m以上 ・天端～側壁	・鋼繊維補強吹付けコンクリート (t=10～15cm) ・摩擦式ロックボルト (L=3m) ・鋼製支保工 (H-150) ・待機時間の設定 (AE測定) ・点数評価 (AE測定と切羽観察) による対策工の採用
西風 (広島高速4号線)	3 900	花崗岩	71～164.8	全断面掘削工法	・ロックボルト ・吹付けコンクリート (t=10cm)	30	・土被り40～100m程度 ・切羽近傍天端	・摩擦式ロックボルト ・鋼繊維補強吹付けコンクリート (t=10cm)

(出典：土木学会；トンネル標準示方書 [山岳工法編]・同解説、p.322、2016)

表-3.6.3　山はねリスク対策の基本方針

基本方針	目的	具体的な手段
①事前に山はね発生の可能性を把握する	山はね対策を検討するための基本情報を得る	・踏査，ボーリング，物理探査 ・初期地圧の把握 ・坑内先進ボーリング ・ＡＥ計測 など（詳細は表-3.6.4参照）
②山はねから作業員を隔離または防護し安全を確保する	安全確保	・山はねが発生する可能性が高くなる時間帯（発破や穿孔作業直後）に退避時間を設ける． ・作業員を岩塊飛び出し・はく落から防護するための支保（繊維補強吹付けコンクリート，鋼製支保等）を施す．
③山はねの発生を抑制あるいは山はねによるダメージを低減するために支保を増強する	作業員退避やトンネルの損傷復旧にともなう工程遅延の軽減	・応力集中を低減させる掘削方法（一掘進長の短縮） ・山はねを抑制させる効果を持つ支保（摩擦式ロックボルト，繊維補強吹付けコンクリート，金網等）を施す． （・岩盤の応力緩和を実施する．）※

※国内の山岳トンネルでは岩盤の応力緩和の適用実績は報告されていない．

(4) 山はね発生の可能性を把握する手段について

　計画・調査・設計段階における山はね発生可能性の評価方法については，志田原ら[116]および新ら[117]による検討・提案が参考になると思われる．これらの文献を参考にし，さらに施工段階における評価方法も加えて，山岳トンネル施工における山はね発生可能性の評価手段について以下に概説するとともに，表-3.6.4にその内容をまとめた．

a) 既往施工事例や当該地域の地圧に関する文献の調査

　地質・土被りなどが同じような既往の施工事例が近隣にあり，それらにおいて山はねが発生した事実があれば，新設するトンネルでも山はねが発生する可能性があると認識できる．また，当該地域の地圧に関する文献がある場合は，初期地圧の大きさや，水平地圧が卓越するなどの異方応力状態の程度を調べることが有効である．

b) 踏査・弾性波探査

　路線調査段階において，地表踏査結果や弾性波速度分布が得られていれば，山はねが発生しやすい堅硬な岩盤が分布する区間をあらかじめ把握することができる．なお，志田原ら[116]は，国内の既往事例に基づいて，Vp=5.0km/s前後の最高速度層の有無を発生可能性評価の指標として提案している．

c) ボーリングコア・ボアホールカメラ

　ボーリングコアのディスキング現象およびボーリング孔壁の破壊（ボアホールブレイクアウト）は，山はね発生の重要な指標と考えられている[たとえば118),119)]．調査段階や先進ボーリングで得られたコアにディスキング現象の有無を確かめることで，山はねの発生可能性を評価することができる．ボアホールブレイクアウトは，一般には超音波式のボアホールテレビュアーで識別されるが，通常のボアホールカメラで識別できる場合もある．よって，ボーリング孔にボアホールカメラを入れた場合はボアホールブレイクアウトの有無を確認するのがよい．

d) 岩石コアの物性

　路線調査や先進ボーリングにより得られた岩石供試体の物性試験によって，山はねの発生可能性を評価することができる．指標となる物性は，一軸圧縮強さ，脆性度（一軸圧縮強さ/圧裂引張強度）や弾性波速度などである．一軸圧縮強さや弾性波速度からは，その岩盤がどのくらい堅硬であるかを知ることができる．猪間[112]は，関越トンネルにおいて山はねが発生した箇所と発生し

なかった箇所の岩石コアの物性を比較し，山はねが発生した箇所では脆性度が高いことを報告している．その他，ポアソン比に着目した事例[106],[116]もある．

岩石コアの弾性波速度の低下[116]も指標の一つとなりうる．これは，原位置において弾性波速度が大きな値を示していた岩石が，山はねを起こすほどの大きな応力下から解放され，コア内のマイクロクラックが開口したり，潜在的なコアディスキングが発生することが原因と考えられている．これを踏まえると，弾性波探査などで得られた原位置の速度に比べて岩石コアの速度が低い場合には，当該の区間では山はねが発生する可能性がある．岩石コアの弾性波速度が経時的に低下する場合[たとえば 118)]にも山はねの発生が示唆される．ただし，弾性波速度の経時変化はコアの乾燥によっても生じるので，恒湿槽内で試験を実施するなど，コアの含水率が変化しないように留意すべきである．

e) 初期地圧測定

地圧測定によって岩盤内の応力の大きさや異方応力状態の程度を知り，この情報をもとにして山はねの発生の可能性を評価できる．また，発生可能性を判定するだけでなく，最大応力軸方向とトンネル軸ならびに節理の方向との関係により，山はねが発生しやすいトンネル部位（切羽なのか側壁なのか）の見当をつけることもできる．これの詳細については 3.6.3 で後述する．

地圧の測定法には様々なものがあるが，調査段階で想定される数 100m を超える大深度ボーリング孔での初期地圧測定には，水圧破砕法が主力となる．一方，施工段階で想定されるような坑内からのボーリング孔で測定する場合は，比較的信頼性の高い応力解放法がもちいられることが多い．ただし，応力解放法の実施はボーリング長 50m 程度が限界とされている．その他には，採取したコアを用いた室内試験による方法などがある．いずれの手法にも適用の制限，長所短所があるので，測定を実施する際には現場の状況や，許されるコストなどにあわせて測定法を選定する必要がある．地圧測定に関する詳細な解説はその専門書[たとえば 120)〜122)]を参照されたい．

地圧に基づいて山はねの発生の可能性を評価する方法は，複数の研究者が提案している．たとえば，志田原ら[116]ならびに新ら[117]は，国内の主に花崗岩岩盤を対象として，山はね・ボアホールブレイクアウト・コアディスキング現象の発生と地圧との関係を調査し，その成果として花崗岩類における山はねの発生指標を提案した．応力解放法による測定値を用いる場合は，最大主応力 σ_1 と最小主応力 σ_3 との関係式 $\sigma_1 - \sigma_3 \geqq 15\mathrm{MP}$，もしくは $3\sigma_1 - \sigma_3 \geqq 50\mathrm{MPa}$ によって評価し，水圧破砕法による測定値を用いる場合は，水平面内の最大圧縮地圧 σ_H と最小圧縮地圧 σ_h との関係式 $\sigma_H - \sigma_h \geqq 30\mathrm{MPa}$ によって評価する．Feng[107]の編著では，多数の研究者による経験則に基づく評価指標および判定閾値が紹介されているが，それらは σ_θ/σ_c や σ_c/σ_1 といったものが主である（σ_θ：トンネル壁面近傍岩盤における接線方向応力，σ_1：最大主応力，σ_c：一軸圧縮強さ）．これらの指標の詳細や，具体的な危険度判定閾値については原著を参照されたい．なお，指標を山はね発生の可能性評価に使用する場合は，その指標がどのような地山を前提としているのか，すなわち，評価対象とする地山に適合しているかどうかを必ず確認すべきである．

地圧は，近接した地点での測定であっても，複数点の測定をおこなうと 10〜25%程度のばらつきがみられることが多い．これは，測定誤差や地圧そのものの不均質性が現れているためである．よって，岩盤の地圧の状態を評価するには複数の測定値から総合的に行わなければならない．さらに，トンネルは広域にわたる構造物であるから，路線全域の応力状態を正確に把握しようとすると多数の箇所で測定することになり，現実的なコストでは収まらない可能性もある．しかし，山はねの発生が高いと懸念される箇所などに絞ってでも測定することが，調査段階では望ましい．

f）山鳴り

山鳴りとは，岩盤内で大きな音響が発生する破壊を伴わない現象であるが，これは山はねと同様な原因によって発生するものと考えられている．よって，トンネル掘削において山鳴りが発生し始めたならば，山はねも発生する危険性が高いと考えるべきである．

g）切羽前方探査・先進ボーリング

堅硬な岩盤であるほど山はねは発生しやすい．さらに，切羽の節理分布によってはトンネル周辺岩盤に顕著な応力集中が発生し，より山はねが発生しやすくなる場合がある．前方探査によってあらかじめ岩盤の堅硬度や節理の頻度・方向を把握することで，山はねが発生しやすい地山であるかどうかを知ることができる．また，前述のようにボーリングコアのディスキングやボアホールブレイクアウトがみられた場合も山はねの発生確率は高いと考えられる．湧水の少ない乾いた切羽ほど山はねが多いとも言われており，前方探査により得られた湧水に関する情報も指標となる．このような観点から，コアボーリングおよびノンコアの削孔検層を含む切羽前方探査は，山はねリスクを評価する手段として特に有効であると思われる．

h）AE 計測

AE（Acoustic Emission）とは岩盤の微小破壊音のことであり，掘削直後の岩盤から発せられるAE 数の大小と，山はねの発生頻度とは相関がみられるとされている．予備的な AE 計測を実施して実際のトンネルの山鳴りや山はねの発生状況と AE 数との関係を把握し，これに基づいて山はねの発生可能性を評価することや，支保を増強するかどうかの判断基準とすることができる．山はねが頻発する地山では，AE 計測によって山はね監視を行うことが掘削作業員へ心理的安定をもたらす効果もある．わが国における実際の AE 計測事例として，関越トンネル[123),124)]，雁坂トンネル[125)]，西風トンネル[126)]，新八鬼山トンネル[127)]などの報告がある．具体的な AE 計測方法についてはこれらの例を参考にするほか，Feng[107)]や国際岩の力学会[128)]による解説を参照されたい．なお，現状の AE 計測の技術では，山はねの要注意区間であるか否かは推定できるが，山はねの発生地点を特定・予知するには至っていない[108)]ようである．

表-3.6.4　山はねの発生可能性を評価する手段

手段	リスクの低減段階	着目点
a）既往施工事例や当該地域の地圧に関する文献の調査	計画・調査・設計	・近隣の工事における山はね事例の有無 ・初期地圧の大きさ，異方応力状態の程度
b）地質踏査・弾性波探査	計画・調査・設計	・堅硬な岩盤（特に花崗岩類）が分布する区間 ・弾性波速度分布
c）ボーリングコア・ボアホールカメラ	計画・調査・設計ならびに施工	・コアディスキング ・ボアホールブレイクアウト
d）岩石コアの物性	計画・調査・設計ならびに施工	・一軸圧縮強さ ・脆性度 ・弾性波速度 ・ポアソン比
e）初期地圧測定	計画・調査・設計ならびに施工	・初期地圧の大きさ，異方応力状態の程度
f）山鳴り	施工	・山鳴り，小規模な岩片はく離などの山はね発生兆候の有無
g）切羽前方探査・先進ボーリング	施工	・岩盤の堅硬度合い（削孔検層など） ・亀裂・節理の分布 ・コアディスキング ・ボアホールブレイクアウト ・湧水の有無
h）AE 計測	施工	・AE 発生数

(5) リスクと対策の相関

以上までに述べてきた山はねリスクの特徴やその対策方法について，トンネルの「計画・調査・設計」ならびに「施工」の各段階ごとに整理し，それらの相関を示した結果が**図-3.6.3**である．次項以降でそれぞれの段階でのリスク要因ならびにリスク低減対策についての詳細を解説する．

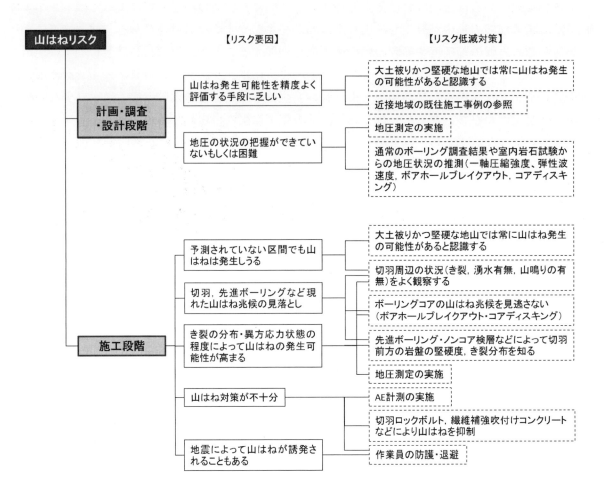

図-3.6.3 山はね地山におけるリスクと対応策の関係

3.6.2 計画・調査・設計段階のリスクと対策

> 【計画・調査・設計段階のリスク要因】
> ① 山はね発生可能性を精度よく評価するための手段がない.
> ② 地圧の状況が把握できていない，または把握が難しい.

【解説】　①について　我が国では山はねの報告事例が少なく，必ずしも山はねの発生条件を一般的に説明するまでには至っていない．このため，山はねの発生可能性を精度よく評価する手段がない.

　②について　山はね発生のもっとも大きな要因は地圧の状態であるが，一般的な調査項目には地圧測定は含まれない．地圧測定を実施するにしても，トンネルは広範囲の線状構造物であることから計画域すべてを調査するには多数の箇所で測定しなければならない．また，測定結果のばらつきを補償するために，1つの測定箇所でも複数回の測定が必要である．このような理由から，山はねリスクを見積もるための地圧測定はコストが大きくなってしまう.

> 【計画・調査・設計段階のリスク回避または低減に対する提言】
> ①-a 大土被りかつ堅硬な岩盤が分布する区間では山はね発生の可能性があると認識する.
> ①-b 過去の近隣地域の施工事例や文献を参考にし，山はねの危険度を把握する.
> ② 調査ボーリングやコア物性により地圧状況を測定あるいは推定する.

【解説】①-a について　山はねは，堅硬な岩盤が高い地圧によって急激に脆性破壊する現象である．よって，大土被りの堅硬な岩盤ならば，山はねが発生する可能性は必ずあると考えるべきである．志田原ら[116]は，国内の既往事例に基づいて，山はねの可能性のある堅硬な岩種として花崗岩類等を挙げており，また，物理探査段階では Vp=5.0km/s 前後の最高速度層の有無を発生可能性評価の指標として提案している.

　①-b について　近隣地域のトンネルの施工において山はねの発生が報告されているようであれば，当該トンネルにおいても山はねが発生する可能性がある．図-3.6.4のように，谷川岳を貫く新清水，大清水，関越の3本のトンネルでは，いずれにおいても山はねの発生が報告されている．また，小土被りで山はねに遭遇した西風トンネルの近隣には魚切ダムがあり，このダムの建設では，卓越した水平地圧によって河床岩盤が破壊音とともに板状に破壊する現象が報告されている[126]．これらのことをふまえると，近隣にトンネルなどの既設構造物があれば，その施工記録に山はねおよび類似の現象がないかどうかを確認することが，リスク低減につながると考えられる．また，トンネルが計画されている地域の地圧に関する文献があるならば，その内容を確認し，初期地圧の主応力方向や異方応力状態の程度を確認しておくべきである.

　②について　大土被り・高地圧の地山では，当然山はねの発生可能性が高い．初期地圧の異方状態が特に顕著である場合には，土被りが大きくなくとも山はねは発生しうる．よって，山はねのリスクを評価するには，地山の地圧状態を把握することが重要である．調査段階において，水圧破砕法などを実施すれば計画地域の地圧の状態を知ることができる．計画地域全域の地圧を測定するにはコストがかかりすぎて現実的ではないが，山はねの発生が高いと懸念される箇所などにしぼってでも測定するのが望ましいと思われる．志田原ら[116]は花崗岩類における山はね発生可能性の評価指標の1つとして，水平面内の最大圧縮応力 σ_H と最小圧縮応力 σ_h との関係式「$\sigma_H - \sigma_h \geqq 30\mathrm{MPa}$」を示し，これを水圧破砕法による応力測定値を用いた山はね発生可能性の評価指標の1つとして提案している.

　ところで，上述の志田原らの関係式は国内で実施されたボーリング結果を調査し，ボアホールブレイクアウトの発生と応力との関係を整理した結果得られたものである．ボアホールブレイクアウト（図-3.6.5）は，大きな地圧によってボーリング孔壁が破壊する現象であるが，異方応力

状態が顕著であるほど発生しやすい．ボーリングコアにみられるディスキング（図-3.6.6）も同様な原因により発生する現象として知られている．ボアホールブレイクアウト，コアディスキングの発生と地圧の関係を図-3.6.7に模式的に示した．これらの現象は，ボーリング孔内の「山はね」のようなものである．よって，応力測定を目的としない通常のボーリング調査であっても，ボアホールカメラやコア観察の際に，ボアホールブレイクアウト，コアディスキングの有無を確認することは山はねの発生可能性評価に有用と思われる．

　ボアホールブレイクアウトの情報からは，水平面内の主応力方向を知ることもできる．図-3.6.4にはトンネル軸方向と卓越節理方向の斜交角との関係，ならびに当該地域の（推定）主応力方向も示されている．詳細は3.6.3にて後述するが，この斜交角と最大主応力方向との関係により，山はねが発生しやすいトンネルの部位を推定することもできる．よって，調査ボーリングなどによって当該岩盤の卓越節理方向を知ることもリスク評価の補助となる．

　岩石コアの弾性波速度によっても，原位置の初期地圧の状態を推定できるケースがある[116]．採取したコアは，応力解放により内部のマイクロクラックが開口したり，微細なコアディスキングが生じたりすることによって弾性波速度が低下することがある．このような理由から，コアの弾性波速度が物理探査などにより推定されていた原位置の速度より低い場合は，高地圧ならびに顕著な異方応力状態が想定される．岩石コアの弾性波速度が経時的に低下する場合も同様である．ただし，弾性波速度の経時変化はコアの乾燥によっても生じ得るので，恒湿槽内で試験をするなどしてコアの含水率が変化しないように留意すべきである．

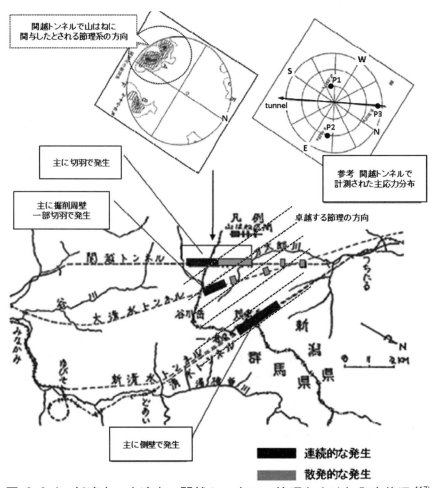

図-3.6.4　新清水・大清水・関越トンネルの節理と山はね発生状況[117]

（出典：新ら；電力中央研究所報告 N10013, 2011.）

3．押出し・崩壊に関するリスク管理

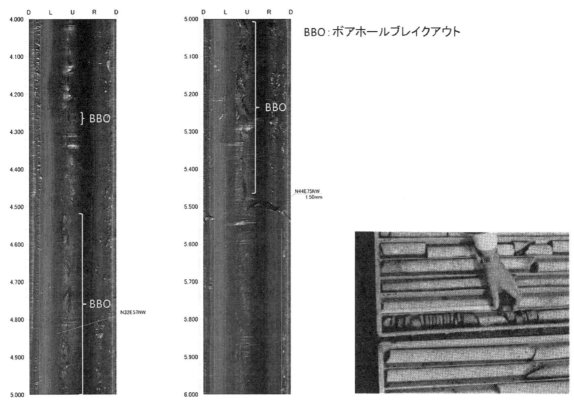

図-3.6.5　ボアホールカメラにより観察された
ボアホールブレイクアウト[129)に加筆]

（出典：中村ら；JAEA-Research 2009-004, 2009.）

図-3.6.6　コアのディスキング現象[112]

（出典：猪間；応用地質, 22巻3号, 1981.）

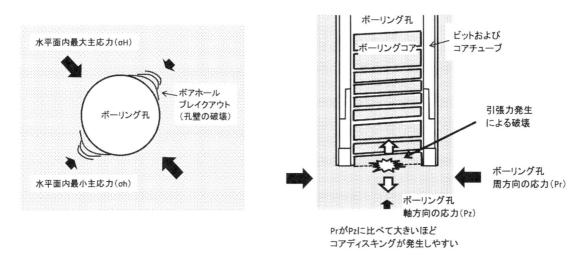

図-3.6.7　ボアホールブレイクアウト・コアディスキングの発生と地圧との関係

3.6.3 施工段階のリスクと対策

【施工段階のリスク要因】

① 山はねは，発生が予測されていない区間で発生することもある．

② 弱層の分布や節理の発達方向によって山はねの発生可能性が高まる場合がある．

③ 先進ボーリングにあらわれる高地圧・顕著な応力異方状態の兆候を見逃している．

④ 山はね発生に対する備えが十分でない．

⑤ 地震によって山はねが誘発されることもある．

【解説】 ①について　計画・調査・設計段階のリスクと対策の解説でも述べたように，我が国では山はねの報告事例が少ないこともあり，山はねの発生可能性を精度よく評価する手段がないのが現状である．よって，事前調査で山はねの発生が予測されていない区間でも実際には発生することがありうる．

②について　節理の分布・方向やトンネル断面形状によっては，掘削自由面近傍における応力集中が顕著となり，小土被りであっても山はねが発生する可能性がある．

③について　ボアホールブレイクアウトあるいはコアディスキングは高地圧ならびに顕著な異方応力状態の存在を示すものであり，山はねの発生兆候とみなせる．しかし，一般の調査ボーリングではボアホールブレイクアウトやコアディスキングを目の当たりにすることはあまりなく，これらの現象を山はね兆候として認識せずにそのまま見逃してしまう可能性がある．

④について　山はねが発生し始めた場合，備えが十分でないと作業員の安全が脅かされたり，トンネルの破壊が生じる可能性がある．また，AE計測機器などの対策用の機材は一般的なものではないので調達に時間がかかる場合がある．

⑤について　地震などの外力によって岩盤の応力場が乱され，これが引き金となって山はねが発生することが鉱山ではしばしばあるようである[130]．これは，山岳トンネルでも同様と考えられ，地震発生後には山はねが発生する可能性があると考えるべきである．

【施工段階のリスク回避または低減に対する提言】

①-a 切羽状況や山鳴りなどの兆候をよく観察して山はねリスクについて常に認識を持つ．

①-b 坑内において地圧を測定する．

②-a 堅硬な岩盤中に弱層が存在する場合，切羽がその区間を通過する前後では山はね発生の可能性が高まるので注意を怠らない．

②-b 最大圧縮応力方向と節理方向との関係に気を配る．

③ 先進ボーリングのボアホールブレイクアウト・コアディスキングの有無に気を配り，山はねの発生兆候を見逃さない．

④-a AE計測・切羽観察に基づいて作業員の一時退避や山はね対策工を実施する．

④-b 切羽を刺激する作業後には防護を施す，あるいは作業員を一時退避させる．

④-c 山はねによる岩塊飛出しは摩擦式ロックボルト・吹付けコンクリートで抑制する．

⑤ 地震発生後は山はね兆候に注意し，作業員を一時退避させる．

【解説】 ①-a について　山はねは土被りが大きいほど発生しやすいが，節理の分布・方向，地圧の状態によってはこれより小さい土被りでも発生しうる．よって，ある程度土被りがあるトンネルを掘り進めている場合は，切羽の岩盤の堅硬度の変化などに気を配るとともに，山鳴りなどの兆候発見の申送りを確実に行うことが重要である．湧水の少ない乾いた切羽ほど山はねが多いとも言われており，湧水量の有無も指標となる．

①-b について　地圧は山はねの直接的原因である．坑内ボーリングを行い応力解放法などによって地圧を測定することは，山はねの危険性を評価する手段として有力である．

②-a について 山はねは，一様に堅硬な岩盤よりも，弱層と健岩部の境界付近や部分的にシームが存在する硬岩切羽で生じやすいといわれている．これは，弱層やシームによって掘削後の応力再配分が規制され，健岩部に荷重が集中するためと考えられる．実際の施工（大清水トンネル[118]，関越トンネル[112]，雁坂トンネル[131]等）においても，切羽が岩盤内の弱線や断層帯を通過する前後（図-3.6.8）や，切羽において健岩部と脆弱部が混在する場合（図-3.6.9）に山はねが多い傾向が認められている．事前調査結果やコアボーリング・ノンコア検層などの切羽前方探査によって前方に健岩部と弱層との混在が想定される場合は，その区間を切羽が通過する際は山はねリスクが高まると考えるべきである．

②-b について 関越トンネルや雁坂トンネルでは坑内で初期地圧測定が実施されている[132]．志田原ら[116]および新ら[117]は，これらおよび近隣のトンネルの最大圧縮応力方向と，山はねに関与したと考えられている節理の方向との関係を検討した．その結果，最大圧縮応力方向に近い卓越節理面が，平行か小さな角度で交わるような部位のトンネル内空壁面に山はねが発生しやすいとしている．このことに基づけば，表-3.6.5のように，最大応力軸方向とトンネル軸ならびに節理の方向との関係から，山はねが発生しやすいトンネルの部位を推定することができる．

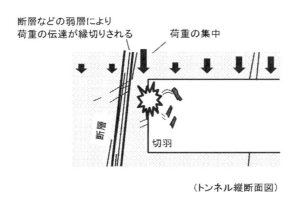 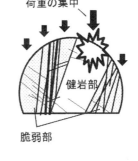

図-3.6.8 切羽前方に弱層がある場合　　図-3.6.9 切羽に健岩部と脆弱部（節理集中部）が混在する場合

③について 前述のように，ボアホールブレイクアウトあるいはコアディスキングは，高地圧ならびに顕著な異方応力状態を示すものであり，山はねの発生兆候である．先進ボーリングを行った場合，これらの現象をチェックすることで山はねに備えることができる．実際例として，関越トンネルでは，水平ボーリングコアにディスキングが認められた区間と本坑掘削時に山はねが認められた区間に関連性が認められている[112]．

④-a について AE計測によって切羽および切羽近傍の山はね発生可能性を評価し，これに基づいて支保のランクを決めることや，作業員の安全確保を目的とした施工フローを策定することもできる．参考として，図-3.6.10に西風トンネルにおける山はね対策のための切羽評価票ならびに施工管理フローを掲載する．また，切羽の情報（山鳴り・山はね発生件数の推移，岩質，節理，湧水）も，山はね対策に活かすことができる．

AE計測機器はあまり一般的なものではないので，調達に時間を要する場合がある．準備・調達は時間的余裕をもって行うことが望ましい．

Feng[107]による編著では次のような事例が紹介されている．JinPingⅡ水力発電所の導水路トンネルで上半の発破を実施したところ，AE（原著ではMicroseismicと呼んでいる）の活動は高かったものの山はねは発生せず，発破後もAEの活動が高いままであった．その後も掘削は進められ，下半切羽がその箇所を通過して15日後（下半切羽50m後方）に山はねが発生した．この事例からは，AEの活動が高いままの場合は，その箇所の計測を継続し，山はねに対する監視を続ける

べきであることがわかる.

④-b について 　発破や装薬穿孔など，岩盤の応力状態に変化を与える作業を行った後は山はねの発生確率が高まる．特に発破直後の切羽周辺岩盤で最も発生確率は高い[112]．発破直後8時間までに発生した山はねの統計を取ると，そのうちの75%は発破後3時間以内に発生している[107]という報告もある．装薬穿孔後は，発破直後ほど発生確率は高くないと考えられるが，装薬は生身の人間が切羽に接して行うものであるからリスクとしては大きい．よって，山鳴りなどの山はね兆候がすでに現れているような場合には，切羽を刺激するような作業を行ったのちは，次の作業では作業員への防護を施すか，あるいは一定の退避時間を設けることが望ましいと考えられる．関越トンネルの例では，ジャンボに取り付けた専用ジャッキを用いてナイロンネットを切羽に張るなどして作業員を防護している[112]．爆薬の機械装填・遠隔装填も安全確保の観点から有効であるかもしれない．退避時間を設ける場合は，解除のタイミングは切羽の状況から判断するほか，AE計測が用いられるケースもある．

表-3.6.5　山はねが発生しやすい個所と最大主応力方向と節理方向との関係 [116]を参考に作成

応力・節理・トンネル軸の関係	最大圧縮応力方向と節理方向が平行に近い		
	トンネル軸と節理方向が平行に近い	トンネル軸と節理方向が直角に近い	節理方向が水平に近い
山はねが発生しやすい個所	側壁	切羽	天端（および底盤）

※σ₁:最大主応力

3. 押出し・崩壊に関するリスク管理

広島西風新都線トンネル第3工区　切羽対策評価日報

年月日	平成　年　月　日
工事名	広島西風新都線トンネル第3工区
場所	上り線　:　下り線

現場代理人	監理技術者	担当者

T.D. _____ m　　　STA _____ m

(1) AE発生状況　ch1 リングダウン ___ 個　40m換算個数: ___ 個
　　　　　　　　ch2 リングダウン ___ 個　40m換算個数: ___ 個
　　　　　　　　　　　　　　　　　　　　　　　　　　　　点数:　点=A

変換式：[40m換算個数] = [リングダウンカウント] × ([切羽とセンサー間の距離]/40)^2

40m 換算個数	発破後5分間で10gal以上のAE							
AEリングダウンカウント数	40	>125	30	51～125	20	21～50	10	6～20	0	5≧

(2) 切羽および掘削面の岩盤状況　　　　　　　　　　　　点数:　点=B

切羽面での節理状況	15	水平節理が発達し、とくに切羽の上部で顕著.水平節理の間隔は20～30cm程度.	8	部分的に水平節理がある.水平節理の間隔は50cm程度.	0	水平節理はほとんどなく、縦方向の亀裂が優勢.
掘削面での節理状況	10	岩盤が板状構造を呈しており、階段状となっている.	5	部分的に板状構造がみられる.	0	板状構造は見られない.
亀裂の開口度・崩落程度	10	開口亀裂がみられ、触れると崩落しやすく不安定.	5	開口亀裂はみられないが、崩落しやすく不安定.	0	開口亀裂は認められず、崩落の危険はなく安定している.
岩盤の新鮮度	10	全体的に岩盤は新鮮で、風化はみられない.	5	新鮮な岩盤であるが、一部風化した部分がある.	0	風化した部分が多い
切羽からの湧水状況	5	切羽に湧水はみられない	3	切羽の一部から湧水がみられる.	0	切羽の大部分から湧水がみられる.

(3) 山鳴り発生状況

山鳴りの程度	10	大きな山鳴りがする	5	小さな山鳴りがする	0	山鳴りはない.

合計点数=A+B+C=　　点

対策工選定基準

合計点数	対策工	
86～100	補強工強化	・増しスエレックスボルト ・斜スエレックスボルト (・鋼繊維補強吹付けコンクリート) (・鏡スエレックスボルト)
50～85	補強工	・スエレックスボルト ・繊維補強コンクリート
50未満		2D間連続して50点未満なら通常工法に

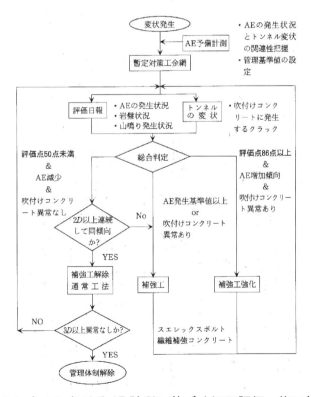

図-3.6.10　西風トンネルにおけるAE計測に基づく切羽評価・施工管理フロー[126)を編集

(出典：吉田ら；トンネルと地下, 32巻5号, 2001.)

④-c について　わが国の山はね対策の事例としては，地山の補強のため，あるいは山はねその
ものの発生の抑制のために，ロックボルトや吹付けコンクリートで対応した実績がある．たとえ
ば，関越トンネルⅡ期線工事[133]では，機能の早期発現が期待できる摩擦式ロックボルトや，じん
性向上のための繊維補強吹付けコンクリートが使用された．特に山はねが激しい区間では金網や
増しボルトが追加された．また，切羽にも摩擦式ロックボルト，吹付けコンクリートが施工され
ている．雁坂トンネル[108]や西風トンネル[126]でも同様に摩擦式ロックボルト，繊維補強吹付けコ
ンクリートが使用されている．参考として，**図-3.6.11** に関越トンネルⅡ期線工事，**図-3.6.12** に
雁坂トンネルにおける山はね対策支保パターンを示す．

　川本ら[109]は海外（カナダ・中国）の山はね対策事例について文献調査を行っている．この文献
調査の成果の 1 つとして，Canadian RockBurst Support Handbook (Kaiser,P.K., McCreath,D. and
Tannant, D. : Geomechanics Reserch Centre, Laurentian University, 1996) による鉱山における山はね
対策支保の選定方法が紹介されている．以下では，この文献調査結果を引用して同ハンドブック
による支保選定について若干ながら紹介する（詳細内容は元文献を参照されたい）．同ハンドブッ
クでは，山はねを 3 つのダメージメカニズムタイプ（**図-3.6.13(a)**）に分類し，各タイプをさら
に 3 段階の規模（**図-3.6.13(b)**）に分けて，それぞれの山はねケースに対して適切な支保を選定
するとしている．支保には様々な機能や特性をもったものがある．山はねのための支保の基本機
能要素は，「補強」，「保持」，「つかみ」の 3 つ（**図-3.6.14**）であり，単独あるいはこれらが組み
合わされて支保は機能を発揮する．さらに，基本機能要素は，「剛」，「柔」，「強」，「弱」，「脆性」，
「延性」の各特性に分類される（**表-3.6.6**）．グラウト式ロックボルト（ごく一般のロックボルト）
や吹付けコンクリートなどの剛で強い支保は岩盤を補強し，空洞近傍の岩盤のゆるみや劣化を抑
止するために有利である．しかし，大規模の山はねに対しては，岩塊の飛出しの運動エネルギー
を消散させるために，ある程度の変形を許容する必要がある．このため，特別なスライディング
機構などによってある程度引き抜かれても効果を維持し続ける降伏型のボルト（降伏型スウェレ
ックス，コーンボルトなど）や，溶接金網などが採用される．これらの支保は，柔や延性の特性
をもつものに分類される．また，金網補強吹付けコンクリートのように大きな変形が生じた場合
は剛から柔に変形するものもある．このように，想定される山はねのタイプや規模を設定したう
えで，それぞれのケースに対し適切な支保ステムを選定することが重要である．その選定例が
表-3.6.7 に示されている．ただし，これらは主に鉱山の坑道を対象としていることから，川本ら
は恒久的に使用されるトンネルなどに対しては追加的な支保が必要になる場合があることを指摘
している．なお，同表には，支保の限界はゆるみ領域 1.5m 以内（支保荷重 200kN/m²），変形量 300mm
以内，岩塊の飛出しエネルギーが約 50kJ/m² 以内であることが記されている．この限界を超える
ような状況下では，空洞を支保システムだけでは完全に維持することはできず，山はねの障害を
減少させるような掘削計画（掘削形状，分割掘削）や，応力軽減（Destressing）を検討する必要が
ある．

　⑤について　山はねの発生条件がそろっている場合，地震が引き金となって山はねが発生する
可能性があるので，作業員を一時退避させるのが望ましい．退避解除は，④-b の場合と同様に切
羽の状況や AE 計測結果によって判断する．

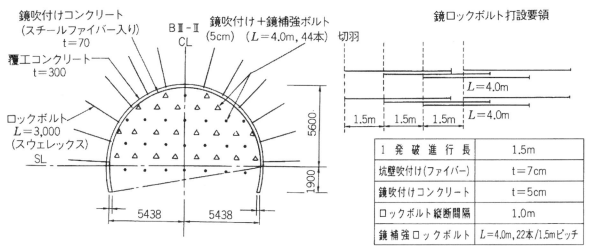

図-3.6.11 関越トンネルⅡ期線における山はね対策支保パターンBⅢ-Ⅲ（最も重いパターン）[133]

（出典：山本ら；トンネルと地下，第21巻2号，1990.）

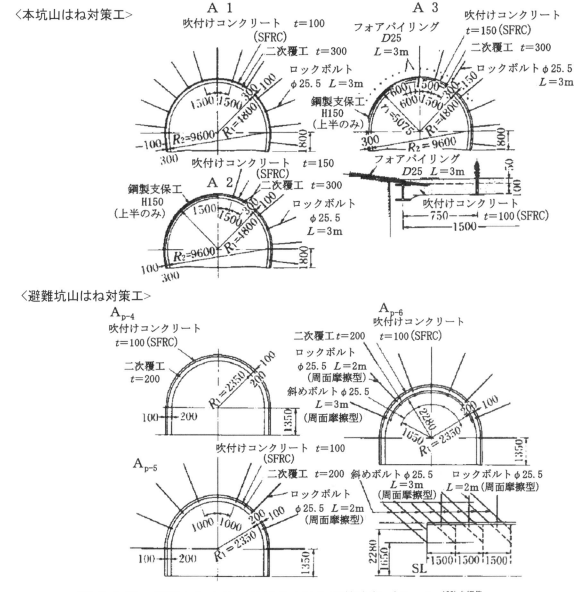

図-3.6.12 雁坂トンネルにおける山はね対策支保パターン[108]を編集

（出典：粂田ら；西松建設技報，第15巻，1992.）

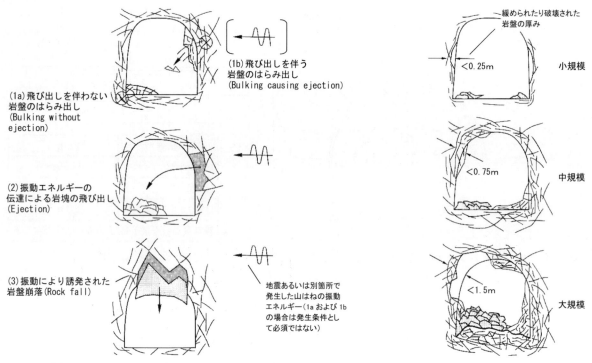

(a) 山はねによるダメージのメカニズム　　　　　　　　　　(b) 山はねの規模

図-3.6.13　山はねによるダメージのメカニズム 109)を編集・加筆,134)

(出典：川本ら；トンネルと地下，第32巻7号，2001.)

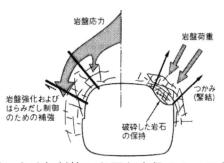

図-3.6.14　山はね対策に必要な支保の3つの基本機能 109),134)

(出典：川本ら；トンネルと地下，第32巻7号，2001.)

表-3.6.6　山はね対策に必要な3つの支保機能および6つの特性とそれぞれに対応する支保要素の例 109)に加筆,134)

支保機能 一般特性	補強 (Reinforcing)	保持 (Retaining)	つかみ (Holding)
剛(Stiff)	グラウト式ロックボルト (grouted rebar)	吹付けコンクリート (shotcrete)	グラウト式ロックボルト (grouted rebar)
柔(Soft)	—	金網 (mesh)	長尺メカニカルボルト (long mechanical bolt)
強(Strong)	ケーブルボルト (Cable bolt)	金網補強吹付けコンクリート (mesh-reinfoced shotcrete)	ケーブルボルト (Cable bolt)
弱(Week)	細径(グラウト式)ロックボルト (thin rebar)	#9ゲージ※1)金網 (#9 gauge mesh)	スプリットセットボルト※2) (sprit set bolt)
脆性(Brittle)	グラウト式ロックボルト (grouted rebar)	プレーン吹付けコンクリート (plain shotcrete)	グラウト式ロックボルト (grouted rebar)
延性(Ductile)	コーンボルト※3) (cone bolt)	チェーンリンク型金網※4)，レーシング※5) (Chain-link mesh, lacing)	降伏型スウェレックスボルト (yielding Swellex bolt)

※1)　ゲージナンバーは金網のワイヤー径を表す．#9はφ3.658mmで細径の部類にはいる．　　※2)軸方向にスリットが入っており断面がC型である管状のボルト．C型の管が開こうとする力で定着する．　　※3) ボルトの先端がコーン型になっており，先端以外はスムースな表面を持ちワックスが塗ってある．ボルトの周囲をグラウトすると先端部のみで定着し，ボルトがある程度抜けても効果を維持し続ける．
※4)　交点を溶接していないタイプの金網．　※5)岩盤表面を金網で覆い，さらにその上をケーブルでクモの巣状に覆う支保．ケーブルの交点を岩盤に打ったアンカーによって固定する．

(出典：川本ら；トンネルと地下，第32巻7号，2001.)

3．押出し・崩壊に関するリスク管理

表-3.6.7　山はねの傾向にある地山に対しての適切な支保システム[109]に一部加筆，[134]

メカニズム	ダメージの規模	ゆるんだ岩盤・岩塊 ダメージの原因	厚さ (m)	重量 (kN/m²)	変形 (mm)	Ve (m/s)	エネルギー (kJ/m²)	支保の役割	支保の評価容量 荷重 (kN/m²)	変形量 (mm)	エネルギー吸収能力 (kJ/m²)	推奨される支保システム
(1a)飛び出しのないはらみだし (Bulking without ejection)	小	高い応力によりひずみエネルギーが岩盤に蓄えられ、そのエネルギーが岩盤強度をやや超えている。	<0.25	<7	15	<1.5	軽微	小規模な破壊に耐える、あるいは破壊の発生を防止するために岩盤を補強する。	50	30	－	金網＋ロックボルトまたはグラウト式ロックボルト(＋吹付けコンクリート)
	中		<0.75	<20	30	<1.5	軽微	はらみだしを抑制するために岩盤を補強するとともに、支保のサポート力によって岩盤変位・変形を制御する。	50	75	－	金網＋ロックボルト＋グラウト式ロックボルト(＋吹付けコンクリート)
	大		<1.5	<50	60	<1.5	軽微	岩盤のはらみだしを制御するとともに、大きくなる岩盤の変位・変形でも持ちこたえる。	100	150	－	金網＋吹付けパネル＋降伏型ボルト＋グラウト式ロックボルト
(1b)飛び出しを伴うはらみだし (Bulking causing ejection)	小	高い応力によりひずみエネルギーが岩盤に蓄えられ、そのエネルギーが岩盤強度を大きく超えている。	<0.25	<7	50	1.5 - 3	軽微	少量の飛び出し岩塊を保持するとともに、岩盤変位・変形を制御する。	50	100	－	金網＋ロックボルト＋スプリットセットボルト(一吹付けコンクリート)
	中		<0.75	<20	150	1.5 - 3	2 - 10	少量の飛び出し岩塊を保持するとともに、岩盤の変位・変形を持ちこたえる。	100	200	20	金網＋吹付けパネル＋グラウト式ロックボルト＋降伏型ボルト
	大		<1.5	<50	300	1.5 - 3	5 - 25	大きな岩盤変位・変形に持ちこたえるとともに、エネルギーを吸収する。	150	>300	50	金網＋吹付けパネル＋高強度の降伏型ボルト＋グラウト式ロックボルト(＋トレーシング)
(2)飛び出し (Ejection)	小	節理が発達していたり破壊された岩盤に、離れた地震源(地震・山はね)のエネルギーが加えられる。	<0.25	<7	<150	>3	3 - 10	少量の飛び出し岩塊を保持するとともに、エネルギーを吸収する。	100	150	10	補強吹付けコンクリート＋ロックボルトまたはスプリットセットボルト
	中		<0.75	<20	>300	>3	10 - 20	エネルギーを吸収し、岩盤の変位・変形を持ちこたえ、飛び出し岩塊を保持する。	150	300	30	補強吹付けパネル＋ロックボルト＋降伏型ボルト(＋トレーシング)
	大		<1.5	<50	>300	>3	20 - 50	同上	150	>300	>50	補強吹付けパネル＋高強度の降伏型ボルト＋グラウト式ロックボルト(＋トレーシング)
(3)崩落 (Rock fall)	小	岩盤の強度不足、または岩盤・岩塊に作用する力が地震加速度によって増加する。	<0.25	<7g/(a+g)	na	na	na	岩盤の破壊あるいは岩盤がばらばらになるのを防ぐために岩盤を強化する。	100	na	na	グラウト式ロックボルト＋吹付けコンクリート
	中		<0.75	<20g/(a+g)	na	na	na	岩盤を強化するとともに、破壊された岩盤をつなぎ止める(深部の健全部につなぎ止める)。	150	na	na	グラウト式ロックボルト＋ケーブルボルト＋金網補強吹付けコンクリート
	大		<1.5	<50g/(a+g)	na	na	na	岩盤がばらばらにならないように、破壊された岩盤・岩塊を保持するとともに、破壊された岩盤を強化する。	200	na	na	上記＋ケーブルボルトの高密度設置

※MPSL（Maximum practical support limits：現実的な支保限界），支保荷重200kN/m²（トンネル1mあたり200kN/m²（トンネル1mあたり10t以上の岩塊、ゆるみ領域1.5m以上），変形量300mm、エネルギー吸収能力50kN/m².

・推奨される支保システムの（ ）内のものは有益ではあるがオプションである。
・支保システム全体の許容変形量は、その中で最も剛な支保要素の許容変形量で決定される。
・「ロックボルト」は種々のつかみまたは保持機能を有する支保要素の総称として使用している。「金網」はすべての金網タイプの総称として使用している。「吹付けパネル」とは、山はねのダメージが避けられない場合に、支保のつかみ要素と保持要素が目的とするものを防ぐために、吹付けコンクリート内に発生する応力を低減するために工夫がなされた吹付けコンクリートのことをいう（例えば、フラットウォール、コーナー部を薄く吹き付ける、アーチに溝を設けるなど）。
・ここで、Ve：変形速度または飛び出し速度・岩片の飛び出し速度、a：地震加速度、g：重力加速度.
・メカニズムの番号は図-3.6.13（a）に対応している。

(出典：川本ら；トンネルと地下，第32巻7号，2001.)

参考文献:

1) 竹林亜夫, 滝沢文教, 上野将司, 奥村興平, 三上元弘：山岳トンネルにおける不良地山に関する地質工学的考察, トンネル工学報告集, Vol.16, pp.119-126, 2006.

2) 土木学会：2016 年制定　トンネル標準示方書［共通編］・同解説／［山岳工法編］・同解説, pp.30-32, 2016.

3) 松井ら：トンネル技術者のための地盤調査と地山評価, 鹿島出版会, p187, 2017.

4) 土木学会：2016 年制定　トンネル標準示方書［共通編］・同解説／［山岳工法編］・同解説, pp.285-288, 2016.

5) 土木学会：トンネル・ライブラリー第 20 号　山岳トンネルの補助工法－2009 年版－, 2009.

6) NPO 法人臨床トンネル工学研究所技術研究部会トンネル補助工法委員会, 平成 24-25 年度活動報告書　補助工法十戒, 2014.

7) 中尾次生, 関本宏, 居相好信, 西野健一郎：住宅密集地下・含水未固結地山を掘る－神戸市高速道路 2 号線　長田トンネル－, トンネルと地下, 第 30 巻 2 号, pp.19-30, 1999.

8) 仲野良紀：粘土性岩における押し出し性～膨潤性トンネル地圧のメカニズムと実測例, 応用地質, 第 15 巻, 第 3 号, pp.27-43, 1974.

9) 土木学会：2016 年制定　トンネル標準示方書［共通編］・同解説／［山岳工法編］・同解説, p.45, 2016.

10) アイダン・オメール, 赤木知之, 伊東孝, 川本朓万：スクイーズィング地山におけるトンネルの変形挙動とその予測手法について, 土木学会論文集, No.448/III-19, pp.73-82, 1992.

11) 竹林亜夫, 三上元弘, 國村省吾, 奥井裕三：山岳トンネル工法における岩盤の強度定数と内空変位の関係に関する事例研究, トンネル工学研究論文・報告集, Vol.11, pp.183-188, 2001.

12) 高橋浩, 進士正人, 中川浩二：事例に基づく押出し性地山におけるトンネルの設計・施工法の提案, 土木学会論文集, No. 777/VI-65, pp.83-96, 2004.

13) Pietro Lunardi : The design and construction of tunnels using the approach based on the analysis of controlled deformation in rocks and soils, T&TI, May, pp.3-30, 2000.

14) 野間達也, 土屋敏郎, 三河内永康：切羽前方を補強した D 地山における ADECO-RS 的施工, トンネル工学報告集, Vol.20, pp.115-122, 2010.

15) 日本道路協会：道路トンネル観察・計測指針（平成 21 年改訂版）, p.204, 2009.

16) 剣持三平, 竹津英二, 青木智幸, 森田隆三郎, 白旗秀紀：膨圧性泥岩地山におけるトンネルの多重支保工の効果, 土木学会論文集 F, Vol.62, No.2, pp.312-325, 2006.

17) 角田至啓, 佐藤重知：東北新幹線岩手トンネルの膨張性地山における支保パターン, トンネル工学研究発表会論文・報告集, Vol.2, pp.191-196, 1992.

18) 孤山晃, 伊藤健一, 古市圭典, 成田望, 山本拓治, 伊達健介, 横田泰宏：断層活動により破砕された押出し性泥岩の掘削実績, トンネル工学報告集 Vol.26, I-37, pp.1-8, 2016.

19) 高橋俊長, 中野清人, 垣見康介：高耐力支保構造で施工した脆弱地山のトンネル挙動特性, トンネル工学報告集, Vol.19, pp.107-117, 2009.

20) 奥村皓一, 和地強, 怡土一美：SFRC 覆工で収束しない変位に対抗－東北新幹線 岩手トンネル女鹿工区－, トンネルと地下, 第 29 巻 5 号, pp.7-18, 1998.

21) 谷井敬春, 下田哲史, 高橋浩, 菊地裕一, 釜谷薫幸：日暮山トンネルにおける早期閉合を目的とした導坑先進工法について, トンネル工学研究論文・報告集, Vol.11, pp.209-214, 2001.

22) 角湯克典, 明石健, 鬼頭夏樹, 大谷達彦：全断面早期閉合の施工管理手法についての一提案, トンネルと地下, 第 45 巻 7 号, pp.61-68, 2014.

23) 土木学会：トンネル・ライブラリー第 25 号　山岳トンネルのインバート－設計・施工から維

持管理まで－，p.168，2013.

24) 土木学会：トンネル・ライブラリー第25号　山岳トンネルのインバート－設計・施工から維持管理まで－，p.28，2013.

25) 末永充弘，佐藤愛光，近久博志：筒井雅行：SFRC　二次覆工で蛇紋岩膨圧区間を克服－九州新幹線　第二今泉トンネル－，トンネルと地下，第27巻3号，pp.7-14，1996.

26) 高橋浩，谷井敬春，石松辰博，進士正人，中川浩二：押出し性地山における二次覆工の設計荷重の設定方法に関する考察，トンネル工学研究論文・報告集，Vol.12，pp.45-52，2002.

27) 岡﨑準，小川淳，田村武：膨張性地山におけるトンネル覆工の設計法，トンネルと地下，第35巻10号，pp.47-56，2004.

28) 土木学会：トンネル・ライブラリー第25号　山岳トンネルのインバート－設計・施工から維持管理まで－，pp.55-58，2013.

29) 鉄道建設・運輸施設整備支援機構：山岳トンネル設計施工標準・同解説，pp.200-202，2008（2017 一部改訂）.

30) JTA 山岳工法小委員会支保ワーキング：山岳トンネルのインバート（2）－インバートに関する変状対策事例調査と分析－，トンネルと地下，第42巻4号，pp.61-68，2011.

31) 宮沢一雄，木梨秀雄，秋山剛史，伊藤哲：インバート変位計による施工中の路盤隆起観測と対策工，トンネル工学報告集，Vol.27，I-23，pp.1-5，2017.

32) 佐久間智，菅原徳夫，多田誠，遠藤祐司：供用中に発生した急激な盤ぶくれ変状を復旧する－山形自動車道　盃山トンネル（上り線）－，トンネルと地下，第40巻12号，pp.27-37，2009.

33) 土木学会：トンネル・ライブラリー第24号　実務者のための山岳トンネルにおける地表面沈下の予測評価と合理的な対策工の選定，pp21-22，2012.

34) 日本道路協会：道路トンネル観察・計測指針（平成21年改訂版），p.204，2009.

35) 高速道路技術センター：トンネル切羽安定に関する調査研究，1997.

36) 土木学会：2016 年制定　トンネル標準示方書［共通編］・同解説／［山岳工法編］・同解説，pp.44，2016.

37) 北川隆，後藤光理，磯谷篤実，野城一栄，松長剛：低土被り土砂地山トンネルの掘削時挙動の分析，トンネル工学報告集，Vol.15，pp.203-210，2005.

38) 土木学会：トンネル・ライブラリー第20号　山岳トンネルの補助工法－2009 年版－，p.22，2009.

39) 同上，pp.19-20

40) 若林宏彰，野田佳彦，山下和也：中央導坑を用いた小土被り未固結地山における扁平大断面トンネル－平成25年度　1号笹原中山バイパス1号トンネル－，日本トンネル技術協会第78回（山岳）施工体験発表会，pp.89-97，2016.

41) 蓼沼慶正，磯谷篤実，須澤浩之，芳賀宏，野々村嘉映：含水未固結地山トンネルにおける切羽安定方策，トンネル工学研究論文・報告集，Vol.13，pp.201-206，2003.

42) 小西真治，仲山貴司，豊田浩史，松長剛：飽和度に応じた粘着力の変化と地下水圧を考慮した切羽安定評価法，トンネルと地下，第45巻11号，pp.51-60，2014.

43) 賀川昌純，和泉昌樹：未固結砂地盤での確実な注入方式の確立，トンネル工学報告集，Vol.21，pp.43-50，2011.

44) 窪田達也，小川渉，藤本克郎，濱西将之：先進導坑から上部帯水砂層を水抜きで切羽安定化－圏央道　笠森トンネル－，トンネルと地下，第43巻2号，pp.17-28，2012.

45) 計良清隆，森俊介，信田俊文，野崎克博：脆弱な強風化泥岩と炭鉱ずり山のトンネル掘削－北海道横断自動車道　ユーパロトンネル－，トンネルと地下，第40巻8号，pp.7-15，2009.

46) 北川隆，磯谷篤実，奥津一俊，川口隆徳：地山改良とサイドパイルで小土かぶり土砂地山を掘削－東北新幹線　牛鍵トンネル－，トンネルと地下，第35巻4号，pp.7-14，2004.

47) 市川晃央，前田壮亮，香川裕司，垰村修，梨本裕，浅井良倫，楠本正男，今田徹：端末管の事前撤去型AGF工法の開発　その2　現場適用における効果確認，土木学会第70回年次学術講演会，VI-779，2015.

48) 牧野和之，市川晃央，香川裕司，川﨑邦男：造成盛土地盤中および直下のトンネル掘削－和歌山市道中平井線　ふじとトンネル－，トンネルと地下，第47巻1号，pp.13-24，2016.

49) 土木学会：トンネル・ライブラリー第20号　山岳トンネルの補助工法－2009年版－，p.160，2009.

50) 高岡秀明，川上博史，平野宏幸：強風化した脆弱地山におけるトンネル坑口の安定化対策の検討，トンネル工学報告集，Vol.21，pp.103-110，2011.

51) 都築保勇，黒岩清貴，福入博文，杉本憲一：高水頭未固結砂岩層の大崩落とその克服－北陸新幹線飯山トンネル（上倉工区・富倉工区）－，トンネルと地下，第39巻8号，pp.7-14，2008.

52) 谷井敬春，廣田政矢，菊地裕一，釜谷薫幸，高橋浩：記録的な大崩落と対策工の設計・施工，トンネル工学研究論文・報告集，第12巻，pp.297-302，2002.

53) 日経コンストラクション編：建設事故Ⅱ　身近に潜む現場の事故72例，p.82，日経BP社，2007.

54) 高速道路技術センター：トンネル切羽安定に関する調査研究，p.参4-21，1997.

55) 日本道路協会：道路トンネル観察・計測指針（平成21年改訂版），pp.202-205，2009.

56) 日本道路協会：道路トンネル技術基準（構造編）・同解説，pp.30-31，2003.

57) 樋上尚子，森川武浩，西本和生，實松茂幸：予期せぬ異常湧水に挑む－国道482号　蘇武トンネル日高工区－，トンネルと地下，第33巻1号，pp.17-28，2002.

58) 日本道路協会：道路トンネル観察・計測指針（平成21年改訂版），pp.202 - 205，2009.

59) 加賀美英雄・塩野清治・平朝彦：南海トラフにおけるプレートの沈み込みと付加体の形成，科学，Vol.53，No.7，pp.429-438，1983.

60) 木村正樹，高橋貴子，古田尚子，田中崇生，足達康軌：付加体におけるトンネル周辺の弾性波速度と地山評価，トンネル工学研究論文・報告集，Vol.12，pp.39-44，2002.

61) 村瀬貴巳夫，田中崇生，小川哲司，足達康軌：付加体中の先行緩み探査と対策－近畿自動車道紀勢線　高田山トンネル－，トンネルと地下，第33巻10号，pp.19-30，2002.

62) ジェオフロンテ研究会：付加体地質とトンネル施工，pp.221-236，2005.

63) 竹林亜夫，山本和義，泉谷泰志，上岡真也：切羽の不安定現象の分類と対策に関する考察，トンネル工学研究論文・報告集，Vol.9，pp.1-8，1999.

64) 土木学会：2016年制定　トンネル標準示方書［共通編］・同解説／［山岳工法編］・同解説，pp.133-275，2016.

65) 日本トンネル技術協会：都市部近接施工ガイドライン，pp.8-67，2016.

66) 土木学会：トンネル・ライブラリー第24号　実務者のための山岳トンネルにおける地表面沈下の予測評価と合理的対策工の選定，pp.77-317，2012.

67) 東日本・中日本・西日本高速道路：設計要領第三集トンネル編　(1)トンネル本体工保全編（近接施工），pp.2-14，2009.

68) 瀬戸口嘉明，山田正一，青木俊彦，白川賢志，小原伸高：都市トンネルにおける大断面交差部の設計と計測，トンネル工学研究論文・報告集，Vol. 11，pp.93-98，2001.

69) 山田浩幸，宇田隆彦，川端康夫，石橋照久，橋爪大輔：都市部における長大メガネトンネルの設計と施工，トンネル工学研究論文・報告集，Vol.13，pp.163-168，2003.

70) 奥谷正，川田昭彦，毛利浩徳，日高英治：地すべり地帯の国道直下を土かぶり 3m で掘削－国道 33 号越知道路　野老山トンネル－，トンネルと地下，第 36 巻 12 号，pp.7-14，2005.

71) 兼島方昭，橘髙豊明，横山哲哉：活線道路下での低土被り土砂 NATM の施工，日本トンネル技術協会第 50 回施工体験発表会（山岳），pp.41-48，2002.

72) 佐々木郁夫，仮屋謙一，相原和之，森英二郎：長尺鋼管先受け工における先行変位対策とその抑制効果，とびしま技報，No.53，pp.5-9，2004.

73) 飛島建設ホームページ：https://www.tobishima.co.jp/result/civil_road/road_dejima-bypass.html，（2018.7.1 アクセス）

74) 佐々木良作，高山努，塚田昌基，木村正樹，鳥居敏：鉄道直下の大断面トンネル施工時の計測管理，トンネル工学研究論文・報告集，Vol. 10，pp.131-136，2000.

75) 依田淳一，都築保勇，張信一郎，明石太郎：飯山駅に近接する丘陵地を小土かぶりで斜め横断－北陸新幹線　長峯トンネル－，トンネルと地下，第 39 巻 3 号，pp.7-14，2008.

76) 毛利勇，遠藤拓二，山田勝己，船田哲人：小土かぶり未固結地山の扁平大断面トンネルを中央導坑により掘削－国道 1 号笹原山中バイパス 2 号トンネル－，トンネルと地下，第 45 巻 8 号，pp.7-15，2014.

77) 飯塚光正，加藤勉，柳森豊，熊谷幸樹，中辻尚，金子伸：周辺環境に配慮した住宅密集地内の低土被り NATM の施工，日本トンネル技術協会第 52 回施工体験発表会（山岳），pp.25-32，2003.

78) 小林薫，松元和伸，熊谷幸樹，飯塚光正，加藤勉，中辻尚，金子伸：光学式計測技術を駆使した住宅密集地下における NATM の情報化施工，とびしま技報，第 54 号，2005.

79) 日本道路協会：道路土工－切土工・斜面安定工指針（平成 21 年度版），pp.24-25，2009.

80) 防災科研；J-SHIS Map，http://www.j-shis.bosai.go.jp/map/　（2019.4.1 アクセス）

81) 大坪力，高橋大輔，浜野孝，緒方明彦，篠田貴宏：地すべり地山を対象とした大断面トンネル坑口部の対策工について，土木学会第 59 回年次学術講演会，6-369，pp.735-736，2004.

82a) 大島洋志監修，木谷日出男編著：トンネル技術者のための地相入門，土木工学社，p.72，2014.

82b) 渡邊實；地質工学，古今書院，p.231，1935.

83) 山田剛二・小橋澄治・草野国重，高場山トンネルの地すべりによる崩壊，地すべり，Vol.8，No.1（通巻　第 25 号），pp.11-24，1971.

84) 柴崎宣之，藤田康司，東幸孝，山下憲治，国道 197 号名取トンネル地すべり災害復旧事例，J.of the Jpn. Landslide Soc., Vol.46, No.4, 2009.

85) 鈴木隆介著：建設技術者のための地形図読図入門　第 3 巻　段丘・丘陵・山地，古今書院，p.793，2008.

86) 大島洋志監修，木谷日出男編著：トンネル技術者のための地相入門，土木工学社，p.10，2014.

87) 同上，p.35

88) http://www.j-shis.bosai.go.jp/map/　（2018.4.30 アクセス）

89) https://gbank.gsj.jp/geonavi/　（2018.4.30 アクセス）

90) 鈴木隆介著：建設技術者のための地形図読図入門　第 3 巻　段丘・丘陵・山地，古今書院，p.799，2008.

91) 大島洋志監修，木谷日出男編著：トンネル技術者のための地相入門，土木工学社，p.35，2014.

92) 同上，p.37

93) 土木学会：2016 年制定　トンネル標準示方書［共通編］・同解説／［山岳工法編］・同解説，p.124，2016.

94) 日本道路協会：道路土工－切土工・斜面安定工指針（平成21年度版），pp.403-404，2009.

95) 上野将司：危ない地形・地質の見極め方，日経コンストラクション編，日経BP社，p.38，2012.

96) 上野将司：危ない地形・地質の見極め方，日経コンストラクション編，日経BP社，p.40，2012.

97) 鈴木隆介著：建設技術者のための地形図読図入門　第3巻段丘・丘陵・山地，古今書院，pp.818-819，2008.

98) 上野将司：危ない地形・地質の見極め方，日経コンストラクション編，日経BP社，p.47，2012.

99) 土木学会：2016年制定　トンネル標準示方書［共通編］・同解説／［山岳工法編］・同解説，p.12，2016.

100) 日本道路協会：道路トンネル技術基準（構造編）・同解説，pp.12-13，2003.

101) 日本道路協会：道路土工　切土工・斜面安定工指針（平成21年度版），p.136，2009.

102) 東・中・西日本高速道路株式会社：設計要領第一集土工，pp.参2-30-参2-31，2016.

103) 柳川磨彦，大谷達彦，鬼頭夏樹，明石健，牧祥司：地すべりブロック直下でのトンネル情報化施工，土木学会第65回年次学術講演会，VI-042，2010.

104) 大島洋志監修　木谷日出男編著：トンネル技術者のための地相入門，土木工学社，p.88，2014.

105) 川村俊一，島豊，河田孝志，金岡幹：大規模地すべり脆弱部を2重支保で突破－道道夕張新得線　赤岩トンネル－，トンネルと地下，第37巻12号，2006.

106) 新孝一，澤田昌孝，猪原芳樹，荒井　融：山はねやブレークアウトと初期地圧の事例調査と分析，資源・素材2009（札幌）講演集，pp.317-320，2009.

107) Xia-Ting Feng (EDT) : Rockburst: Mechanisms, Monitoring, Warning and Mitigation, Elsevier, 2017.

108) 粂田俊男，本間正浩，手塚裕紀：山はねの予知とその対策（雁坂トンネルにおける山はね現象について），西松建設技報，第15号，pp.128-136，1992.

109) 川本朓万，石黒幸文，呉旭：山はねとその対策に関する文献調査，トンネルと地下，第32巻7号，pp.47-56，2001.

110) 丹羽義次，小林昭一，下河内稔，福井卓雄，大津政康：山はねの発生機構に関する一考察：第5回岩の力学国内シンポジウム講演集，pp.85-90，1977.

111) 畠山重治：大清水トンネルの施工，土木施工，第23巻5号，pp.27-38，1982.

112) 猪間英俊：関越トンネルにおける山はね，応用地質，第22巻3号，pp.26-35，1981.

113) W. Blake, D.G.F. Hedley : Rockbursts: Case Studies from North American Hard-rock Mines, Society for Mining, Metallurgy, and Exploration, Inc., 2003.

114) G.Brauner : Rockbursts in Coal Mines and Their Prevention, A.A. Balkema Publishers, 1994.

115) 土木学会：2016年制定　トンネル標準示方書［共通編］・同解説／［山岳工法編］・同解説，p.322，2016.

116) 志田原巧，金沢淳，荒井融，朝川誠：概要調査段階における山はね発生可能性評価方法の検討，第12回岩の力学国内シンポジウム講演論文集，pp.275-280，2008.

117) 新孝一，澤田昌孝，猪原芳樹，志田原巧，秦野輝義：地上からの調査に基づく坑道建設性評価（その1）－難工事事象の地質要因の分析と山はね予測評価法の提案－，電力中央研究所報告N10013，2011.

118) 下河内稔，小田重雄，木沢恒雄：大清水トンネルにおける山はね現象からの一考察，第5回岩の力学国内シンポジウム講演集，pp.79-83，1977.

119) 倉橋稔幸，稲崎富士，中村康夫，竹林征三：雁坂トンネルにおける岩盤応力計測，第27回岩盤力学に関するシンポジウム講演論文集，pp.306- 310，1996.

120) 佐野修，伊藤久男，水田義明（編）：地殻応力の絶対量測定-その現状・問題点・今後の課題（上巻），月刊地球，26(1)，海洋出版，2004.

121) 佐野修, 伊藤久男, 水田義明（編）：地殻応力の絶対量測定-その現状・問題点・今後の課題（下巻）, 月刊地球, 26(2), 海洋出版, 2004.

122) ベルナール・アマディ, オーヴ・ステファンソン（著）, 石田毅（監修）, 船戸明雄（翻訳代表）：岩盤応力とその測定(Rock Stress and Its Measurement), 京都大学学術出版会, 2012.

123) 佐藤和夫：関越トンネルの施工(Ⅱ) 山はね区間と立坑の施工, 土木技術, 第 40 巻 11 号, pp.82-89, 1985.

124) A.Hirata, Y. Kameoka, T.Hirano：Safety Management Based on Detection of Possible Rock Bursts by AE Monitoring during Tunnel Excavation, Rock Mechanics and Rock Engineering, Volume40, Issue6, pp.536-576, 2007.

125) 望月常好, 穂刈利夫, 斉藤義信, 粂田俊男：土かぶり 200m で山はね現象に遭遇－国道 140 号 雁坂トンネル－, トンネルと地下, 第 21 巻 9 号, pp.27-36, 1990.

126) 吉田幸伸, 小林光雄, 北村俊紀, 谷卓也：小土かぶりトンネルにおける山はね現象とその対策－広島高速 4 号線 西風トンネル第 3 工区－, トンネルと地下, 第 32 巻 5 号, pp.7-17, 2001.

127) 長谷川温, 細川嘉一, 森孝之, 竹市篤史, 藤井宏和：山はねを伴うトンネル工事への AE モニタリングの適用, 第 37 回岩盤力学に関するシンポジウム講演論文集, pp.1-6, 2008.

128) Ya-Xun Xiao, Xia-Ting Feng, John A. Hudson, Bing-Rui Chen, Guang-Liang Feng, Jian-Po Liu：ISRM Suggested Method for In Situ Microseismic Monitoring of the Fracturing Process in Rock Masses, Rock Mechanics and Rock Engineering, Volume49, Issue 1, pp.343-369, 2016.

129) 中村隆浩, 真田祐幸, 杉田裕, 加藤春實：幌延深地層研究センター換気立坑 140m 試錐座における初期応力測定, JAEA-Research 2009-004, 日本原子力研究開発機構, 2009.

130) P. K. Kaiser, Ming Cai：Design of rock support system under rockburst condition, Journal of Rock Mechanics and Geotechnical Engineering, Volume4, Issue3, pp.215-227,2012.

131) 望月常好 , 斉藤義信, 石山宏二：雁坂トンネルにおける山はね現象, 第 8 回岩の力学国内シンポジウム講演論文集, pp.139-144, 1990.

132) 石山宏二, 平田篤夫, 稲葉力：トンネル掘削にともなう山はね現象の計測, 西松建設技報, 第 14 号, pp.8-19, 1991.

133) 山本市治, 多賀直大：3 年で谷川連峰を貫く－関越自動車道 関越トンネル（Ⅱ期線）－, トンネルと地下, 第 21 巻 2 号, pp.29-37, 1990.

134) P.K.Kaiser：Support of tunnels in burst-prone ground Toward a rational design methodology, rockbursts and Seismicity in Mine 93, Proc. of the 3rd Int. Symp. on Rockburst and Seismicity in Mines, Kingstone, Canada, 16-18 Aug. pp.13-27, 1993.

【参考資料】押出し・崩壊リスクに関する事例調査

事例 01　東占冠トンネル …………………………………………………………150

事例 02　穂別トンネル（西工区）………………………………………………152

事例 03　金田一トンネル（南工区）……………………………………………154

事例 04　三本木原トンネル ………………………………………………………156

事例 05　長田トンネル ……………………………………………………………158

事例 06　岩手トンネル（女鹿工区）……………………………………………160

事例 07　日暮山トンネルⅡ期（東工区）………………………………………162

事例 08　飯山トンネル（上倉工区・富倉工区）………………………………164

事例 09　飯山トンネル（富倉工区）……………………………………………166

事例 10　八甲田トンネル（市ノ渡工区）………………………………………168

事例 11　中平井線ふじとトンネル………………………………………………170

事例 12　牛鍵トンネル ……………………………………………………………172

事例 13　高丘トンネル ……………………………………………………………174

事例 14　第 2 魚津トンネル ………………………………………………………176

事例 15　高田山トンネル …………………………………………………………178

事例 16　オランダ坂トンネル ……………………………………………………180

事例 17　国道 1 号笹原山中バイパス 2 号トンネル ……………………………182

事例 18　高取山トンネル …………………………………………………………184

事例 19　的之尾トンネル …………………………………………………………186

事例 20　高場山トンネル …………………………………………………………188

事例 21　引佐第二トンネル ………………………………………………………190

事例 22　関越トンネル ……………………………………………………………192

事例 23　雁坂トンネル ……………………………………………………………194

事例 24　西風新都トンネル（第 3 工区）………………………………………196

事例 01

トンネル名	北海道横断自動車道東占冠トンネル
文献名	・安藤武義, 小澤隆二, 内田渉, 谷卓也：蛇紋岩地山での変形抑制と新しい吹付け応力測定法への取り組み, トンネルと地下, 第39巻6号, pp.17-26, 2008.

■工事概要

トンネル諸元	種別	断面積	延長	土被り
	新幹線	新幹線	2070m	2〜10m程度

地質	全体的に，蛇紋岩中に，泥岩やハイアロクラスタイトが，塊状岩として取り込まれていた．今回調査対象であるインバート変状区間には，蛇紋岩が存在した． 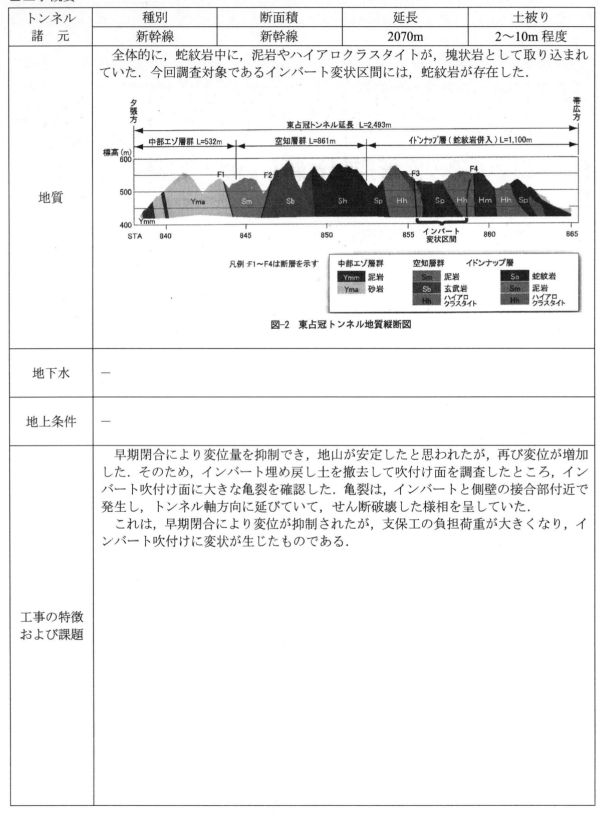 図-2 東占冠トンネル地質縦断図
地下水	―
地上条件	―
工事の特徴および課題	早期閉合により変位量を抑制でき，地山が安定したと思われたが，再び変位が増加した．そのため，インバート埋め戻し土を撤去して吹付け面を調査したところ，インバート吹付け面に大きな亀裂を確認した．亀裂は，インバートと側壁の接合部付近で発生し，トンネル軸方向に延びていて，せん断破壊した様相を呈していた． 　これは，早期閉合により変位が抑制されたが，支保工の負担荷重が大きくなり，インバート吹付けに変状が生じたものである．

■設計・施工段階におけるリスク項目とリスク低減策
　リスク項目：①押出し・大変形，②切羽崩壊・地表面陥没，③近接施工，④地すべり，⑤山はね

リスク項目	①押出し・大変形
リスク低減段階	施工
リスク低減の具体的方策	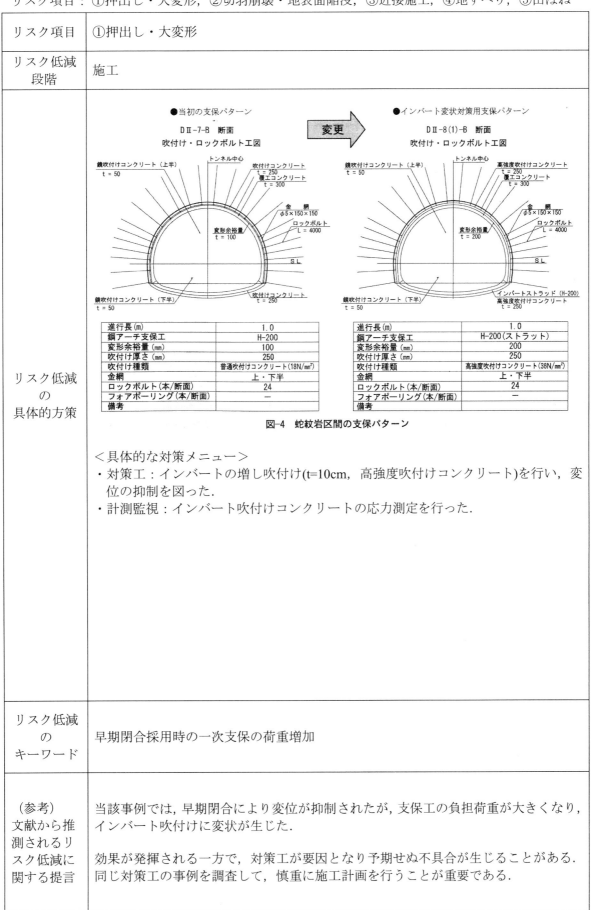

図-4　蛇紋岩区間の支保パターン

＜具体的な対策メニュー＞
・対策工：インバートの増し吹付け(t=10cm，高強度吹付けコンクリート)を行い，変位の抑制を図った．
・計測監視：インバート吹付けコンクリートの応力測定を行った． |
| リスク低減のキーワード | 早期閉合採用時の一次支保の荷重増加 |
| (参考)文献から推測されるリスク低減に関する提言 | 当該事例では，早期閉合により変位が抑制されたが，支保工の負担荷重が大きくなり，インバート吹付けに変状が生じた．

効果が発揮される一方で，対策工が要因となり予期せぬ不具合が生じることがある．同じ対策工の事例を調査して，慎重に施工計画を行うことが重要である． |

事例 02

トンネル名	北海道横断自動車道　穂別トンネル西工区
文献名	・山田浩幸, 永井哲夫, 大谷達彦, 芥川真一：計測結果見える化技術の適用とその効果に関する一考察, トンネル工学報告集, Vul.21, pp.153-160, 2011.

■工事概要

トンネル諸元	種別	断面積	延長	土被り
	道路	85m²	1,951m	250m 超

地質	トンネルの地質はメランジュと呼ばれる岩石種の異なる岩体（泥岩, 緑色岩, 蛇紋岩）が複雑に関係した地質構造を呈しており, 硬軟も様々である. 　特に土被りの大きい区間（土被り 250m 以上）において蛇紋岩（塊状, 葉片状）が出現し, 先行して施工された避難坑の蛇紋岩区間において大きな変位や支保変状を生じていた. 写真-1　避難坑変状状況　　写真-2　本坑切羽状況
地下水	―
地上条件	山岳
工事の特徴および課題	穂別トンネルは, 全長 L＝4,323m の山岳トンネル工事であり, 西工事では西側の延長 L＝1,951m を NATM により施工した. 　本工事のうち, 土かぶり 250m 以上の大土被り部における脆弱地山（蛇紋岩）の施工において, 数値解析の結果を参考に変位を制御した高規格二重支保の早期閉合を実施するとともに, 切羽の安定性を確保する目的でトンネル前方外周にグラウンドアーチを形成する「トンネル外周補強工」および「長尺鏡ボルト」等の補助工法を駆使して L=191m（EⅡパターン）の施工を完了した. このような脆弱地山における掘削初期における安全管理が課題であった. 図-1　地質状況（蛇紋岩）

3. 押出し・崩壊に関するリスク管理

■設計・施工段階におけるリスク項目とリスク低減策

リスク項目：①押出し・大変形，②切羽崩壊・地表面陥没，③近接施工，④地すべり，⑤山はね

リスク項目	①押出し・大変形
リスク低減段階	施工段階
リスク低減の具体的方策	**【補助工法の採用】** 　土かぶりが250mを越える大土被りの蛇紋岩区間の施工という支保工の剛性で対抗するには限界ともいえる特殊条件下の山岳トンネル工事において，掘削時の補助工法としては，トンネル外周補強工，長尺鏡ボルトを採用し，一次支保にも耐力を残した上で二次支保を施工するという変位制御型二重支保構造により，蛇紋岩区間 L=191m の施工を完了した． 図-2　EⅡ-Kパターン（二重支保：補助工法施工） **【計測管理】** 　計測結果見える化技術 OSV(LED で色の変わる変位計) の適用 図-3　光る変位計の基本システム 図-5　光る変位計による情報伝達プロセス 図-4　光る変位計の発光色と変位セッティング例
リスク低減のキーワード	変位制御型二重支保，トンネル外周補強工，長尺鏡ボルト OSV技術，安全の見える化
(参考)文献から推測されるリスク低減に関する提言	光る変位計は，簡易な構造により変位を光により可視化するツールである．この装置をトンネル工事のような作業現場に適用することで，24時間体制の変位計測を作業員自らが行うことができる．　また，変状が発生した場合には，遅れ時間ゼロで周辺の作業員に情報を開示することが可能である． 　設置・撤去が容易で掘削直後に切羽近傍の初期変位を計測でき，色の変化でいつでも，どこでも，誰にでも変位の状況（安全）を確認できる OSV による計測管理手法は非常に有効である．

事例 03

トンネル名	東北新幹線 金田一トンネル（南工区）
文献名	・佐伯則幸，佐々木照夫，小林由委，原敏昭：土かぶり 300m での電磁探査，トンネルと地下，第 32 巻 9 号，pp.7-13，2001.

■工事概要

トンネル諸元	種別	断面積	延長	土被り
	鉄道	新幹線	130m	300m
地質	膨張性泥岩			
地下水	湧水量 2〜10L/分			
地上条件	−			
工事の特徴および課題	全長 8740m のうち県境までの南工区は 4300m．工区境周辺の膨張性を有する大土被りの泥岩地山(130m)において，膨張性泥岩の分布範囲の把握のために調査と解析を実施．切羽，側壁の押出し実績：内空変位 20mm，インバートの隆起が大きく発生			

■設計・施工段階におけるリスク項目とリスク低減策

リスク項目：①押出し・大変形，②切羽崩壊・地表面陥没，③近接施工，④地すべり，⑤山はね

リスク項目	①押出し・大変形
リスク低減段階	施工
リスク低減の具体的方策	・ＴＤＥＭ法より得られた比抵抗構造と水平ボーリングの調査結果から，膨張性泥岩の地質情報を把握し，残工区の工程の把握と補助工法区間を推定． ・岩盤の種類や地下水の一般的な比抵抗値の関係 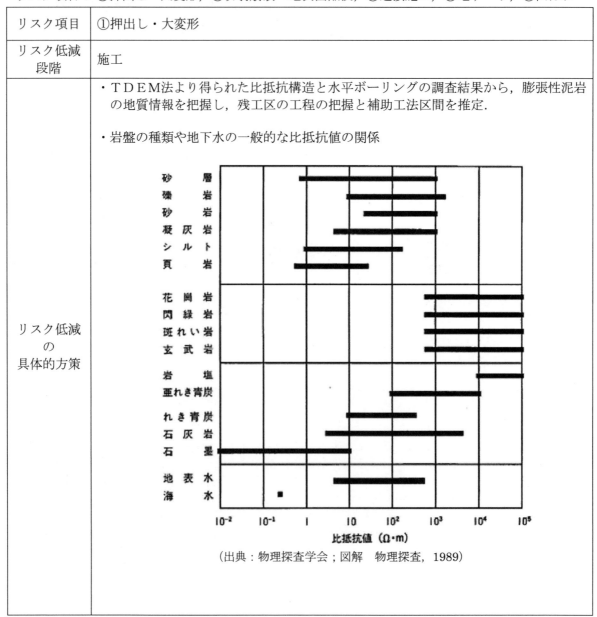 （出典：物理探査学会；図解 物理探査，1989）

リスク低減の具体的方策	・TDEMによる比抵抗構造物及び層構造解析結果（図6） 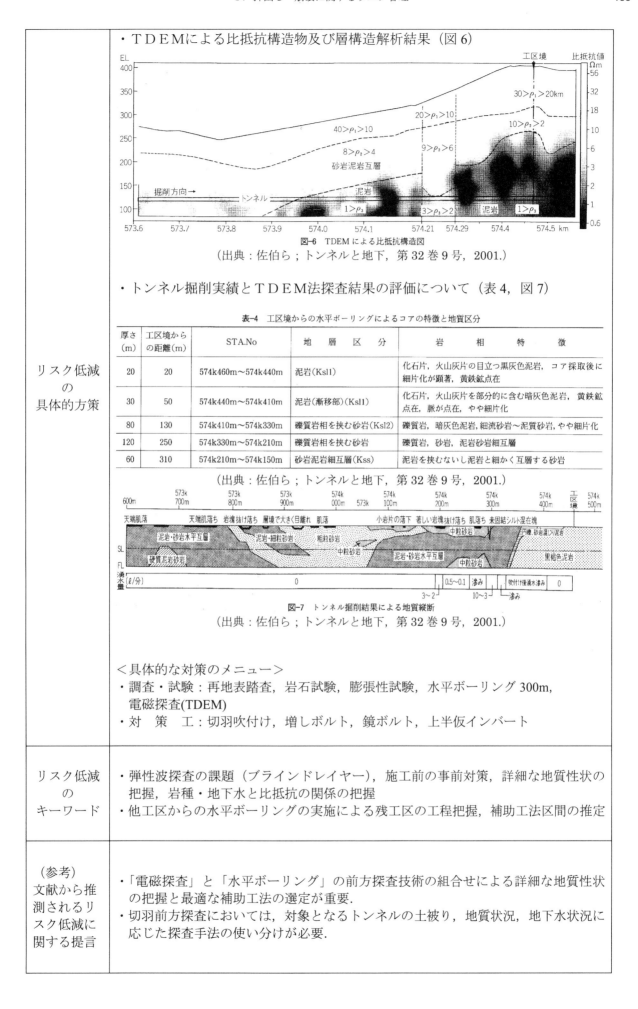 図-6　TDEMによる比抵抗構造図 （出典：佐伯ら；トンネルと地下，第32巻9号，2001.） ・トンネル掘削実績とTDEM法探査結果の評価について（表4，図7） 表-4　工区境からの水平ボーリングによるコアの特徴と地質区分 （出典：佐伯ら；トンネルと地下，第32巻9号，2001.） 図-7　トンネル掘削結果による地質縦断 （出典：佐伯ら；トンネルと地下，第32巻9号，2001.） ＜具体的な対策のメニュー＞ ・調査・試験：再地表踏査，岩石試験，膨張性試験，水平ボーリング300m，電磁探査(TDEM) ・対　策　工：切羽吹付け，増しボルト，鏡ボルト，上半仮インバート
リスク低減のキーワード	・弾性波探査の課題（ブラインドレイヤー），施工前の事前対策，詳細な地質性状の把握，岩種・地下水と比抵抗の関係の把握 ・他工区からの水平ボーリングの実施による残工区の工程把握，補助工法区間の推定
（参考）文献から推測されるリスク低減に関する提言	・「電磁探査」と「水平ボーリング」の前方探査技術の組合せによる詳細な地質性状の把握と最適な補助工法の選定が重要． ・切羽前方探査においては，対象となるトンネルの土被り，地質状況，地下水状況に応じた探査手法の使い分けが必要．

事例 04

トンネル名	東北新幹線三本木原トンネル
文献名	・蓼沼慶正，磯谷篤実，須澤浩之，芳賀宏，野々村嘉映：含水未固結地山トンネルにおける切羽安定方策，トンネル工学研究論文・報告集，Vol.13, pp.201-206, 2003.11.

■工事概要

トンネル諸元	種別	断面積	延長	土被り
	道路	新幹線複線	4280m	平均23m 最大45m

地質	天端付近に「野辺地上部砂層（Nos1）」，その下層に「野辺地粘性土層（Noc）」、さらに下層に「野辺地下部砂層（Nos2）」が分布している． 図－1　三本木原トンネルの位置 図－2　地質縦断図
地下水	全線にわたって地下水位天端以上，中には FL+25m 程度
地上条件	山岳
工事の特徴および課題	工事の特徴として，NATM の機械掘削のショートベンチカット工法，地下水位が天端以上にある区間が連続し，かつ，地山が未固結土砂であるため，掘削前に地下水位を低下させるべく，ディープウェル工法を実施している．また，先受工としては，当初，先受ボルトによる天端保護を行ってきた．

■設計・施工段階におけるリスク項目とリスク低減策
リスク項目：①押出し・大変形，②切羽崩壊・地表面陥没，③近接施工，④地すべり，⑤山はね

リスク項目	①押出し・大変形
リスク低減段階	施工
リスク低減の具体的方策	・水抜き工 ディープウェル工法により掘削前に地下水位を低下させている．しかし，上半断面内に不透水層の粘性土層や粗粒砂と粘性土の薄層で構成されるラミナが存在し，Noc層上の水を完全に抜くことは不可能であるために，切羽の安定上，坑内からのウェルポイント並びに水抜きボーリングを併用した．初めは，水抜きボーリング(ϕ114mm，L=9～12m)を施工していたが，水抜きボーリング工から細粒分が流出して地山を緩めていた可能性が考えられるため，ポリプロピレンを芯材とし，周囲をポリエチレンで被覆した複合繊維製のドレーンを水抜きボーリング孔に挿入し土粒子の流出を防止することとした．また，層境の高さは場所により異なり，長尺の水抜きボーリングでは十分に湧水を導けない場合があったため，水みちを捉えやすいくするべく，短尺の水抜き孔に切り替えて掘削1m毎に左右1本ずつ，30°程度外側に振って施工することとした． ・先受け・鏡補強工 シリカレジンやウレタンを注入材とする先受け工では，円周方向に連続した改良体の形成は不十分であり，かなり密に打設しても鋼管の間から流砂が発生したこともあった．この結果を踏まえて，地山強度を高めるために浸透性の良い溶液型注入材（シリカゾル系溶液型注入材）により一体固結化を図ることとした． ・加背割り 切羽安定性を確保するために鏡吹付けコンクリートや鏡補強ボルト等の何らかの補助工法とともに，機械稼動空間を確保したうえで，加背をできるだけ小さくすることが効果的である．本トンネルでは，途中から上半断面をさらに上下に2分割して施工することとした．それにより，切羽の安定性が相当確保された．
リスク低減のキーワード	水抜き工，先受け・鏡補強工，加背割り
(参考)文献から推測されるリスク低減に関する提言	・細粒分が流出することなく残留水を確実に抜くこと　→　水抜き工 ・流砂が生じないよう地山に粘性を付加し強度を高めること　→　先受け・鏡補強工 ・地山の緩み領域の拡大を抑えること　→　加背割り

事例 05

トンネル名	神戸市高速道路 2 号線 長田トンネル
文献名	・中尾次生，関本宏，居相好信，西野健一郎：住宅密集地下・含水未固結地山を掘る，トンネルと地下，第 30 巻 2 号，pp.19-30，1999.

■工事概要

トンネル諸元	種別		断面積	延長	土被り
	道路		高速道路	170m（試行区間）	15〜48m（平均約 30m）
地質	段丘層，大阪層群（礫質土・砂質土・粘性土互層）				
地下水	地下水位　トンネル計画高＋16〜32m 透水係数　10^{-4}〜10^{-6} cm/s				
地上条件	住宅密集地，地下埋設物（ガス管他）				
工事の特徴および課題	施工の安全性と建物・地下埋設物への影響抑制を第一として，約 170m の試行区間を設定し，試行区間の施工計測結果をもとに，以降の施工区間へフィードバックする．地表面沈下による民家，地下埋への影響，天端・切羽崩壊（多量湧水，流砂現象）が懸念．				

■設計・施工段階におけるリスク項目とリスク低減策

リスク項目：①押出し・大変形，②切羽崩壊・地表面陥没，③近接施工，④地すべり，⑤山はね

リスク項目	①押出し・大変形
リスク低減段階	施工
リスク低減の具体的方策	・補助工法標準パターン設定表（案）（表 4） 　試行区間での計測・試験結果をフィードバックさせた特性曲線法およびフレーム計算モデルを用いて，各種パラメータスタディによる沈下予測などから設定.

表-4　補助工法標準パターン設定表（案）

地山等級				DI	DⅡ		E
判断基準	変形係数（kgf/cm²）			1000 以上	1000〜800	800〜600	600 以下
	地山強度比			2.0 以上	2.0〜1.5	1.5〜1.0	1.0 以下
	参考値	一軸圧縮強度（kgf/cm²）	砂質土	7 以上	7〜4	4〜2	2 以下
			粘性土	9 以上	9〜7	7〜5	5〜2
		せん断強度定数	砂質土 C(kgf/cm²)	2.0 以上	2.0〜1.0	1.0〜0.5	0.5 以下
			砂質土 φ(°)	35〜30	35〜30	35〜30	30 以下
			粘性土 C(kgf/cm²)	4 以上	4〜3	3〜2	2〜1
			粘性土 φ(°)	20〜10	20〜10	10〜0	10〜0
	土かぶり（m）			30m 以上	30m 以下｜30m 以上	30m 以下｜30m 以上	30m 以下｜——
	トンネル掘削時想定現象			天端崩落　小 地表面沈下　小 天端沈下　小	天端崩落　中 地表面沈下　中 天端沈下　中	天端崩落　中〜大 地表面沈下　中〜大 天端沈下　中〜大	天端崩落　大 地表面沈下　大 天端沈下　大 脚部沈下　大
	支保区分			D₋₂	D_{A-1}	D_{A-2}	E_A
補助工法	主目的			←天端崩落防止———————→　天端崩壊・地表面陥没防止————→ ————地表面沈下抑制———→			
	標準パターン			注入式フォアポーリング 120°	長尺先受け工 120°	長尺先受け工（剛性アップ）120°	長尺先受け工（剛性アップ）120°　脚部補強工
	備考			・湧水の影響を受ける場合，および盛土・沖積層などの特殊条件下の場合は別途検討が必要.			

リスク低減の具体的方策	・標準区間の工事管理フロー（図20） 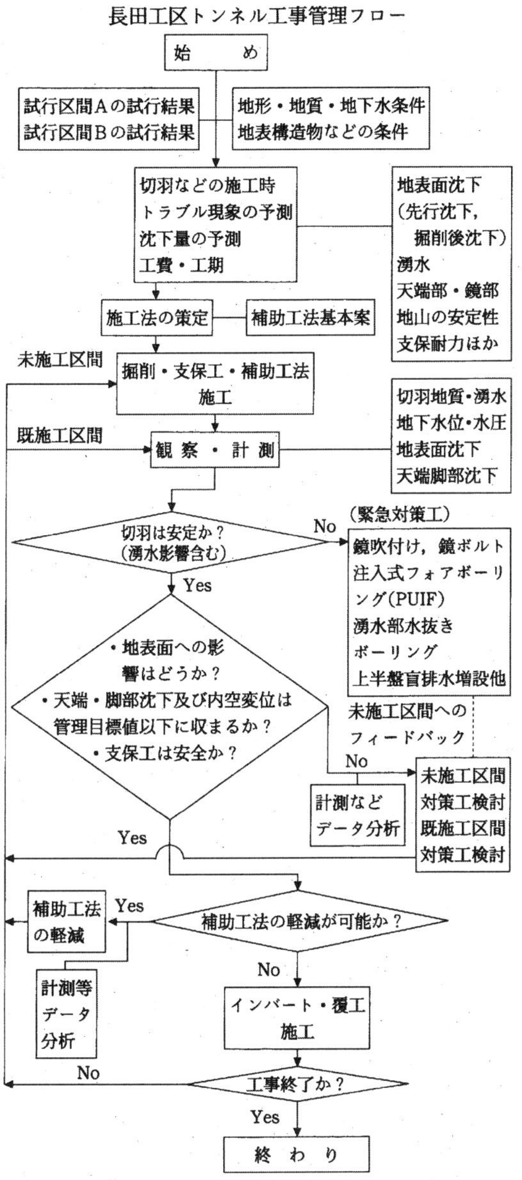 長田工区トンネル工事管理フロー 始　め 試行区間Aの試行結果 試行区間Bの試行結果　　地形・地質・地下水条件 地表構造物などの条件 切羽などの施工時 トラブル現象の予測 沈下量の予測 工費・工期 地表面沈下 （先行沈下， 掘削後沈下） 湧水 天端部・鏡部 地山の安定性 支保耐力ほか 施工法の策定　　補助工法基本案 未施工区間 掘削・支保工・補助工法 施工 切羽地質・湧水 地下水位・水圧 地表面沈下 天端脚部沈下 既施工区間　　観察・計測 切羽は安定か？ （湧水影響含む）　　No　（緊急対策工） 鏡吹付け，鏡ボルト 注入式フォアボーリ ング（PUIF） 湧水部水抜き ボーリング 上半盤盲排水増設他 Yes ・地表面への影 響はどうか？ ・天端・脚部沈下及び内空変位は 管理目標値以下に収まるか？ ・支保工は安全か？ 未施工区間への フィードバック No 計測など データ分析 未施工区間 対策工検討 既施工区間 対策工検討 Yes 補助工法 の軽減　　Yes　　補助工法の軽減が可能か？ 計測等 データ 分析 No インバート・覆工 施工 No 工事終了か？ Yes 終　わ　り **図-20　標準区間工事管理フロー** <具体的な対策> トレビ工法，プレロードシェル，鏡補強工，脚部補強工，側壁補強工，水抜き工
リスク低減のキーワード	施工前の事前対策，試行区間の設定，対策工の効果確認（実証施工），フィードバック解析による補助工法の選定，工事管理フローの作成
（参考） 文献から推測されるリスク低減に関する提言	厳しい施工条件（住宅直下，低土被り，未固結地山など）下では，一定の試行区間を設けて，得られた知見をもとに，以降の安全かつ合理的な施工にフィードバックすることが重要.

事例 06

トンネル名	岩手トンネル（女鹿工区）
文献名	・奥村皓一, 和地強, 怡土一美：SFRC覆工で収束しない変位に対抗 東北新幹線 岩手トンネル女鹿工区, トンネルと地下, 第29巻5号, pp.7-18, 1998.

■工事概要

トンネル諸元	種別	断面積	延長	土被り
	鉄道	新幹線複線	790m	140〜230m

地質	凝灰岩・砂質凝灰岩・凝灰角礫岩 qu＝20〜70kgf/cm² 地山強度比 0.4〜1.6 モンモリロナイト多量に含む 図-1 岩手トンネル位置図 図-2 岩手トンネル縦断略図
地下水	―
地上条件	山岳
工事の特徴および課題	岩手トンネルの中間部に位置する女鹿工区は, 土被りが最大230mに及ぶ凝灰岩質軟岩地山をNATM機械掘削で施工したが, 土被りの増加および岩盤の脆弱化による地山強度比の低下にともない, 内空変位が増大し, 相次ぐ切羽の崩壊・崩落や支保の変状が発生した. 　課題としては土被りが最大230mと大きく, 凝灰岩の一軸圧縮強度が20〜70kgf/cm²で, 地山強度比は0.4〜1.6と小さく, さらにモンモリロナイトを多量に含むなど膨張性地山の特徴を呈するため, 切羽対策およびトンネル変形への対応が必要である.

■設計・施工段階におけるリスク項目とリスク低減策
　リスク項目：①押出し・大変形，②切羽崩壊・地表面陥没，③近接施工，④地すべり，⑤山はね

リスク項目	①押出し・大変形，②切羽崩壊・地表面陥没
リスク低減段階	施工段階
リスク低減の具体的方策	・吹付コンクリートにシリカヒュームとビニロンファイバーを混入して変位と剥落を抑制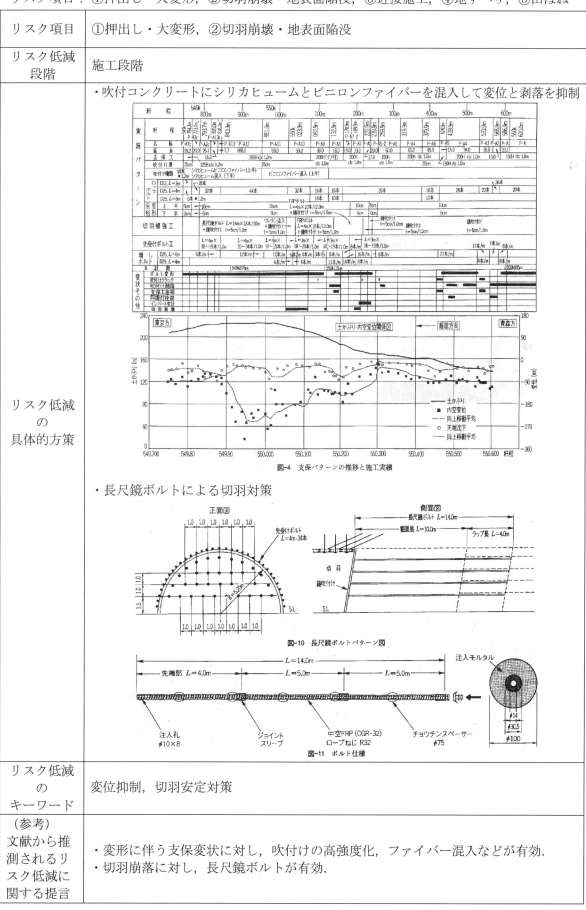図-4　支保パターンの推移と施工実績 ・長尺鏡ボルトによる切羽対策 図-10　長尺鏡ボルトパターン図 図-11　ボルト仕様
リスク低減のキーワード	変位抑制，切羽安定対策
（参考）文献から推測されるリスク低減に関する提言	・変形に伴う支保変状に対し，吹付けの高強度化，ファイバー混入などが有効． ・切羽崩落に対し，長尺鏡ボルトが有効．

事例 07

トンネル名	日暮山トンネル（東工区）
文献名	・谷井敬春，廣田政矢，菊地裕一，釜谷薫幸，高橋浩：記録的な大崩落と対策工の設計・施工，トンネル工学研究論文・報告集，Vol.12，pp.297-302，2002.

■工事概要

トンネル 諸　元	種別	断面積	延長	土被り
	道路	2車線	－m	130m

<table>
<tr>
<td rowspan="1">地質</td>
<td>
　崩落が発生した切羽では，土被りが130mあるものの，トンネル上方の泥岩層厚が25m程度にまで減少してきており，泥岩上位すべての崖錐堆積物（当初は凝灰角礫岩や安山岩と判断されていた）と地下水が当初から荷重として泥岩層に作用していた． 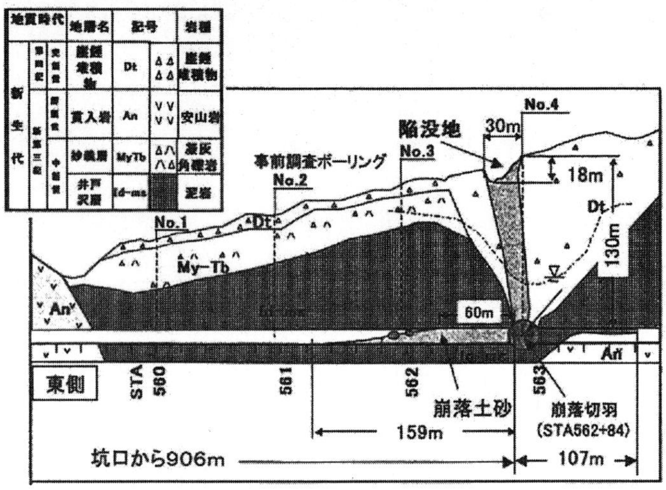

図－1　崩落概要図
</td>
</tr>
<tr>
<td>地下水</td>
<td>地下水位はトンネル天端より高い位置
崩落発生位置の6m手前までは切羽湧水なし</td>
</tr>
<tr>
<td>地上条件</td>
<td>山岳</td>
</tr>
<tr>
<td>工事の特徴
および課題</td>
<td>
　Ⅱ期線工事となる上信越自動車道日暮山トンネル東工事の東坑口から約900mの地点で大崩落が発生した．巨礫を含む崩落土砂（8,000m³以上）が多量の湧水とともに流出した．
　原因は下記と推察されている．
①トンネル上方の泥岩層厚が25m程度にまで減少して泥岩上部のすべての崖錐堆積物と地下水が当初から荷重として泥岩層に作用していた．さらにトンネル掘削により周辺地山にゆるみが発生し層厚の減少した泥岩が上載荷重に耐えられなくなり崩落に至ったと考えられる．
②当初の地質縦断図では，100mしか離れていないⅠ期線トンネルの施工実績および100m間隔で計4本実施された地表からの鉛直調査ボーリング結果をもとに作成されたが崖錐堆積物を断層破砕帯と判断してしまった可能性がある．
③既存調査ボーリング孔はセメントベントナイトでグラウト処理していたが，薬液注入のような高圧で処理しないのが一般的であり，このボーリング孔が水みちとなって被圧水が孔周辺を伝わってトンネル切羽に湧水となって流出し，それが突発湧水の誘因のひとつになった可能性も否定できない．
</td>
</tr>
</table>

■設計・施工段階におけるリスク項目とリスク低減策

リスク項目：①押出し・大変形，②切羽崩壊・地表面陥没，③近接施工，④地すべり，⑤山はね

リスク項目	②切羽崩壊・地表面陥没
リスク低減段階	設計段階・施工段階
リスク低減の具体的方策	再崩落を防ぐための具体的方策 ・止水することなく坑内へ排水し，水位を低下させる． ・崩落箇所付近のトンネル周辺地山を薬液注入により地山補強し，崩落以前の地山に近い状態まで戻す． ・トンネルは，地質条件の良い西側から迎え掘りし，崩落以前と同様の工法で膨張性泥岩に対応する． 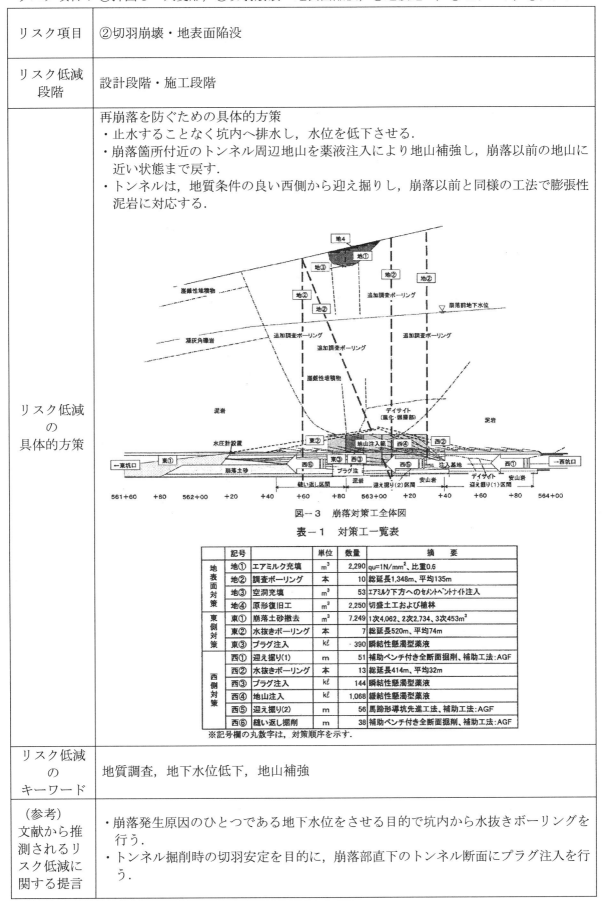 図－3　崩落対策工全体図 表－1　対策工一覧表
リスク低減のキーワード	地質調査，地下水位低下，地山補強
（参考）文献から推測されるリスク低減に関する提言	・崩落発生原因のひとつである地下水位をさせる目的で坑内から水抜きボーリングを行う． ・トンネル掘削時の切羽安定を目的に，崩落部直下のトンネル断面にプラグ注入を行う．

事例08

トンネル名	飯山トンネル（上倉工区・富倉工区）
文献名	・都築保勇，黒岩清貴，福入博文，杉本憲一：高水頭未固結砂岩層の大崩落とその克服　－北陸新幹線　飯山トンネル（上倉工区・富倉工区）－，トンネルと地下，第39巻8号，pp.7-14，2008.

■工事概要

トンネル諸　元	種別	断面積	延長	土被り
	鉄道	新幹線複線	－m	190m

地質	飯山トンネル付近の地質は新第三紀から第四紀前期にかけて浅海域が隆起し，次第に陸化した過程の堆積物である．北部フォッサマグナと呼ばれる地帯に位置し，褶曲構造による変形が顕著である．地層はトンネル縦断方向に対し垂直に近く立っている．崩落したトンネル起点方の地質は，第四紀更新世の北畑崩壊堆積物，屋敷層（砂，砂礫，シルト，凝灰角礫岩）と，また，第四紀更新世から新第三紀鮮新世に属する灰爪層（砂岩，礫岩，泥岩）よりなる. 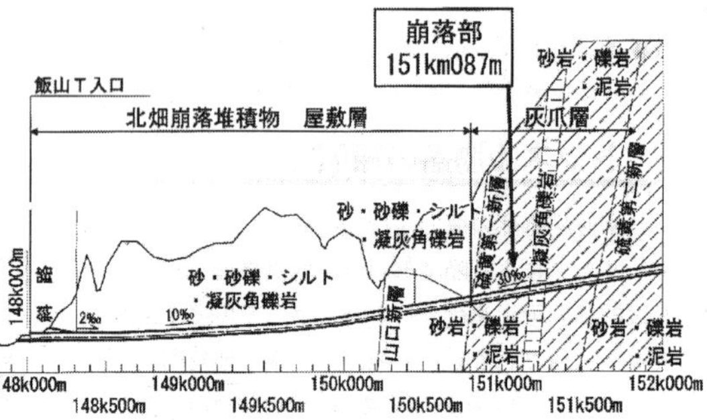

図-1　地質概要

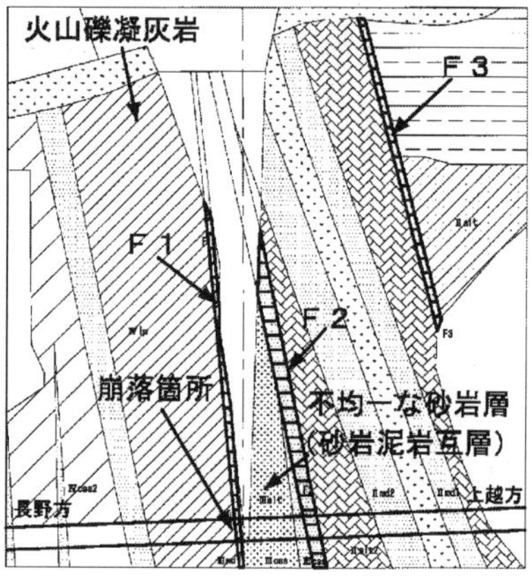

図-4　陥没部付近地質縦断図

地下水	崩落箇所付近は天端から100m程度の高い水頭を有する.

地上条件	山岳

工事の特徴および課題	北陸新幹線高崎起点151km087m（上倉工区）で土かぶり190mの地表面が直径50mの範囲で陥没する大規模なトンネル崩落事故が発生した．崩落は4回断続的に発生した．坑内への流入土砂は30,000m³に達すると推定された. 　トンネル崩壊の原因としては，地質工学およびトンネル工学的な知見に基づき「F1，F2断層沿いの泥岩等により遮へいされた高水頭の地下水が，トンネル掘削により薄くなった断層を最初に破壊し，二つの断層に挟まれた未固結で粒度の荒い砂からなっている砂岩層が泥岩およびF1断層を地下水とともに突き破り崩落した.」と推定されている. 　掘削によって確認されたIIIcss（未固結砂岩層）やF1断層は，極めて狭い区間に出現しており，崩壊前にこのような状況を予見することの難しさがあるとしている.

■設計・施工段階におけるリスク項目とリスク低減策

リスク項目：①押出し・大変形，②切羽崩壊・地表面陥没，③近接施工，④地すべり，⑤山はね

リスク項目	②切羽崩壊・地表面陥没
リスク低減段階	設計段階・施工段階
リスク低減の具体的方策	再崩落を防ぐための具体的方策 ・水抜きボーリングにより，水位を十分に低下させる． ・地山注入により，確実に崩落部の改良を行う． ・注入効果確認判定基準に基づき，掘削再開の判断を行う． 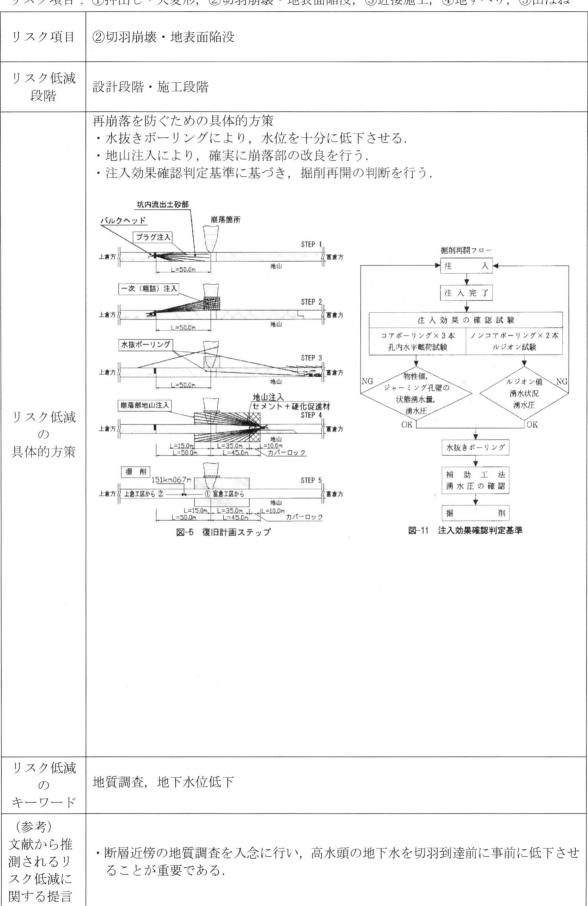 図-5 復旧計画ステップ　　図-11 注入効果確認判定基準
リスク低減のキーワード	地質調査，地下水位低下
（参考）文献から推測されるリスク低減に関する提言	・断層近傍の地質調査を入念に行い，高水頭の地下水を切羽到達前に事前に低下させることが重要である．

事例 09

トンネル名	北陸新幹線飯山トンネル（富倉工区）
文献名	・高原英彰，依田淳一，川原一則：偏在する高圧帯水層の地山における湧水圧管理を用いたトンネル掘削，トンネル工学報告集，第15巻，pp.101-105，2005.

■工事概要

トンネル諸　元	種別	断面積	延長	土被り
	鉄道	（複線）	約2000m	200m程度

地質	新第三紀鮮新世の灰爪層，西山層及び中新世の椎谷層，寺泊層 図-2　飯山トンネル地質縦断図
地下水	水量：最大5000L/分 湧水圧：最大1.5MPa (長尺ボーリング結果)
地上条件	記載なし
工事の特徴および課題	・富倉工区では固結度の低い砂岩層が分布し，高い水圧を有する多量の地下水が存在する可能性が指摘されていた．さらに，水抜きボーリングを施工し水位低下を確認しているにもかかわらず，切羽からの被圧湧水を確認するなど，帯水層が偏在し，一般的な水抜きボーリングだけでは帯水層の確認が困難なことが懸念された． ・切羽前方の地質，帯水層分布ならびに水抜きを目的に実施された長尺ボーリングでは，多量・高水圧湧水が認められた（表-1）．

表-1　長尺ボーリング結果

No.	施工キロ程	削孔長 m	湧水量 リットル／分	湧水圧 Mpa	必要カバーロック長 m
1	151km840mL	200	850.0	0.700	105
11	151km608mL	200	173.0	0.340	51
16	151km475mL	100	90.0	0.207	31
17	151km440mL	120	340.0	1.500	50
18	151km428mL	120	390.0	1.011	34
19	151km412mL	116	930.0	1.513	50
20	151km396mL	110	900.0	1.300	43
21	151km396mR	165	209.0	1.043	35
22	151km385mL	110	1,400.0	1.250	42
23	151km360mL	200	5,000.0	1.100	37
24	151km360mR	160	297.0	0.640	21
25	151km360mL	100	1,740.0	0.820	27
26	151km355mR	105	583.0	0.160	5
27	151km358mT	100	7.5	―	
28	151km352mR	136	1,500.0	0.310	10

※L:切羽左側，R:切羽右側，T:天端

■設計・施工段階におけるリスク項目とリスク低減策
リスク項目：①押出し・大変形，②切羽崩壊・地表面陥没，③近接施工，④地すべり，⑤山はね

リスク項目	②切羽崩壊・地表面陥没
リスク低減段階	施工
リスク低減の具体的方策	1）水平長尺ボーリングによる帯水層の確認・水抜き，ならびに掘削管理． ・限界動水勾配（$L/h\omega$：カバーロック長/被圧水頭）に基づいた管理を実施（図-3および4参照）． 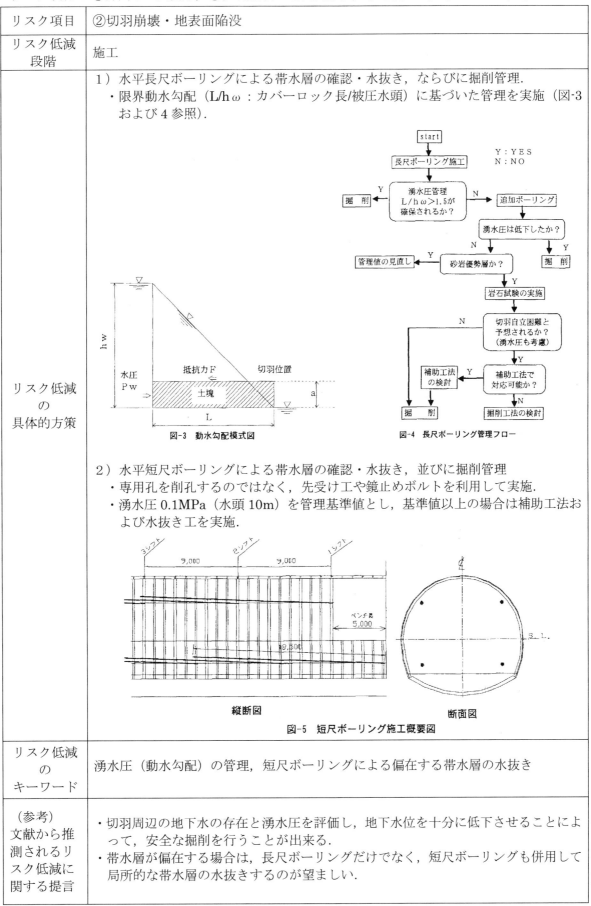 図-3　動水勾配模式図　　図-4　長尺ボーリング管理フロー 2）水平短尺ボーリングによる帯水層の確認・水抜き，並びに掘削管理 ・専用孔を削孔するのではなく，先受け工や鏡止めボルトを利用して実施． ・湧水圧 0.1MPa（水頭 10m）を管理基準値とし，基準値以上の場合は補助工法および水抜き工を実施． 縦断図　　　　断面図 図-5　短尺ボーリング施工概要図
リスク低減のキーワード	湧水圧（動水勾配）の管理，短尺ボーリングによる偏在する帯水層の水抜き
(参考)文献から推測されるリスク低減に関する提言	・切羽周辺の地下水の存在と湧水圧を評価し，地下水位を十分に低下させることによって，安全な掘削を行うことが出来る． ・帯水層が偏在する場合は，長尺ボーリングだけでなく，短尺ボーリングも併用して局所的な帯水層の水抜きするのが望ましい．

事例 10

トンネル名	八甲田トンネル（市ノ渡工区）
文献名	・日経コンストラクション編集：建設事故Ⅱ　身近に潜む現場の事故 72 例，p.82，日経 BP 社，2007.

■工事概要

トンネル 諸　元	種別	断面積	延長	土被り
	鉄道	新幹線複線	―m	37m

地質	当該箇所の地質は，透水性に富んだ砂岩層が透水性の悪い凝灰岩にほぼ垂直に挟まれた地層であり，砂岩層は地下水の通り道となっていた．
地下水	―
地上条件	山岳
工事の特徴 および課題	八甲田トンネル坑口から 1072m の地点において掘削中に切羽が崩落した（作業員 1 名死亡）．水を含んだ土砂の総量は 3800m³．掘削工法は補助ベンチ付き全断面掘削工法であり，ショートベンチカット工法から工法の変更をした． 　事故の原因として，「切羽の左上部に強度の低い砂岩層が分布しており，中でも流動化しやすい砂岩がレンズ状に垂直に立った状態でごく局部的に存在していた．その端部にトンネルの天端が当たり，高い地下水浸透圧が作用した結果，砂岩が不安定になって初期段階の流動が生じた．さらに天端に湧水が集中したことで空洞が拡大，切羽周辺の強度の低い砂岩が自重をせん断抵抗力で支持できなくなって一気に地表が陥没し，多量の地下水と土砂が坑内に流入した」と発注者が結論付けた．

■設計・施工段階におけるリスク項目とリスク低減策
　リスク項目：①押出し・大変形，②切羽崩壊・地表面陥没，③近接施工，④地すべり，⑤山はね

リスク項目	②切羽崩壊・地表面陥没
リスク低減段階	設計段階・施工段階
リスク低減の具体的方策	・地山が悪い場合，安全に掘削できる工法を選定する． ・工法変更の際には，切羽前方のボーリング調査を行う． 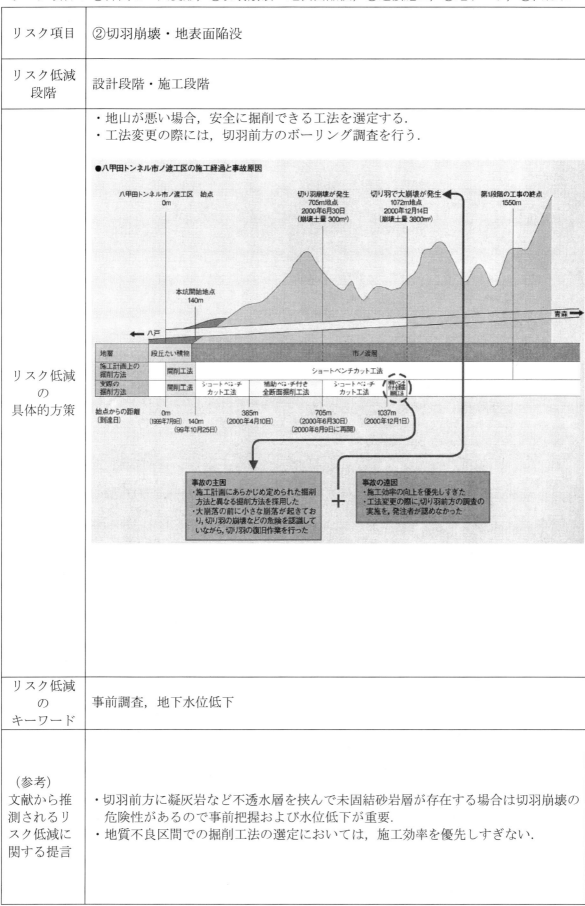
リスク低減のキーワード	事前調査，地下水位低下
（参考）文献から推測されるリスク低減に関する提言	・切羽前方に凝灰岩など不透水層を挟んで未固結砂岩層が存在する場合は切羽崩壊の危険性があるので事前把握および水位低下が重要． ・地質不良区間での掘削工法の選定においては，施工効率を優先しすぎない．

事例11

トンネル名	中平井線　ふじとトンネル
文献名	・牧野和之，市川晃央，香川裕司，川﨑邦男：造成盛土地盤中および直下のトンネル掘削　—和歌山市道中平井線　ふじとトンネル—，トンネルと地下，第47巻1号，pp.13-24，2016.

■工事概要

トンネル諸元	種別	断面積	延長	土被り
	道路	内空約 50m²	733m	7～16m（未固結地山）
地質	造成盛土，砂岩および頁岩を主体とした和泉層群			
地下水	なし			
地上条件	盛土区間：造成途中			
工事の特徴および課題	起点側坑口から111.3mは，N値=10～20程度の礫主体の未固結な造成盛土であり，間隙が大きく粘着力の小さい礫質土の造成盛土中のトンネル掘削における切羽安定確保が課題．			

■設計・施工段階におけるリスク項目とリスク低減策

リスク項目：①押出し・大変形，②切羽崩壊・地表面陥没，③近接施工，④地すべり，⑤山はね

リスク項目	②切羽崩壊・地表面陥没
リスク低減段階	施工段階
リスク低減の具体的方策	盛土中のトンネル施工であったことから，掘削時に補助工法を用いて確実な切羽安定を図る必要があった．そこで，地山の状況に応じた長尺フォアパイリング（AGF工法）および長尺鏡ボルト等の坑内からの補助方法による対策および坑外からの補助工法（薬液注入工法）を実施した． 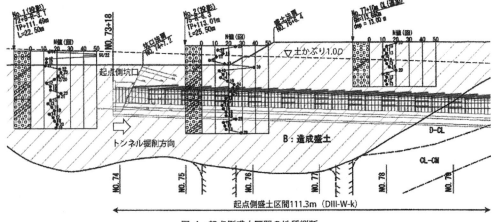 図-4　起点側盛土区間の地質縦断 ○トンネル施工前の対応 　造成盛土地盤中のトンネル掘削は，当初設計において天端の安定化対策としてAGF工法（注入材：シリカレジン，注入量：11.9kg/m，改良径：450mm，多段式1シフト長：5m，鋼管間隔：900mm，鋼管長：13.96m）が計画されていた．しかし，坑口部付近の掘削状況や法面の鉄筋挿入工のセメントミルク注入状況，追加地盤調査結果より，地盤内の間隙が大きく未固結な砂礫が主体であることが分かった．そのため，当初計画されていた補助工法の設計注入量（定量）では間隙に注入材が逸走して所定の改良径を確保できない可能性があり，改良不足による，鋼管間地山の抜け落ち，天端崩落や緩みの増大による支保の不安定化が懸念された．そこでトンネル施工に先立ち，AGF工の造成盛土地盤内における改良効果を把握して施工仕様（鋼管配置，注入圧力および注入量）を確定するため，坑口部付近掘削時に試験施工を実施し，注入管理仕様や鋼管配置の縮小化の対策を講じた．

表-2 施工仕様の変更点

項　目	当初計画	実施工計画	期待される効果
鋼管打設ピッチ	900mm	600mm	鋼管間地山の連結確保 未改良部分の低減
注入量	定量	定量×2倍（上限値）	改良径の確保
注入圧力	初期圧＋0.5MPa	初期圧＋1.0MPa	改良長の確保

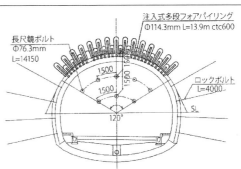

図-5　支保パターン図（DⅢ-W-k）

○トンネル施工途中の対応

　盛土性状が変化してきたことから，改良効果を確実に得るための最適な注入管理仕様を確定することを目的として，再度，試験施工を行った．
試験に使用した鋼管は，長尺鏡ボルトで使用している φ76.3mm を使用し，鋼管は先頭管＋中間管を用い，改良長 7.5m とした．また，注入量の上限値を設定せず，初期圧＋1.0MPa まで注入を継続した．この注入過程での圧力上昇と注入量の関係を把握し，掘削時に切羽に出現する改良体の出来形を観察した．
　初期圧＋1.0MPa の圧力管理で施工した結果，切羽に改良体が出現し，造成状況は良好あった（写真-7 参照）．図-7 に圧力上昇値と注入率の関係を示す．これによると，初期圧＋0.23MPa 程度で圧力勾配が大きくなっており，明確な圧力上昇が認められた．これは，勾配が小さい範囲では，鋼管周辺地山の空隙を充填している状況下であると考えられ，勾配が大きい範囲は，注入材が鋼管周辺地山の空隙に一度充填された範囲を貫いてその外側に改良体を形成している状況下であると推測される．
　これらの結果より，AGF および長尺鏡ボルトの効果を確実に得るためには，表-5 に示す圧力値を考慮した圧力管理により注入を行う必要があると判断した．

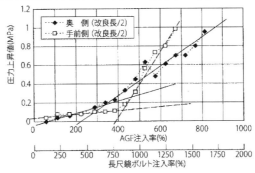

図-7　圧力上昇値と注入率の関係

表-5　注入管理仕様

補助工法名称	当該地山での改良体に期待する役割	必要な注入圧力	想定注入量（試験結果より）
AGF	鋼管周辺に設計で見込んだ形状の改良体を造成することにより，鋼管間からの土砂の抜落ちを防止する	初期圧＋1.0MPa	700〜800%（注入量／定量）
長尺鏡ボルト	鋼管周辺に改良体を形成し，周辺地山と鋼管の付着を確保する	初期圧＋0.3MPa	800〜900%（注入量／定量）

リスク低減のキーワード	・補助工法の注入改良効果の把握 ・地山に適合した補助工法の計画
（参考）文献から推測されるリスク低減に関する提言	・補助工法の注入工は，適切な注入管理による施工が重要となる． ・先受け工などの補助工法の地山に適合した鋼管配置

事例 12

トンネル名	東北新幹線　牛鍵トンネル
文献名	・日経コンストラクション編：建設事故Ⅱ　身近に潜む現場の事故 72 例，pp70-73，日経 BP 社，2007.

■工事概要

トンネル諸元	種別	断面積	延長	土被り
	新幹線	新幹線	2070m	2～10m 程度

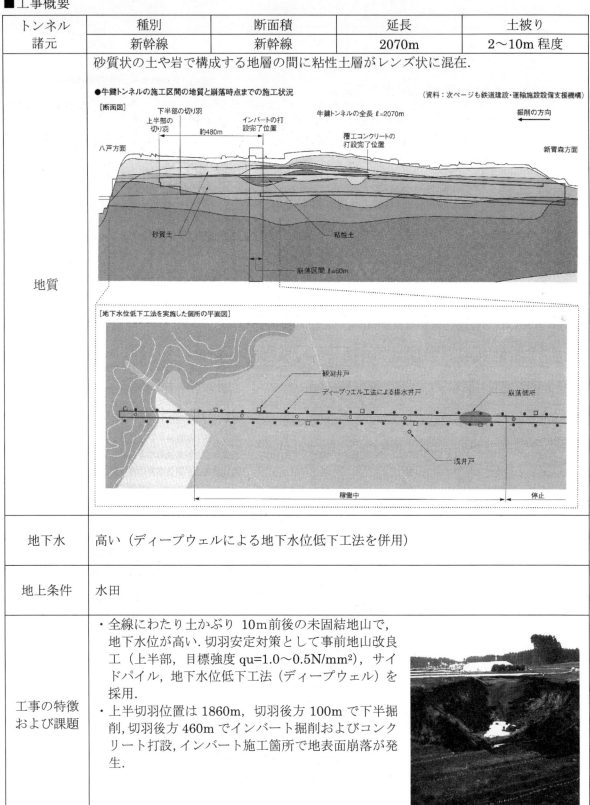

地質	砂質状の土や岩で構成する地層の間に粘性土層がレンズ状に混在．
地下水	高い（ディープウェルによる地下水位低下工法を併用）
地上条件	水田
工事の特徴および課題	・全線にわたり土かぶり 10m 前後の未固結地山で，地下水位が高い．切羽安定対策として事前地山改良工（上半部，目標強度 qu=1.0〜0.5N/mm^2），サイドパイル，地下水位低下工法（ディープウェル）を採用． ・上半切羽位置は 1860m，切羽後方 100m で下半掘削，切羽後方 460m でインバート掘削およびコンクリート打設，インバート施工箇所で地表面崩落が発生．

■設計・施工段階におけるリスク項目とリスク低減策

リスク項目：①押出し・大変形，②切羽崩壊・地表面陥没，③近接施工，④地すべり，⑤山はね

リスク項目	②切羽崩壊・地表面陥没
リスク低減段階	設計，施工
リスク低減の具体的方策	◇推定される崩落のメカニズム 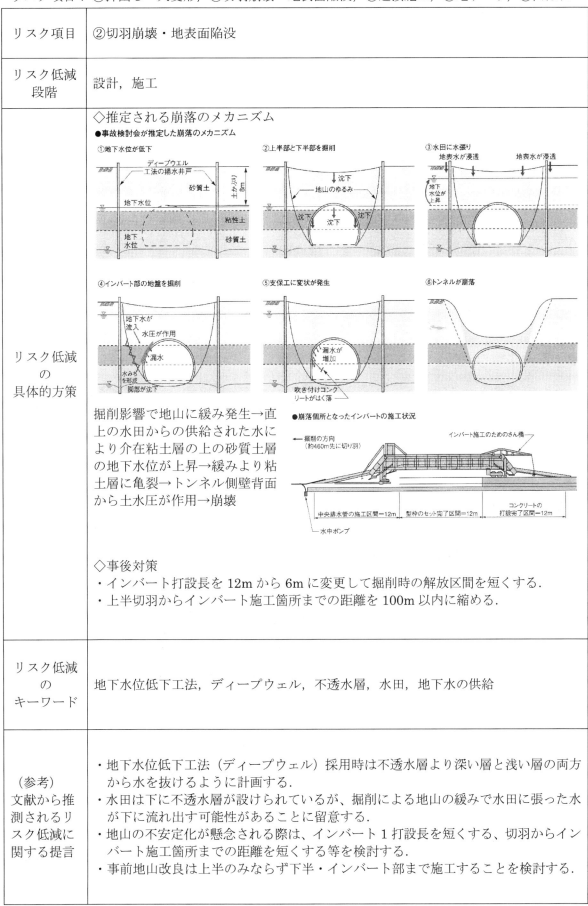 掘削影響で地山に緩み発生→直上の水田からの供給された水により介在粘土層の上の砂質土層の地下水位が上昇→緩みより粘土層に亀裂→トンネル側壁背面から土水圧が作用→崩壊 ◇事後対策 ・インバート打設長を 12m から 6m に変更して掘削時の解放区間を短くする． ・上半切羽からインバート施工箇所までの距離を 100m 以内に縮める．
リスク低減のキーワード	地下水位低下工法，ディープウェル，不透水層，水田，地下水の供給
（参考）文献から推測されるリスク低減に関する提言	・地下水位低下工法（ディープウェル）採用時は不透水層より深い層と浅い層の両方から水を抜けるように計画する． ・水田は下に不透水層が設けられているが、掘削による地山の緩みで水田に張った水が下に流れ出す可能性があることに留意する． ・地山の不安定化が懸念される際は、インバート1打設長を短くする、切羽からインバート施工箇所までの距離を短くする等を検討する． ・事前地山改良は上半のみならず下半・インバート部まで施工することを検討する．

事例 13

トンネル名	北陸新幹線高丘トンネル
文献名	・本堂亮，依田淳一，山木昇：民家直下のシルト質小土被り未固結地山における NATM 対策工について，トンネル工学報告集，Vol.15, pp.115-119, 2005.

■工事概要

トンネル 諸　元	種別	断面積	延長	土被り
	鉄道	(複線)	約 2900m	10～50m

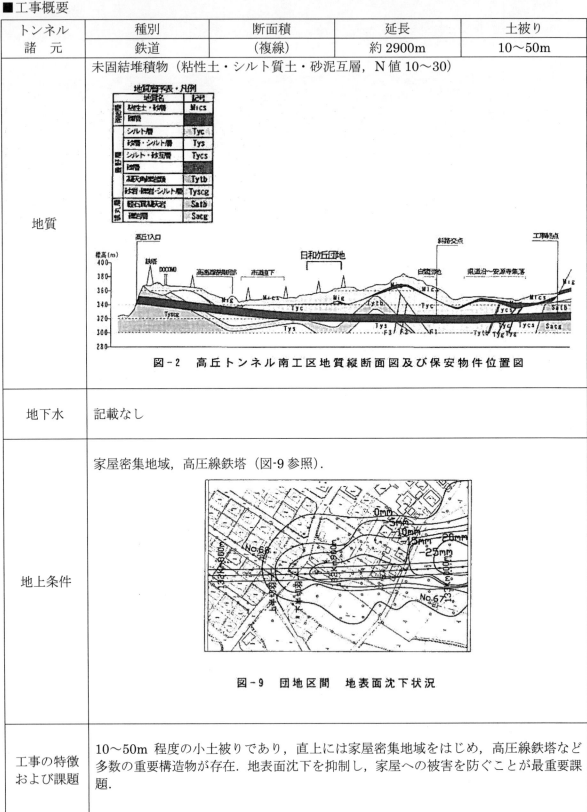

地質	未固結堆積物（粘性土・シルト質土・砂泥互層，N 値 10～30） 図-2　高丘トンネル南工区地質縦断面図及び保安物件位置図
地下水	記載なし
地上条件	家屋密集地域，高圧線鉄塔（図-9 参照）． 図-9　団地区間　地表面沈下状況
工事の特徴 および課題	10～50m 程度の小土被りであり，直上には家屋密集地域をはじめ，高圧線鉄塔など多数の重要構造物が存在．地表面沈下を抑制し，家屋への被害を防ぐことが最重要課題．

■設計・施工段階におけるリスク項目とリスク低減策

リスク項目：①押出し・大変形，②切羽崩壊・地表面陥没，③近接施工，④地すべり，⑤山はね

リスク項目	②切羽崩壊・地表面陥没
リスク低減 段階	設計，施工
リスク低減 の 具体的方策	1）設計段階 ・解析モデルによる掘削パターンの選定 2）施工段階 ・先受け工および鏡止め工 ・早期閉合 ・地表面沈下量モニタリング 　最終沈下量の管理値を 50 mm と設定し，上半切羽通過時の沈下量にもとづいて対応策を検討・選択した（表-3）. 表-3　上半段階の地表沈下管理値及び対応策 | レベル	沈下量 (mm)	対　応
---	---	---
		（注意値未満） ・通常施工
注意値	2 1	（注意値を超える見込み）※ ・通常施工の継続 ・対策工の追加検討
警戒値	2 8	（警戒値を超える見込み）※ ・地表面計測の強化 ・対策工の追加実施 ・下半，インバート早期施工の検討
管理値	3 5	（管理値に達する見込み）※ ・下半・インバート施工への移行 ・上半盤補強工の検討と実施	 ※沈下量の見込みは計測データの回帰分析による
リスク低減 の キーワード	・先受け工，早期閉合などによる地表面沈下の抑制 ・地表面沈下量モニタリングに基づく施工管理
（参考) 文献から推測されるリスク低減に関する提言	地表面沈下を抑制する工法を併用するとともに，地表面沈下量をモニタリング・施工管理することで，地表構造物に影響を与えることなくトンネルを施工することが出来る．

事例14

トンネル名	北陸新幹線　第2魚津トンネル
文献名	・久湊豊，森近裕一郎，山本一郎，藤野晃：未固結沢部を小土かぶりで掘る　－北陸新幹線　第2魚津トンネル－，トンネルと地下，第38巻3号，pp.15-22，2007. ・北野仙之，水谷哲也，山本一郎，藤野晃：小土かぶりで連続する河川・民家・道路直下の段丘を掘る　－北陸新幹線　第2魚津トンネル－，トンネルと地下，第40巻5号，pp.7-15，2009.

■工事概要

トンネル 諸　元	種別	断面積	延長	土被り
	新幹線	新幹線	2070m	2～10m程度

地質	第2魚津トンネルは，開折扇状地，河岸段丘で構成される台地および丘陵地部を通過する．地質は，新第三紀鮮新世後期の砂岩，礫岩，泥岩，シルト岩．小土被り部(台地)は，第四紀更新世の玉石混じりの砂礫層が主体の下段累層(T1層)，礫，砂，粘土が主体の呉羽山礫層(Mg層)，砂が主体の呉羽山礫層(Mc層)がトンネル断面に出現． 図-2　トンネル平面図 (出典：久湊ら；トンネルと地下，第38巻3号，2007) 図-3　トンネル地質縦断図 (出典：久湊ら；トンネルと地下，第38巻3号，2007)
地下水	地下水位はトンネル天端から10m上方
地上条件	道路，沢
工事の特徴 および課題	第1の沢部手前において，湧水とともに，上半山側根足部分から流砂現象が4回生じた．この影響によって，脚部沈下量が管理レベルⅢ(42mm)を越えて，約90mmとなった．脚部沈下とともに天端沈下が大きくなった．ただし，支保の変状は見られなかった．

■設計・施工段階におけるリスク項目とリスク低減策
　リスク項目：①押出し・大変形，②切羽崩壊・地表面陥没，③近接施工，④地すべり，⑤山はね

リスク項目	②切羽崩壊・地表面陥没
リスク低減段階	施工
リスク低減の具体的方策	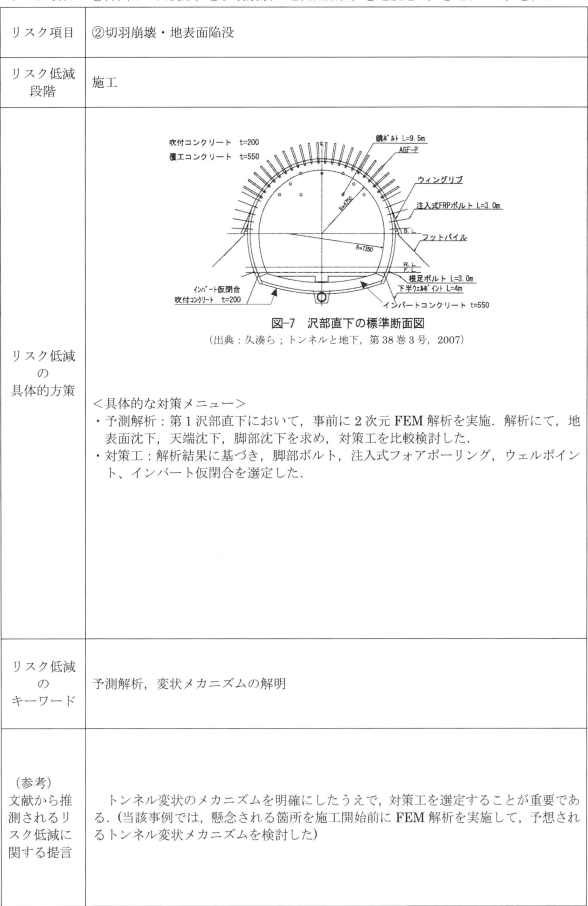**図-7　沢部直下の標準断面図** （出典：久湊ら；トンネルと地下，第38巻3号，2007） ＜具体的な対策メニュー＞ ・予測解析：第1沢部直下において，事前に2次元FEM解析を実施．解析にて，地表面沈下，天端沈下，脚部沈下を求め，対策工を比較検討した． ・対策工：解析結果に基づき，脚部ボルト，注入式フォアポーリング，ウェルポイント、インバート仮閉合を選定した．
リスク低減のキーワード	予測解析，変状メカニズムの解明
（参考）文献から推測されるリスク低減に関する提言	トンネル変状のメカニズムを明確にしたうえで，対策工を選定することが重要である．（当該事例では，懸念される箇所を施工開始前にFEM解析を実施して，予想されるトンネル変状メカニズムを検討した）

事例 15

トンネル名	近畿自動車道紀勢線　高田山トンネル
文献名	・村瀬貴巳夫，田中崇生，小川哲司，足達康軌：付加体中の先行緩み探査と対策　近畿自動車道紀勢線　高田山トンネル，トンネルと地下，第33巻10号, pp.19-30, 2002. ・木村正樹，高橋貴子，古田尚子，田中崇生，足達康軌：付加体におけるトンネル周辺の弾性波速度と地山評価，トンネル工学研究論文・報告集，第12巻, pp.39-44, 2002.

■工事概要

トンネル諸元	種別	断面積	延長	土被り
	高速道路	2車線高速道路	約1,704m	3.5～168m

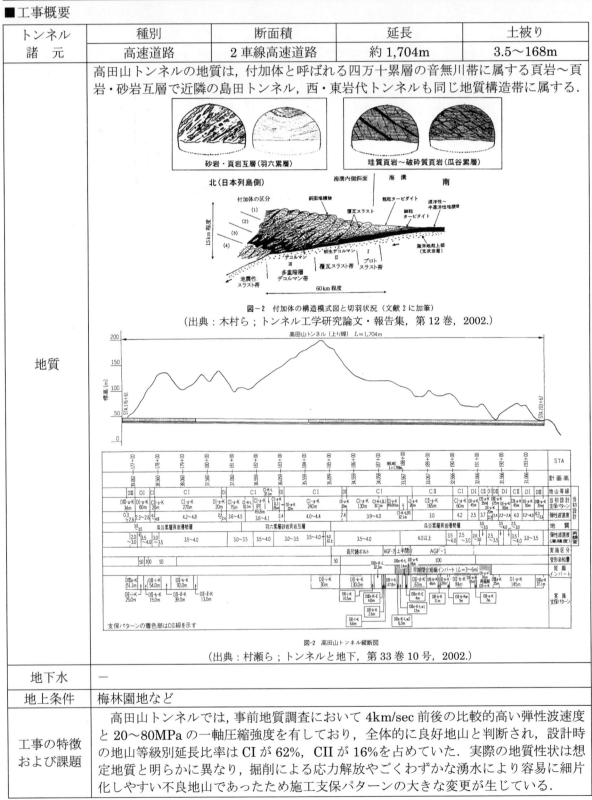

地質	高田山トンネルの地質は，付加体と呼ばれる四万十累層の音無川帯に属する頁岩～頁岩・砂岩互層で近隣の島田トンネル，西・東岩代トンネルも同じ地質構造帯に属する． 図-2　付加体の構造模式図と切羽状況（文献2に加筆） （出典：木村ら；トンネル工学研究論文・報告集，第12巻，2002.） 図-2　高田山トンネル縦断図 （出典：村瀬ら；トンネルと地下，第33巻10号，2002.）
地下水	―
地上条件	梅林園地など
工事の特徴および課題	高田山トンネルでは，事前地質調査において4km/sec前後の比較的高い弾性波速度と20～80MPaの一軸圧縮強度を有しており，全体的に良好地山と判断され，設計時の地山等級別延長比率はCIが62%，CIIが16%を占めていた．実際の地質性状は想定地質と明らかに異なり，掘削による応力解放やごくわずかな湧水により容易に細片化しやすい不良地山であったため施工支保パターンの大きな変更が生じている．

■設計・施工段階におけるリスク項目とリスク低減策

リスク項目：①押出し・大変形，②切羽崩壊・地表面陥没，③近接施工，④地すべり，⑤山はね

リスク項目	②切羽崩壊・地表面陥没
リスク低減 段階	施工

リスク低減
の
具体的方策

下表に示すように，様々な対策工法の施工を余儀なくされた．

表-2　主要坑内対策・調査項目一覧表

項　目	内　　容	仕　様・形　状
上半支 保強化	AGF-φ工	鋼管（φ114.3　t=6）12.5m
	H鋼連結・根足吹付け	200H
上半脚 部補強	フットボルト	中空FRPボルト　3m
		中空鋼管　3m
	サイドパイル	鋼管（φ114.3　t=6）9m
	フットパイル	鋼管（φ114.3　t=6）3.5m
上　半 仮閉合	吹付けコンクリート	σ_{28}=18N/mm²　10～25cm
	ストラット	250H　12～14m
長尺鏡 ボルト	注入式	中空FRPボルト　15～24m
	全面摩擦定着式	拡張鋼管（φ36→φ54）16～24m
鏡 ボルト	注入式	中空FRPボルト　3～6m
	全面摩擦定着式	拡張鋼管（φ36→φ54）4m
補　強 ロック ボルト	モルタル全面定着式	耐力170kN以上　4～6m
	注入式	中空鋼管　4m
	全面摩擦定着式	拡張鋼管（φ36→φ54）6m
フォア ポーリ ング	モルタル全面定着式	SD345　3m
	注入式	中空鋼管　3～6m
下半支 保強化	根固め吹付けコンクリート	σ_{28}=18N/mm²　500×500
早期断 面閉合	短縮インバート	σ_{28}=18N/mm²　3～6m
注　入 改　良	ウレタン・セメント系	──

（出典：村瀬ら；トンネルと地下，第33巻10号，2002.）

リスク低減 の キーワード	・トモグラフィー解析による高精度弾性波探査，比抵抗調査 ・長尺鏡ボルトおよび鏡吹付けの組み合わせ ・地表面変位，地表面傾斜，内空変位，天端沈下等々の動態観測と施工へのフィードバック
（参考） 文献から推 測されるリ スク低減に 関する提言	・「付加体」の地質で工事を計画・施工する際には，事前地質調査にトモグラフィー解析による高精度弾性波探査，比抵抗調査などの精度の高い調査方法を追加し，その調査結果に対しては付加体といった地質特性を考慮した地山分類のランクダウンなどの対策が設計段階から必要である． ・また，切羽付近に拘束力を与えて内圧を高め，地圧・内圧のバランスを取りながら先行変位を抑制するためには，もっとも解放面積の大きい切羽鏡面に対して長尺鏡ボルトおよび鏡吹付けコンクリートの組み合わせを切羽観察にもとづきフレキシブルに用いることが，施工効率・経済性の向上，切羽作業の安全性確保において重要であると考える． ・地表面変位，地表面傾斜，内空変位，天端沈下等を逐次計測し動態観測を行いつつ，各種対策工法の効果，地表面とトンネル内空の安定を確認しながら施工を進める．

事例16

トンネル名	オランダ坂トンネル
文献名	・佐々木郁夫，仮屋謙一，相原和之，森英二郎：長尺鋼管先受け工における先行変位対策とその抑制効果，とびしま技報，第53号，2004.

■工事概要

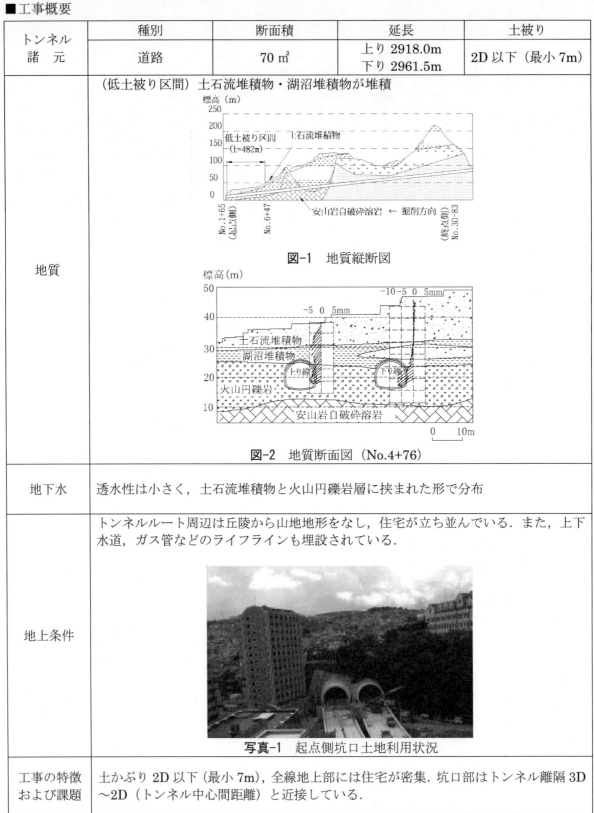

トンネル諸元	種別	断面積	延長	土被り
	道路	70 m²	上り 2918.0m 下り 2961.5m	2D以下（最小 7m）
地質	（低土被り区間）土石流堆積物・湖沼堆積物が堆積 図-1 地質縦断図 図-2 地質断面図（No.4+76）			
地下水	透水性は小さく，土石流堆積物と火山円礫岩層に挟まれた形で分布			
地上条件	トンネルルート周辺は丘陵から山地地形をなし，住宅が立ち並んでいる．また，上下水道，ガス管などのライフラインも埋設されている． 写真-1 起点側坑口土地利用状況			
工事の特徴および課題	土かぶり2D以下（最小7m），全線地上部には住宅が密集．坑口部はトンネル離隔3D〜2D（トンネル中心間距離）と近接している．			

■設計・施工段階におけるリスク項目とリスク低減策

リスク項目：①押出し・大変形，②切羽崩壊・地表面陥没，③近接施工，④地すべり，⑤山はね

リスク項目	③近接施工
リスク低減 段階	設計・施工
リスク低減 の 具体的方策	○数値解析による設計の見直し 設計時：長尺鋼管先受け工，補助ベンチ付き全断面掘削工法 長尺鋼管先受け工の効果を三次元数値解析にて予測した結果，ラップ長の見直し，脚部沈下対策などの補助工法の併用を決定した． （事前に，解析的に予測した結果と既掘削域における計測結果の比較を行い，先受け工の物性値を決定．） 図-3　地表面沈下量の解析値と測定値の比較 図-4　坑外計測設置状況図 表-1　各断面における計測項目 図-5　坑内変位計測結果 ○計測情報を用いた対策工の選定 トンネル進行に伴い，坑内変位の増大がみられた箇所では，長尺鋼管先受け工のラップ長の変更，サイドパイルの設置，早期閉合などを採用．
リスク低減 の キーワード	・数値解析による当初設計の見直し ・重要構造物の環境影響評価を目的とした計測計画の実施 ・計測情報を用いた対策工の選定
（参考） 文献から推測されるリスク低減に関する提言	・都市部山岳工法において補助工法を採用する場合，補助工法の役割を明確化することと先行変位を含めて計測値の傾向を十分に把握しながら施工にフィードバックすることが重要である． ・実掘削区間での補助工法の作用効果を検討する場合，既掘削領域で解析入力パラメータの同定を行うことが好ましい．

事例 17

トンネル名	国道1号笹原山中バイパス2号トンネル
文献名	・毛利勇, 遠藤拓二, 山田勝己, 船田哲人：小土かぶり未固結地山の扁平大断面トンネルを中央導坑により掘削, トンネルと地下, 第45巻8号, pp.7-15, 2014.

■工事概要

トンネル諸元	種別	断面積	延長	土被り
	道路	大断面	78m	6〜10m

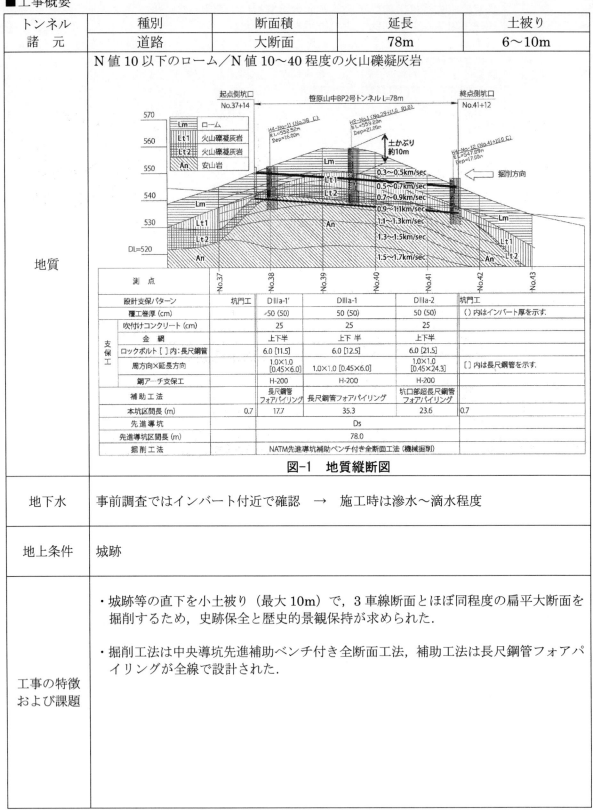

図-1 地質縦断図

地下水	事前調査ではインバート付近で確認 → 施工時は滲水〜滴水程度
地上条件	城跡
工事の特徴および課題	・城跡等の直下を小土被り（最大10m）で, 3車線断面とほぼ同程度の扁平大断面を掘削するため, 史跡保全と歴史的景観保持が求められた. ・掘削工法は中央導坑先進補助ベンチ付き全断面工法, 補助工法は長尺鋼管フォアパイリングが全線で設計された.

■設計・施工段階におけるリスク項目とリスク低減策
　リスク項目：①押出し・大変形，②切羽崩壊・地表面陥没，③近接施工，④地すべり，⑤山はね

リスク項目	③近接施工
リスク低減段階	設計，施工
リスク低減の具体的方策	・設計時：中央導坑，多重式先受け工 ・施工時：気泡削孔（長尺先受けに対して），鏡吹付け，地表面沈下計測，計測B，追加鉛直ボーリング，逆解析 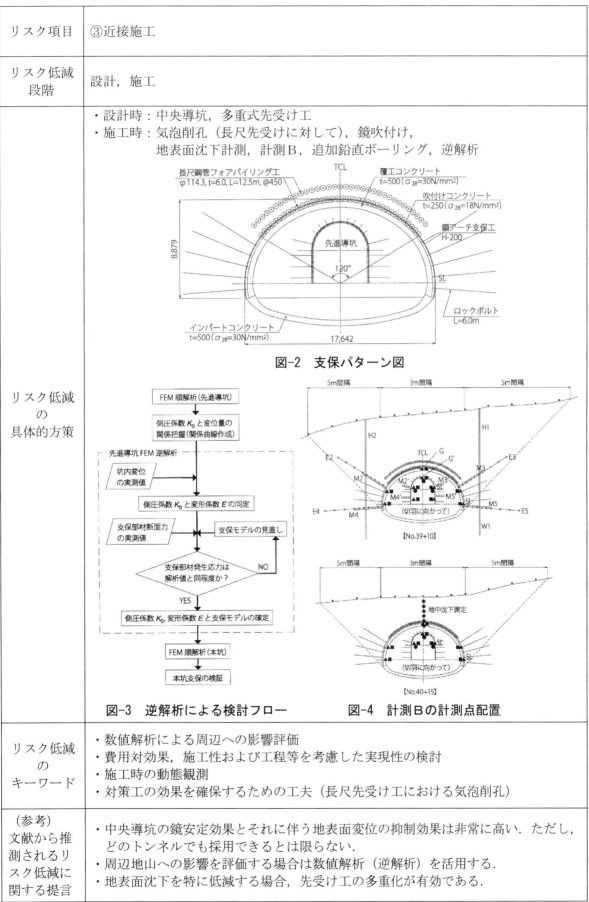 図-2　支保パターン図 図-3　逆解析による検討フロー　　図-4　計測Bの計測点配置
リスク低減のキーワード	・数値解析による周辺への影響評価 ・費用対効果，施工性および工程等を考慮した実現性の検討 ・施工時の動態観測 ・対策工の効果を確保するための工夫（長尺先受け工における気泡削孔）
（参考）文献から推測されるリスク低減に関する提言	・中央導坑の鏡安定効果とそれに伴う地表面変位の抑制効果は非常に高い．ただし，どのトンネルでも採用できるとは限らない． ・周辺地山への影響を評価する場合は数値解析（逆解析）を活用する． ・地表面沈下を特に低減する場合，先受け工の多重化が有効である．

事例 18

トンネル名	神戸市道高速道路2号線　高取山トンネル
文献名	・瀬戸口嘉明，山田正一，青木俊彦，白川賢志，小原伸高：都市トンネルにおける大断面交差部の設計と計測，トンネル工学研究論文・報告集，Vol.11, pp.93-98, 2001.

■工事概要

トンネル諸元	種別	断面積	延長	土被り
	高速道路	2車線高速道路	約2km	20～40m

地質	・当該区間の地質は，近傍に存在する断層の影響を受けて著しく風化の進んだ六甲花崗岩の断層破砕帯であり，手で簡単に握りつぶせるほど真砂化あるいは粘土化が進んでいた. ・先進調査導坑内にて実施された平板載荷試験によれば，極限支持力が約 1.6N/mm², 変形係数が約 40,000kN/m² である. 図－1　全体地質縦断図
地下水	記載なし
地上条件	1000戸を越える住宅密集地
工事の特徴および課題	工事の特徴として，土被りが薄く（20～40m），トンネル掘削の影響が及ぶと想定させる範囲には 1000戸を超える民家が密集しており，トンネル掘削時の構造安定性の確保は勿論のこと，特に地表面への影響を最小限に抑えることが重要な課題となる. 　工区終点付近には，本線トンネルと換気ダクトトンネルが複雑に交差する大断面区間が住宅密集地下に土被り 18m 程度で計画されている.

■設計・施工段階におけるリスク項目とリスク低減策

リスク項目：①押出し・大変形，②切羽崩壊・地表面陥没，③近接施工，④地すべり，⑤山はね

リスク項目	③近接施工
リスク低減 段階	設計
リスク低減 の 具体的方策	・交差部の設計フロー ①交差部手前の標準断面部における施工実績（計測結果）等から得られた知見に基づき暫定的な一次支保・施工法の選定を行う（暫定支保パターン）. ②施工時のトンネル構造の安定照査は，一次支保に作用する荷重を想定した構造解析によることとし，支保部材の発生応力が許容値以下となるように詳細仕様を設計する. 構造解析は施工手順を考慮した三次元シェル―バネモデル解析を用いる. ③地表面への影響照査は，三次元 FEM 予測解析によることとし，補助工法の効果を比較検討して条件を満足する施工法の詳細を決定する. ④覆工コンクリートは，都市部の低土被りトンネルであることから，一次支保とは別に独立した最終構造物として土圧・水圧を考慮することとし，三次元シェル―バネモデル解析により設計する. 図―3　交差部設計フロー
リスク低減 の キーワード	先受け工の全ラップ化，サイロット工法，仮巻きコンクリート（設計厚 t=40cm）
（参考） 文献から推測されるリスク低減に関する提言	・切羽前方の先行沈下抑止を目的として長尺鋼管先受け工の全ラップ化（先受け鋼管が常に2重になるような割付とする） ・切羽通過後の沈下抑止を目的としたサイロット工法（側壁導坑先進工法） ・開口補強の目的で RC 構造の仮巻きコンクリート（設計厚 t=40cm）

事例 19

トンネル名	四国縦貫自動車道　的之尾トンネル
文献名	・横山治郎, 久野富弘, 石原久：中央構造線に沿う地すべり地帯を掘る, トンネルと地下, 第14巻4号, pp.7-16, 1983. ・横山治郎, 久野富弘, 石原久：中央構造線に沿う地すべり地帯を掘る（その2）, トンネルと地下, 第15巻7号, pp.15-21, 1984.

■工事概要

トンネル諸元	種別	断面積	延長	土被り
	新幹線	新幹線	2070m	2～10m程度
地質	的之尾トンネルは, 中央構造線の断層破砕帯と斜交して施工を行った. 地質構成は,「三波川変成岩類」,「断層破砕帯」,「古期崖錐層」,「新規崖錐堆積物」である. 的之尾トンネルは, この断層破砕帯内および崖錐の中を掘削した. 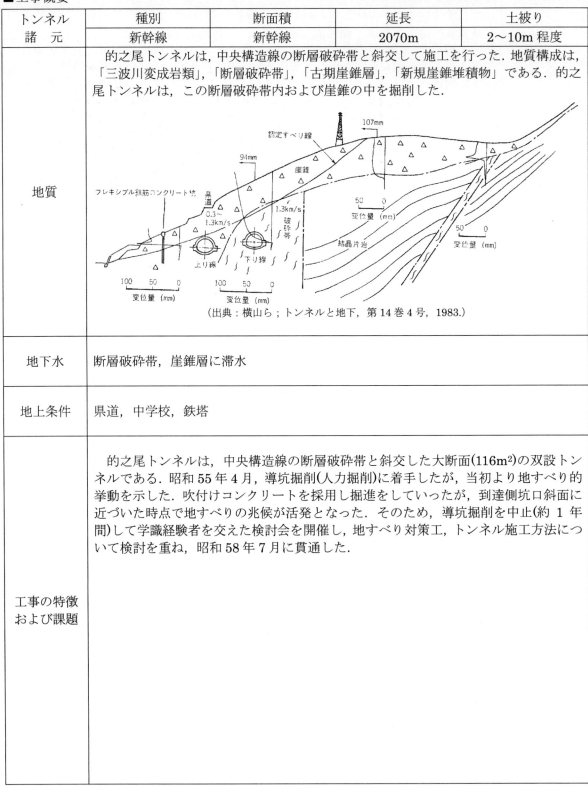 （出典：横山ら；トンネルと地下, 第14巻4号, 1983.）
地下水	断層破砕帯, 崖錐層に滞水
地上条件	県道, 中学校, 鉄塔
工事の特徴および課題	的之尾トンネルは, 中央構造線の断層破砕帯と斜交した大断面(116m²)の双設トンネルである. 昭和55年4月, 導坑掘削(人力掘削)に着手したが, 当初より地すべり的挙動を示した. 吹付けコンクリートを採用し掘進をしていったが, 到達側坑口斜面に近づいた時点で地すべりの兆候が活発となった. そのため, 導坑掘削を中止(約1年間)して学識経験者を交えた検討会を開催し, 地すべり対策工, トンネル施工方法について検討を重ね, 昭和58年7月に貫通した.

■設計・施工段階におけるリスク項目とリスク低減策
リスク項目：①押出し・大変形，②切羽崩壊・地表面陥没，③近接施工，④地すべり，⑤山はね

リスク項目	④地すべり
リスク低減段階	施工
リスク低減の具体的方策	＜具体的な対策メニュー＞ （1）パイプルーフ工 　トンネル掘削時のゆるみを抑制することにより，地すべり防止，および県道防護を行うことを目的として，パイプルーフ工(ϕ216.3mm，L=30~45m)を施工． （2）抑止杭 　フレキシブル鉄筋コンクリート杭を施工．杭等を鉄筋コンクリートで連結． （3）押え盛土 　トンネルを延長して，押え盛土を実施．カウンターウェイトにより，地すべり防止を図った． （4）動態監視 　トンネル掘削による地すべり発生，第三者災害の発生が懸念されたため，地山の挙動を把握し，早期に対策を施すために動態観測を実施した．
リスク低減のキーワード	トンネル掘削時のゆるみ抑制．
(参考)文献から推測されるリスク低減に関する提言	地すべり対策工を実施しても安心せずに計測監視を行う．

事例 20

トンネル名	国鉄飯山線高場山トンネル
文献名	・山田剛二,小橋澄治,草野国重：高場山トンネルの地すべりによる崩壊，地すべり，Vol.8, No.1（通巻第 25 号），pp.11-24, 1971.

■工事概要

トンネル諸元	種別	断面積	延長	土被り
	鉄道	在来線	187m	—
地質	風化砂岩頁岩互層			
地下水	—			
地上条件	—			
工事の特徴および課題	高場山トンネルは，一部の区間が，地すべり土塊内に位置し，地すべり変位によりトンネルが崩壊した事例である．もともと信濃川の攻撃斜面で大崩地内の残丘地形にトンネルが建設されたことが崩壊の主な原因である．地すべり兆候はトンネルの変状として顕在化し，その後，地すべり規模を明らかにするためにボーリングによる地質調査，パイプ歪計によるすべり位置の特定調査，対策工などが実施された．しかし，地すべりによりトンネルが崩壊することが予測されたため，地すべり崩壊時期を予測し，列車の運転を取りやめ，関連する道路を通行止めとした．			

■設計・施工段階におけるリスク項目とリスク低減策

リスク項目：①押出し・大変形，②切羽崩壊・地表面陥没，③近接施工，④地すべり，⑤山はね

リスク項目	④地すべり
リスク低減段階	施工
リスク低減の具体的方策	・トランジット検測，ボーリング，パイプ歪計により地質構造とすべり位置を特定し，対策工設計のための安定計算および地すべり崩壊時期を予測した． ・図-2 飯山線高場山トンネル地すべり（下図） ・図-3 崩壊地全景写真（右図） 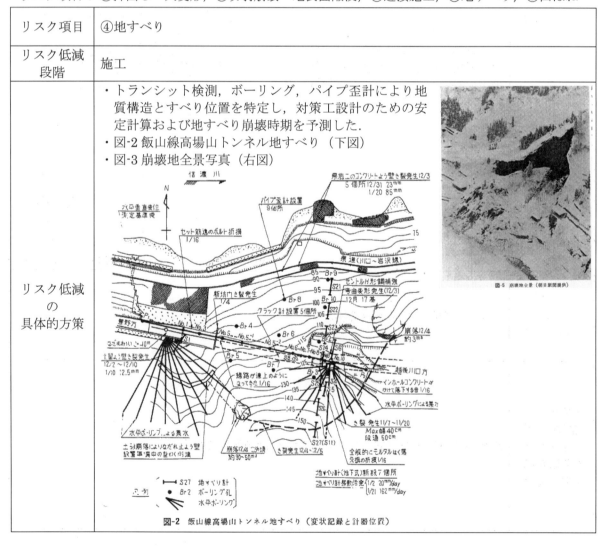

リスク低減の具体的方策	・変位量と地すべり崩壊時期の予測について（図19）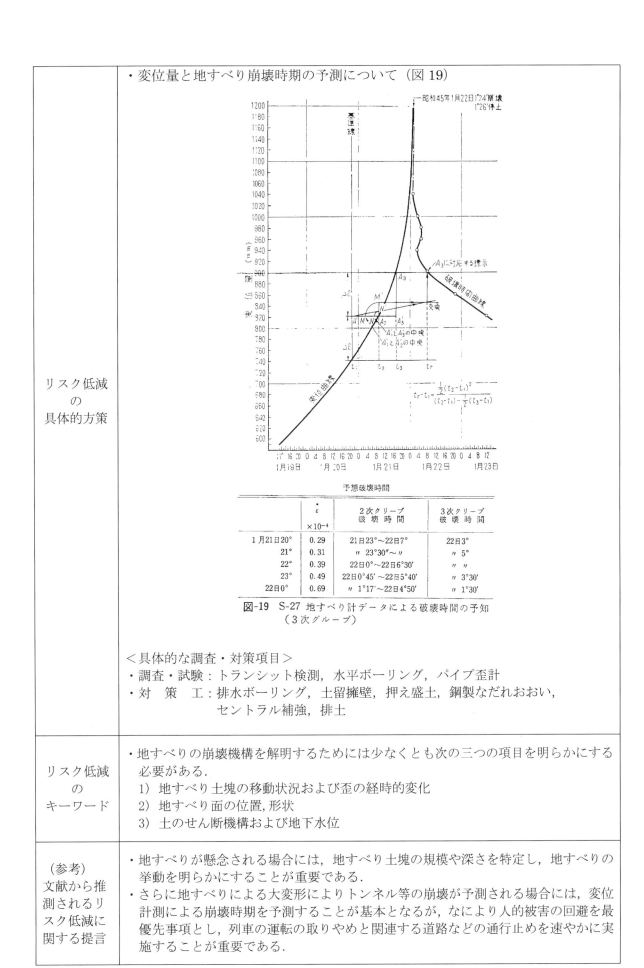図-19 S-27 地すべり計データによる破壊時間の予知（3次クリープ） ＜具体的な調査・対策項目＞ ・調査・試験：トランシット検測，水平ボーリング，パイプ歪計 ・対　策　工：排水ボーリング，土留擁壁，押え盛土，鋼製なだれおおい，セントラル補強，排土
リスク低減のキーワード	・地すべりの崩壊機構を解明するためには少なくとも次の三つの項目を明らかにする必要がある． 　1) 地すべり土塊の移動状況および歪の経時的変化 　2) 地すべり面の位置，形状 　3) 土のせん断機構および地下水位
（参考）文献から推測されるリスク低減に関する提言	・地すべりが懸念される場合には，地すべり土塊の規模や深さを特定し，地すべりの挙動を明らかにすることが重要である． ・さらに地すべりによる大変形によりトンネル等の崩壊が予測される場合には，変位計測による崩壊時期を予測することが基本となるが，なにより人的被害の回避を最優先事項とし，列車の運転の取りやめと関連する道路などの通行止めを速やかに実施することが重要である．

事例 21

トンネル名	第二東名高速 引佐第二トンネル（上り線）（下り線）
文献名	・田山聡, 細野泰生, 竹國一也, 宮田和, 平野宏幸：地すべりに及ぼすトンネル掘削の影響と対策工の効果, トンネル工学論文集, Vol.14, pp.71-82, 2004.

■工事概要

トンネル諸元	種別	断面積	延長	土被り
	道路	高速道路	1,340m（上り線） 1,535m（下り線）	―
地質	輝緑岩を主体とし, 輝緑岩の水冷破砕岩, 輝緑凝灰岩, 蛇紋岩を介在			
地下水	―			
地上条件	―			
工事の特徴および課題	調査結果から明らかとなった大規模地すべりを対象に地すべり対策とトンネル施工時の安定対策として押え盛土と垂直縫地ボルトを実施. 孔内傾斜計や光波測量による動態観測結果： 10mm/月			

■設計・施工段階におけるリスク項目とリスク低減策

リスク項目：①押出し・大変形, ②切羽崩壊・地表面陥没, ③近接施工, ④地すべり, ⑤山はね

リスク項目	④地すべり
リスク低減段階	施工
リスク低減の具体的方策	・調査結果から明らかとなった大規模地すべりに対して, 事前に動態観測体制を整え, 地すべり挙動を把握した上で, 対策として押さえ盛土を実施した. また, トンネルの施工時の安定対策として垂直縫地ボルトを実施した. ・押え盛土施工後の傾斜計の計測結果（図7, 8） 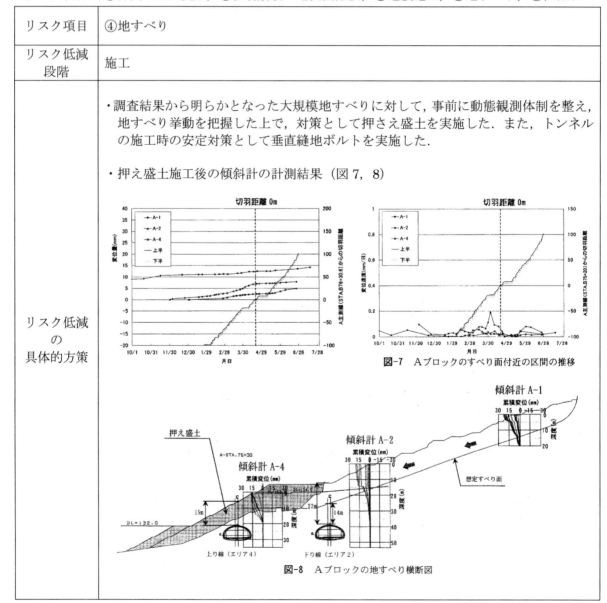 図-7　Aブロックのすべり面付近の区間の推移 図-8　Aブロックの地すべり横断図

リスク低減の具体的方策	・トンネル施工時の地すべり挙動について（図14） 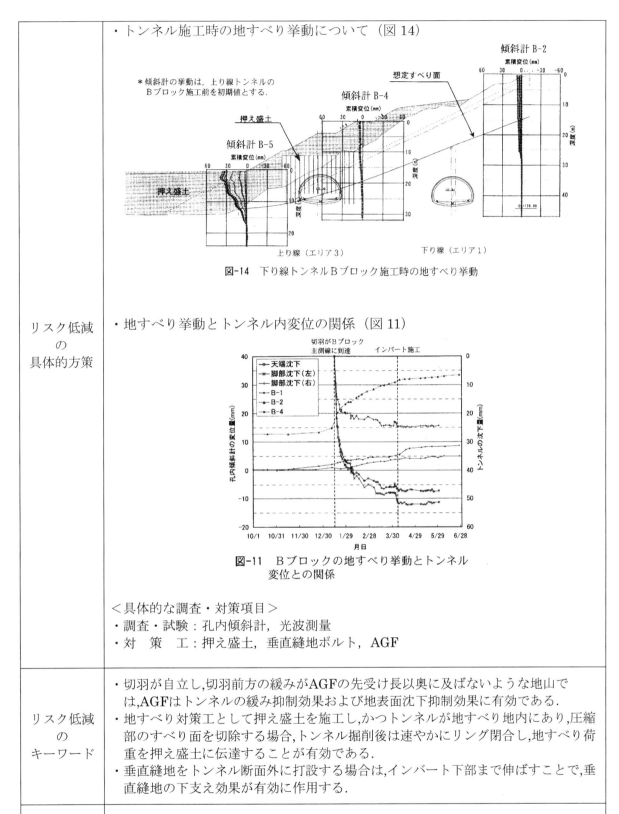 図-14 下り線トンネルBブロック施工時の地すべり挙動 ・地すべり挙動とトンネル内変位の関係（図11） 図-11 Bブロックの地すべり挙動とトンネル変位との関係 ＜具体的な調査・対策項目＞ ・調査・試験：孔内傾斜計，光波測量 ・対　策　工：押え盛土，垂直縫地ボルト，AGF
リスク低減のキーワード	・切羽が自立し,切羽前方の緩みがAGFの先受け長以奥に及ばないような地山では,AGFはトンネルの緩み抑制効果および地表面沈下抑制効果に有効である. ・地すべり対策工として押え盛土を施工し,かつトンネルが地すべり地内にあり,圧縮部のすべり面を切除する場合,トンネル掘削後は速やかにリング閉合し,地すべり荷重を押え盛土に伝達することが有効である. ・垂直縫地をトンネル断面外に打設する場合は,インバート下部まで伸ばすことで,垂直縫地の下支え効果が有効に作用する.
（参考）文献から推測されるリスク低減に関する提言	・地すべり集中地帯におけるトンネル施工では，複数の地すべり土塊が存在する可能性がある. ・したがって，事前調査で地すべりの平面的な大きさ，すべり面，地すべり挙動を事前に把握することで，適切な対策工の設計，施工が可能となるため，事前に十分な調査を実施する必要がある.

事例 22

トンネル名	関越自動車道関越トンネル
文献名	・猪間英俊：関越トンネルにおける山はね，応用地質，第 22 巻 3 号，pp.26-35，1981.

■工事概要

トンネル諸元	種別	断面積	延長	土被り
	自動車道トンネル	本坑 84.24m² 補助坑 21.32m²	山はね発生区間は約 1.1km	山はね発生区間は 230m～1000m 以上
地質	石英閃緑岩およびホルンフェルス（山はねは石英閃緑岩の区間で発生）			
地下水	山はね発生区間では湧水はない			
地上条件	－			
工事の特徴および課題	700～800m を超える土被りの中を掘削することから，山はねが予想されていたところ，比較的土被りの浅い区間で山鳴りが聞かれ，さらに昭和 55 年 7 月末から約 1 年間，区間長約 1.1km にわたって継続的に山はねを経験した． 図-1 関越トンネルの位置と山はね発生区間 図-3 山はね発生状況（1），平面図中の斜交線：節理系 図-4 山はね発生状況（2） 図-5 山はね発生状況（3） 図-6 山はね発生状況（4）			

■設計・施工段階におけるリスク項目とリスク低減策

リスク項目：①押出し・大変形，②切羽崩壊・地表面陥没，③近接施工，④地すべり，⑤山はね

リスク項目	⑤山はね
リスク低減段階	施工
リスク低減の具体的方策	・岩盤初期応力の測定や，水平ボーリングに現れるディスキング現象（写真-1）から岩盤応力の高い個所を探った. ・AE計測を実施した. ・切羽抑えのために全面接着型のロックボルト（L=3m）を打設し，山はねの発生を低減させた. ・ロックボルトを設置する際は，作業員の防護のためにH型鋼製支保工によって作業空間を完全に坑壁から覆われた状態にした. ・装薬孔の穿孔により切羽が刺激されて山はねが頻発するため（図-10参照），穿孔終了後切羽の作業を30分〜1時間程度止め，後方に退避した. ・装薬に着する前に，ジャンボを使用して切羽前面にナイロンネットをかけ，ネットを通して装薬結線を行った. 装薬中の山はねは多いがネットが災害を完全に防いだ. ・こそくは，バックホウ，削岩機で行い最後に鋼棒で人力で行うなど入念に実施した. 写真-1　コアのディスキング現象 図-10　山はねと作業サイクルとの関係 （昭 56.7.28〜55.9.17）
リスク低減のキーワード	・地圧測定，ボーリング，AE計測などの計測調査の実施 ・地質状況（き裂分布），湧水状況，土かぶり・切羽ロックボルトなどの山はね対策工（※き裂分布と山はね発生個所の関係例が前掲の図3〜図6に示されている） ・山はねからの作業員の退避・防護
（参考）文献から推測されるリスク低減に関する提言	・山はねは土被りが比較的浅いところでも発生することがある. ・山はねが発生しやすい切羽には，小さい断層やシームが数本の節理と，均質一様な岩相が同時にある. 節理とシームとの関連性が強いようである. ・湧水のあるところでは山はねは発生していない. ・山はねが発生する区間とボーリングコアにディスキングが認められた区間とには関連性がある. ・山はねを誘発する作業（発破，穿孔）の後は一定の時間，作業員を退避させるとともに，H型支保工，ナイロンネットなどにより作業員を山はねから防護する.

事例 23

トンネル名	国道 140 号　雁坂トンネル
文献名	・望月常好，穂刈利夫，斉藤義信，粂田俊男：土かぶり 200m で山はね現象に遭遇，トンネルと地下，第 21 巻 9 号，pp.27-36，1990. ・粂田俊男，本間正浩，手塚裕紀：山はねの予知とその対策（雁坂トンネルにおける山はね現象について），西松建設技報 15 号，pp.128-136，1992.

■工事概要

トンネル諸元	種別	断面積	延長	土被り
	一般国道	本坑 60m² 避難坑 18m²	本坑 2312.6m 避難坑 2834.1m （山はね発生区間の延長は不明）	山はね発生区間は 200m 以上
地質	花崗閃緑岩			
地下水	山はね発生区間では湧水はほとんどない			
地上条件	－			
工事の特徴 および課題	山鳴り・山はねが避難坑，本坑ともに坑口から約 1000m 掘進した位置から発生し始め，その後も断続的に発生．			

■設計・施工段階におけるリスク項目とリスク低減策

リスク項目：①押出し・大変形，②切羽崩壊・地表面陥没，③近接施工，④地すべり，⑤山はね

リスク項目	⑤山はね
リスク低減 段階	施工
リスク低減 の 具体的方策	・山はね発生時は作業員の退避・待機を徹底 ・コソク作業を入念に実施（2 次，3 次コソク） ・AE 計測を実施 ・表-6 のように切羽観察結果と AE 計測結果とを点数化し，その総合点数に応じて山はね対策工（フリクションタイプロックボルト，スチールファイバー補強吹付けコンクリート）を実施．山はね対策フローおよび施工パターンは Fig18，表-3，表-4 のとおり． 表-6　AE計測日報（本坑・避難坑） （出典：望月ら；トンネルと地下，第 21 巻 9 号，1990.）

リスク低減の具体的方策（つづき）	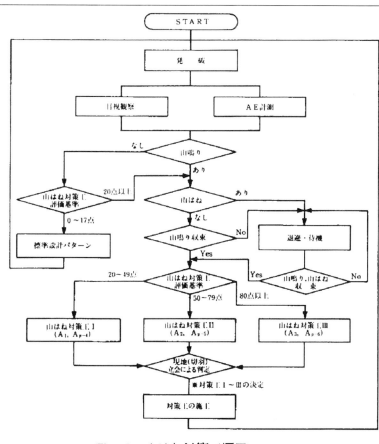 **Fig.18 山はね対策工運用フロー** (出典：粂田ら；西松建設技法15号，1992.) 表-3 本坑山はね対策工 		Bパターン	対策工 A1	対策工 A2	対策工 A3
---	---	---	---	---
一掘進長	2.0m	1.5m	1.5m	1.5m
吹付けコンクリート	5cm（プレーン）	10cm（SFRC）	15cm（SFRC）	15cm（SFRC）
ロックボルト	L=3m P=1.5m	L=3m P=1.5m	L=3m P=1.5m	L=3m P=1.5m
鋼アーチ支保工	—	—	H-150	H-150
縫地ボルト	—	—	—	L=3m | 表-4 避難坑山はね対策工 |	Bパターン	対策工 Ap-4	対策工 Ap-5	対策工 Ap-6
---	---	---	---	---
一掘進長	2.0m	1.5m	1.5m	1.5m
吹付けコンクリート	5cm（プレーン）	10cm（SFRC）	10cm（SFRC）	10cm（SFRC）
ロックボルト	—	—	L=2m P=1.5m	L=2m P=1.5m
斜めボルト	—	—	—	L=3m（スウェレックス）	 (出典：望月ら；トンネルと地下，第21巻9号，1990.)
リスク低減のキーワード	・地質状況（き裂分布），湧水状況，土かぶり，初期地圧の把握，AE計測の実施 ・フリクションタイプロックボルト，繊維補強吹付けコンクリート等の山はね対策工
（参考）文献から推測されるリスク低減に関する提言	文献「土かぶり200mで山はね現象に遭遇」の山はね発生状況まとめより転記．他トンネルにも共通すると思われる箇所に下線を引いた．これらの山はね発生傾向を把握しておくことがリスク低減につながると思われる． ・山はねは花崗閃緑岩において発生している． ・切羽面に節理や亀裂がある程度あって，岩自体が堅硬である場合に多く発生している． ・湧水のほとんどないところで発生しており，湧水のあるところでは発生していない． ・山はね箇所は避難坑・本坑ともに切羽天端部で発生することが多く，鏡部は数回であった． ・断層らしき湧水帯の前でより頻繁に発生している． ・発破直後が最も激しく，時間とともに減少し，概ね2時間程度で収まるものが多いが，長いものは2日間ほど断続的な山はね・山鳴りが続く場合もあった． ・山はねの発生は，土被りが約200m以上になった地点以深で発生している．

事例 24

トンネル名	広島高速4号線　西風トンネル（第3工区）
文献名	・吉田幸伸，小林光雄，北村俊紀，谷卓也：小土かぶりトンネルにおける山はね現象とその対策，トンネルと地下，第32巻5号，pp.383-393，2001.

■工事概要

トンネル諸元	種別	断面積	延長	土被り
	一般国道	本坑 $60m^2$ 避難坑 $18m^2$	上り線 1343m 下り線 1431m	40～100m
地質	広島花崗岩			
地下水	湧水は少ない			
地上条件	－			
工事の特徴および課題	上り線を約100m掘削した段階で山なりが発生し始め，吹付けコンクリートにクラックが生じ，岩塊とともに落下するという変状が発生した．			

■設計・施工段階におけるリスク項目とリスク低減策

（リスク項目：①押出し・大変形，②切羽崩壊・地表面陥没，③近接施工，④地すべり，⑤山はね）

リスク項目	⑤山はね
リスク低減段階	施工
リスク低減の具体的方策	・AE計測結果にもとづく山はね対策工の選定を実施（表-4 切羽対策評価日報，図-13 施工管理フロー，図-15 山はね対策支保パターンを参照） ・山はね対策工としては，摩擦式ロックボルト，繊維補強吹付けコンクリートを採用した． 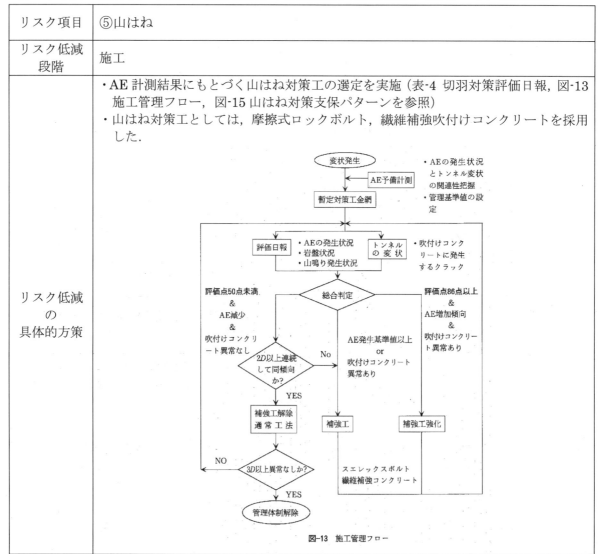 図-13　施工管理フロー

リスク低減の具体的方策（つづき）	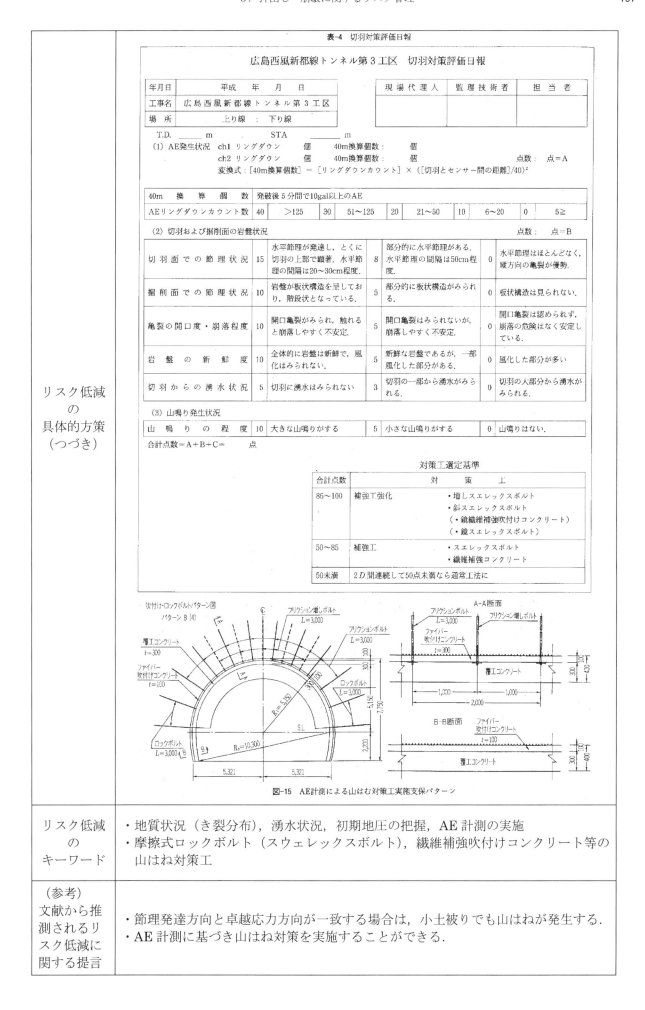 表-4 切羽対策評価日報 図-15 AE計測による山はね対策工実施支保パターン
リスク低減のキーワード	・地質状況（き裂分布），湧水状況，初期地圧の把握，AE計測の実施 ・摩擦式ロックボルト（スウェレックスボルト），繊維補強吹付けコンクリート等の山はね対策工
（参考）文献から推測されるリスク低減に関する提言	・節理発達方向と卓越応力方向が一致する場合は，小土被りでも山はねが発生する． ・AE計測に基づき山はね対策を実施することができる．

4. 地質環境に関するリスク管理

4.1 概説

　山岳トンネルの工事において，対象となる地質の不確実性や湧水は大きなリスク要因となるが，地質や地下水に関連するリスクには，多種多様の内容が含まれている．トンネル技術者は，地質が複雑に変化して設計通りに施工できないことや，断層破砕帯などの脆弱部で切羽が崩壊，多量の湧水による工事の遅延等，これまでも様々なリスクを経験していると思われる．本章では，これらの地質に起因したトンネルのリスクに関し，過去40年間の既往文献調査にもとづいて分析した．その結果，以下の4項目を抽出した．

① 地下水に関するリスク
② ガスに関するリスク
③ 自然由来重金属等に関するリスク
④ 地山の安定性に関するリスク

　このうち，地山の安定性に関するリスクは，**3章**において押出し・崩壊のリスクとして扱うため本章からは除外した．また，突発湧水は地下水に関連するリスクであるが，**3章3.3**の切羽崩壊・地表陥没の節で取り扱うこととした．

　文献調査から抽出された地下水に関するリスクを**表-4.1.1**にまとめる．地下水に関するリスクとしては，地下水位低下と水質変化に関するリスクを取り扱うこととし，トンネル湧水が周辺環境に与えるリスクの要因とそれらの低減対策について**4.2**で述べる．

表-4.1.1　地下水に関するリスク要因の抽出

	計画・調査・設計段階	施工段階	維持管理段階
地下水位低下	・路線計画域における水文調査が不足している ・トンネル掘削に伴う周辺水環境への影響を過小または過大に評価している ・沢や湧泉等の水源，希少動植物が路線計画域に分布している ・リスクに対する地元住民を含めた利害関係者との合意形成ができていない	・帯水層を掘削する ・計画・調査・設計段階におけるリスク評価と対策の未精査 ・水文調査が非継続または不足 ・リスク対策の効果が期待した通りに得られない ・リスクに対する地元住民を含めた利害関係者との合意形成ができていない．	・水文調査が非継続または不足． ・経年劣化等によりリスク対策の機能が低下 ・設計・施工記録が管理されていない ・地元住民を含めた利害関係者に対する補償範囲が不明確
水質変化	・計画路線下流域で生活用水として地下水を利用または，農業・漁業を営んでいる ・計画路線周辺流域に希少動植物が生息している ・計画路線の地山が自然由来重金属等を含有している	・自然条件や地形，地理的条件，社会的条件の見落としと軽視 ・計画・調査・設計段階で実施した水文調査が継続されていない，または見直しがされていない ・トンネル掘削に伴う濁水や，コンクリート打設に伴う強アルカリ水，重機からの油脂，補助工法等で使用する薬液の用地外への流出	・計画・調査・設計段階，施工段階の水文調査が継続されていない ・酸性水や重金属類の継続的な溶出による排水機能の低下やトンネル構造体の劣化 ・設計，施工記録が管理されていない

ガスについては，2012年に発生した八箇峠トンネルでの可燃性ガスの爆発事故が，近年でも記憶に新しいところである．また，爆発のリスクとは別のリスクとして酸素欠乏症と，硫化水素等の有害ガス中毒を取り上げる．文献調査結果から抽出したガスに関するリスクを**表-4.1.2**に示す．これらガスに関するリスク要因とリスク低減対策については**4.3**において述べる．

表-4.1.2　ガスに関するリスクの抽出

	計画・調査・設計段階	施工段階	維持管理段階
ガス爆発	・計画路線の地山調査の不足 ・ガスの貯留構造と発生形態やメカニズムの理解不足 ・ガス検知システムや管理体制の計画欠如	・可燃性ガスの地山での存在状況を的確に把握できていない ・ガスの希釈，排除等の処置が不適切 ・火源対策が不十分 ・安全教育を含めた安全管理体制未確立，工事関係者への周知徹底不足	—
酸素欠乏症	・酸素欠乏等を引き起こすガスの発生形態やメカニズムを理解不足 ・作業場所の立地条件等の事前調査不足 ・作業環境における測定方法や管理基準値の計画が不十分 ・換気の検討が不十分	・換気量の不足 ・ガス検知体制の不備 ・安全教育が不十分	—
有害ガス中毒	・計画路線内の火山や温泉などに有害ガスが分布している ・換気計画の不備	・ガス検知体制の不備 ・有害ガスの許容濃度の設定不備 ・換気量の不足により，局所的に有害ガスが滞留する	—

トンネルのずりは自然由来重金属等を含むことがあり，平成22年4月には土壌汚染対策法が改正され，従来は同法の適用外であった自然由来重金属等を含む「土壌」も適用対象となった．固結した岩石は現在も適用外であるが，トンネルのずりについては自然由来の重金属等が溶出する場合があり，現在は適用の対象となっている．定量分析の結果，処理が必要と判定された場合は，不溶化や封じ込め等の最終的な処理費に加え，運搬時やずり仮置き場での飛散・流出対策により費用がかかるため，事業にとっては大きなリスクとなる．また，重金属等の定量分析には通常数日間を要することから，施工条件によっては十分なずりの仮置き場を確保できないケースもある．この場合，仮置き場からずりを効率的に出せなくなり，掘削の停滞による工期遅延のリスクが懸念される．さらに，これらのずりを仮置き・運搬する際に，ずりからの粉塵飛散や降雨等で流出することが懸念されるため，これら有害物質拡散のリスクを加えて，計3つのリスクを抽出した．以上より，文献調査から抽出された自然由来重金属等に関するリスクについて**表-4.1.3**にまとめる．

なお，地下水と自然由来重金属等については，計画・調査・設計段階，施工段階，維持管理段階に分けてそれぞれのリスク管理を分析したが，ガスのリスク管理については，維持管理段階の事例が存在しないこともあり検討から除外し，計画・調査・設計段階および施工段階について取り扱うこととした．

表-4.1.3　自然由来重金属に関するリスクの抽出

	計画・調査・設計段階	施工段階	維持管理段階
調査・試験	・対策の要否，対策土量の推定，試験・判定方法，酸性水の有無についての調査・試験不足 ・設計技術者・発注者の認識不足	・計画・調査・設計段階で特定したものと異なるものが出現 ・計画・調査・設計段階で特定した重金属等含有地質の位置や範囲が異なる	・酸性水による覆工コンクリートの劣化・機能低下
ずり処分・仮設備	・要対策土量の推定が困難 ・要対策土の種類や酸性水の有無が不明	・ずり置き場からの重金属等含有水流出や粉塵飛散 ・ずり運搬時に重金属等含有水流出や粉塵飛散 ・湧水や工事用排水からの重金属等含有水流出	－
有害物質拡散	－	・工事排水から酸性水・重金属の流出による周辺環境への影響 ・ずり仮置き場からの酸性水および重金属の流出，地下水への浸透 ・運搬車両からの飛散，流出	・ずり処分場（盛土利用）からの酸性水・重金属の流出

4.2　地下水に関するリスク低減

4.2.1　地下水に関するリスク一般

(1)　地下水リスクの抽出

　地下水に関するリスクを抽出するため，表-4.2.1に示す各文献を調査し，リスク要因のスクリーニングを実施した．スクリーニングのキーワードは以下のとおりである．

① トンネルデータ：掘削方式・地域・用途
② 地質データ：岩種・地質構造・地質年代
③ リスクデータ：環境リスク・事業リスク
④ 湧水量・湧水圧
⑤ 対策工（設計時，施工時）

　以下では，表-4.2.1の文献による事例調査結果にもとづいて，ここでは上記のうち②，③のキーワードについて考察する．なお，データの母集団が限られた範囲のものであることから，分析結果は決定的なものではなくひとつの傾向と考えられる．

表-4.2.1　地下水に関するリスクの調査文献

参考文献名	調査件数	調査年代
トンネルと地下	75	1971〜2015 年
施工体験発表会	8	2002〜2013 年
土木学会年次学術講演会	8	2008〜2014 年
その他	7	
計	98	

図-4.2.1のように，調査対象となったトンネルの岩種のうち堆積岩が6割を占めており，火山岩と深成岩は1割ずつで残りはこれらが混在したものである．また，地下水リスクがある地質構造としては図-4.2.2のように断層破砕帯や風化・未固結層，地層境界，鍾乳洞など，地山の脆弱部となる構造がリスクとして関与している．このうち断層破砕帯は，主に圧縮力が作用する逆断層で発生するせん断帯を指しており，遮水層となる断層粘土を伴うため，トンネル掘進での突発湧水に注意を要する．

また，正断層でも引張り力の作用で岩盤の亀裂が開口し空隙が多いため，地下水を貯留しやすい．風化・未固結・半固結の地山には第三紀，第四紀の砂礫層や火山性の堆積物，風化帯の帯水層が含まれている．また，帯水層と不透水層の地層境界も湧水発生の可能性がある．さらに，石灰岩の地山では鍾乳洞や水脈が発達しやすく，多量湧水が発生した事例が多く注意を要する．その他にも貫入岩，谷地形，褶曲構造の地山や温泉地では湧水のリスクがあるので注意を要する．

図-4.2.3に示すように，新しい地質年代ほど事例が多い傾向にあり，新生代が半数強を占め，中生代，古生代とつづく．この傾向は，新しい年代の地質ほど地表に近く地下水を伴うケースが多いことを反映したものと考えられる．また，新生代の内訳では，新第三紀より第四紀がやや少ない．これは，山岳工法のトンネルでは，軟弱な第四紀層より新第三紀で事例が多いためと推測される．

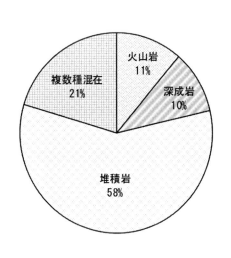

図-4.2.1 地下水リスクの対象となる岩種

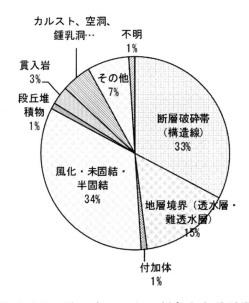

図-4.2.2 地下水リスクの対象となる地質構造

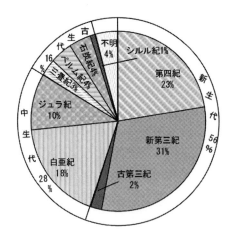

図-4.2.3 地下水リスクの対象となる地質年代

また，地下水に関するリスクの内訳として，**図-4.2.4** のように水利用および水環境への影響，切羽崩壊・陥没，地盤沈下，突発湧水などが抽出できた．このうち，突発湧水や湧水を伴う切羽崩壊・陥没は **3 章**で取り扱うため，本節では除外する．地下水リスクの詳細事象を**図-4.2.5** に示す．この図から，地下水位の低下と水質・水温変化のリスクが浮き彫りになった．なお，これらのリスクには工費・工期への影響が含まれている．

以上から，**4.2** では**図-4.2.5** に示す要素のうち地下水位低下および水質変化（水温変化を含む）に関するリスクを取り扱うことにする．

本節で取り扱う地下水の関するリスク要因と対策を計画・調査，施工，維持管理の相関関係を各段階に分けて示すと**図-4.2.6** のようになる．

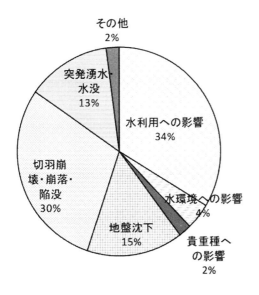

図-4.2.4　地下水に関連するリスク

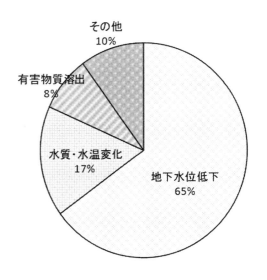

図-4.2.5　抽出した地下水に関するリスク

(2) 法的枠組みと管理基準

トンネル工事を規制する主な関連法規類のうち，水質に関するものとしては水質汚濁防止法，湖沼水質保全特別措置法および地下水の水質汚濁に係る環境基準などを挙げることができる．

このうち，トンネル工事において遵守すべき主たる法律は，水質汚濁防止法である．水質汚濁防止法は昭和 45 年 12 月に制定されており，工場や工事現場などの特定施設を有する事業場から公共水域に排出される水および地下に浸透する水についての規制であり，基準以下の濃度で排水することを義務づけている．

国が定める一律排水基準（環境省）について**表-4.2.2** に示す．これは特定事業場の排水中の有害物質の許容限度を定めたものである．この一律排水基準に加え，より厳しい都道府県が定める上乗せ排水基準がある．

同じく水質汚濁防止法では，水質汚濁に係る環境基準として**表-4.2.3** に示す人の健康の保護に関する環境基準 27 項目の有害物質と，生活環境の保全に関する環境基準（河川・湖沼・海域）を義務付けている．**表-4.2.4** に生活環境の保全に関する環境基準（河川（湖沼を除く））を示す．

また，水質汚濁防止法では，環境省令で定める要件に該当する特定の浸透水を地下へ浸透させてはならないとしている．地下浸透規制の対象となっている有害物質は，上記の排水基準と同様の 28 項目について基準値が設定されている．地下水浄化基準について**表-4.2.5** に示す．

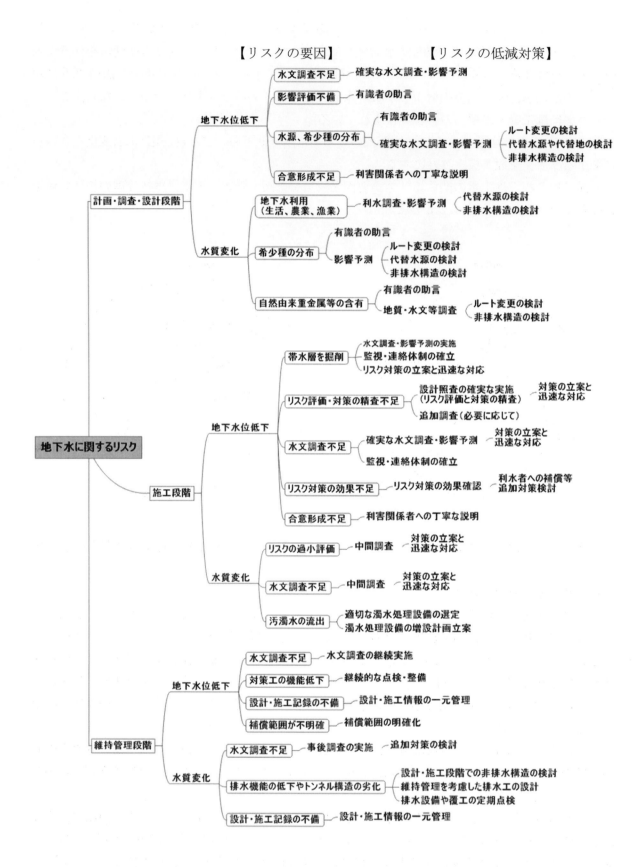

図-4.2.6 地下水に関するリスクの相関関係

表-4.2.2　環境省の一律排水基準 [1]

■有害物質

有害物質の種類		許容限度
カドミウム及びその化合物		0.03mgCd/L
シアン化合物		1mgCN/L
有機燐化合物（パラチオン，メチルパラチオン，メチルジメトン及び EPN に限る）		1mg/L
鉛及びその化合物		0.1mgPb/L
六価クロム化合物		0.5mgCr(VI)/L
砒素及びその化合物		0.1mgAs/L
水銀及びアルキル水銀その他の水銀化合物		0.005mg Hg/L
アルキル水銀化合物		検出されないこと
ポリ塩化ビフェニル		0.003mg/L
トリクロロエチレン		0.1mg/L
テトラクロロエチレン		0.1mg/L
ジクロロメタン		0.2mg/L
四塩化炭素		0.02mg/L
1,2-ジクロロエタン		0.04mg/L
1,1-ジクロロエチレン		1mg/L
シス-1,2-ジクロロエチレン		0.4mg/L
1,1,1-トリクロロエタン		3mg/L
1,1,2-トリクロロエタン		0.06mg/L
1,3-ジクロロプロペン		0.02mg/L
チウラム		0.06mg/L
シマジン		0.03mg/L
チオベンカルブ		0.2mg/L
ベンゼン		0.1mg/L
セレン及びその化合物		0.1mg Se/L
ほう素及びその化合物	海域以外の公共水域に排出されるもの	10mg B/L
	海域に排出されるもの	230mg B/L
ふっ素及びその化合物	海域以外の公共水域に排出されるもの	8mg F/L
	海域に排出されるもの	15 mg F/L
アンモニア，アンモニウム化合物，亜硝酸化合物及び硝酸化合物	アンモニア性窒素に 0.4 を乗じたもの，亜硝酸性窒素及び硝酸性窒素の合計量：	100mg/L
1,4 ジオキサン		0.5mg/L

備考

1.　「検出されないこと.」とは，第 2 条の規定に基づき環境大臣が定める方法により排出水の汚染状況を検定した場合において，その結果が当該検定方法の定量限界を下回ることをいう.

2.　砒（ひ）素及びその化合物についての排水基準は，水質汚濁防止法施工例及び廃棄物の処理及び清掃に関する法律施工例の一部を改正する政令（昭和 49 年政令第 363 号）の施工の際現にゆう出している温泉（温泉法（昭和 23 年法律第 12 号）第 2 条第 1 項に規定するものをいう. 以下同じ.）を利用する旅館業に属する事業場に係る排出水については，当分の間，適用しない.

※「環境大臣が定める方法」＝昭 49 環告 64（排水基準を定める規定に基づく環境大臣が定める排水基準に係る検定方法）

■その他の項目

項目		許容限度
水素イオン濃度（水素指数）（pH）	海域以外の公共水域に排出されるもの	5.8 以上 8.6 以下
	海域に排出されるもの	5.0 以上 9.0 以下
生物化学的酸素要求量（BOD）		160mg/L（日間平均 120mg/L）
化学的酸素要求量（COD）		160mg/L（日間平均 120mg/L）
浮遊物質量（SS）		200mg/（日間平均 150mg/L）
ノルマヘキサン抽出物含有量（鉱油類含有量）		5mg/L
ノルマヘキサン抽出物含有量（動植物類油脂含有量）		30mg/L
フェノール類含有量		5mg/L
銅含有量		3mg/L
亜鉛含有量		2mg/L
溶解性鉄含有量		10mg/L
溶解性マンガン含有量		10mg/L
クロム含有量		2mg/L
大腸菌群数		日間平均 3000 個/cm³
窒素含有量		120mg/L（日間平均 60mg/L）
燐含有量		16mg/L（日間平均 8mg/L）

備考

1. 「日間平均」による許容限度は，1日の排出水の平均的な汚染状態について定めたものである．

2. この表に掲げる排水基準は，1日当たりの平均的な排出水の量が 50 立方メートル以上である工場又は事業場に係る排出水について適用する．

3. 水素イオン濃度及び溶解性鉄含有量についての排水基準は，硫黄鉱業（硫黄と共存する硫化鉄鉱を掘採する鉱業を含む．）に属する工場又は事業場に係る排出水については適用しない．

4. 水素イオン濃度，銅含有量，亜鉛含有量，溶解性鉄含有量，溶解性マンガン含有量及びクロム含有量についての排水基準は，水質汚濁防止法施行令及び廃棄物の処理及び清掃に関する法律施行令の一部を改正する政令の施行の際現にゆう出している温泉を利用する旅館業に属する事業場に係る排出水については，当分の間，適用しない．

5. 生物化学的酸素要求量についての排水基準は，海域及び湖沼以外の公共用水域に排出される排出水に限って適用し，化学的酸素要求量についての排水基準は，海域及び湖沼に排出される排出水に限って適用する．

6. 窒素含有量についての排水基準は，窒素が湖沼植物プランクトンの著しい増殖をもたらすおそれがある湖沼として環境大臣が定める湖沼，海洋植物プランクトンの著しい増殖をもたらすおそれがある海域（湖沼であって水の塩素イオン含有量が1リットルにつき 9,000 ミリグラムを超えるものを含む．以下同じ．）として環境大臣が定める海域及びこれらに流入する公共用水域に排出される排出水に限って適用する．

7. 燐(りん)含有量についての排水基準は，燐(りん)が湖沼植物プランクトンの著しい増殖をもたらすおそれがある湖沼として環境大臣が定める湖沼，海洋植物プランクトンの著しい増殖をもたらすおそれがある海域として環境大臣が定める海域及びこれらに流入する公共用水域に排出される排出水に限って適用する．

※「環境大臣が定める湖沼」＝昭 60 環告 27 （窒素含有量又は燐含有量についての排水基準に係る湖沼）

※「環境大臣が定める海域」＝平 5 環告 67 （窒素含有量又は燐含有量についての排水基準に係る海域）

（出典：環境省；一律排水基準）

表-4.2.3 人の健康の保護に関する環境基準 [2]

項目	基準値	測定方法
カドミウム	0.003mg／L 以	日本工業規格 K0102（以下「規格」という．）55.2，55.3 又は 55.4 に定める方法
全シアン	検出されないこ	規格 38.1.2 及び 38.2 に定める方法，規格 38.1.2 及び 38.3 に定める方法又は規格 38.1.2 及び 38.5 に定める方法
鉛	0.01mg／L 以下	規格 54 に定める方法
六価クロム	0.05mg／L 以下	規格 65.2 に定める方法（ただし，規格 65.2.6 に定める方法により汽水又は海水を測定する場合にあっては，日本工業規格 K0170-7 の 7 の a) 又は b)に定める操作を行うものとする．）
砒素	0.01mg／L 以下	規格 61.2，61.3 又は 61.4 に定める方法
総水銀	0.0005mg／L 以	付表 1 に掲げる方法
アルキル水銀	検出されないこ	付表 2 に掲げる方法
PCB	検出されないこ	付表 3 に掲げる方法
ジクロロメタン	0.02mg／L 以下	日本工業規格 K0125 の 5.1，5.2 又は 5.3.2 に定める方法
四塩化炭素	0.002mg／L 以	日本工業規格 K0125 の 5.1，5.2，5.3.1，5.4.1 又は 5.5 に定める方法
1,2-ジクロロエタン	0.004mg／L 以	日本工業規格 K0125 の 5.1，5.2，5.3.1 又は 5.3.2 に定める方法
1,1-ジクロロエチレン	0.1mg／L 以下	日本工業規格 K0125 の 5.1，5.2 又は 5.3.2 に定める方法
シス-1,2-ジクロロエチレン	0.04mg／L 以下	日本工業規格 K0125 の 5.1，5.2 又は 5.3.2 に定める方法
1,1,1-トリクロロエタン	1mg／L 以下	日本工業規格 K0125 の 5.1，5.2，5.3.1，5.4.1 又は 5.5 に定める方法
1,1,2-トリクロロエタン	0.006mg／L 以下	日本工業規格 K0125 の 5.1，5.2，5.3.1，5.4.1 又は 5.5 に定める方法
トリクロロエチレン	0.01mg／L 以下	日本工業規格 K0125 の 5.1，5.2，5.3.1，5.4.1 又は 5.5 に定める方法
テトラクロロエチレン	0.01mg／L 以下	日本工業規格 K0125 の 5.1，5.2，5.3.1，5.4.1 又は 5.5 に定める方法
1,3-ジクロロプロペン	0.002mg／L 以	日本工業規格 K0125 の 5.1，5.2 又は 5.3.1 に定める方法
チウラム	0.006mg／L 以	付表 4 に掲げる方法
シマジン	0.003mg／L 以	付表 5 の第 1 又は第 2 に掲げる方法
チオベンカルブ	0.02mg／L 以下	付表 5 の第 1 又は第 2 に掲げる方法
ベンゼン	0.01mg／L 以下	日本工業規格 K0125 の 5.1，5.2 又は 5.3.2 に定める方法
セレン	0.01mg／L 以下	規格 67.2，67.3 又は 67.4 に定める方法
硝酸性窒素及び亜硝酸性窒	10mg／L 以下	硝酸性窒素にあっては規格 43.2.1，43.2.3，43.2.5 又は 43.2.6 に定める方法，亜硝酸性窒素にあっては規格 43.1 に定める方法
ふっ素	0.8mg／L 以下	規格 34.1 若しくは 34.4 に定める方法又は規格 34.1c)（注（6）第三文を除く．）に定める方法（懸濁物質及びイオンクロマトグラフ法で妨害となる物質が共存しない場合にあっては，これを省略することができる．）及び付表 6 に掲げる方法
ほう素	1mg／L 以下	規格 47.1，47.3 又は 47.4 に定める方法
1，4-ジオキサン	0.05mg／L 以下	付表 7 に掲げる方法

(出典：環境省；人の健康の保護に関する環境基準)

備考

1. 基準値は年間平均値とする．ただし，全シアンに係る基準値については，最高値とする．

2. 「検出されないこと」とは，測定方法の項に掲げる方法により測定した場合において，その結果が当該方法の定量限界を下回ることをいう．別表 2 において同じ．

3. 海域については，ふっ素及びほう素の基準値は適用しない．

4. 硝酸性窒素及び亜硝酸性窒素の濃度は，規格 43.2.1，43.2.3，43.2.5 又は 43.2.6 により測定された硝酸イオンの濃度に換算係数 0.2259 を乗じたものと規格 43.1 により測定された亜硝酸イオンの濃度に換算係数 0.3045 を乗じたものの和とする．

表-4.2.4 生活環境の保全に関する環境基準（河川（湖沼を除く））[3]

■ア

項目類	利用目的の適応性	基準値					該当水域
		水素イオン濃度(pH)	生物化学的酸素要求量(BOD)	浮遊物質量(SS)	溶存酸素量(DO)	大腸菌群数	
AA	水道1級自然環境保全及びA以下の欄に掲げるもの	6.5 以上 8.5 以下	1mg/L 以下	25mg/L 以下	7.5mg/L 以上	50MPN/ 100mL 以下	第1の2の(2)により水域類型ごとに指定する水域
A	水道2級 水産1級 水浴及びB以下の欄に掲げるもの	6.5 以上 8.5 以下	2mg/L 以下	25mg/L 以下	7.5mg/L 以上	1,000MPN/ 100mL 以下	
B	水道3級水産2級及びC以下の欄に掲げるもの	6.5 以上 8.5 以下	3mg/L 以下	25mg/L 以下	5mg/L 以上	5,000MPN/ 100mL 以下	
C	水産3級工業用水1級及びD以下の欄に掲げるもの	6.5 以上 8.5 以下	5mg/L 以下	50mg/L 以下	5mg/L 以上	－	
D	工業用水2級農業用水及びEの欄に掲げるもの	6.0 以上 8.5 以下	8mg/L 以下	100mg/L 以下	2mg/L 以上	－	
E	工業用水3級環境保全	6.0 以上 8.5 以下	10mg/L 以下	ごみ等の浮遊が認めら	2 mg/L 以上	－	
測定方法		規格12.1に定める方法又はガラス電極を用いる水質自動監視測定装置によりこれと同程度の計測結果の得られる方法	規格21に定める方法	付表9に掲げる方法	規格32に定める方法又は隔膜電極若しくは光学式センサを用いる水質自動監視測定装置によりこれと同程度の計測結果の得られる方法	最確数による定量法	

備考
1. 基準値は，日間平均値とする（湖沼，海域もこれに準ずる）.
2. 農業用利水点については，水素イオン濃度6.0以上7.5以下，溶存酸素量5mg/L以上とする（湖沼もこれに準ずる.）.
3. 水質自動監視測定装置とは，当該項目について自動的に計測することができる装置であって，計測結果を自動的に記録する機能を有するもの又はその機能を有する機器と接続されているものをいう（湖沼海域もこれに準ずる.）.
4. 最確数による定量法とは，次のものをいう（湖沼，海域もこれに準ずる）. 試料10mL，1mL，0.1mL，0.01mL……のように連続した4段階（試料量が0.1mL以下の場合は1mLに希釈して用い）を5本ずつBGLB醗酵管に移殖し，35〜37℃，48±3時間培養する. ガス発生を認めたものを大腸菌群陽性管とし，各試料量における陽性管数を求め，これから100mL中の最確数を最確数表を用いて算出する. この際，試料はその最大量を移殖したものの全部か又は大多数が大腸菌群陽性となるように，また最少量を移殖したものの全部か又は大多数が大腸菌群陰性となるように適当に希釈して用いる. なお，試料採取後，直ちに試験ができない時は，冷蔵して数時間以内に試験する.

（注）
1 自然環境保全：自然探勝等の環境保全
2 水道1級：ろ過等による簡易な浄水操作を行うもの
  水道2級：沈殿ろ過等による通常の浄水操作を行うもの
  水道3級：前処理等を伴う高度の浄水操作を行うもの
3 水産1級：ヤマメ，イワナ等貧腐水性水域の水産生物用並びに水産2級及び水産3級の水産生物用
  水産2級：サケ科魚類及びアユ等貧腐水性水域の水産生物用及び水産3級の水産生物用
  水産3級：コイ，フナ等，β－中腐水性水域の水産生物用
4 工業用水1級：沈殿等による通常の浄水操作を行うもの
  工業用水2級：薬品注入等による高度の浄水操作を行うもの
  工業用水3級：特殊の浄水操作を行うもの
5 環境保全：国民の日常生活（沿岸の遊歩等を含む)において不快感を生じない限度

■イ

項目類型	水生生物の生息状況の適応性	基準値			該当水域
		全亜鉛	ノニルフェノール	直鎖アルキルベンゼンスルホン酸及びその塩	
生物A	イワナ，サケマス等比較的低温域を好む水生生物及びこれらの餌生物が生息する水域	0.03mg/L 以下	0.001mg／L 以下	0.03mg/L 以下	第1の2の(2)により水域類型ごとに指定する水域
生物特A	生物Aの水域のうち，生物Aの欄に掲げる水生生物の産卵場（繁殖場）又は幼稚仔の生育場として特に保全が必要な水域	0.03mg/L 以下	0.0006mg／L 以下	0.02mg/L 以下	
生物B	コイ，フナ等比較的高温域を好む水生生物及びこれらの餌生物が生息する水域	0.03mg/L 以下	0.002mg／L 以下	0.05mg/L 以下	
生物特B	生物A又は生物Bの水域のうち生物Bの欄に掲げる水生生物の産卵場（繁殖場）又は幼稚仔の生育場として特に保全が必要な水域	0.03mg/L 以下	0.002mg／L 以下	0.04mg/L 以下	
測定方法		規格53に定める方法	付表11に掲げる方法	付表12に掲げる方法	

（出典：環境省；生活環境の保全に関する環境基準（河川））

表-4.2.5　地下水の水質汚濁に係る環境基準 [4]

項目	基準値	測定方法
カドミウム	0.003mg／L 以下	日本工業規格（以下「規格」という．）K0102 の 55.2，55.3 又は 55.4 に定める方法
全シアン	検出されないこと	規格 K0102 の 38.1.2 及び 38.2 に定める方法，規格 K0102 の 38.1.2 及び 38.3 に定める方法又は規格 K0102 の 38.1.2 及び 38.5 に定める方法
鉛	0.01mg／L 以下	規格 K0102 の 54 に定める方法
六価クロム	0.05mg／L 以下	規格 K0102 の 65.2 に定める方法（ただし，規格 K0102 の 65.2.6 に定める方法により塩分の濃度の高い試料を測定する場合にあっては，規格 K0170-7 の 7 の a)又は b)に定める操作を行うものとする．）
砒素	0.01mg／L 以下	規格 K0102 の 61.2，61.3 又は 61.4 に定める方法
総水銀	0.0005mg／L 以下	昭和 46 年 12 月環境庁告示第 59 号（水質汚濁に係る環境基準について）（以下「公共用水域告示」という．）付表 1 に掲げる方法
アルキル水銀	検出されないこと	公共用水域告示付表 2 に掲げる方法
ＰＣＢ	検出されないこと	公共用水域告示付表 3 に掲げる方法
ジクロロメタン	0.02mg／L 以下	規格 K0125 の 5.1，5.2 又は 5.3.2 に定める方法
四塩化炭素	0.002mg／L 以下	規格 K0125 の 5.1，5.2，5.3.1，5.4.1 又は 5.5 に定める方法
塩化ビニルモノマー	0.002mg／L 以下	付表に掲げる方法
1,2-ジクロロエタン	0.004mg／L 以下	規格 K0125 の 5.1，5.2，5.3.1 又は 5.3.2 に定める方法
1,1-ジクロロエチレン	0.1mg／L 以下	規格 K0125 の 5.1，5.2 又は 5.3.2 に定める方法
1,2-ジクロロエチレン	0.04mg／L 以下	シス体にあっては規格 K0125 の 5.1，5.2 又は 5.3.2 に定める方法，トランス体にあっては，規格 K0125 の 5.1，5.2 又は 5.3.1 に定める方法
1,1,1-トリクロロエタン	1mg／L 以下	規格 K0125 の 5.1，5.2，5.3.1，5.4.1 又は 5.5 に定める方法
1,1,2-トリクロロエタン	0.006mg／L 以下	規格 K0125 の 5.1，5.2，5.3.1，5.4.1 又は 5.5 に定める方法
トリクロロエチレン	0.01mg／L 以下	規格 K0125 の 5.1，5.2，5.3.1，5.4.1 又は 5.5 に定める方法
テトラクロロエチレン	0.01mg／L 以下	規格 K0125 の 5.1，5.2，5.3.1，5.4.1 又は 5.5 に定める方法
1,3-ジクロロプロペン	0.002mg／L 以下	規格 K0125 の 5.1，5.2 又は 5.3.1 に定める方法
チウラム	0.006mg／L 以下	公共用水域告示付表 4 に掲げる方法
シマジン	0.003mg／L 以下	公共用水域告示付表 5 の第 1 又は第 2 に掲げる方法
チオベンカルブ	0.02mg／L 以下	公共用水域告示付表 5 の第 1 又は第 2 に掲げる方法
ベンゼン	0.01mg／L 以下	規格 K0125 の 5.1，5.2 又は 5.3.2 に定める方法
セレン	0.01mg／L 以下	規格 K0102 の 67.2，67.3 又は 67.4 に定める方法
硝酸性窒素及び亜硝酸性窒素	10mg／L 以下	硝酸性窒素にあっては規格 K0102 の 43.2.1，43.2.3,43.2.5,43.2.6 に定める方法，亜硝酸性窒素にあっては規格 K0102 の 43.1 に定める方法
ふっ素	0.8mg／L 以下	規格 K0102 の 34.1 若しくは 34.4 に定める方法又は規格 K0102 の 34.1c)（注(6)第三文を除く．）に定める方法（懸濁物質及びイオンクロマトグラフ法で妨害となる物質が共存しない場合にあっては，これを省略することができる．）及び公共用水域告示付表 6 に掲げる方法
ほう素	1mg／L 以下	規格 K0102 の 47.1，47.3 又は 47.4 に定める方法
1,4-ジオキサン	0.05mg／L 以下	公共用水域告示付表 7 に掲げる方法

備考
1　基準値は年間平均値とする．ただし，全シアンに係る基準値については，最高値とする．
2　「検出されないこと」とは，測定方法の欄に掲げる方法により測定した場合において，その結果が当該方法の定量限界を下回ることをいう．
3　硝酸性窒素及び亜硝酸性窒素の濃度は，規格 K0102 の 43.2.1，43.2.3，43.2.5 又は 43.2.6 により測定された硝酸イオンの濃度に換算係数 0.2259 を乗じたものと規格 K0102 の 43.1 により測定された亜硝酸イオンの濃度に換算係数 0.3045 を乗じたものの和とする．
4　1, 2―ジクロロエチレンの濃度は，規格 K0125 の 5.1，5.2 又は 5.3.2 により測定されたシス体の濃度と規格 K0125 の 5.1，5.2 又は 5.3.1 により測定されたトランス体の濃度の和とする．

（出典：環境省；地下水の水質汚濁に係る環境基準）

4.2.2 地下水位低下のリスク

一般に，山岳トンネルは坑内に湧出する地下水を排出する排水構造であるため，トンネル掘削によって周辺地山の地下水位が低下することとなる．地下水位が低下すると，**図-4.2.7**に示すようなリスクがトンネル周辺において顕在化することがある．このようなリスクを回避または低減するためには，計画・調査・設計段階から維持管理段階において**表-4.2.6**に示すような調査を行い，調査・観測結果にもとづいて各段階で合理的な対策を実施する必要がある．地下水位低下対策の検討フローの一例を**図-4.2.8**に示す．

本項では，地下水位低下リスクが懸念されるトンネルを対象として，地下水位低下によってトンネル周辺の水利用・水環境に影響を及ぼすリスク要因とその対策（提言）を計画・調査・設計，施工および維持管理の段階ごとに示す．

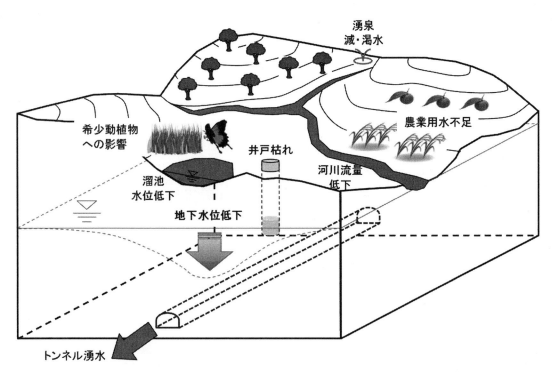

図-4.2.7　地下水位低下によるリスク概念図

4. 地質環境に関するリスク管理

表-4.2.6 水文調査の項目と目的

調査項目	主な調査目的	実施段階 計画・設計	実施段階 施工	実施段階 維持管理	主な調査内容
資料調査	・施工条件および問題点の概略把握 ・類似事例による予測と対策検討	◎	○	△	既存資料調査，空中写真判読など
地表踏査	・帯水層の構造推定	◎	○	△	湧泉や井戸の分布状況，露頭岩の性状など
物理探査	・地山性状，帯水層の把握	◎	○	△	弾性波探査，電気探査など
ボーリング調査	・帯水層の位置の推定 ・地盤の透水係数把握	◎	◎	−	コア観察，物理検層や揚水試験など
切羽前方探査	・帯水層の位置，規模の把握 ・トンネル掘削の早期影響評価	−	◎	−	先進ボーリングや先進導坑による湧水量・湧水圧測定，地質観察など
現地水質調査	・帯水層の構造把握 ・減渇水に対する因果関係の確認	◎	◎	△	水温，電気伝導率，pH，主成分など
地盤の透水性評価	・地盤の透水係数推定 ・水田などへの必要水量の把握	○	○	△	トレーサ，減水深測定やpF測定など
水収支調査	・トンネル掘削の影響評価	◎	◎	◎	降水量，河川流量，地下水位，坑内湧水量など
水源調査	・水供給量の把握 ・トンネル掘削の影響評価	◎	◎	◎	湧泉，湖沼，井戸・貯水池の用途や水量変動など
水利用調査	・水需要量の把握	◎	◎	◎	水田・畑地の分布状況，灌漑用水や生活用水など
環境調査	・貴重種や文化財などの把握 ・トンネル掘削の影響評価	◎	◎	◎	資料調査，有識者ヒアリング，観察など

◎：実施すべき調査，○：実施した方がよい調査，△：必要に応じて実施する調査，−：適用外

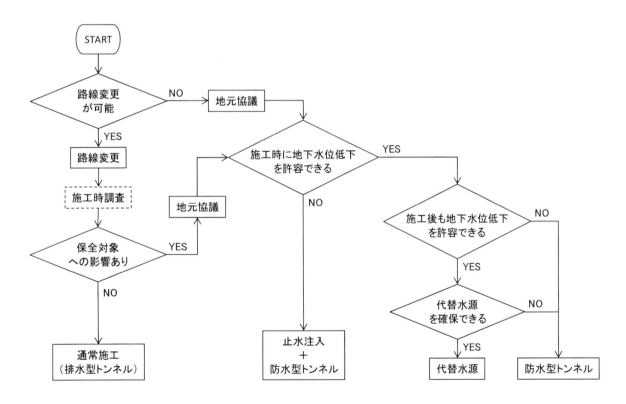

図-4.2.8 地下水位低下対策の検討フロー例

(1) 計画・調査・設計段階のリスクと対策

【計画・調査・設計段階のリスク要因】
① 路線計画域における水文調査が不足している．
② トンネル掘削に伴う周辺水環境への影響を過小または過大に評価している．
③ 沢や湧泉等の水源，希少動植物が路線計画域に分布している．
④ リスクに対する地元住民を含めた利害関係者との合意形成ができていない．

【解説】 ①，②について 技術・経済的な要因であり，計画・調査・設計に携わる技術者の力量，調査・設計の技術レベルおよび事業予算に依存するものである．地下水や希少動植物に対して的確な影響評価を行うためには，高度な専門知識を必要とする．このため，担当技術者の力量によっては，必要な調査が行われなかったり，誤った評価が行われたりするおそれがある．また，前述のように，日本の地質構造の複雑さに加えて，山岳トンネルは地中深くに建設される線状構造物という特徴を有していることから，計画・調査・設計段階においてトンネル全線の地質構造や地下水状況を正確に把握することは，現状の調査技術や費用の面で極めて困難である．このため，対策の検討も十分に行われない可能性がある．

③について 自然・環境的な要因であり，トンネル建設を計画する以前から当該地域に存在しているため，トンネルを建設するうえでの前提条件ともいえる．通常，トンネル掘削するとトンネル周辺地山の地下水位は低下する．路線計画域に水源や希少動植物の生息地があれば，トンネル掘削に伴う地下水位の低下により，水源の減・渇水や希少動植物の減少といったリスクが顕在化することになる．また，トンネル直上に河川や沢があると，リスクはトンネル周辺だけでなく遠く離れた下流域でも顕在化するおそれがある．しかしながら，日本の地質は複雑な構造を呈しているため，計画・調査・設計段階において帯水層の範囲や性状を把握し，地下水位低下による水源や希少動植物への影響度を正確に予測することは極めて困難である．

④について 社会的な要因である．湧泉や井戸，溜池等の水源を生活や農業・漁業に利用する地元住民等にとって，地下水位低下による水源の減・渇水は生活に与える影響が大きい．また，観光地や信仰対象となっている水源や希少動植物等への影響は地域の文化的価値を損なうことにもなる．このため，計画・調査・設計段階で地元住民等との合意形成ができていないと，施工段階で予想以上の工程遅延や工費増大などを招くことがある．

【計画・調査・設計段階のリスク回避または低減に対する提言】
① 水文調査や数値解析等を過不足なく行い，地下水位低下によるリスクを把握する．
② 必要に応じて，有識者に助言を求める．
③ リスクがあれば，ルート変更を検討する．リスクが不可避であれば，代替水源や防水型トンネル等の対策を検討する．
④ リスクについて地元住民を含めた利害関係者との合意形成を図る．

【解説】 ①について トンネル建設事業を円滑に遂行するためには，前提条件となる自然・環境的要因を計画・調査・設計段階で可能な限り把握しておかなければならない．このため，高度な専門知識を有する技術者のもとで，表-4.2.6 に示す計画・調査・設計段階の水文調査を実施する必要がある．とくに，降水量や地下水位，湧泉等の水量・水質および灌漑用水等の水利用量は季節によって変動するため，それぞれ観測地点を定め，雨量計や観測井，量水標を設けるなどして，着工に至るまでの数年間にわたって調査を実施する必要がある．さらに，トンネル計画域に文化的価値の高い水源や希少動植物等の保全対象が分布する場合には，表-4.2.7 に示すような，地質・水文調査結果を踏まえた三次元浸透流解析等の数値解析や水文学的方法等によってトンネル掘削時の影響予測を行うことが望ましい．なお，前述のように，水文調査は計画・調査・設計段階から維持管理段階まで継続して行う必要があることから，調査結果は確実に施工段階へ引き継がなければならない．

②について トンネル掘削に伴う地下水位低下は，利水にとどまらず生態系などにも影響を与えることがあるため，地形や地質，水文に加えて，生物学など，幅広い視点で検討する必要がある．このため，地下水位低下の影響が及ぶ可能性がある文化的価値の高い保全対象がある場合には，有識者で構成される施工検討委員会等を設置し，助言を求めることが望ましい．

<u>③について</u>　トンネル計画域における環境調査の結果，文化的価値の高い保全対象が分布し，トンネル掘削の影響がこれらに及ぶ可能性がある場合には影響範囲外にルートを変更することが望ましい．ルート変更は，保全対象に与える影響度や経済性等を総合的に勘案し，環境調査の熟度によって，計画・調査または設計段階のいずれかで検討する．

一方で，影響範囲外へのルート変更が困難な場合には対策工を検討する必要がある．一般に地下水位低下対策には，トンネル掘削時の減水に対して給水などで直ちに対応する「応急対策」と，トンネル完成後も永続する減水に対応する「恒久対策」がある．計画・調査・設計段階では，トンネル掘削に伴う地下水位低下をどの程度許容できるかを慎重に判断し，施工の基本方針を示すとともに，対策工の基本検討を行う．たとえば，施工時は地下水位低下を一時的に許容できるが供用後は許容できない場合，トンネル掘削中は地下水位等を観測しながら応急対策で対応し，覆工・防水工を防水型トンネル仕様にして供用後の復水を図ることが考えられる．また，施工時も地下水位の低下を許容できない場合は，止水注入を施工しながらトンネルを掘削し，覆工・防水工を防水型トンネル仕様にすることが考えられる．**図-4.2.9**に防水型トンネルの構造例を示す．いずれにしても，対策工の計画・調査・設計にあたっては，リスクの大きさ，対策工の効果や経済性・施工性等を総合的に勘案しなければならない．とくに恒久対策については，供用後の維持管理も考慮して計画・調査・設計する必要がある．

<u>④について</u>　事業の円滑な推進には地元住民等の理解と協力が不可欠である．このため，事業内容に加えて，調査・検討結果にもとづいたリスク評価と対策を地元住民等に丁寧に説明する必要がある．

表-4.2.7　トンネル掘削に伴う地下水影響範囲の主な予測手法

影響予測手法	概　要	主な入力物性値
数値解析 (地下水シミュレーション)	地盤における水の出入りを収支的に捉えて地下水モデルを設定し，トンネル周辺の地下水流動・水収支を計算する方法である．恵那山トンネルや塩嶺トンネルをはじめ，多くの湧水トンネルに適用されており，水文学的方法に比べて現実的で実用的な結果を得ることができる．ただし，現地条件を正確に反映させた解析モデルの構築は困難であることを考慮して，解析結果を評価する必要がある．三次元数値解析の場合，解析モデルの大きさにもよるが，3～6ヵ月程度の解析日数を要する．	降水量，蒸発散量，地盤標高，地表被覆状況，地質区分，地盤の透水係数，貯留係数，トンネル線形・断面，トンネル掘削工程
水文学的方法 (高橋の方法)	竣工後の影響範囲および恒常湧水量を予測するものであり，多くの湧水トンネルで用いられ，実用的で理解しやすい方法として認知されている．本方法は，地質が一様なものと仮定し，沢等の関係河川の流域形状特性から平均透水係数を求め，トンネル計画高を0（ゼロ）として比高（H）－流出範囲（R）曲線を描き，地表面と交差する点で囲まれる範囲とする図式解法である．	流域面積, 沢(主流路)延長, 主流路の左右分水界と沢床の標高差
統計的手法 (Sichardtの経験式)	トンネル底面を井戸の底とみなしてトンネル掘削に伴う地下水面低下範囲を概略的に予測する手法である．地質構造や地形的要素が考慮されていないことから，あくまでも目安として捉える必要がある．	トンネル底面から在来の地下水面までの高さ, 地盤の透水係数

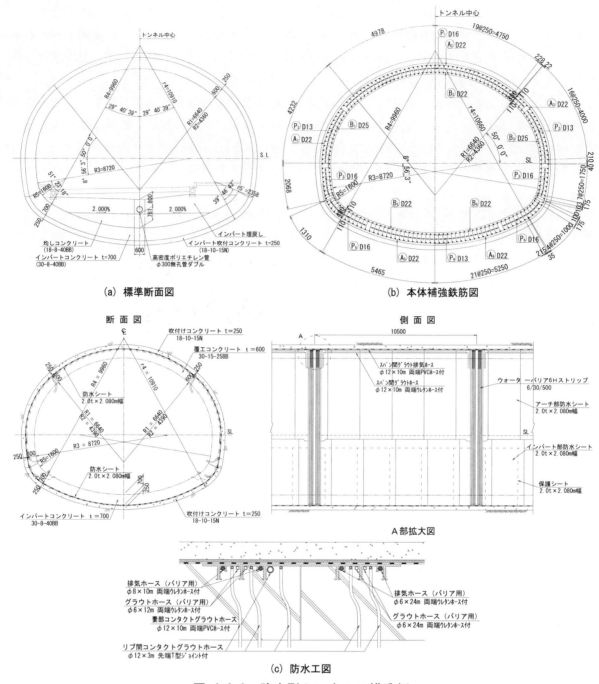

図-4.2.9 防水型トンネルの構造例

(2) 施工段階のリスクと対策

【施工段階のリスク要因】
① 帯水層を掘削する．
② 計画・調査・設計段階におけるリスク評価と対策を精査していない．
③ 水文調査が継続されていない，または不足している．
④ リスク対策の効果が期待した通りに得られない．
⑤ リスクに対する地元住民を含めた利害関係者との合意形成ができていない．

【解説】 ①について 自然・環境的な要因であり，路線選定時に帯水層（破砕帯や未固結砂層等）を避けることができなかった際に施工段階のリスク要因となる．帯水層を掘削することに対して，計画・調査・設計段階において可能な限りの調査・検討が行われていたとしても，調査精度等に限界があり，地質の不確実性を払拭することはできない．このため，着工時点で帯水層の

位置や規模，性状等を正確に把握することは困難であり，トンネル掘削に伴う地下水位低下による影響度（リスクの大きさや発生確率）が明らかになっていることも少ない．

②〜④について　技術・経済的な要因であり，施工に携わる技術者の力量，調査や施工方法の技術レベルおよび調査・工事費等に依存するものである．

②については，前述①のように，地質の不確実性等によって，計画・調査・設計段階におけるリスク評価や対策を施工段階においてもそのまま適用できるとは限らない．計画・調査・設計段階で評価されたリスクや検討された対策の精査を怠るとリスクに見合った対策を講じることができず，リスクが顕在化したり，必要以上に工期や工費が費やされたりすることになる．

③について　地下水位や河川流量等の変動はトンネル掘削による影響だけでなく，季節によって変動する降水量や蒸発散量の影響も受けることから，施工段階でも水収支調査や水源調査等の水文調査を過不足なく継続していなければ，リスクを見逃したり，トンネル掘削と減・渇水の因果関係を確認できなかったりして，適切な対策を迅速に講じることができない．

④について　十分な検討結果にもとづいて慎重に施工した対策でも，地質の不確実性やトンネル掘削による周辺の地下水流動系の変化，施工技術の限界等によって期待した効果が得られないこともある．たとえば，トンネル湧水の還元や井戸の新設等の代替水源から必要十分な水量が得られなかったり，止水注入を施工しても地下水位低下を抑制できなかったりすることがある．

⑤について　計画・調査・設計段階と同様，社会的な要因であり，工事に対する地元住民等の理解と協力が得られなければ工程遅延や工費増大などを招くこととなる．

【施工段階のリスク回避または低減に対する提言】
① 応急対策も含めて事前にリスク対策を立案し，迅速に対応できるように準備をする．
② 地下水位低下によるリスクや対策を精査する．
③ 水文調査や数値解析を継続的に行い，地下水位低下によるリスクの早期把握に努める．
④ リスク対策の効果を確認し，不十分であれば金銭補償も含めて追加対策を検討する．
⑤ 地元住民を含めた利害関係者への状況説明を丁寧に行い，合意形成を図る．

【解説】　①について　リスク対策は保全対象の重要度や立地条件等に応じて，事象が発生する前（予防保全的）に実施する場合と事象が発生した後（事後保全的）に実施する場合がある．地下水位低下によって顕在化するリスクは対策に緊急性を要する事象が多いことから，予防・事後のいずれの場合でも事前に具体的な実施計画を立案し，迅速に対応する必要がある．なお，実施計画は，施工の進捗に応じて適宜見直して有効性を確保する必要がある．

②について　技術・経済的な制約により，計画・調査・設計段階の調査・検討が必ずしも十分とは言えない場合がある．このため，設計照査に併せて，計画・調査・設計段階で提示されたリスク評価や対策を精査し，必要に応じて地質調査や水文調査を追加して実施することが望ましい．

③について　リスク評価や対策の妥当性確認，およびトンネル掘削と地下水位低下の因果関係を確認するために，計画・調査・設計段階と同様，施工中も**表-4.2.6**に示す水文調査を継続して実施しなければならない．施工中の水文調査にあたっては，地下水位や湧水量等に管理基準値を設け，異常時に迅速な対応を可能とする監視・連絡体制を構築する必要がある．とくに，トンネル掘削によって文化的価値が高い水源や希少動植物等に影響を与える可能性がある場合には，自動モニタリングシステムを導入するなどして地下水状況の詳細かつ迅速な把握に努めるとともに，水文調査結果等を反映させた三次元浸透流解析等の数値解析を実施して予測精度を向上させることが望ましい．また，**図-4.2.10**に示すように，長尺先進ボーリングや先進導坑等により保全対象に最小限のインパクトを与えることでリスクの早期把握を図ることも考えられる．

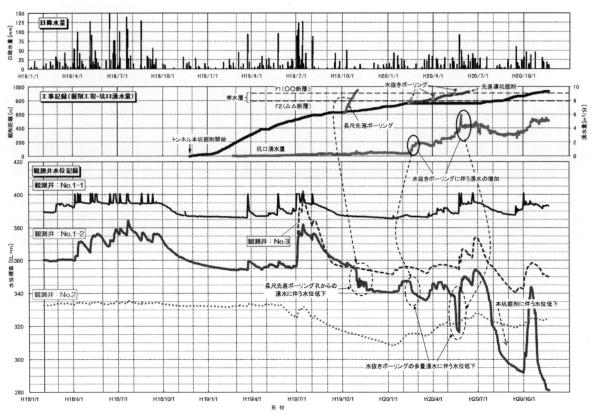

図-4.2.10　地下水モニタリング結果の例

　④について　地下水位低下によるリスクは地元住民を含めた利害関係者の生活環境に少なからず影響を及ぼすことから，対策の効果を確認しなければならない．とくに，恒久対策については，供用開始後に容易に追加・修正することはできないことから，施工段階において確実にリスクを回避または低減しておく必要がある．なお，代替水源や防水型トンネル等のハード面での対策だけでは不十分な場合には，補償コンサルタントに依頼するなどしてソフト面（金銭補償等）での対応も検討する必要がある．

　⑤について　工事を円滑に遂行するためには，地元住民等との信頼関係を築くことが重要である．地元住民等は工事の進捗や保全対象の状況を注視していることから，見学会や説明会を定期的に開催し，工事の進捗状況や保全対象のモニタリング結果を定期的に報告することが望ましい．また，地元住民等とのコミュニケーションを図る手段としては，広報誌の配付や現場ホームページの開設等も有効だと考えられる．

(3) 維持管理段階のリスクと対策

【維持管理段階のリスク要因】
① 水文調査が継続されていない，または不足している．
② 経年劣化等によりリスク対策の機能が低下する．
③ 設計・施工記録が管理されていない．
④ 地元住民を含めた利害関係者に対する補償範囲が明確になっていない．

【解説】　①〜④はいずれも技術・経済的な要因であり，維持管理に携わる技術者の力量，資機材の性能や耐久性，維持管理に関する事業者の体制・仕組み等に依存するものである．

　①について　地下水環境は季節変動する降水量や気温等の影響を受けることから，トンネル完成後も一定期間，過不足なく水文調査を継続していなければ，リスク対策の妥当性を確認することはできない．また，トンネル工事と地下水位低下の因果関係や地下水環境に与えた影響度合い

を確定することも難しく，利害関係者との補償契約も困難になる．

②について　防水型トンネルの場合，防水シートの経年的な劣化による破損は考えにくいが，施工時の不具合による影響が経時的に拡大することでトンネル内に漏水が発生する可能性はある．トンネル内への漏水はトンネル周辺の地下水位に少なからず影響を及ぼすとともに，利水者に不安を抱かせることにもなる．一方，坑内湧水等を利水者へ還元している場合，ポンプ等の機械設備は運転・供用時間に比例して部品の摩耗や疲労が生じるため，点検・整備を怠れば排水・送水機能が低下し，利水に支障をきたすこととなる．参考として，揚水用ポンプ（横形）の部品取替周期の目安を**表-4.2.8**に示す．

表-4.2.8　揚水用ポンプ（横形）の部品取替周期の目安[5]

分類	部品名	取替の判断基準	取替周期の目安
全体	ポンプ全体	ポンプ全体(電動機含む)を更新	１０～１５年
	オーバーホール	分解・点検・整備	４～７年
部品	羽根車	著しく摩耗し，性能が低下したら取替	４～７年
	主軸	著しく摩耗したら取替	４～７年
	グランドパッキン	増し締めしても著しく水漏れしたら取替	１年
	メカニカルシール	目視できるほど水漏れしたら取替	２年
	ライナリング	性能低下により支障をきたしたら取替	３～４年
	軸受	過熱，異音・振動が発生したら取替	３～４年
	軸スリーブ	著しく摩耗したら取替	３～４年
	軸継手ゴムブッシュ	ゴム部が摩耗劣化，損傷したら取替	２～３年
	軸受オイル	オイルの劣化，過熱，異音が発生したら取替	１年
	Ｏリング・パッキン類		分解毎
	水切りつば		分解毎
	電動機	絶縁劣化，焼損したら取替	１０～１５年

＜取替周期の想定条件＞
1．対象機種範囲は口径２００ｍｍ以下とする．
2．運転時間は１２時間／日とする．

（出典：日本産業機械工業会；汎用ポンプ保守管理について，2016.）

③について　一定のルールに従って設計・施工に関する記録が保管・管理されていないと，地質特性や構造特性等，そのトンネルの特徴を踏まえた点検・調査を行うことができず，不具合を見逃したり，発見が遅れたりすることが懸念される．また，供用後に不具合を発見した際に，その原因を究明することが困難となり，効果的かつ経済的な対策を講じることができなくなるおそれがある．

④について　利水に対する補償契約において補償の範囲が明確になっていなければ，早晩，利害関係者との紛争に発展するおそれがある．利害関係者との紛争は，新たに訴訟リスク（多大な費用・労力・時間，歓迎できない結論）を生む可能性がある．

【維持管理段階のリスク回避または低減に対する提言】
① 水文調査を継続的に行い，地下水位低下による影響の有無や対策の妥当性を確認する．
② 供用後も覆エコンクリートや坑内外の排水・送水設備の点検を継続的に行う．
③ 各種図面や観察・計測結果，検討資料，協議議事録等の施工情報を一元的に管理する．
④ 代替水源設備の維持管理等，地元住民等利害関係者への補償範囲を明確にしておく．

【解説】　①について　地下水位低下によるリスクは施工時に顕在化するとは限らず，施工後に顕在化する可能性も否定できない．近年では，気候変動によって生じる著しい少雨時期がリスクを誘発させたり増大させたりすることも考えられる．一方，施工段階で実施したリスク対策の妥当性を確認するためには，施工直後の一時的な水量や水位の確認だけでなく季節変動の影響も考

慮しなければならない．とくに，代替水源や防水型トンネルによる復水は地質や降水量といった自然条件に依存する側面が強く，維持管理段階において施工当時に期待したような水量や地下水位を確保できないこともある．このようなことから，施工完了後も数年間は表-4.2.6に示す水文調査を継続して実施する必要があると考えられる．維持管理段階における水文調査にあたっては，施工段階の水文調査結果を踏まえて，計画を立案・実施する必要がある．また，異常時に迅速な対応を可能とする連絡体制を構築するとともに，事前に応急対策を計画しておくことが望ましい．

②について　防水型トンネルとすることで地下水位低下によるリスクを回避しようとする場合，覆工コンクリートからの漏水を許容することはできない．このため，防水型トンネルにおいては，供用後も漏水に対する坑内点検を継続する必要がある．防水型トンネルにおける漏水対策として，後出の章末の事例3（八王子城跡トンネル）のようなリペアシステムの採用を計画・調査・設計段階で検討しておくことは，有効な対策と考えられる．一方，坑内湧水を利水者に還元するために坑内や事業用地内にポンプ等の排水・送水設備を設置している場合には，これら設備を定期的に点検・整備し，利水に支障をきたさないようにする必要がある．

③について　トンネル本体工ならびに付帯工等の竣工図，観察・計測結果，時系列的な施工記録，リスク対策の検討資料および地元住民等との協議議事録等，施工情報を一元的に管理することで，円滑な維持管理を行うことができる．また，今後の類似環境下においてトンネルを新設する際の参考となるようなデータベースを構築することもできる．なお，施工情報の一元管理にあたっては維持管理に必要な情報を網羅し，情報を必要とする人が必要な時に容易に検索できるように，記録すべき項目や内容，様式等のフォーマット，保管期間や保管場所および情報へのアクセス権限・方法等をあらかじめ定めておく必要がある．図-4.2.11に示すように，昨今ではCIM（Construction Information Modeling/Management）を導入し，計画・調査・設計～施工～維持管理にわたる一連の情報を連関・統合することで，発注者，設計者および施工者間での情報の共有化が推進されはじめている．

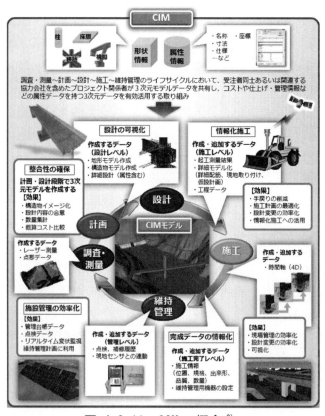

図-4.2.11　CIMの概念[6]

（出典：日本建設情報技術センター；事業紹介　BIM/CIM普及推進事業　CIMとは？）

④について　通常，トンネル本体は事業者によって維持管理されるが，事業用地外に設置された代替水源の設備等の維持管理は利水者に委ねられる場合がある．また，トンネル掘削との因果関係の有無に関係なく，利水障害等が生じた場合には利水者等からの苦情が発生することも考えられる．このため，上記①に加えて，リスク対策を実施した経緯や補償範囲を明確にしておかなければ，利害関係者への説明責任や訴訟リスクに対処することができない．たとえば，代替水源設備の維持管理に係る責任や費用負担先，補償対象とする地域や農作物，補償額の算定方法などを明確にしておく必要がある．利害関係者への補償にあたっては，「公共事業に係る工事の施行に起因する水枯渇等により生ずる損害等に係る事務処理要領の制定について，昭和59年3月31日建設省計用発第9号」に従って事業損失処理を実施する．

4.2.3 水質変化のリスク

トンネルの建設工事では，掘削による地下水位の低下が周辺環境や生態系に及ぼす影響のみならず，図-4.2.12に示すように，それに伴う水質の変化がトンネル周辺の地下水や河川に有害な影響を及ぼすことが懸念される．

これらの影響を回避または低減するには，計画・調査・設計段階から施工段階および維持管理段階において表-4.2.9に示すような調査を行い，その調査・観測結果にもとづいて各段階で合理的な対策を実施する必要がある．ここでは，水質変化のリスクについて，計画・調査・設計段階，施工段階および維持管理段階の各事業段階に応じて顕在化する可能性の高いリスクとその要因について整理し，各々のリスク対策を示す．

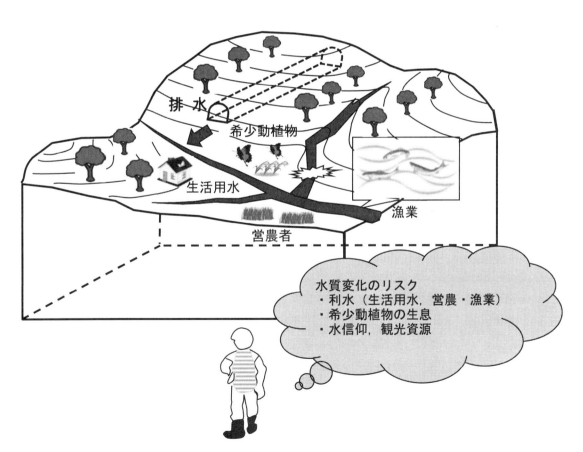

図-4.2.12　水質変化によるリスク概念

表-4.2.9 トンネル周辺の環境調査項目 [7)]

調査項目	調査事項	留意点	適用段階		
			計画設計	施工	維持管理
地形および地質	地形の現況と成因，層序，層相，地質構造，地層の時代区分，層厚，透水性，鉱物資源，天然ガス等の分布	地質の連続性，断層の有無，有害物質の溶出	◎	△	―
地下水	帯水層の分布と透水性，帯水層ごとの地下水圧と水質および経年変化，地下水の流向と流速，湧泉の分布と湧水量，地下水の涵養量	事前調査を重要視して十分に行う井戸調査	◎	△	―
地表水	表流水，温泉，湧泉，湖沼，湿原の分布	影響範囲の流量把握	◎	△	△
動植物	動物，植物の分布（とくに希少な種），生態系調査	保存の必要な自然環境資源	◎	△	△
土地利用，既設構造物，文化財，天然記念物，遺跡	土地，建物，公園，風致地区等の土地利用状況，家屋，ガス，水道等の埋設物，既設の坑道等，文化財，天然記念物，遺跡などの分布	対象物件の範囲，規模，所有者，管理者	◎	△	―
汚濁水	排水の状態，流量および水質，排水経路，水路の状態，流末河川の状態（流量，水質，利用状況）	法令等による規制，濁水の発生原因，放流前の状態を十分把握し，影響の程度を調査	○	◎	○
鉱染，重金属	湧水の pH，電気伝導度，水質分析，含有量試験，溶出試験（H_2O, H_2O_2）	鉱化帯，鉱床ずり，湧水処理の検討	○	◎	○

◎：重点的に実施　○：実施する　△：概略または必要に応じ実施　―：不要

（出典：土木学会：トンネル標準示方書　山岳工法・同解説，2006.）

(1) 計画・調査・設計段階のリスクと対策

【計画・調査・設計段階のリスク要因】
① 計画路線下流域で生活用水として地下水を利用，または農業，漁業を営んでいる．
② 計画路線周辺流域に希少動植物の生息が確認されている．
③ 計画路線の地山に自然由来重金属等が含まれている．

【解説】　いずれもトンネルを計画するうえでの前提条件といえる．留意すべき地域特性としては地形・地質，地下水の状況，動植物の分布，周辺地域の土地利用，利水状況，および鉱山や廃坑の有無等があげられる．トンネルを計画・調査・設計するにあたり，これらの地域特性の見落としや軽視により，本来であれば極めて概略的な段階で発見されるべきリスクが詳細レベルに至って発見された場合，手戻りの幅が大きくなり，それとともにコスト増大や時間ロスの発生等，リスク対策への影響も大きくなる．

　①，②について　トンネル工事に伴う水質変化について，原則対象となるすべての井戸の地下水と地表水について水質調査を実施するが，わが国特有の複雑な地質にトンネルが線状に構築されるため，たとえば水道法にもとづく全項目を対象となるすべての地下水，地表水で実施することは，経済的負担が大きくなる．そのため水質調査は，飲料水，生活用水の補助，営農，養魚等そ

の用途によって，もしくは保護すべき希少動植物の存在の有無等によって調査項目，排水基準値を分けて考える必要がある．通常水質調査はその重要度を加味し，当該地域の水質基準省令等に則り実施するが，計画・調査・設計段階において地域特性の見落としや軽視，もしくは工事に伴う水質変化について，自治体や地元住民との合意ができていない場合，施工段階で想定以上の工事費増大（対策工の実施），工程遅延（合意に至るまでの工事中止等）を招くおそれがある．

　③について　鉱山や廃坑から溶出する自然由来重金属等に起因する酸性水の周辺環境への影響が従来から問題となっているが，同様にトンネル掘削に伴う酸性水の発生や自然由来重金属等の溶出が周辺環境に及ぼす影響についても近年報告されており，その処理が課題となっている．たとえば黄鉄鉱が含まれる地質の場合，水との接触で化学変化が起こり，硫酸が形成され酸性となることで地質起源の砒素を溶出させる．さらには掘削により岩盤が細粒化することで，水や空気に接する面が大きくなり自然由来重金属等の溶出が促進される．たとえ重金属等の溶出水が排水基準値内であっても，周辺住民を含めた利害関係者に対するリスクの重みを見間違えると，施工段階の対策工への影響も大きくなる．

【計画・調査・設計段階のリスク回避または低減に対する提言】
① 利水実態調査や地下水流動解析を実施し，地下水の水質変化によるリスクを網羅する．
② 周辺環境に配慮した線形計画を実施する．
③ 施工技術検討会等の設置により，有識者に助言を求める．
④ リスク対策では，周辺地域に与えるリスクの規模に応じた対策工を選定する．

【解説】　計画・調査・設計の段階では，地形，地質，水文，地下水利用に関連する資料を収集し，対象調査地域の水理地質構造，地下水の概要，利水状況等水質変化に関する問題点を事前に把握することが重要である．

　①について　計画・調査・設計の段階では，まず地山条件に類似した地域や近接地域の既往工事を参考に，対象トンネルの湧水に関する調査方法の適用性，妥当性を確認する．計画・調査・設計段階のリスクについては，事前の調査精度に応じた細やかさで，地形条件の修正，設計条件の修正，支障となる事象の発見等に留意することが重要である．ただし，この段階では網羅すべき情報が広範囲にわたるため，とくに，事前調査が重要なポイントとなる．**表-4.2.10**に事前調査項目と目的および調査にもとづく検討内容[8),9)]を示す．事前調査は，工事開始前の自然的要因による地下水の水質を把握することにより，工事に伴う水質の人為的変化を判断する基礎資料とすることを目的としており重要度の高い調査である．事前調査では，工事による影響をおよぼす前段階での精度の高い連続観測データの取得が不可欠であり，測定期間についても，水文気象条件，とくに降水量の季節的変動を加味し，複数年にわたって継続的に実施する必要がある．また，工事開始前に調査計画を立案し，精度の高い影響予測を行うために，現地調査と既存資料，文献などにもとづき，調査対象地域の地形，地質，帯水層の分布，河川，地下水の水利用の状況を確認することが重要である．

　②について　たとえば鉱山地域に近接して計画されるトンネルで，酸性水や自然由来重金属等含有水の流出が予想される場合，トンネルからの湧水のみならず多量の掘削ずりからの酸性水や重金属等含有水の処理が重要な課題となる．そのため，トンネルのルート選定においては，本線のみならず掘削に伴うずり受入地周辺の環境影響についても配慮して検討することが重要である．

　③について　トンネル本体ならびにずり受入地周辺に希少動植物等保全対象の存在が確認される場合，工事に伴う水質変化が当該地域の動植物の生態系に大きな影響を及ぼすおそれがあるため，各専門分野の有識者で構成される施工技術検討会等を設置し，助言を求めることが望ましい．

　④について　リスク対策の選定にあたっては，たとえば対策には代替水源の確保，迂回水路の

設置，非排水構造の採用等が考えられるが，この段階では利水状況によって想定される被害の重大性（費用・期間）と障害の発生する可能性（発生確率）から対策工の優先順位を決め計画することが重要である[10]．表-4.2.11に水質変化のリスク対策に関する優先順位選定例，表-4.2.12にリスク内容とその対策事例[11]～[13]を示す．

表-4.2.10　事前調査項目と目的，調査にもとづく検討内容

事前調査項目	主な調査目的	調査にもとづく検討内容
水文，地質，降水量，湧水	自然条件下での水質の季節変化，変動量（変動幅）の把握	・影響範囲（調査範囲）の設定 ・水質変化とその要因の特定
採水と水質分析	自然条件化での水質の把握	・水質変化とその要因の特定
住民への聞き取り，地形図，古地図調査	地山の性状，水供給量（湧泉の分布）等の把握	・影響範囲（調査範囲）の設定
利水状況（用排水の確認，水量の変動，既存井戸）	周辺地域の水需要，利用目的の把握	・水質基準（許容量）の設定 ・対策工の優先順位の設定
環境調査	保護すべき希少動植物の有無，水に係わる信仰対象や観光資源の有無の把握	・有識者への意見聴取 ・環境影響範囲の予測
施工事例の有無	トンネル工事に伴う水質変化の把握	・類似事例による影響予測と対策工の事前検討

表-4.2.11　水質変化のリスク対策に関する優先順位選定例

想定されるリスク	重大性	可能性	評価点	優先順位	対策例
上水道がなく，生活水は井戸や湧水に依存している	3	3	9	A	・上水道の整備 ・代替水源の確保
あゆ，イワナの養殖場であるホタル，希少植物が生息する	2	3	6	B	・トンネル排水の排出経路を変更 ・高機能型濁水処理設備の採用
計画路線の地層に自然由来重金属等が含まれる	3	3	9	A	・止水工法の採用 ・自然由来重金属等対応型濁水処理設備 ・非排水構造の採用

表-4.2.12　計画・調査・設計段階のリスク内容と対策事例

リスク要因		リスク内容	対策事例
地形・地質的特徴	周辺環境		
新第三紀貫入岩類，新第三紀鉱床分布域	貯水池，既設トンネルの補修・補強	掘削ずり中の硫化鉱物類の酸化に伴う強酸性水の溶出による周辺環境影響	周辺環境に配慮した線形計画
第四紀火山噴出物群，硫化鉱物を含む鉱化変質岩	河川，温泉	環境基準を上回る自然由来重金属等の溶出	施工技術検討会の設置 湧水処理対策（濁水プラントの増強）
低速度帯，粘板岩，高圧帯水層	温泉，湿原	温泉，湿原への影響	施工検討委員会での協議

(2) 施工段階のリスクと対策

【施工段階のリスク要因】
① 自然条件や地形，地理的条件，社会的条件等の見落としと軽視．
② 計画・調査・設計段階での水質調査が継続されていない．または見直しがされていない．
③ トンネル掘削作業に伴う濁水やコンクリート打設に伴う強アルカリ水，重機械からの油脂，補助工法で使用する薬液の事業用地外への流出．

【解説】 施工段階については，当該地域特有の自然条件や地形，地理的条件，社会的条件等による水質の変化が周辺環境に及ぼす影響に加え，トンネル掘削時の大量湧水の発生に伴う水温変化や高濃度濁水の発生，吹付けコンクリートや覆工コンクリート等，セメント使用による pH の上昇，補助工法に用いられる薬液等の流出や工事用重機械等からの油脂の流出による水質汚濁の発生，自然由来重金属等の溶出による水質変化のリスクも考慮しなければならない．

<u>①について</u> 施工段階で顕在化するリスクの特徴としては，現地に存在している自然条件や地形，地理的条件，社会的条件等の見落としや軽視により対策が取られていない場合が多く，事象が顕在化すると，事業に与える影響（事業費増大，事業期間延長）も大きくなるおそれがある．

<u>②について</u> トンネル工事では，掘削された岩盤が降雨や湧水により酸化したり，吹付けコンクリート等に用いるセメントと接触することで化学反応を起こし自然由来重金属等が溶出する場合がある．よって，施工段階で水質調査を過不足なく継続もしくは見直をしていなければ，周辺環境に及ぼすリスクを見逃し，適切な対策工を迅速に実施できなくなるおそれがある．

<u>③について</u> トンネルの建設工事では，掘削作業に伴う高濁度水，吹付けコンクリートや覆工コンクリート施工に伴う強アルカリ水が発生するため，これら汚濁水を排水（放流）基準値内に処理する目的でトンネル仮設備として濁水処理設備を設置する．

通常，施工に伴う汚濁水は，濁水処理設備により適正に処理できるため，水質変化のリスクは考え難いが，たとえば，図-4.2.13に示すように，掘削中突発的に発生する多量湧水（自然的要因）や高アルカリ水に濁水処理設備の管理不備等が重なることで，汚濁水が事業用地外へ流出するおそれがある．これらは周辺地域の水利用や水環境に直接影響を及ぼすため，日常的に防止することや，発生時には迅速な対応が必要となる．

図-4.2.13 施工段階のリスク要因事例（トンネル掘削時）

【施工段階でのリスク回避または低減に対する提言】
① 計画・調査・設計段階で実施した水質変化によるリスクや対策の精査，見直しのための中間調査を定期的に実施する．
② 水質調査を継続的に行い，水質変化によるリスクの早期把握に努める．
③ 現地の地質条件や水理条件等から想定される排水量を考慮した濁水処理設備を選定する．
④ 事前に応急対策や恒久対策も考慮したリスク対策を計画し実施する．

【解説】 施工段階でのリスクを回避または低減するためには，計画・調査・設計段階で想定し

た水質変化に対するリスクについて，再度検討を行い，リスクになり得る事項をくまなく抽出し，迅速かつ適切な対策工を選定することが重要である.

　①，②について　施工段階のリスク対策を検討するにあたり，工事の影響により発生する可能性のある水質変化について，当該工事が原因であるか否かを明確に判定するための調査を実施する.工事期間中における中間調査の趣旨，目的および調査項目[8),9)]を**表-4.2.13**に示す.中間調査では，事前調査によって得られた工事の影響が及ぶ前の河川水・地下水の水質と，中間調査から得られる水質との関係を対比することで，工事が原因で生じる変化を迅速かつ明確に抽出する.

表-4.2.13　中間調査項目と目的，調査にもとづく検討内容事例

調査項目	調査目的	調査にもとづく検討内容
・既存井戸，湧水状況の変更の有無 ・用排水の確認，水量の変動 ・採水と水質分析 ・降水量	工事に伴う水質への影響の有無の確認および応急対策実施の確認	・影響範囲（調査範囲）の妥当性 ・水質変化の確認（各工程ごと） ・応急対策必要性の解析 ・恒久対策の検討

　③について　濁水処理設備については，当初設計段階で自然湧水量を定量的に把握することは困難であるため，一般的には$30m^3/h$級程度の設備を計画することが多い.しかしながら，施工中の掘削作業に伴う高濁度水，吹付けコンクリートや覆工コンクリート施工に伴う強アルカリ水，あるいは重機械からの油脂，補助工法で使用する薬液等の事業用地外への流出は周辺環境に多大な被害を及ぼすため，その選定については，現地地質条件や水理条件等によって想定される排水量を考慮することが望ましい.また，施工途中段階での濁水処理設備の処理能力増強については，増強すべき排水処理量についてもあらかじめ計画しておくことが重要である.

　④について　リスク対策では，事象が起きてから緊急的に対応する「応急対策」と工事完成後も継続して実施する「恒久対策」に分類されるが，現地の利水状況や使用目的により，事象が発生してから応急対策を実施するまでの時間的余裕がないものに対しては，例外的に事前に応急対策や恒久対策を計画し実施することも重要である.また，対策工の選定にあたっては，経済性および施工性を考慮して最適な対策を選定する.その選定にあたっても，リスクの優先順位をあらかじめ決めておくことは迅速な対応のために有効となる.

(3) 維持管理段階のリスクと対策

【維持管理段階のリスク要因】

① 計画・調査・設計段階，施工段階の水文調査が継続されていない.

② 地山からの強酸性水や自然由来重金属等の継続的な溶出による排水機能の低下や支保機能を含めたトンネル構造体の劣化度合いが確認できていない.

③ 設計，施工記録が管理されていない.

【解説】　維持管理段階のリスクについては，先に述べた地下水位低下のリスクと同様いずれも技術的，経済的な要因が主であり，維持管理に携わる技術者の力量，トンネル本体構造物及び付属設備の性能や耐久性，維持管理に関する事業者の体制，仕組み等に依存するものである.

　①について　地下水は，季節変動する降水量や気温等の影響のみならず，トンネル完成後の周辺地下水位の復水や地下構造物の建設による水文環境の変化にも影響を受ける.したがって，トンネル完成後も一定期間，過不足なくトンネル本線やずり受入地を含めた周辺地域の水質調査を継続し，工事と水質変化の因果関係や当該地域への影響度合いを正確に把握できなければ，周辺住民および利害関係者との補償問題や計画・調査・設計段階，施工段階での対策工の妥当性の評価にも影響を及ぼす.

②について　図-4.2.14に示すように，地山からの強酸性水や自然由来重金属等の継続的な溶出に起因する排水機能の低下や支保機能を含めたトンネル構造体の劣化は，対策工の機能を低下させ，周辺環境に及ぼす影響のみならず，供用後のリスクも増大させる．

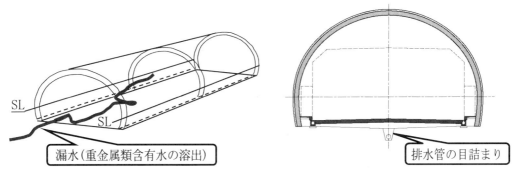

図-4.2.14　維持管理段階のリスク要因事例

③について　工事に関する記録が保管されていなければ，当該地域の特性，構造物の特性を踏まえた正確な点検・調査が実施できず，供用期間中に不具合を発見した際，原因を究明することが困難となり，効果的かつ経済的な対策を講じることができなくなるおそれがある．

【維持管理段階でのリスク回避または低減に対する提言】
① 水質調査を継続実施し，河川水，地下水の水質変化の程度，復元度合いを確認する．
② 供用後も覆工コンクリートの点検，排水処理設備の維持点検を継続的に実施する．
③ 工事記録（設計・変更図，観察・計測結果，議事録）等の施工状況を一元的に管理する．

【解説】　トンネルの維持管理段階での水質変化リスクについては，一般的にトンネル完成後もある程度継続されることが多い．さらに，前述の通りトンネル完成後の周辺地下水位の復水による水環境や植生環境の変化，地山からの強酸性水や自然由来重金属等の継続的な溶出による排水機能の低下，支保機能を含めたトンネル構造体の劣化等も挙げられる．

いずれにしても維持管理段階は事業完成後の供用期間中であるため，周辺環境に対するリスクに加えて，利用者に対するリスクについても留意する必要がある．

①について　維持管理段階での水質変化のリスク対策を検討するにあたり，当該工事が原因であるか否か，あるいはその水質変化が復元に向かっているか否かを明確に判定するための事後調査を継続して実施することが重要である．

維持管理段階の事後調査の項目，目的および検討内容[8),9)]を表-4.2.14に示す．事前調査，中間調査によって得られた河川水，地下水の水質について，工事完成後の事後調査から得られる関係を各々対比することにより，工事が原因で生じる変化を明確に抽出するとともに，その変化の程度，復元度合いを把握し，対策工の検討に用いる．なお，維持管理段階では工事完成後の水質変化の影響の有無，回復状況を確認するため，モニタリングデータの変化に常に注意を向け，追加対策時期を逸しないようにするべきである．

表-4.2.14　事後調査項目と目的，検討内容事例

調査項目	調査目的	検討内容
・既存井戸，湧水状況の変更の有無（継続） ・用排水の確認，水量の変動（継続） ・採水と水質分析（継続） ・降水量（継続）	工事完成後における影響の有無と回復状況の確認および恒久対策実施の確認	・水質変化の確認（工事完成後） ・影響が認められた場合の補償基礎資料の作成 ・恒久対策必要性の解析

表-4.2.15 に維持管理段階のリスク内容と対策事例 [14]~[17])を示す.

表-4.2.15　維持管理段階のリスク内容と対策事例

リスク要因		リスク内容	対策事例
地形・地質的特徴	周辺環境		
秩父中古生層, 石灰岩, 変形・破砕, 鍾乳洞化	観光地, 水道水・農業用水取水口	復水によるトンネル構造としての安全性低下	排水・導水, 噴出物処理計画
小仏層群, 頁岩優勢互層	史跡, 国定公園, 修験場	トンネル完成後の水環境や植生環境の変化	水文モニタリング
断層破砕帯, 赤谷層, ひん岩, 泥岩	貯水池, 既設トンネル	地山からの強酸性水の溶出による排水機能低下	排水構造の検討
国頭層群名護層, 地層境界	営農地	利水障害	利水対策（堰のかさ上げ, 貯水タンクの設置）

　②について　維持管理段階のリスクには，水質変化が周辺環境に与えるリスクに加えて，災害リスク，劣化リスクなど長期間にわたるリスクがあるのがこの段階の特徴と言える．たとえば地山に自然由来重金属等が含有している場合，溶出により防水工の構造的不具合や施工時の不具合による影響が継時的に拡大することで，トンネル坑内に漏水を発生させる可能性がある．覆工コンクリートからの漏水はトンネル構造体を劣化させる原因となり，トンネル利用者に対する災害リスクも増大させる．よって，供用後も漏水に対する坑内点検を継続する必要がある．また，トンネル排水設備についても目詰まり等による機能低下が懸念されるため，これら設備関連についても定期的に点検・整備することが重要である．さらに，計画・調査・設計段階，施工段階において，非排水構造の検討，中央排水の維持管理に関する検討を実施しておくことも望ましい．

　③について　トンネル本体工，付帯工およびずり受入地等の竣工図，トンネル掘削時の切羽観察・計測結果，施工記録，リスク検討資料および対策工，地元住民・利害関係者との打合せ・協議資料等の施工情報を一元的に管理することで，円滑な維持管理を行うことができる．また，工事情報を一元化管理することで，類似環境下においてトンネルを新設する場合の参考資料となるようなデータベースを構築することもできる．なお，施工管理の一元化にあたっては，維持管理に必要な情報を網羅し，記録すべき項目や内容，様式等のフォーマット，保存期間や保存場所および情報へのアクセス権限・方法等をあらかじめ定めておく必要がある．昨今では，CIM（Construction Information Modeling/Management），IoT 等を導入し，計画・調査・設計～施工～維持管理にわたる一連の情報を効率的に統合することで，発注者，設計者および施工者間での情報の共有化が推進されはじめている．

4.3 ガスに関するリスク低減

4.3.1 ガスに関するリスク一般

トンネル工事で考慮すべきガスに関するリスクとしては，可燃性ガスによるガス爆発のリスク，有害ガスによる中毒のリスク，酸素欠乏空気による酸素欠乏症のリスクがあげられる[18]~[20]．以下に，ガスの分類と特徴，日本列島における分布と地質，ガスに関する文献調査結果，人体への影響，法的枠組み，および各事業者によるマニュアルについて詳述する．

(1) ガスの分類と特徴

ここで取り扱うガスを可燃性ガス，酸素欠乏空気，有害ガスに分類し，それぞれの特徴について以下に述べる．

a) 可燃性ガス

① 油田ガス（石油または含油地層と密接な関係にあるもの）
② 炭田ガス（石炭または含炭層と密接な関係のあるもの）
③ 水溶性ガス（石油とも石炭とも一応無関係と思われるもの）
④ 古期岩層および現世層中のガス
⑤ 火山・温泉ガスの一部

①は油田を胚胎する第三紀層の発達する地域内で石油を伴い，または伴わないで産出する．この種のガスは石油の場合と同様に，多孔質岩石の層とそれを覆うキャップロックの層とがあり，それが背斜，ドーム構造その他油田構造を形成しているところで，多孔質岩石の孔隙や割れ目を満たして集積している．

②の炭田ガスは炭層，夾炭層や付近の岩石の孔隙や割れ目に遊離ガスとして入っているもののほかに，大量のものが石炭組織に吸着されている．成分はほとんどが植物質の炭化の進行によって生成したメタンガスで，産出地層は古・新第三紀層および第四紀層である．

③の水溶性ガスは，地下において地層水中に溶存するもので，主として新第三紀層および第四紀層に存在する．成分は一般にメタン（CH_4）を主とし，エタン（C_2H_6）以上の炭化水素はほとんど含まれない．この水溶性ガスは，有機質の細粒岩からなる地層中に存在する．すなわち，陸成の泥岩や有機質の泥岩，海成ないし汽水成の有機質の泥岩などが，ガスの根源層となっている[21]．ガスは向斜あるいは盆状構造の低部，単斜構造（向斜または盆状構造の翼部）において，比較的軟弱な地層中の砂層，礫層の中の孔隙あるいは断層破砕帯中の孔隙を満たす地下水中に，高い圧力の下で融解している．地中の水に融解しているメタンは，帯水層の一部が背斜構造をなしているときや，断層で閉塞された地塊内に遊離ガスとして存在することもある．

④は古第三紀層以前の地層中に認められるもの，および現在の海底，湖底，泥炭地，その他地表近くで発生している可燃性ガスである．メタンハイドレートはこれに含まれる．

⑤は火山・温泉地帯のガスであり，主として二酸化炭素（CO_2），硫化水素（H_2S），窒素（N_2），酸素（O_2），メタン（CH_4）などである．温泉ガスは主成分によって（Ⅰ）CO_2 の多い炭酸ガス型，（Ⅱ）N_2 の多い窒素型，（Ⅲ）CH_4 の多いメタン型の3つに分けられる[22]．（Ⅰ）（Ⅲ）型はガスの絶対量も多く，ガスが遊離し気泡となって噴出する．これらの型と噴出地の地質との関係は，メタン型が堆積岩地域にみられる以外は明確ではない．

可燃性ガスのなかでもとくに，メタンガス突出のおそれがある地質構造として，断層，断層破砕帯および褶曲地帯における背斜構造の付近などで，地質構造的に変化の多いところ，岩脈が地層を貫いている接触部付近などで，発破中あるいは発破直後に突出することが多い[23]．

油田ガス層の地質構造[24]を図-4.3.1に示す.

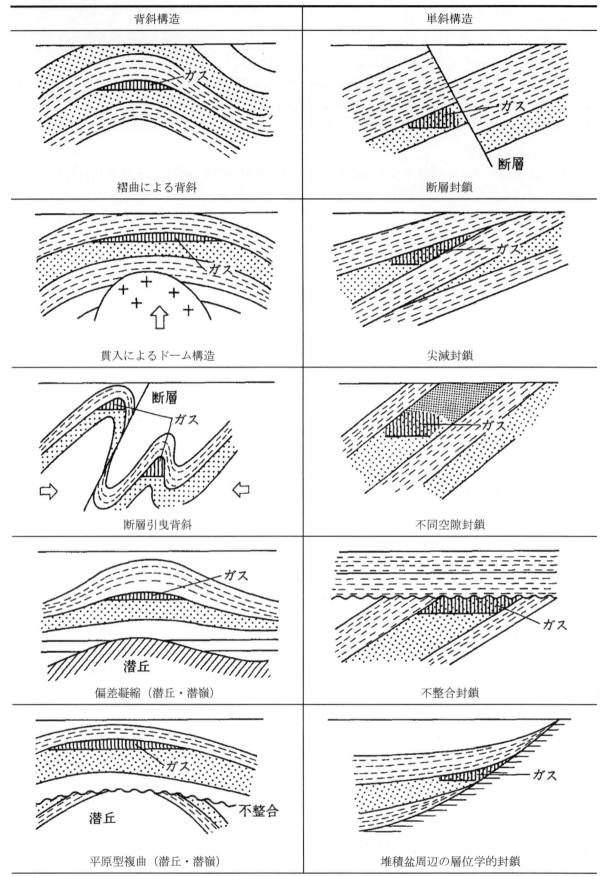

図-4.3.1 油田ガス地質構造概念[24]

(出典：前ら；産業安全研究所特別研究報告，1980.)

b）酸素欠乏空気 [25]

　酸素欠乏症等防止規則第二条によれば，「酸素欠乏（以下，酸素欠乏症）」とは「空気中の酸素の濃度が 18%未満である状態」をいう．また「空気中の酸素の濃度が 18%未満である状態または空気中の硫化水素の濃度が 10ppm を超えた状態」を「酸素欠乏等」[26] という．

　酸素欠乏空気は有害ガスという概念には含まれないが，非常に危険度が高い．地層中において酸素欠乏空気が発生する機構については不明な点が多いが，以下のようなケースが考えられる．

① 地下水位の下がった地層中に第一塩鉄，モンモリロナイト鉄塩などが含まれ，この層が掘削により空気に触れると，空気中の酸素と結合して酸化鉄を生じる．このとき，空気中の酸素が欠乏する．

② 地下水位の低下した層に鉄分が含まれていると，酸素の補給が少なく還元状態になっており，真空状態か極度に酸素が少ない気体が存在し，それ自体が酸素欠乏状態になっている．

③ 上記，①，②のような層に圧気の空気が入り，酸化により酸素をとられ酸素欠乏空気となって滞留する．

④ 地下水中に第一鉄イオン，第一マンガンイオンが溶けていて，空気と接したとき，水酸化鉄として沈殿し空気中の酸素が取り込まれ酸素欠乏空気を作る．

⑤ 地層中においてバクテリアなどによる分解作用で，メタン，炭酸ガス，硫化水素などを発生して酸素を希釈する．

　地層中のメタン，炭酸ガスなどの湧出による，酸素の希釈，消費，置換などがある．酸素欠乏空気は地層を透過したり，地層の亀裂を通ったりして，これらに接触している地下室や，井戸などから発生する．時として近接工事を行う場合も，これらが吹き出してくることがある．

c）有害ガス

　山岳トンネル工事で発生する有害ガスは，火山性ガスや非火山性ガスの自然発生によるものと，内燃機関の排出ガス，発破の後ガスなどの人為的に発生するものがある．

　火山性ガスは，火山の噴気活動として発生し，亜硫酸ガス（SO_2）や硫化水素（H_2S）は，登山者の事故などで知られているように非常に危険である．火山周辺での工事の際は要注意であるが，第三紀層や第四紀層の堆積岩でも硫化水素が発生することがある．硫化水素（H_2S）は，硫黄鉱床地帯の地層，火山性ガス，温泉，腐泥土にともなって発生する．

　非火山性の硫化水素（H_2S）は，還元反応として硫酸還元菌などを媒介として形成されると考えられる．この反応はトンネルのような閉塞された場所でごくゆっくり進行するので，泥岩地山で放置された試掘坑や長期間掘削が中断されたトンネルでは，硫黄を含む泥岩がしばらくの期間露出したままの状況下になり，硫化水素が発生しやすい．すなわち，含硫黄泥岩地山で鉄分の酸化に水が加わって硫酸イオンが発生，さらに硫酸還元菌（還元バクテリア）の硫酸呼吸（嫌気性）によって硫化水素が生成される．硫化水素は空気より重いので低所に滞留する [27]．
一酸化炭素（CO）は，発破の後ガス，内燃機関の排気ガス，坑内火災，ガス爆発，有機物の酸化などで発生する．また二酸化炭素（CO_2）は，掘削にともない地層・地下水からの湧出，坑内火災，ガス爆発，坑内の温泉湧出，有機物の酸化，枕木類の腐朽などで発生する．

　その他の有害ガスとしては，次のものが挙げられる．一酸化窒素（NO），二酸化窒素（NO_2）は，発破の後ガス，排気ガス（ディーゼルエンジン）で発生する．二酸化硫黄（SO_2）は重油の燃焼，火山性ガスで発生する．また，塩化水素（HCl）は火山性ガスで発生し，ホルムアルデヒド（H・CHO）は接着剤，塗料，防腐剤で発生する．

(2) 日本列島における分布と地質

a) 可燃性ガス

　トンネル工事で発生が予測される有害ガスのうち遭遇の可能性が高く，かつ爆発事故につながるおそれのある可燃性ガスは，日本全国に広く存在しており，炭田，油田，ガス田地域の他にも存在が確認されている地域もある．可燃性ガスの存在地域は，ガスの生成・移動・集積あるいは貯留の3条件を可能とする地質条件（地質年代・岩相・地質構造）の場所に限られるため，事前調査においてこれらの条件を十分に把握しておくことが重要である．

　そこで，図-4.3.2には，炭田，油田，ガス田地域の分布[28]を示すとともに，可燃性ガスの湧出が課題となったトンネル名とその主な地質の年代について付記した．主に，可燃性ガスが課題になるトンネルの特徴は，近隣に炭田，油田，ガス田が分布していることが多い．また，地質年代としては，新第三紀〜第四紀のものが多い．文献調査の一つとして図-4.3.2を参照されたい．

b) 酸素欠乏空気（酸素欠乏空気）[27]

　酸素欠乏空気は新第三紀や第四紀の堆積岩分布地域で多く発生している．堆積岩中の硫黄や黄鉄鉱の起源は，堆積時に有機物に富む海底下における還元環境で沈殿・形成される．とくに内湾環境の泥底は水中酸素の循環が不良なため還元的で，硫化水素→硫化鉄の形成に好適条件とみなされている．内湾性泥質岩の普遍的存在として，都市の発達している沿岸平野地下を構成する内湾性沖積層を挙げることができる．沖積層は通常数十m規模の厚さを有し，地下鉄や地下街などトンネルや地下空間利用の対象となりやすい．その沖積層は，最終氷期における−100m余もの海面低下と主要河川沿いの侵食によって生じた凹地が，後氷期の海面上昇によって内湾化し，内湾性泥質物によって埋積されて形成された．したがって，沖積層は有機物の多い還元的環境で形成されたと言える，工事によって地表の空気にさらされると，還元性硫化鉄の酸化作用によって多量の酸素が消費されて酸素欠乏現象を引き起こす．ただし，沖積層全体が内湾性泥層というわけではなく，硫化鉄の僅少な陸生シルト層，砂層の部分もあり，表層部は河口デルタ堆積物であって酸素欠乏を引き起こすことはない．したがって，掘削工事において対象とする地質をよく精査して対処すべきである．

c) 有害ガス[27]

　火山地帯には，亜硫酸ガス（SO_2）や硫化水素（H_2S）が普遍的に存在すると考えられる．また，新第三紀層の海成泥岩には，ほぼ普遍的に黄鉄鉱（FeS_2）などの硫化鉄鉱が含まれていると推察される．硫黄含有の地層では地表露頭において，砂岩や泥岩の表面にしばしば黄白色の硫黄の析出が見られることから地表踏査時に留意する必要がある．堆積岩中の黄鉄鉱粒は一般に非常に細粒で，径0.003mmオーダーといわれており（フランボイダル・パイライト），肉眼での見分けは難しい．新第三紀層に限らず浅海成の中生層・古生層の泥質岩にも硫黄含有量として0.3〜1.0重量%が普通に含まれるので，前述したような掘削中断などの状況が発生した後は，卵の腐ったような特徴ある臭いで硫化水素の発生がわかることが多い．とくに高濃度でない限り，通常は十分な換気でリスクを回避できる．

4．地質環境に関するリスク管理　　231

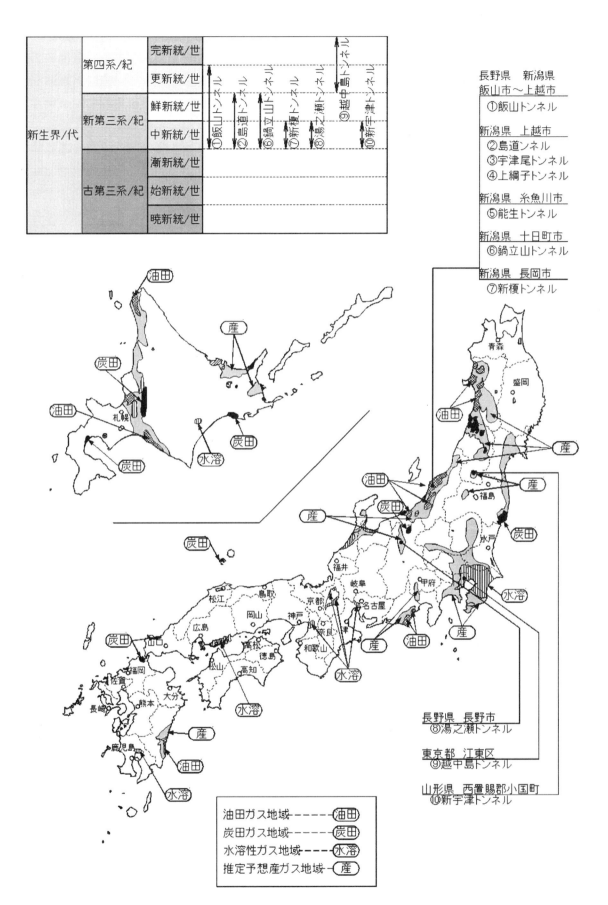

図-4.3.2　日本の可燃性天然ガス（炭田・油田・ガス田）分布 [28)に加筆]

（出典：農林水産省；土木工事等施工技術安全指針，2010．）

(3) ガスに関する調査結果

ガスに関する文献調査の内訳は**表 4.3.1**のようになっている．全38文献のうち，トンネルと地下（日本トンネル技術協会誌）が最も多く，全体の55%を占める．また，ガスが発生した地域でみると，新潟県が74%と大部分を占めており，フォッサマグナ北部のガス田周辺地域に多いことがわかる（**図-4.3.3**）．トンネルの用途では，鉄道が最も多く42%，次いで道路が26%となっている（**図-4.3.4**）．

表4.3.1　ガスに関する調査文献の内訳

文献名	文献数	割合
トンネルと地下	21	55%
トンネル工学研究論文・報告集	3	8%
説明資料	2	5%
その他（応用地質，日本鉱業会誌，農業土木学会誌，日本地すべり学会誌，粘土科学ほか）	12	32%

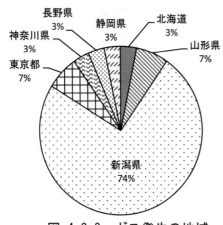

図-4.3.3　ガス発生の地域

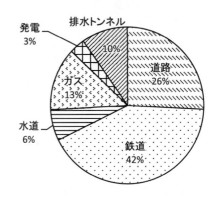

図-4.3.4　ガスが発生したトンネルの用途

(4) 人体への影響と被害のメカニズム

トンネルが長く排気が不十分な場合は，爆発時のガスや建設機械などの排気ガスの残留，地中から発生するガスの滞留により作業員が頭痛，めまい，嘔吐といった症状を訴え，激しい場合は窒息することがある．とくに硫化水素中毒は致死率が高く非常に危険ではあるが，作業環境測定，換気，送気マスク等の呼吸用保護具の使用などの処置を適正に実施すれば防ぐことができる．硫化水素は人体への影響が大きく，無色で特徴的な強い刺激臭があり，目，皮膚，粘膜を刺激することから事前の計画・調査・設計と施工中の処置・作業方法の点検が極めて重要である．

図-4.3.5　酸素濃度によるに人体への影響イメージ

酸素欠乏空気が人体へ及ぼす影響について，**表-4.3.2**および**図-4.3.5**に示す．また，有害ガスが人体へ及ぼす影響について，**表-4.3.3～4.3.5**に示す．

表-4.3.2　酸素濃度低下の人体への影響（ヘンダーソン・ハガードの分類）[23]

酸素濃度 (%)	酸素分圧 (mmHg)	動脈血中酸素分圧 (mmHg)	動脈血中酸素飽和度 (%)	症　状
16～12	120～90	60～45	89～85	脈拍，呼吸数の増加，精神集中に努力がいる，細かい筋肉作業が上手く行かない，頭痛
14～9	105～60	55～40	87～74	判断力が鈍る，発揚状態，不安定な精神状態，刺傷などを感じない，酩酊状態，当時の記憶無し，体温の上昇，チアノーゼ
10～6	70～45	40～20	74～33	意識不明，中枢神経障害，麻痺，チアノーゼ
10～6の持続またはそれ以下	45 以下	20 以下	33 以下	昏睡→呼吸緩除→呼吸停止→6～8 分後心臓停止

酸素濃度 18%未満の作業場所は，酸素欠乏(酸素欠乏症)の危険があるので予防処置を講じること

（出典：石井康夫；トンネルと地下，第 10 巻 6 号，1979.）

表-4.3.3　一酸化炭素（CO）濃度と人体への影響[26]

発生原因	性質	人体への影響(許容濃度50ppm) 中毒指数(CO濃度と暴露時間の積)ppm×h	
発破の後ガス	・無色無臭の気体で， 　　　　　比重0.97/空気：1 ・爆発限界：12.5～75% ・血液と反応して，呼吸困難となる	300以下	作用は認められない
内燃機関の排気ガス		600以下	多少の作用が現れる　（異常感）
坑内火災		900以下	頭痛・吐気が起こる
ガス爆発		1,200以下	生命危険となる
有機物の酸化			

（出典：労働省；酸素欠乏症等防止規則，1972.）

表-4.3.4　二酸化炭素（CO₂）濃度と人体への影響[26]

発生原因	性質	人体への影響(許容濃度5,000ppm)	
地層，地下水からの湧出	色無臭の気体（比重1.53/空気：1） 水に可溶（20℃で90mL/水100mL）	1～2%	不快感が残る
坑内火災，ガス爆発		3～4%	呼吸増加，脈拍，血圧上昇，頭痛，めまい
坑内の温泉湧出		6%	呼吸困難
有機物の酸化		7～10%	数分間で意識不明
枕木類の腐朽			

（出典：労働省；酸素欠乏症等防止規則，1972.）

表-4.3.5　硫化水素（H₂S）濃度と人体への影響[26]

発生原因	性質	人体への影響(許容濃度5,000ppm)	
硫黄鉱床地帯の地層	無色腐卵臭の気体 (比重1.19/空気：1) 水に可溶（20℃で255mL/水100mL） 可燃性	1～2ppm	臭気が分かる (許容濃度)
		10ppm	目の粘膜の刺激下限界
火山性ガス，温泉		20ppm	気管支炎，肺炎，肺水腫
		100～150pm	数時間後に軽い症状
		300ppm	生命の危険
腐泥土		500～700pm	呼吸麻痺，昏倒，30分で亜急性中毒，死亡

（出典：労働省；酸素欠乏症等防止規則，1972.）

a) 可燃性ガス

　可燃性ガスにはメタンのほかにエタン，ブタン，プロパンなどがあるが，工事中の爆発事故はほとんどメタンを主成分とした可燃性ガスが爆発したものと推定できる[29].

　可燃性ガスを胚胎する地質における山岳トンネル工事では，施工中のガスの突出や引火・爆発およびガス中毒などの災害が発生する可能性があり，施工に際しては，十分な調査・計測と同時

に，坑内にガスが湧出した場合の対策を十分に講じておく必要がある[30]．

2012年5月24日，新潟県南魚沼市の国道253号八箇峠トンネルで発生したガス爆発事故は，死者4名，負傷者3名の大惨事となった．この事故の原因として，安全対策の不備，日常点検の不備，長期の工事中断，トンネルの構造によるガスの滞留が挙げられている．また，事故の遠因として，非常に脆弱で可燃性ガスを含む可能性が高い地層である「西山層」を通過する当初計画ルートから，「西山層」を通過しないルートに変更したことにより，このルート変更が「可燃性ガスの可能性は低い」との油断を工事関係者に生じさせてしまったことが考えられている[31]．同じような，トンネル工事におけるガス爆発事故は過去にも発生している（章末の事例16を参照）．

b）酸素欠乏空気 [26]

人体にとって必要なエネルギーは，通常空気中に約21%含まれる酸素を呼吸によって体内に取り入れ，血液中のヘモグロビンとゆるい結合をして，臓器や筋肉に酸素が供給され発生する．酸素供給が不足する細胞内では不完全燃焼が起こり，体は不活発になる．とくに脳は酸素欠乏に弱く，神経細胞の活動は低下し，酸素の供給が断たれたら直ちに機能を停止するようなもろさがある．また，空気中の酸素濃度が低下した場合，**表-4.3.2**に示したような症状を示すが，低酸素に対する生体の反応は個人差が大きく，貧血や心肺機能の低下している人は，比較的高い酸素濃度でも重い症状があらわれる．

c）有害ガス [26]

i）一酸化炭素（CO）

一酸化炭素中毒はもっとも古くから知れている中毒性物質で，トンネル工事においては発破の後ガス，ディーゼル機関の排ガス，メタン爆発の後ガス，坑内火災の燃焼ガスなどに含まれており，有機物の不完全燃焼によって発生する．その比重は0.967と空気よりわずかに軽く，無色，無味，無臭のガスで，気中濃度12.5〜75%の範囲内で爆発性がある．

一酸化炭素の人体への作用としては，比較的水に対する溶解度が小さいので，吸入した場合は気道，肺胞を通じて血液中の赤血球色素と結合し，ヘモグロビンに対する反応性が酸素の約200〜300倍なので，血液中の酸素が欠乏し中毒症状が現れる．その有害性CO濃度と暴露時間との積で人体への作用は，**表-4.3.3**に示したとおりである．

ii）窒素酸化物（NOx）

窒素酸化物の発生源はほぼ一酸化炭素と同じで，発破の後ガス，ディーゼル機関の排ガスなどの中に含まれている．窒素酸化物にはいろいろの種類があり，亜酸化窒素（N_2O），無水亜硝酸（N_2O_3），四酸化窒素（N_2O_4），無水硝酸（N_2O_5），一酸化窒素（NO）および二酸化窒素（NO_2）などであるが，NOとNO_2以外のものは，その量と毒性の面で問題とはされず，NOとNO_2を総称して窒素酸化物（NOx）としている．

ディーゼル機関の排ガスは，ガソリン機関と比較すると多量のNOxを含んでおり，またCOと比較しても，その量が多い．NOとNO_2は単独に存在することはほとんどなく，両者が混在して人体に作用する．現在，NOの人体への影響は明らかになっていないが，NO_2が高濃度の場合は目と呼吸器への刺激が強く，咳や咽頭の痛み，めまい，頭痛，嘔吐などの症状を招く．そして，吸入量が多い場合は数時間で唇や耳が青くなるチアノーゼ症状となり，不整脈などが起こり，同時に肺刺激の結果として肺水腫へと進行する．長期間にわたってNOxの影響を受けた場合は，慢性気管支炎，肺気腫，胃腸障害，不眠症などの症状が出るといわれている．

iii）二酸化炭素（CO_2）

通常，炭酸ガスと呼ばれる無色，無臭の気体で，空気に対する比重は1.53と重く低所に滞留しやすい．人の呼気中にも4〜5%含まれ，燃焼，爆発の際に発生するほか，換気のないマンホールや稀に地質条件により自然発生することもある．炭酸ガスは，それ自体燃焼はしないし，直接顕著

な毒性は示さないので危険性を無視されがちであるが，CO_2 の増加に伴って起こる酸素欠乏と，それによる不完全燃焼が CO の発生を促進するので注意する必要がある．CO_2 の人体への影響は表-4.3.4 に示したとおりである．

iv）硫化水素（H_2S）

硫化水素は，温泉などとともに地中から噴出する腐卵臭の臭気をもつ気体で，空気に対する比重：1.18 の可燃性で毒性の強いガスである．このガスは，有機物が硫化物のあるところで腐敗する際に発生し，水に溶解しやすく，温度 15℃において 1L の水が 3.23L の硫化水素を溶解し，圧力がかかると溶解度が増加する．発生場所や発生するケースとして，次のような場合がある．

① 旧下水道暗渠と新設下水道の接合の際に，旧下水道側からの硫化水素に遭遇する場合または旧下水道に近接する立坑や横坑内に硫化水素の溶解した水が侵入する場合．
② 腐泥層内にトンネルを掘削する際，工場，鉱山などの廃水が浸透している層に遭遇する場合．
③ 火山温泉地帯にトンネルを掘削する場合，硫化水素の湧出，または浸透層に遭遇する場合．

硫化水素の毒性は，微量を吸引した場合にも頭痛，めまいを起こし，中毒が進むと気管支炎を起こす．なお，このガスは眼に対する刺激が強く，結膜炎および角膜潰瘍を起こす．また，微量でも臭気によってただちに感知できるが，しばらく空気中に留まると一時的に臭覚が麻痺し，含有率が危険濃度になっても感じなくなるので十分留意する必要がある．H_2S の人体への影響は，表-4.3.5 に示したとおりである．

v）亜硫酸ガス（SO_2）

亜硫酸ガスは，特有の臭いと味を持つ無色の刺激性ガスで，比重は空気の 2.3 倍と重く，25℃で 100g の水に 8.5g 溶解する．

トンネル工事においては，CO，NOx などに比較すると係わりは少ないが，火山地帯の掘削に伴う自然発生のほか，ディーゼル機関の排ガスにも若干含まれている．

一般には，大気汚染物質の代表的なものとして知られており，30ppm の SO_2 に 2 年間にわたって暴露した作業において，慢性中毒として気管支炎，喘息，胃腸障害，結膜炎，鼻咽喉炎による嗅覚や味覚の異常，疲労感などが生じるといわれている．

(5) 法的枠組み

可燃性ガスについては，ガス爆発のリスクがあるため，対策として「ガス濃度測定」「ガスの希釈，排除」「火源対策」が必要になってくる（4.3.2 項を参照）．これに関連する法規として，労働安全衛生法（安衛法），労働安全衛生法施行令（安衛施行令）および労働安全衛生規則（安衛則）が挙げられる．

また，酸素欠乏・有害ガスについては，酸素欠乏症のリスクおよび有害ガス中毒のリスクがあるため，「酸素欠乏症対策」「有害ガス対策」が必要になってくる（4.3.3 項を参照）．これに関連する法規として，労働安全衛生法（安衛法），労働安全衛生法施行令（安衛施行令），労働安全衛生規則（安衛則），酸素欠乏症等防止規則（酸欠則）および作業環境測定基準が挙げられる．

a) 労働安全衛生法（安衛法）（昭和 47（1972）年施行）

労働安全衛生法（昭和 47 年法律第 57 号）は，労働者の安全と衛生についての基準を定めた日本の法律である．改正労働安全衛生法が平成 18 年 4 月 1 日に施行された．本法は，労働基準法と相まって，労働災害の防止のための危害防止基準の確立，責任体制の明確化および自主的活動の促進の措置を講ずる等その防止に関する総合的計画的な対策を推進することにより職場における労働者の安全と健康を確保するとともに，快適な職場環境の形成と促進を目的とする法律である（第 1 条）．労働者の安全と衛生については，かつては労働基準法に規定

があったが，これらの規定を分離独立させて作られたのが本法である．したがって，本法と労働基準法とは一体としての関係に立つ．一方で，本法には労働基準法から修正・充実された点や新たに付加された特徴など，独自の内容も少なくない．

b) 労働安全衛生法施行令（安衛令）（昭和 47（1972）年施行）

労働安全衛生法施行令（昭和 47 年 8 月 19 日政令第 318 号）は，労働安全衛生法にもとづき定められたものである．労働安全衛生法施行令は「政令」で，法律から委任された規定および特定の法律を施行するのに必要な規定をまとめて制定したものである．

c) 労働安全衛生規則（安衛則）（昭和 47（1972）年施行）

労働安全衛生規則（昭和 47 年 9 月 30 日労働省令第 32 号）は，労働の安全衛生についての基準を定めた厚生労働省令である．労働安全衛生法にもとづき定められたものである．

d) 酸素欠乏症等防止規則（酸欠則）（昭和 47（1972）年施行）

酸素欠乏症等防止規則（昭和 47 年 9 月 30 日労働省令第 42 号）は，酸素欠乏症等防止の安全基準を定めた厚生労働省令である．旧題は酸素欠乏症防止規則で，1982 年の改正の際に改称された．労働安全衛生法にもとづき定められたものである．

e) 作業環境測定基準（昭和 51（1976）年施行）

作業環境測定基準は，労働安全衛生法（昭和四十七年法律第五十七号）第六十五条第二項の規定にもとづき定められたものである．

(6) 各事業者によるマニュアルや基準類

その他，ガスについて行政機関や発注者などで作成され，公表された基準類を以下に示した．詳細については，各基準類を参照のこと．

① トンネル建設工事におけるガス爆発等に対する総合安全対策，労働省産業安全研究所
② 酸素欠乏症等の防止，建設業労働災害防止協会
③ （新版）ずい道工事等における換気技術指針，建設業労働災害防止協会
④ トンネル工事における可燃性ガス対策技術基準，大阪市建設局（旧都市環境局）
⑤ トンネル工事における可燃性ガス対策について，昭和 58 年 7 月，建設省大臣官房技術参事官
⑥ トンネル工事における可燃性ガス対策に関する留意事項について（参考送付），平成 25 年 3 月，国土交通省官房技術調査課長
⑦ トンネル工事における爆発災害の防止に関する技術基準，社団法人日本トンネル技術協会
⑧ 山岳トンネル工事に係るセーフティ・アセスメントに関する指針・同解説，平成 9 年 3 月，社団法人日本トンネル技術協会

4.3.2 ガス爆発のリスク

山岳トンネル工事中に発生する可燃性ガスによる爆発は，平成 24 年 5 月新潟県南魚沼市で発生した八箇峠トンネル爆発事故にみられるように，一瞬にして大惨事となる．この事故の原因としては，安全対策の不備，日常点検の不備，長期の工事中断，トンネルの構造によるガスの滞留があげられている[32]．このように，可燃性ガスによる爆発は，トンネル構造物という閉鎖的な空間において，安全対策の不備が原因で発生することが多いように思われる．

本項では，可燃性ガス（とくに，メタンガス）に対するリスク低減をテーマに，「計画・調査・設計段階」および「施工段階」におけるリスク要因とその対策（提言）について述べる．

(1) 計画・調査・設計段階のリスクと対策

【計画・調査・設計段階のリスク要因】
① 計画路線の地山の調査が不十分である．
② ガス貯留構造と発生形態（メカニズム），可燃性ガスの性状に関する知識が不十分である．
③ ガス検知システムや管理体制の計画が欠如している．

【解説】 ①〜③について 路線選定段階で地山の調査が不十分であった場合，施工段階で大きな影響をもたらす．計画・調査・設計段階では，過去の施工実績や図-4.3.2に示した国内の可燃性天然ガス分布図などの文献調査を行う方法，あるいは可燃性ガスの貯留構造を把握するためのボーリング調査，各種物理探査により入念に調査する方法がある．しかし，これらの調査は限定的であることを十分に認識し，施工段階で実施する調査結果も踏まえて，爆発等の災害を未然に防ぐ必要がある．

【計画・調査・設計段階のリスク回避または低減に対する提言】
①　可燃性ガス発生の可能性のある地域や地質等について十分に調査する．
②-a 可燃性ガスが貯留される地質構造と発生形態について十分に理解する．
②-b 可燃性ガスの性状（種類，爆発限界等）を把握しておく．
③　ガス検知システムと管理体制について検討する．

【解説】 ①について トンネル工事で発生が予測される有害ガスのうち発生の可能性が高く，かつ爆発事故につながるおそれのある可燃性天然ガスは，日本全国に広く存在しており，炭田，油田，ガス田地域の他にも存在が確認されている地域もある．可燃性天然ガスの存在地域は，ガスの生成・移動・集積あるいは貯留の3条件を可能とする地質条件（地質年代・岩相・地質構造）の場所に限られるため，ボーリング調査や弾性波探査等によりこれらの条件を十分に把握しておくことが重要である．

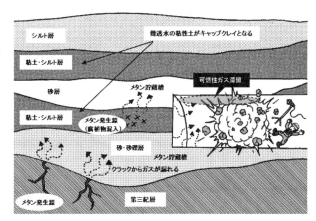

図-4.3.6　ガス貯留層の概念と爆発のイメージ

②について 可燃性ガス等自然発生ガスの発生形態（発生メカニズム）を理解することは，ガス爆発のリスクを大きく低減させる．ガス爆発の主たる原因であるメタンガスの貯留構造とトンネル坑内への湧出のメカニズムについて，その概要を図-4.3.6に示す．

メタンガスの貯留層は，難透水性の粘土・シルト層がキャップクレイとなってふさがれている透水性の砂層，砂礫層である場合が多い．また，第三紀，第四紀の地層中の割れ目から湧出し上位の砂層に貯留することもある．このような地層構成の箇所は路線から避けることが望ましいが，もしもトンネルを掘削する場合には，ガス爆発のリスクが高く万全の対策を計画する必要がある．

また，メタンガスの発生形態は，ガスがしみ出す程度のものから，岩盤を破砕して吹き出すものまで様々である．このような発生形態は地山中のメタンガスの賦存状態に負うところが大きく，その賦存状態は，ガスの成因，地質構造，地圧，静水圧等に関係しており，発生形態の傾向を把握するためにはこれらの調査が必要である[33]．

通常メタンガスの発生形態は以下の3つに分けられる[34]．
1) 浸出(Exudation)： メタンガスが掘削面の全面から一様に湧出する状態をいう．かすかに音を発生したり，水気のあるところでは気泡を造って湧出する．浸出量は，トンネルの掘進やこれに

伴う地層の乱れによって変化する．また，掘進速度に比例し，気圧の変化に反比例して増加する．一般にはこの形態のものが多く，時間の経過とともに減少することが多い．

2) 噴出(Blower)：地層中の空洞や断層に多量のメタンガスが蓄積されている部分に遭遇すると，包蔵されていたメタンガスが局部的に継続して湧出する状態を噴出という．噴出は一時的なものが多いが，坑内のメタンガス濃度を短期的に高めるものであるから，厳重な注意が必要である．また，中には深所からの供給を受け，長期間噴出する場合や，湧水を伴って噴出する現象もみられる．

3) 突出(Out Blast)：突出とは，わずかな兆候があった後，突然に多量の高圧ガスが岩盤を押し出し，破砕して出てくる状態をいう．突出ガスの成分はメタンガスが主体の場合，二酸化炭素とメタンガスの混合体，メタンガスと硫化水素の混合体等の場合がある．突出状態としては，一時的に多量に突出する場合と，突出の後に連続的に多量のガスを噴出する場合がある．とくに，ガス突出のおそれがある地帯としては下記の a),b)がないような場所があり，発破作業中，あるいは発破直後に突出することが多い．

- ・ 断層，断層破砕帯，および褶曲地帯における背斜構造付近等で地質構造的に変化の多い所
- ・ 岩脈が地層を貫いている接触部付近

③について　産炭地域や油田地帯の地層においては，メタン，エタン，プロパン等に代表される可燃性天然ガスをともなう可能性が大きく，これらのガスは気中濃度が一定の範囲を超過すると爆発災害を引き起こす危険がある．とくに，可燃性ガスの主成分であるメタンガスについては，以下のような性状を持っていることを計画・調査・設計段階から十分に理解しておく必要がある．

- ・ 無色・無臭・無毒のガスで，比重は空気比 0.555 と軽い
- ・ 水溶性に富み，溶解度は圧力に比例する
- ・ 爆発範囲は空気中の濃度が約 5～15%である
- ・ 切羽から発生するだけでなく，坑内のどこからでも発生する可能性がある
- ・ 低気圧時や地震後等は，ガス発生に対してとくに注意が必要である

なお，代表的な可燃性ガスの特性を表-4.3.6に示す．

表-4.3.6　可燃性ガスの特性

可燃性ガス		メタン	エタン	プロパン	ブタン	アセチレン
		CH_4	C_2H_6	C_3H_8	C_4H_{10}	C_2H_2
分子量		16.0	30.1	44.1	58.1	26.0
単位体積質量 $[kg/m^3]$※		0.717	1.356	2.020	2.453	1.170
比重(対空気)		0.555	1.049	1.560	2.090	0.909
爆発限界濃度 [Vol%]	下限界	5.0	3.0	2.1	1.8	2.5
	上限界	15.0	12.4	9.5	8.4	81.0
発熱火炎温度 [℃]		1,963	1,971	1,977	1,982	
発火温度 [℃]		632	472	504	430	295
高発熱量 $[kcal/Nm^3]$		9,520	16,850	24,160		13,832

※　0 ℃，1013hPa(760mmHg)

④について　計画・調査・設計段階では，ガスが発生した場合のガス検知システムと現場の管理体制をあらかじめ検討しておくことが重要である．とくにガス検知システムは，掘削中に切羽やその周辺部から湧出するガスの有無や濃度をリアルタイムに把握することが強く求められる．

ガス検知・管理システムの一例を図-4.3.7[35]に示す．このシステムは，可燃性ガスを検知器に

より常時監視し，測定データを現場詰所にて集中管理して自動的に記録するとともに，警報発令時には現場事務所へ自動通報するよう構築されている．また，自動検知・警報器は可燃性ガスが発生した際は，ただちにサイレンおよび回転灯により入坑者に知らせるものであり，非常時にも稼働する必要があるため防爆仕様となっている．

可燃性ガスの管理体制としては，土木工事安全施工技術指針等にあるようにガス管理者とガス計測責任者およびガス測定員を設けて，責任と権限を明確にした上で管理を行うこととなっていることから，この指針等を基本に管理体制を構築する必要がある．

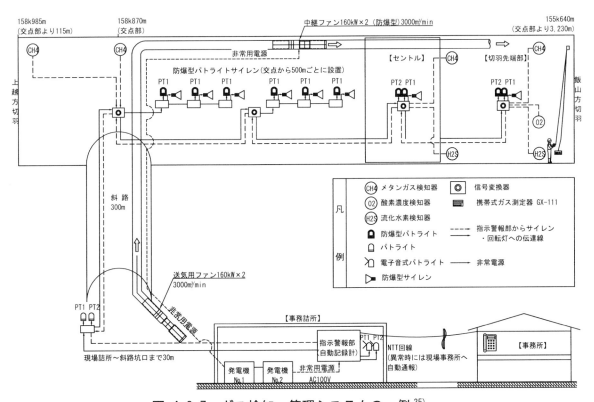

図-4.3.7 ガス検知・管理システムの一例[35]
(出典：平出ら；トンネルと地下，第33巻6号，2002.)

(2) 施工段階のリスクと対策

【施工段階のリスク要因】
① 可燃性ガスの地山での存在状況を的確に把握できていない．
② ガスの希釈，排除等の適切な措置がなされていない．
③ 火源対策が十分になされていない．
④ 安全教育を含めた安全管理体制の確立による全作業員への周知徹底不足．

【解説】 ①〜③について 施工段階では，設計段階に想定された地質構造から可燃性ガス含有位置をもとに施工が進められる．しかし，一般に日本の地質構造は複雑であり掘削により明らかになる地質構造とは異なることが多い．したがって，突然可燃性ガスが突出する等の危険性があることを十分に認識しておくことが大切である．

坑内に可燃性ガスが発生した場合には，その種類，性状，存在状況，発生状況等を把握し，火源となるものを排出した後に換気を十分に行うことにより，すみやかに安全な濃度の範囲まで希釈して坑外に排出しなければならない．とくに，換気設備の増強のみで安全な濃度の範囲まで希釈して排出することが困難と思われる場合には，ボーリング等によるガス抜きを実施し，排気管

等で直接坑外または危険のない場所までガスを誘導して放出する必要がある[36].

　施工時には，局所的（上部，下部等）に可燃性ガスの濃度が爆発限界内に達する可能性もあるため，トンネル上部または下部の気体を撹拌してトンネル坑外の空気と循環させ，常に可燃性ガスの濃度を下げる必要がある．たとえば，トンネルが上り勾配の場合，メタンガスは空気よりも比重が小さいため，ガス検知器をできる限り上部に設置する必要がある．また，ガス検知器による測定値が常に基準値以下となるよう風速等を設定する必要がある．

　坑内における可燃性ガスによる爆発等の原因となる火源には，裸火，発火具，喫煙具，ガス溶断の炎，電気のスパーク，発破の爆炎，摩擦および衝撃火花等，多種多様なものがある．これら火源となるおそれのあるものに対しては，坑内持ち込み禁止，適正な作業方法，帯電を避けるための確実な接地および防爆構造の機器の採用等，適切な対策を講じなければならない．

　その他，覆工コンクリート施工時のセントルや非常駐車帯拡幅部等，気流の妨げになるような箇所が存在する場合には，その箇所にもガス検知器を設置することが推奨される．

　また，底部には，発破の後ガス，地層によっては硫化水素等の有害ガス，メタン等の可燃性ガス，酸素欠乏空気，掘削作業より発生する粉じん等が滞留しやすいので，十分な換気を行い，作業環境の改善を図り，作業員の健康障害や災害の防止に努める必要がある．また，水抜き孔のある立坑では，気圧の変動により下部横坑から有害ガス，可燃性ガス，酸素欠乏空気等が流入するおそれがあるので，定期的な調査および作業休止後に再開時の調査が必要である．なお，換気方式としては，坑外に送風機を設置し，坑壁に風管を敷設した送気式を採用する例が多い．

　平成24年に発生した八箇峠トンネル爆発事故は記憶に新しいところであるが，ここではこの事故を教訓として「八箇峠トンネル事故に関する調査・検討委員会」が提言した爆発原因の推定（可燃性ガスが坑内に蓄積した経緯）について以下に紹介しておく．今後，可燃性ガスが発生する可能性がある地山では十分に留意する必要がある．

　推定される爆発原因や可燃性ガスが坑内に蓄積した経緯は次のようであった[37].

・掘削による地山の環境変化や事故の前年に発生した地震などが要因となって，地下深部に存在が推測される小規模な天然ガス貯留層から可燃性ガスが湧出した．
・可燃性ガスの湧出量は微量であり，換気を伴う通常の施工状態では可燃性ガスの湧出を認識するのは難しい状況にあった．
・可燃性ガスが坑内に滞留した原因は，約7か月間の冬期休工期間中に，メタンガスを主成分とする可燃性ガスがトンネル坑内に徐々に蓄積し，やがて爆発下限界を超える濃度に達した．

　上記を踏まえ，とくに長期間の休工後に作業を再開する場合，次の2点に注意する必要がある．

・坑内の可燃性ガスと酸素濃度を測定し，安全性が確保されたことを確認してから入坑すること．
・坑内換気設備の起動は，ガス酸素濃度を十分確認後に坑外の安全な場所から行うこと．

　④について　ガス爆発防止に関する安全管理組織を確立して，各々責任者の担当業務を定め，指揮系統を明確にして災害の防止に努める必要がある．安全管理については，「ガスの測定」「ガスの排除」「火源対策」と併せて機能的な管理組織を確立し，担当業務および指揮系統を明確にする必要がある．管理組織の一例を**図-4.3.8**に示す．なお，この組織形態は工事の規模等によって異なるため，現場の実情に応じて適切な組織形態を確立する必要がある．また，あわせて各責任者の業務概要を**表-4.3.7**に示しておく．

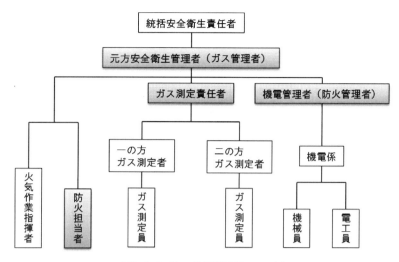

図-4.3.8 管理組織の一例

表-4.3.7 ガス爆発防止に関する各責任者の担当業務概要

	業 務 の 概 要
ガス管理者	統括安全衛生責任者の指示を受けて，防爆対策に関する技術的事項を管理するとともに，異常の有無，処置等を統括安全衛生責任者に報告する． 　防爆対策に関する技術的事項とは以下の項目である． 1) ガスおよび火源管理状況の把握 2) ガス爆発災害防止上必要な安全衛生教育（全職員，全作業員） 3) ガス異常湧出時の処置 4) その他の必要な事項
ガス測定責任者	ガス測定係および測定員を指揮して，坑内のガスの状況，換気の状況および作業基準の遵守状況等を把握し，異常がある時はガス管理者に報告し適切に処置を施す． 　毎方終了後，ガス測定記録簿を確認し，ガスの発生状況および異常の有無をガス管理者に報告する．
ガス測定係	定められた手順，方法によりガスの測定を実施し，換気状況の監視，風量測定，部分的に停滞するガスの排除，および火気作業がある場合の立会い測定，その他必要な作業を行う．
機電管理責任者	防爆化された電気器具の保守管理，換気設備，自動警報装置，電源遮断装置，通報連絡装置，およびその他の電気機械設備の保守，点検，整備等の作業を行う．
防火担当者	火災を防止するため，火気またはアークの使用状況を監視し，異常を認めた時は直ちに必要な処置をとる．

【施工段階のリスク回避または低減に対する提言】
① 可燃性ガスの濃度測定を行う．
② 可燃性ガスの希釈の風速は少なくとも 0.5m/s 以上とし，メタンが定常的に湧出する場合は風速 1m/s とする（換気対策，換気設備）．
③ 火源対策を行う．
④-a 日常的に換気設備および電気設備を点検する（防爆化不備の点検）．
④-b 定期的な災害防止教育に努める．

【解説】　①～③について　一般に，地質構造は複雑であることから，突然可燃性ガスが突出する危険性がある．このため，施工段階では前方探査などにより可燃性ガスの発生を事前に検知し

ながら施工を進めることが望ましい.

トンネル建設工事において，可燃性ガスが発生するおそれのある現場では，ガス爆発災害の危険性があることを常に認識することが重要である．施工時には，可燃性ガス対策を早期にかつ的確に実施しなければならない．可燃性ガス対策の基本的事項は，「ガス濃度測定」「ガスの希釈，排除」「火源対策」の 3 つであり，その概要を次に示す.

(a) ガス濃度測定

ガス濃度測定においては，作業開始前や可燃性ガスに関して異常を認めた場合に可燃性ガスの濃度測定を行う必要がある．また，これを記録・保存し測定結果に応じて必要な措置を講ずる必要がある．濃度測定を行う場所については，可燃性ガスの発生箇所はもちろんのこと，滞留するおそれのある箇所についても測定する必要がある．なお，滞留するおそれのある箇所としては，たとえば切羽，天端や分岐箇所，気流の妨げになる箇所などが挙げられる．また，可燃性ガスの濃度の異常な上昇を早期に把握するために必要な警報装置を設ける必要がある．警報装置設置箇所は可燃性ガスが滞留する箇所とする.

ガス濃度測定において異常値（たとえば，爆発下限界の 30%以上）を認めた際は，直ちに入坑者を坑外など安全な場所に退避させ，火気その他の点火源となるおそれのあるものの使用を停止し，かつ通風，換気等の措置を講じなければならない.

(b) ガスの希釈・排除

ガスの希釈・排除においては，適切な換気計画を定め，ガス濃度の変化に応じて換気計画を変更する必要がある.

一般に，トンネル坑内の風速は，発生ガスを安全な濃度に希釈するのに必要な換気量によって決められる．ずい道等建設工事における換気技術指針[33]によれば，「可燃性ガスなど，爆発雰囲気が創生される危険が予想される場合は，少なくとも 0.5m/s 以上の風速によりメタンレアを消散させる必要がある．本指針では，メタンが定常的に湧出している場合は，メタンレアを消散させるための風速として 1m/s 以上とすることを推奨する」とされている.

また，可燃性ガスが突出するおそれのあるときは，ボーリングによりあらかじめガスを抜く措置や薬液注入工法等により突出を防止する措置を講じる必要がある.

(c) 火源対策

火源対策においては，火気管理を厳重に行う必要がある．また，可燃性ガス濃度が爆発下限界に達するおそれのある箇所において電気機械器具を使用する場合は，防爆性能を有する機械とする．なお，防爆の技術指針として「ユーザーのための工場防爆設備ガイド」[38]があるので参考にされたい.

④について　防爆電気設備の性能を維持するためには，劣化や損傷等の有無を確認する点検が必要である．点検の種類は，設備の使用開始前に行う「初期点検」，熟練者による電気設備の日常管理である「継続的管理」，定められた周期に実施する「定期点検」，および使用中の設備の中から一定比率で行う「抜取点検」に分類される．なかでも熟練者による「継続的管理」は，早い段階で防爆電気設備の劣化や異常を発見し，事前の修理・保守を行うことにより，故障や防爆性能の低下を未然に防ぐことが可能となる．また，点検の程度は，通電状態で行う「目視点検」や工具を使用して欠陥を確認する「簡易点検」，電源を遮断し容器を開いて行う「精密点検」に分類され，点検の種類と程度は，その目的により以下のように組み合わされて実施される．たとえば，労働安全衛生規則第 276 条（定期自主検査）では，爆発火災防止にとくに必要な事項として，2 年以内ごとに定期に自主検査を行わなければならないとされている．これを防爆電気機器の定期点検に適用した場合は，目視，簡易点検を主とし，必要に応じて精密点検を実施することになる.

⑤について　継続して実施する必要がある「ガス爆発災害の防止についての教育」は，次の 6 項

目について教育することと定めている[39].

可燃性ガスの性質，ガス爆発の危険性，可燃性ガスの測定，換気，火源対策，異常時の対策
教育は，工事開始前とその後定期的に行うこととし，坑内条件に対応したガス爆発災害防止の
教育を坑内で就業する全作業員に対して実施する必要がある．

なお，トンネル工事において，安全対策に係る関連法規・指針・通達を以下にまとめるので，
あわせて参照のこと．

- 労働安全衛生法（改正：平成27年5月7日法律第一七号）
- 労働安全衛生規則（改正：平成28年3月31日厚生労働省令第五九号）
- 建設工事公衆災害防止対策要網（H5.1・建設省）
- 作業環境測定法（改正：平成26年6月25日法律第八二号）
- ずい道等建設工事における換気技術指針（設計および粉じん等の測定）（改訂：平成24年3月）
- 山岳トンネル工事に係るセーフティ・アセスメントに関する指針（改正：平成8年7月5日）
- 土木工事安全施工技術指針（改正：平成21年3月31日）
- 建設省官技発第329号（トンネル工事における可燃性ガス対策について）（昭和53年7月26日）

4.3.3 酸素欠乏症のリスク

酸素欠乏症とは，空気中の酸素濃度が18%未満の状態の空気を吸入することにより発症する症状のことを言い，労働安全衛生法の酸素欠乏症等防止規則において定義されている．酸素欠乏症にかかると目まいや意識喪失，さらには死に至る場合があることから，必要な処置を講ずるよう努めなければならない．酸素欠乏症の労働災害発生状況[40]を図-4.3.9に示す．厚生労働省から平成28年に報告されている平成元年～平成27年までの酸素欠乏症による労働災害発生は減少傾向にあるものの，撲滅はできていない．

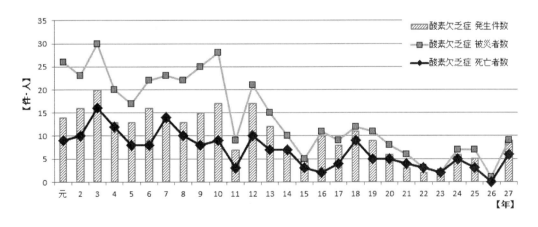

（※被災者数は死亡者数を含む）

図-4.3.9 酸素欠乏症の労働災害発生状況

業種別の酸素欠乏症発生状況[40]を図-4.3.10に示す．業種別に見ると製造業が67件，建設業が44件で，2つあわせると全体の68%を占める．そのうち建設業は全体の27%を占めていることから，施工中の酸素欠乏症は大きなリスク要因であることを認識しておかなければならない．
厚生労働省から公表されている酸素欠乏の原因と発生場所[41]は表-4.3.8のように分類されて

おり，自然発生のものや人工物によるものなど様々である．このようにトンネル坑内や下水道では，**図-4.3.11**のような酸素欠乏空気の噴出や物の酸化や，**図-4.3.12**のような有機物の腐敗による酸素欠乏空気の充満に注意する必要がある．

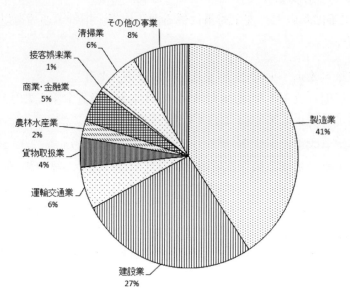

図-4.3.10　業種別「酸素欠乏症」発生状況（平成8年～平成27年）

表-4.3.8　酸素欠乏危険場所

①物の酸化	・鉄製タンク，船倉などの内部の内壁がさびる ・くず鉄，石炭，魚油などが入れてあるタンク，貯蔵施設などの内部の物の酸化 ・内部で乾性油が酸化 ・井戸などの内部で土中の鉄分がさびる
②穀物，野菜，木材等の呼吸	・穀物，飼料が入れてある貯蔵庫などの内部で穀物や牧草が酸素を消費する ・原木，チップなどが入れてある貯蔵施設などの内部で木材の呼吸，発酵などにより酸素を消費し，メタンガス等を発生する
③有機物の腐敗，微生物の呼吸	・し尿，汚水などのタンクで下水や汚物中の微生物が酸素を消費し，メタンガス等を発生する ・暗きょ，マンホール，ピット等で地表から流入した汚水の中の微生物が酸素を消費し，メタンガス等を発生する（**図-4.3.11**） ・醤油，酒など入れたことがある密閉されたタンクの内部で微生物が酸素を消費し，メタンガス等を発生する
④人の呼吸	・内部から開けることのできない冷蔵庫，タンクなど密閉された環境での酸素消費
⑤不活性ガスの流入	・火災，爆発，酸化防止のために窒素等の不活性ガスが封入されたタンクや貯蔵施設からの流入 ・溶接作業の行なわれているピットやタンクの内部で溶接作業に用いられるアルゴンガスなどの滞留
⑥冷媒に使用されるガスの滞留	・冷凍機室，冷凍倉庫，冷凍食品輸送トラックなどの内部冷却のためのドライアイスの気化ガス充満など
⑦酸素欠乏空気などの噴出	・埋立地，トンネル，ガス田地帯の建設物基礎杭内部からの酸素欠乏空気の噴出（**図-4.3.12**） ・地下プロパン配管の付近（配管替えの際のガスの噴出） ・船室，地下駐車場，可燃物取扱場所における炭酸ガス消火器の誤動作，故障 ・石油タンカーの油槽内，製油所のタンク内における石油ガスの遊離，低沸点溶剤の気化

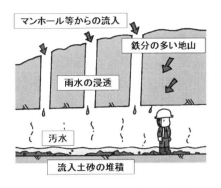
図-4.3.11　有機物の腐敗

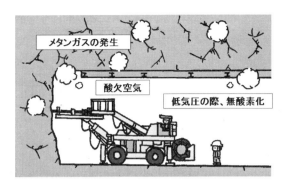
図-4.3.12　酸素欠乏空気の噴出

　酸素欠乏症の労働災害においてとくに注意しなければならないのは，その死亡率の高さにある．発生件数に対する死亡率が高い災害であり，災害の多くは現場作業者への教育不足，作業管理の徹底不足など酸素欠乏症の発生原因や防止措置に関する不十分な知識が原因となっている．酸素欠乏症の事故の多くは基本的なミスによるものが多いため，普段からの教育訓練が重要である．

　「酸素欠乏危険場所における作業」は，労働安全衛生法施行令別表第六に掲げる場所で指定[42]されており，「事業者は危険又は有害な業務に労働者を従事させる場合は特別の教育を行う」こと，「作業主任者を選任しなければならない」[43]ことが規定されている．

　ここでは，山岳トンネル工事の計画・調査・設計，施工の各段階において，酸素欠乏症等における人体への影響のリスク要因とその対策（提言）を示す．

(1) 計画・調査・設計段階のリスクと対策

【計画・調査・設計段階のリスク要因】
① 酸素欠乏を引き起こす発生形態（メカニズム）に関する理解が不足．
② 施工場所の立地条件等の事前調査が不十分．
③ 作業環境における測定方法や管理基準の計画が不十分．
④ 換気の検討が不十分．

【解説】　①，②について　酸素欠乏は自然界の中で自然に発生するものの，理解が足りず事前の調査が不足してしまう危険性がある．酸素欠乏の発生要因は物の酸化や，微生物の呼吸，有機物の発酵による．鉄分を多く含んだ地層などは，気圧の変化により呼吸することから，新鮮な空気が地層に吸収され，地層内部で酸素と鉄などが結合し酸化する．酸化した空気が低気圧のとき，掘削面から噴出することにより酸素欠乏状態となる．とくに古い井戸や立坑，ピット等には酸素欠乏空気が滞留している可能性がある．また，旧下水道や使われなくなった横坑も空気が滞留しやすく，坑内の鉱石や微生物等により酸素が吸収され，酸素欠乏状態となっている場合があり，それらの近くを通過するとき，酸素欠乏空気がトンネル坑内に漏れ出すことが考えられる．

　また，坑内において稼働している建設機械，設備の内燃機関により酸素が消費され，酸素量が不足することもある．労働安全衛生法施行令別表第六で酸素欠乏危険場所として示されている条件[42]を表-4.3.9に示す．

　③，④について　酸素濃度の管理不足や，排気計画が不足することにより坑内で作業する労働者が疲れやすくなる，集中力の低下，呼吸困難になるなど，人によっては気づきにくい状態に陥り，そのまま作業を続けると最悪の場合心臓停止になることがある．作業環境の酸素濃度は18%以上となるよう換気しなければならない[44]と定められている．換気方法の検討が不足していると，特定の場所に酸素欠乏空気が滞留し，地山から漏れ出た酸素欠乏空気を十分に排出できずに坑内に酸素欠乏空気を滞留させてしまう．

表-4.3.9 酸素欠乏危険場所

1	次の地層に接し，又は通ずる井戸等(井戸，井筒，立坑，ずい道，潜函，ピットその他これらに類するもの内部 a) 上層に不透水層がある砂れき層のうち含水若しくは湧水がなく，又は少ない部分 b) 第一鉄塩類又は第一マンガン塩類を含有している地層 c) メタン，エタン又はブタンを含有する地層 d) 炭酸水を湧出しており，又は湧出するおそれのある地層 e) 腐泥層
2	長期間使用されていない井戸等の内部
3	a)ケーブル，ガス管その他地下に敷設されている物を収容するための暗渠，マンホール又はピットの内部 b)雨水，河川の流水又は湧水が滞留したことのある槽，暗きょ，マンホール又はピットの内部 c)海水が滞留しており，若しくは滞留したことのある熱交換器，管，暗きょ，マンホール，溝若しくはピット(以下この号において「熱交換器等」という)又は海水を相当期間入れてあり，若しくは入れたことのある熱交換器等の内部
4	相当期間密閉されていた鋼製のボイラー，タンク，反応塔，船倉その他その内壁が酸化されやすい施設(その内壁がステンレス鋼製のもの又はその内壁の酸化を防止するために必要な措置が講じられているものを除く)の内部
5	石炭，亜炭，硫化鉱，鋼材，くず鉄，原木，チップ，乾性油，魚油その他空気中の酸素を吸収する物質を入れてあるタンク，船倉，ホッパーその他の貯蔵施設の内部
6	天井，床若しくは周壁又は格納物が，乾性油を含むペイントで塗装され，そのペイントが乾燥する前に密閉された地下室，倉庫，タンク，船倉その他通風が不十分な施設の内部
7	穀物若しくは飼料の貯蔵，果菜の熟成，種子の発芽又はきのこ類の栽培のために使用しているサイロ，むろ，倉庫，船倉又はピットの内部
8	しょうゆ，酒類，もろみ，酵母その他発酵する物を入れてあり，又は入れたことのあるタンク，むろ又は醸造槽の内部
9	し尿，腐泥，汚水，パルプ液その他腐敗し，又は分解しやすい物質を入れてあり，又は入れたことのあるタンク，船倉，槽，管，暗きょ，マンホール，溝又はピットの内部
10	ドライアイスを使用して冷蔵，冷凍又は水セメントのあく抜きを行っている冷蔵庫，冷凍庫，保冷貨車，保冷貨物自動車，船倉又は冷凍コンテナの内部
11	ヘリウム，アルゴン，窒素，フロン，炭酸ガスその他不活性の気体を入れてあり，又は入れたことのあるボイラー，タンク，反応塔，船倉その他の施設の内部

【計画・調査・設計段階のリスク回避または低減に対する提言】
① 酸素欠乏を想定した対応処置を計画する．
② 施工場所の立地条件等の調査を行う．
③ 作業環境の酸素濃度測定は測定時期，測定方法を定めておく．
④ 作業環境の管理基準と換気基準を定めておく．

【解説】 __①，③について__ 酸素欠乏となる作業環境が工程に含まれていないか確認することや，地質等の事前調査や地図等文献による周辺の古い坑道や井戸の有無を確認することが重要であるとともに，酸素欠乏空気が発生したときに関係者との連絡，打合せがスムーズに実施できる体制を準備する必要がある．さらに，万が一の救助救護活動に備え，換気設備や酸素の測定器具，空気呼吸器などを準備，点検を行う．事前調査時，酸素欠乏空気が確認されなくても文献や地質等で酸素欠乏空気の発生の可能性がある場合は対策を検討しておくこと．

酸素欠乏空気発生時は，一時的な処置として酸素欠乏空気発生場所への立ち入りを禁止し，早急に換気を行わなければならない．そのため，立入禁止の柵や囲いや標識など，エリア制限ができる準備を計画する．酸素欠乏空気発生時の活動フロー例を**図-4.3.13**に示す．

換気不十分な箇所は高温，高湿で空気疎外となり，内燃機関の稼働により衛生上必要な空気を確保することが難しくなる．また，自然発生による酸素欠乏空気の噴出も予測しながら，作業環境の測定計画を立て酸素濃度の管理を実施する．

__②，④について__ 工事計画区域の地層，地下水の状態および周辺における圧気工事の状況などの作業環境調査を行い，酸素欠乏空気の発生するおそれを確認する．調査の結果，発生のおそれ

がある場合は十分な換気が可能な換気計画を立て，測定方法を定めておくことにより日々の変化を確認することができる．また，酸素濃度の管理基準は安全率を加算し，20%程度としておくことが望ましい．ガス測定員は選任者を指定し，ガス管理に当たらせる．

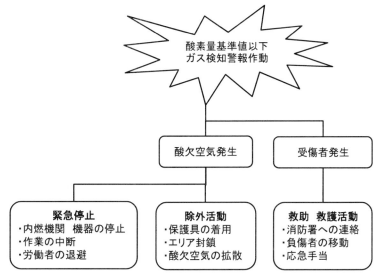

図-4.3.13　酸素欠乏空気発生時の活動フロー例

(2) 施工段階のリスクと対策

【施工段階のリスク要因】
① 換気量の不足．
② ガス検知体制の不備．
③ 安全教育が不十分．

【解説】　①について　施工機械の大型化や施工速度の高速化により，トンネル工事における換気の役割が重要な位置を占める．長大トンネルにおいては換気量そのものの管理が作業員の安全を守る重要な項目となっている．酸素欠乏空気の噴出を想定したとき，流量コントロールのできない送風機の場合，酸素欠乏空気の発生に対して換気量不足となり，十分な換気が行われないことがある．

坑内で使用される内燃機関や，作業員の呼吸などにより坑内に酸素欠乏空気が発生し続けている状態において十分な換気が行われていない場合，酸素欠乏症が発生しやすい環境となる．

②について　酸素（O_2）の低下や二酸化炭素（CO_2）の増加は人の感覚では検知しにくく，症状があらわれたときはすでに人体への影響が発生しており，適切な対策を迅速に講じることができない．また，坑内において適正な位置に検知器を取り付け，計測を実施していても換気が滞り酸素欠乏空気が滞留することが考えられる．固定式の計測器で検出する範囲は使用する検出器の検出範囲の性能で決まってしまうことから，検出範囲外の酸素欠乏空気の滞留を放置・見逃してしまう危険がある．

③について　酸素欠乏危険場所で作業を行う作業者が，その場所が危険場所であることの認識が不足していたり，その防止処置の知識が不足しているとき，誤った判断のもと作業を継続することにより酸素欠乏症の危険にさらされてしまう．密閉された坑内での作業において，正しい作業方法が決定できる，換気装置の正しい点検ができる等の技能を習得させなければならない．

【施工段階のリスク回避または低減に対する提言】

①-a 作業開始前など定期的に酸素濃度を測定する.

①-b 送気,排気,送排気のいずれかの換気方法により新鮮な空気の換気を実施する.

② 地層,地下水の状態および周辺の作業環境調査を実施する.

③ 現場で教育や避難訓練を実施し,安全を確保する.

【解説】　①-a について　始業点検として坑内へ入場する前に酸素欠乏空気が作業環境に充満していないことを確認する.計測には定置式検知器を用いて常時監視を実施することにより酸素欠乏空気の発生を検出することができるが,換気設備の風量不足や部分的な酸素欠乏空気の噴出等が検知器を設置した位置で発生するとは限らないため,携帯式検知器もあわせて準備し,計測位置や巡回ルートを決め日常点検の実施計画を定めておく.また,測定者を選任し,管理体制を確立することが望ましい.酸素濃度の基準値は管理組織の中で検討し,安全を確保する.厚生労働省から公開されている防止対策のチェックリスト[41]を図-4.3.14 に示す.

①-b について　換気設備についても,十分な風量が確保されているか日常点検を実施することが重要であるとともに,酸素欠乏空気を希釈するために必要な風量や,換気を必要とする空間の大きさに合わせた調整のできる換気設備により,計測結果とあわせて運用できることを考慮した換気設備計画が必要である.酸素濃度を低下させないように,適切な排気を行いながら新鮮な空気を送り込み,危険な状態にならない環境を整えなければならない.酸素欠乏空気を排出するとき,排出先は酸素欠乏空気の濃度が高くなるため,排出先の環境も考慮する必要がある.

排気設備の設置方法は,(1)押込み通気法,(2)吸出し通気法,(3)押込み吸出し併用通気法と大きく3つのパターンがあり,それぞれの工程にあった排気方法を選択する.

可燃性ガス・有害ガスは坑内において容易に酸素と結合したり,比重の違いにより空気と置換されてしまうことから,酸素欠乏空気の状態で一箇所に滞留したり充満したりすることがあるために注意が必要である.事前調査の結果およびガス測定結果から適切な換気方法・換気量を選定し,強制換気を行う.ただし,換気のために純酸素を使用することは酸素欠乏症等防止規則[43]により禁止されている.

②について　地層に空気中の酸素を吸収・消費する物質が存在するとき,強い還元状態にある地層と空気が触れると急激な地層の酸化・吸収により酸素が消費され酸素欠乏状態となる.以下のような酸素欠乏空気発生のおそれのある地層を掘削する場合,砂礫層に含まれている空気が,地層中の微生物の呼吸や酸化により無酸素化し,低気圧の時に坑内に漏れ出てきたり,炭酸水から CO_2 が漏れ出てくることがある.

- 上層に不透水層がある砂礫層のうち,含水・湧水がないまたは少ない部分の地層
- 腐泥層,炭酸水を湧出している,または湧出するおそれのある地層

地質や環境条件により酸素欠乏状態の空気が発生することから,事前の地質調査を行なうことは有効であり,かつ重要な役割を果たす.周辺に古井戸やピット,立坑等がある場合,地層中に酸素欠乏空気が滞留していることが考えられるため,これらの近くを掘削したとき,この酸素欠乏空気が岩盤の亀裂などから坑内に噴出することもあるため,地質以外に周辺の環境や地図等による地形,古い構造物等の調査が必要となる.

防 止 対 策	チェックリスト
酸素欠乏危険場所の事前確認 タンク、マンホール、ピット、槽、井戸、たて坑などの内部が酸素欠乏危険場所に該当するか、作業中に酸素欠乏空気及び硫化水素の発生・漏洩・流入等のおそれはないか、事前に確認すること。	YES　NO
立入禁止の表示 酸素欠乏危険場所に誤って立ち入ることのないように、その場所の入口などの見やすい場所に表示すること。	YES　NO
作業主任者の選任 酸素欠乏危険場所で作業を行う場合は、酸素欠乏危険作業主任者を選任し、作業指揮等決められた職務を行わせること。	YES　NO
特別教育の実施 酸素欠乏危険場所において作業に従事する者には、酸素欠乏症、硫化水素中毒の予防に関すること等の特別教育を実施すること。	YES　NO
測定の実施 測定者の安全を確保するための措置を行い、酸素濃度、硫化水素濃度の測定を行うこと。	YES　NO
換気の実施 作業場所の酸素濃度が18%以上、硫化水素濃度が10ppm以下になるよう換気すること。 継続して換気を行うこと。 酸素欠乏空気、硫化水素の漏洩・流入がないようにすること。	YES　NO
保護具の使用 換気できないとき又は換気しても酸素濃度が18%以上、硫化水素濃度が10ppm以下に出来ないときは、送気マスク等の呼吸用保護具を着用すること。 保護具は同時に作業する作業者の人数と同数を備えておくこと。	YES　NO
二次災害の防止 酸素欠乏災害が発生した際、救助者は必ず空気呼吸器等又は送気マスクを使用すること。 墜落のおそれのある場合には安全帯を装備すること。 救助活動は単独行動をとらず、救助者と同じ装備をした監視者を配置すること。	YES　NO

図-4.3.14　酸素欠乏等防止対策チェックリスト[41]

(出展：厚生労働省　なくそう！酸素欠乏症・硫化水素中毒，2002.)

③について　酸素欠乏の異常な状態に陥ったとき，作業員の唯一の自己防衛となるのが避難行動であることから，避難方法等を全作業員に周知させると共に，負傷者の発生に備えた救護行動を含めた定期的な避難訓練の実施，酸素欠乏症に関する基礎講座の開催が大切である．

酸素欠乏症等防止規則[44]で酸素欠乏危険作業に係る業務についての教育として次の5項目について教育することを定めている．

(ⅰ)酸素欠乏の発生原因
(ⅱ)酸素欠乏症の症状
(ⅲ)空気呼吸器等の使用方法
(ⅳ)酸素欠乏空気発生時の退避
　　および救急蘇生の方法
(ⅴ)避難ルートの確認（図-4.3.15）

図-4.3.15　避難訓練

酸素欠乏等の異常な状態に陥ったとき，避難行動が作業員の唯一の自己防衛となるが，日ごろ

から訓練をしなければ咄嗟に避難行動をとることは困難である.「大阪市建設局:酸素欠乏症等危険作業保安管理要網,2014年11月18日」[45)]を参考に山岳トンネル掘削における酸素欠乏に関する行動指針と教育内容の項目をまとめると**表-4.3.10**のようになる.

表-4.3.10 作業方法の確立,作業環境の整備,その他必要な事項

項目	内容
作業主任者の職務	1)作業方法を決定するとともに,作業を指揮すること. 2)作業前後の人員の点呼を行うこと. 3)作業場所への関係者以外の者の立ち入りを禁止すること. 4)作業場所の酸素および硫化水素濃度を作業実施前に測定すること. 5)測定器具,保護具,換気装置および避難具等の点検整備を行うこと. 6)空気呼吸器や換気装置等の使用状況を監視すること. 7)作業状況を監視すること.なお,作業主任者が直接監視できない場合は,別途監視人を置くこと. 8)異常時には直ちに作業を中止し,作業員を退避させるとともに,受傷者がいる場合は消防署へ速やかに通報するとともに,要救助者がいる場合は救出のために必要な措置をとること.
特別教育	1)酸素欠乏等の発生原因. ・酸素欠乏症等の発生の原因. ・酸素欠乏等の発生しやすい場所. 2)酸素欠乏等の症状. 3)酸素欠乏等による危険性. 4)酸素欠乏症等の主な症状. 5)空気呼吸器等の使用方法. 6)空気呼吸器,酸素呼吸器若しくは送気マスク又は換気装置の使用方法および保守点検方法. 7)事故の場合の退避および救急そ生の方法. 8)救出用の設備および器具の使用方法並びに保守点検の方法,人工呼吸の方法,人工そ生器の使用方法. 9)その他酸素欠乏症等の防止に関し必要な事項. 10)労働安全衛生法,労働安全衛生法施工令,労働安全衛生規則および酸素欠乏症等防止規則中の関係条項. 11)酸素欠乏症を防止するために当該業務について必要な事項.
作業手順	1)作業を行う前に関係者等により事前にミーティングを実施し作業手順等について確認すること. ・酸素および硫化水素濃度等の測定(測定者等). ・安全対策(換気設備,保護具,空気呼吸器等). ・作業の実施方法(作業手順,監視人の配置等). ・緊急時の連絡方法. ・その他必要な事項.
強制換気	1)換気装置は,入り口の風上に設置する. 2)換気装置は,送気式,排気式,送排気組み合せ式とする. 3)換気には,純酸素を使用してはならない.
測定および記録	1)必要な測定点を定めることとし測定箇所およびこれに合わせた記録表を作成し,記録表等を提出することとする. 2)測定箇所に立ち入る場合は,必ず保護具等を使用する. 3)測定は,常に補助者の監視のもとに行い,単独では行わない.

(出典:大阪市建設局:酸素欠乏症等危険作業保安管理要網,2014.)

4.3.4 有害ガス中毒のリスク

換気が不十分な場合は,建設機械などの排気ガスの残留(**図-4.3.16**),地中から発生するガスの滞留(**図-4.3.17**)により作業員が頭痛,めまい,嘔吐の症状を訴え,激しい場合は窒息することがある.とくに硫化水素中毒は汚泥等の攪拌や化学反応等によって急激に空気中に発散され,臭覚の麻痺や眼の損傷,呼吸障害,肺水腫を引き起こし,死に至る場合もある.他の有害ガスと比べて致死率が高く非常に危険ではあるが,作業環境測定,十分な送風換気,マスク等の呼吸用保護具の使用などの処置を適正に実施すれば防ぐことができる.硫化水素は人体への影響が大き

く，無色で特徴的な強い刺激臭があり，目，皮膚，粘膜を刺激することから事前の計画・調査・設計と施工中の処置・作業方法の点検が極めて重要である．

ここではトンネル施工時に有害ガスなどに遭遇することにより，作業員に被害を及ぼすリスクの要因とその対策（提言）を示す．

図-4.3.16　内燃機関による有害ガスの発生

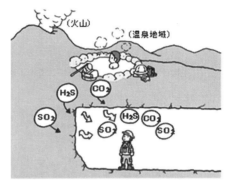

図-4.3.17　自然由来の有害ガス

(1) 計画・調査・設計段階のリスクと対策

【計画・調査・設計段階のリスク要因】
① 計画路線内の火山，温泉などに有害ガスが分布する．
② 換気計画の不備．

【解説】　①について　温泉地域に近接したトンネルはメタンガスなどの可燃性ガスや硫化水素ガス，アンモニアガスなどの呼吸困難に陥る有害ガスが発生する可能性が高い．そのため，過去の有害ガスの発生履歴や，ガスが発生する可能性を含めた地質，地図による火山，温泉分布の位置確認を実施しておく．

有害ガスの発生はⅰ）自然由来，ⅱ）人工発生，ⅲ）その2つが密接にかかわりあったものの3つに分けることができる．自然由来は地熱，温泉などによるもので，自然界の地下に分布していたもの，もしくは噴出しているものである．計画路線上の地層により，その存在をあらかじめ予測することができる．人工発生によるものは，施工機械の内燃機関から発生される窒素酸化物が主な成分である．発破の後ガスも人工発生する有害ガスであるが，これらは発生する時間や排出量をあらかじめ予測することが可能であることから，設計の段階で必要な換気量を定めておく．自然発生と人工発生の2つがかかわりあったものとして，鉱山跡地，古い坑道などが近くにあり，滞留している空気の酸化反応などで有害ガスが発生し，風穴や岩盤の亀裂などから坑内に流れ込む可能性がある．

有害ガスの発生するおそれがある場合は，換気，ガス抜き等の処置が有効であるが，第一段階としてはその地域がガスの発生の可能性があるか確認すると共に，有害ガスの抑制濃度について確認・基準濃度を定めておく．許容濃度を表-4.3.11に示す．

②について　有害ガスを排気するためには計画風量が有効に確保されていなければならないが，排気方法や排気容量に不備があると有害ガスを効率よく排気することができない．

表-4.3.11 有害ガスなどの性質・許容濃度など [46]

ガスの名称	一酸化炭素	二酸化炭素	一酸化窒素	二酸化窒素	二酸化硫黄	硫化水素	塩化水素
	CO	CO$_2$	NO	NO$_2$	SO$_2$	H$_2$S	HCl
予想される中毒・障害など	中毒他	酸素欠乏症・中毒	中毒	中毒	中毒	中毒他	中毒
発生のおそれのある場所	坑内, 炭酸ガス, 排気ガス	坑内(石灰石, ドロマイト層)物の燃焼	発破の後ガス, 排気ガス	発破の後ガス, 排気ガス	重油の燃焼, 火山性ガス	坑内, マンホール, 化学工場	火山性ガス
比重(空気1)	0.97	1.53	1.04	1.59	2.26	1.19	1.27
発火点 ℃	651	—	—	—	—	260	—
爆発限界 VOL% 下限	12.5	—	—	12.5	—	4.0	
爆発限界 VOL% 上限	74	—	—	74	—	45	
法令上の制限値	100ppm 以下	1.5%以下	—	—	—	1ppm	
許容濃度 ppm 産衛	50	5,000	—	50	—	5	
許容濃度 ppm ACGIH	25	5,000	25	25	2	10	
性質	引火性, 無色, 無刺激性, 無味, 無臭, 微量で眩惑, 頭痛, 時間により失神, 死に至る	不燃性, 無色, 無味, 無臭, 酸味があり水に溶けやすい, 酸素不足になり, 頭痛, 耳鳴, 血圧上昇, 眩惑嘔吐, 呼吸困難	無色, 刺激臭, 酸素に触れ二酸化窒素になる, 中枢神経麻痺	不燃性, 中毒, 赤褐色, 刺激性, 眠気を催し, 呼吸困難に陥る, 頭痛, 眩惑がする	無色, 刺激臭, 粘膜とくに気道への強刺激	可燃性, 無色, 腐卵臭で可溶, 空気と広範囲発生混合ガスをつくり発しやすい, 刺激性強頭痛, めまい, 呼吸障害, 高濃度ではケイレン, 呼吸困難	無色, 刺激臭, 呼吸器系への刺激, 大量吸入の場合は喉頭ケイレン, 呼吸困難, 呼吸停止

ガスの名称	酸素		ホルムアルデヒド	メタン	アセチレン	プロパン
	O$_2$（過剰）	O$_2$（不足）	H・CHO	CH$_4$	C$_2$H$_2$	C$_3$H$_3$
予想される中毒・障害など	爆発的燃焼	酸素欠乏症	中毒	爆発	爆発	爆発
発生のおそれのある場所	酸素溶接又は溶断, 酸素補給	坑内, 古井戸, マンホール, 地下施設	接着剤, 塗料, 防腐剤	坑内, 古井戸, マンホール, 地下施設	アセチレン溶接, 溶断	坑内, プロパンガスボンベ(炊事用)宿舎
比重(空気1)	1.11		1.07	0.55	0.91	1.56
発火点 ℃	他ガス混合の時高い	—	—	537	335	463
爆発限界 VOL% 下限	空気中で過剰酸素の時は爆発的燃焼を起こす		—	5.0	2.5	2.2
爆発限界 VOL% 上限		18%以上	—	15	100	9.5
法令上の制限値	—	—	—	1.5%以下	—	—
許容濃度 ppm 産衛	—	—	0.5	—	—	—
許容濃度 ppm ACGIH	—	—	0.3	—	—	—
性質	支燃性, 無色, 無臭, 各ガスと混合して爆発性を生じるので火気厳禁	支燃性, 無色, 10%以下の場合は灯火が消え呼吸困難に陥る, 眠気を催し危険	無色, 特徴的な臭気, 呼吸器系への刺激	可燃性, 無色, 無味, 無臭, 酸素と結合して爆発の危険性あり, 呼吸困難, 眠気, 酸素欠乏症の症状を呈す	可燃性, 無色, 刺激臭, 液体に溶けやすい, 銅銀の化合物および酸素空気に融合すると爆発の危険性あり	可燃性, 無色, 無臭, 無味, 一般プロパンには硫黄性の匂いが付けてある, 酸素欠乏症の症状を呈す

備考
① 産衛：日本産業衛生学会
② ACGIH：American Conference of Governmental Industrial Hygienists（米国産業衛生専門家会議）
③ C印は最大許容濃度, 常時この濃度以下に保つこと（日本産業衛生学会の場合）
④ C印は天井値（ACGIH）の場合 STRL（15分）単時間ばく露限界
⑤ ppm：Rart Per Million で容積比 100 万分の 1
⑥ 法令上の制限値：労働安全衛生規則, 酸素欠乏防止規則, 労働省告示等により示された値で, 就労禁止とすべき値
⑦ メタンの法令上の制限値：メタンの爆発限界は 5〜15%であり, 安全衛生規則によれば「可燃性ガスの濃度は爆発限界値の30%以下」と規定されているため, 便宜的に 1.5%とした.

（出典：農林水産省；土木工事等施工技術安全指針, 2010.）

4．地質環境に関するリスク管理　　253

【計画・調査・設計段階のリスク回避または低減に対する提言】

①-a　地熱，温泉がある山地等で発生が予測される有害ガスのうち，遭遇の可能性が高い地域をあらかじめ把握し，計画路線での過去の有害ガス発生の有無を確認する．

①-b　有害ガス発生時の対応策をあらかじめ決めておく．

②　　内燃機関を有する施工機械の稼働，発破の後ガスの発生量をあらかじめ把握し，換気設備の換気容量を決める．

【解説】　　①-a について　路線上に地熱，温泉がある山地の場合には，メタンガスと炭酸ガス，メタンガスと硫化水素等の有害ガスの発生について，計画路線近辺で過去に発生したことがあるかなどの事前確認をすることにより，有害ガスの発生についてある程度予測することが可能である．地熱，温泉地域については地学辞典等により天然ガスや炭田・油田の分布から知ることができるので，ガスの発生する可能性のある地域もしくは近い地域であることを把握し，換気設備および対策工について計画しなければならない．

通気性の悪い閉鎖空間では，呼吸や酸化により空気中の酸素濃度が低下することがある．酸素のないところでは，硫酸や硫酸塩を供給源として硫酸塩還元細菌により硫化水素が生成され，硫化水素が発生する可能性がある．硫化水素は様々なところで発生する可能性があるため，硫化水素を発生させない対応や，発生してしまったときの対応をあらかじめ定めておく必要がある．硫化水素が発生する可能性のある場所を**表-4.3.12** に示す．

表-4.3.12　硫化水素発生の可能性がある場所

発生場所	発生要因
河川湖沼の底にたまるヘドロ	人工物による自然発生
安定型最終処分場	人工物による自然発生
廃鉱跡地	人工物による自然由来
空気が薄いか嫌気的環境でじめじめしている	自然由来
腐泥	自然由来
火山地帯	自然由来

①-b について　硫化水素は自然環境の様々な状況により発生する可能性があるが，温泉の源泉からの自然発生に対する準備が必要となる．そのような準備を以下に示す．

・硫化水素の中和剤として希釈(10%以下)した苛性ソーダの準備．
　（硫化水素発生元の中和を行う．発生したガスの中和剤ではない．）
・管理基準値の設定と計測器具の設置．管理基準値は濃度 1ppm 以下とする．
・換気設備の設置
・保護具の設置
・労働安全衛生教育の実施計画

有害ガスの排気方法は 1)送気式，2)排気式，3)送排気組み合わせ式と大きく 3 つに分類される．送気式は新鮮な空気を切羽面まで送り，ガスを希釈して排出する．希釈されたガスは作業エリアを通して坑外に排出するため，十分に希釈できる風量を送らなければならない．排気式はガスを風管を通して直接坑外に排出するため，坑内作業環境の汚染はないが，換気できるエリアが限られることや，耐ガスの風管を使用しなければならない．また，排気の出口は直接有害ガスを排出することになるので排出口の設置位置に注意が必要となる．送排気組み合わせ式は排気式と局所

ファンを組み合わせたもので，ガスを希釈しながら排気できるが，排気と送気の風量配分のバランスの調整が必要になる．それぞれの特徴を理解し排気方法を設計しなければならない．

②について　内燃機関を動力としている機械で，化石燃料を燃焼させ二酸化炭素(CO_2)，一酸化炭素(CO)，窒素酸化物(NO_x)，硫黄酸化物(SO_x)，炭化水素(HC)などを発生させる[47]．坑内の空気汚染防止のため，内燃機関機械のCO_2および，NO_x排出量を把握し，坑内のガス計測管理が必要となる．内燃機関機械の稼働時の最大排出量は機械の総排気量により把握することができることから，排出量に合わせた換気設備および換気量，換気方法，管理値を検討することにより，坑内の有害ガスによる汚染を防止することができる．発破の後ガスにはCOやNO，NO_2などの有害ガスが含まれているため，十分な換気設備を計画しなければならない．

(2) 施工段階のリスクと対策

> 【施工段階のリスク要因】
> ① ガス検知体制の不備．
> ② 有害ガスの許容濃度の設定不備．
> ③ 換気量の不足により局所的に有害ガスが滞留する．
> ④ 安全教育の不足

【解説】　①，②について　有害ガスの発生が予想されている坑内において，ガスの検知体制として，昼夜の監視体制ができていないと，ガス発生の時刻や濃度が不明確となり，人的被害の発生につながる．また，有害ガスの発生に備え，検知器の設置およびガスの管理基準値を適切に定めておくことにより，ガス濃度の管理がしやすくなることから，発生のおそれのあるガスについて管理基準値や計測ポイントについて計画をしなければならない．

③について　トンネルの大きさ，長さ，施工方法に応じた換気方式，換気量の管理が適正にできなければ有害ガスは特定の場所にとどまり，汚染空気が新鮮な空気と十分に入れ替わらず滞留してしまう．また，自然由来の有害ガスが地山から漏れ出ると，空気の流れのないところでは滞留してしまう．

④について　有害ガスの発生が予想されている坑内において作業を行う作業者が，その場所が危険場所であることの認識が不足していたり，その防止処置の知識が不足しているとき，誤った判断のもと作業を継続することにより有害ガスの危険にさらされてしまう．密閉された坑内での作業において，正しい作業方法，処置方法が決定できることや，換気装置の正しい点検ができる等の技能を習得させなければならない．

> 【施工段階のリスク回避または低減に対する提言】
> ① 選任の測定者を指名して有害ガスの濃度測定を毎日実施する．
> ② 有害ガスの許容濃度と管理基準を定めておく．
> ③ 汚染空気の希釈，排除を適切な送風設備，送風量で実施する．
> ④ 現場での教育訓練を定期的に実施する．

【解説】　①について　有害ガス中毒に対して，換気・ガス抜き等の処置が効果的である．地層，地下水の状態および坑口や坑内の作業環境調査を行い，作業開始前など定期的にガス濃度を測定する等の処置が有効であり，このとき，選任の測定者を配置することにより定量的な測定が期待できる．同時に，緊急避難体制の整備を進めることにより安全対策を整備する．

②，③について　表-4.3.11に示した有害ガスの性質・許容濃度を確認し，管理基準や換気能力と照らし合わせて，有害ガス排気対策を検討する．有害ガス等の測定濃度に異常がみられたときは直ちに責任者に連絡し，その指揮によって応急処置を施す．

4．地質環境に関するリスク管理　255

　また，坑内で発生する汚染空気として，内燃機関の排出ガスや発破の後ガスがある．内燃機関
(ディーゼル機関)および発破の後ガス，作業人員に対する所要換気量は，以下の式[48]で算出でき
る．各重機に対する換気量と負荷率を**表-4.3.13**[48]に示す．

ⅰ）内燃機関に対する換気量

$$Q_a = \left(H_S \cdot q_S \cdot \alpha_S\right) + \left(H_D \cdot q_D \cdot \alpha_D\right) + \left(H_E \cdot q_E \cdot \alpha_E\right) \quad (\mathrm{m^3/min})$$

Qa：所要換気量　(m³/min)
H_S：ショベル系の総出力　(kW)
H_D：ダンプ系の総出力　(kW)
H_E：その他機械の総出力　(kW)
q_S：ショベル系の出力当りの換気量　m³/(min・kW)
q_D：ダンプ系の出力当りの換気量　m³/(min・kW)
q_E：その他の機械の出力当りの換気量　m³/(min・kW)
α_S：ショベル系の負荷率
α_D：ダンプ系の負荷率
α_E：その他の機械の負荷率

表-4.3.13　所要換気量と負荷率[48]

| ディーゼル機関搭載機械の種別 | 実出力当たり換気量 q（m³/(min・kW)） | | | | 負荷率 α |
| | 排出ガス対策型建設機械 | | 道路運送車両法 排出ガス規制適合車 | | |
	第1次基準値適合車	第2次基準値適合車	H9 年	H15 年	
ショベル系	4.9	3.2	-	3.2	0.5
ダンプ系（坑内用）	4.9	3.2	-	3.2	0.25
ダンプ系（普通）	4.9	3.2	2.4	1.8	0.2
その他機械	4.9	3.2	2.4	1.8	0.2

（出典：日本トンネル技術協会；山岳トンネルのずり出し方式実態調査報告書，2009.）

ずり出し使用機械組み合わせの例として算出すると
　　ずり積み機　　ホイールローダー　　山積み 3.0m³　　1 台　　(193kw(262PS))
　　ずり運搬　　　　ダンプトラック　　　20t　　　　　　4 台　　(170kW(231PS))
換気計算仮定としてその他の機械は計算には考慮せず，出力あたりの排出ガス対策型の値を採用．
計算結果
　　1 次基準値採用の場合：Qa=(193×4.9×0.5) + (170×4×4.9×0.25) = 1306 m³/min
　　2 次基準値採用の場合：Qa=(193×3.2×0.5) + (170×4×3.2×0.25) = 853 m³/min
と算出することができる．

ⅱ）発破の後ガスに対する換気量

$$Q_B = K \frac{V}{\alpha \cdot t}$$

$$V = A_T \cdot \Delta L \cdot \beta \cdot X$$

Q_B　：後ガスに対する所要換気量　(m³/min)
V　：1 発破による有害物質の発生量　(m³)
α　：換気対象有害ガスの管理目標濃度(CO:50ppm,NOx:25ppm)
A_T　：トンネル掘削断面積　(m²)
ΔL　：1 発破の掘進長　(m)
β　：地山 1m³ に対する火薬使用量　(kg/m³)
X　：火薬 1kg により発生する有害物質量　(m³/kg)
t　：所要換気時間　15min

発破に伴う有害ガスの発生量を**表-4.3.14**に示す.

表-4.3.14　発破による有害ガスの発生量 [48]

爆薬の種類	有害ガス発生量	
	一酸化炭素(CO)(m³/kg)	窒素酸化物(NOx)(m³/kg)
2号榎ダイナマイト	$8×10^{-3}$	$1.5×10^{-3}$
含水爆薬	$5×10^{-3}$	$1.5×10^{-3}$
その他のダイナマイト	$11×10^{-3}$	$2.5×10^{-3}$
AN-FO	$30×10^{-3}$	$20×10^{-3}$

※爆薬が1種類で,許容濃度をCO:50ppm, NOx:25ppmとすると網かけ部が換気対象の有害ガスとなる.

（出典：日本トンネル技術協会；山岳トンネルのずり出し方式実態調査報告書, 2009.）

標準的なトンネルにおける換気量の計算結果を**表-4.3.15**に示す.

表-4.3.15　標準的なトンネルにおける換気量の計算結果 [48]

区分	火薬の種類			含水爆薬				含水爆薬(親ダイ)＋AN-FO爆薬(増ダイ)			
	地山区分	記号	単位	B	CI	CII	D	B	CI	CII	D
	工法			全断面	補助ベンチ	補助ベンチ	上半	全断面	補助ベンチ	補助ベンチ	上半
条件	1発破の掘進長	ΔL	m	2	1.5	1.2	1	2	1.5	1.2	1
	掘削断面積	A	m²	90	90	90	50	90	90	90	50
	換気係数	K		0.4	0.4	0.4	0.4	0.4	0.4	0.4	0.4
	換気時間	t	min	15	15	15	15	15	15	15	15
	地山1m³当り火薬量(含水)	βe	kg/m³	1	0.8	0.8	0.6	0.2	0.2	0.2	0.2
	地山1m³当り火薬量(AN-FO)	βa	kg/m³	0	0	0	0	1	0.8	0.8	0.6
	使用火薬量(含水)		Kg	180	108	86.4	30	36	27	21.6	10
	使用火薬量(AN-FO)		Kg	0	0	0	0	180	108	86.4	30
後ガス	有害物質(CO)発生量	Vc	10^{-3}m³	900	540	432	150	5,580	3,375	2,700	950
	有害物質(NOx)発生量	Vn	10^{-3}m³	270	162	130	45	3,654	2,201	1,760	615
	有害物質(CO)対する所要換気量	Q2ac	m³/min	480	288	230	80	2,976	1,800	1,440	507
	有害物質(NOx)対する所要換気量	Q2an	m³/min	288	173	138	48	3,898	2,347	1,878	656

（出典：日本トンネル技術協会；山岳トンネルのずり出し方式実態調査報告書, 2009.）

ⅲ）作業人員に対する換気量

人間の必要酸素量を計算すると1人当り約30L/min程度の空気量が必要になる.一方排気中のCO_2濃度から必要な空気量は約300L/min程度である.この値は他の換気量計算からすると非常に小さく無視できるぐらいの値であることから,これをもとに換気すると値が小さすぎて坑内風速がほとんどない状態になる.そこで換気計算の上では1人あたりの所要換気量を3m³/minとした.

$$Q_P = G \cdot N$$

Q_P：所要換気量　(m³/min)
G：作業員1人当り所要量　(3.0m³/(min・人))
N：坑内作業員数　(人)
坑内作業員を20人としたとき

$Q_P = 3.0 \times 20 = 60$ (m³/min)

となる.

これらの計算から坑内における換気量を算出し，管理する必要性がある.

④について　災害が起こったときに，坑内部や建設機械の被害の他に人的被害も大きくなることが予想される.ガスの種類によっては中毒の危険性も考慮する.保護具の不備や，避難経路がないことで逃げ遅れるなど被害の程度が悪化する.また，防護マスクの着用，速やかな避難など自己防衛ができる安全教育の実施計画を立てなければならない.

非常時の避難および訓練の実施として，非常の場合に対処するため，あらかじめ合図・信号・警報等を定め，緊急連絡方法を全員に周知させるとともに適時訓練を行い，これを記録・保存し，定期的に開催することを安全衛生規則389条11に定められている.普段からの訓練が非常時に作業員の安全確認，危険予測訓練に繋がることから，有害ガス発生に備えた救助用のエアラインマスクや予備の送風機などの非常用設備の適切な対応ができる訓練を行うほか，非常用設備の定期点検も二次災害防止対策に有効である.有害ガス中毒の防止措置を**表-4.3.16**に示す.

表-4.3.16　有害ガス中毒防止措置

措置事項		留意点
安全衛生管理	安全衛生管理体制	・作業主任者を選任する. ・安全パトロールを実施する. ・異常な状態を早期に発見，把握し，通報できるようにする.
	労働安全衛生教育	・雇入，作業内容変更時は教育を実施する. ・作業の特別教育を実施する. ・救出時の空気呼吸器等の使用について十分な教育訓練の実施.
	保護具の備付け	・作業開始前に保護具を点検し，異常時は必要な措置をする.
	測定器具の備付け	・測定器具の保守および定期的な点検を実施する.
作業主任者の職務遂行		・適切な作業方法の決定，作業の指揮，ガスの測定，測定器具・換気装置・呼吸器等の点検，呼吸器等の使用状況の監視等の職務.
ガスの測定		・作業開始前・作業再開時に測定を行うとともに，作業中も継続して作業者周辺の測定を行う.
換気の実施		・作業場所における管理基準値を設定し，管理基準値の範囲内を保つように，十分な能力のある換気装置を用いる. ・作業中も継続的に換気を行う. ・換気に純酸素を使用してはならない.
保護具の使用		・ガスを検知もしくは，作業の性質上十分な換気を行うことが困難な場所での作業が必要な場合，作業者に呼吸器等の保護具を着用させる.

4.4 自然由来重金属等に関するリスク低減

4.4.1 自然由来重金属等に関するリスク一般

(1) 自然由来重金属等とは

a) 定義

　重金属とは通常，比重 4 以上の金属元素をいい，一般的には，アルカリ金属およびアルカリ土類金属を除く鉄以上の比重を持つ金属元素を指す．公害の原因として問題となるものが多いが，生体にとって必須元素も多く含まれる．

　土壌汚染対策法では，土壌に含まれることに起因して健康被害を生ずるおそれのある物質として 25 物質が特定有害物質に指定されている．これらは，その性状により第一種から第三種の 3 つに分けられており，第二種特定有害物質に指定されている 9 種の元素および化合物が重金属等，シアン化合物を除く 8 種が自然由来重金属等とされている．8 種の自然由来重金属等とは，カドミウム，六価クロム，水銀，セレン，鉛，砒素，ふっ素，ほう素およびこれらの化合物である．**図-4.4.1** の周期律表に自然由来重金属等を示す．本項では，8 種の自然由来重金属等を対象とする．文献調査においては，黄鉄鉱は自然由来重金属等ではないが，水質の酸性化の原因となったり，自然由来重金属等が溶出したりする可能性があるため，本項では対象とした．そのほかにも，自然界に存在する鉄，亜鉛，ニッケル，硫黄，カルシウム，銅など，少ないながらもリスクとなる事例があるため，「その他」として対象とした．

凡例
原子番号 / 原子記号 / 原子量 / 原子名　□ 重金属　▨ 自然由来重金属等

周期	1族	2族	3族	4族	5族	6族	7族	8族	9族	10族	11族	12族	13族	14族	15族	16族	17族	18族
1	1 H 1.008 水素																	2 He 4.003 ヘリウム
2	3 Li 6.941 リチウム	4 Be 9.012 ベリリウム											**5 B 10.81 ほう素**	6 C 12.01 炭素	7 N 14.01 窒素	8 O 16 酸素	**9 F 19 ふっ素**	10 Ne 20.18 ネオン
3	11 Na 22.99 ナトリウム	12 Mg 24.31 マグネシウム											13 Al 26.98 アルミニウム	14 Si 28.09 けい素	15 P 30.97 リン	16 S 32.07 硫黄	17 Cl 35.45 塩素	18 Ar 39.95 アルゴン
4	19 K 39.1 カリウム	20 Ca 40.08 カルシウム	21 Sc 44.96 スカンジウム	22 Ti 47.87 チタン	23 V 50.94 バナジウム	**24 Cr 52 クロム**	25 Mn 54.94 マンガン	26 Fe 55.85 鉄	27 Co 58.93 コバルト	28 Ni 58.69 ニッケル	29 Cu 63.55 銅	30 Zn 65.41 亜鉛	31 Ga 69.72 ガリウム	32 Ge 72.64 ゲルマニウム	**33 As 74.92 砒素**	**34 Se 78.96 セレン**	35 Br 79.9 臭素	36 Kr 83.8 クリプトン
5	37 Rb 85.47 ルビジウム	38 Sr 87.62 ストロンチウム	39 Y 88.91 イットリウム	40 Zr 91.22 ジルコニウム	41 Nb 92.91 ニオブ	42 Mo 95.94 モリブデン	43 Tc -99 テクネチウム	44 Ru 101.1 ルテニウム	45 Rh 102.9 ロジウム	46 Pd 106.4 パラジウム	47 Ag 107.9 銀	**48 Cd 112.4 カドミウム**	49 In 114.8 インジウム	50 Sn 118.7 スズ	51 Sb 121.8 アンチモン	52 Te 127.6 テルル	53 I 126.9 よう素	54 Xe 131.3 キセノン
6	55 Cs 132.9 セシウム	56 Ba 137.3 バリウム	57-71 ランタノイド	72 Hf 178.5 ハフニウム	73 Ta 180.9 タンタル	74 W 183.9 タングステン	75 Re 186.2 レニウム	76 Os 190.2 オスミウム	77 Ir 192.2 イリジウム	78 Pt 195.1 白金	79 Au 197 金	**80 Hg 200.6 水銀**	81 Tl 204.4 タリウム	**82 Pb 207.2 鉛**	83 Bi 209 ビスマス	84 Po -210 ポロニウム	85 At -210 アスタチン	86 Rn -222 ラドン
7	87 Fr -223 フランシウム	88 Ra -226 ラジウム	89-103 アクチノイド	104 Rf -261 ラザホージウム	105 Db -262 ドブニウム	106 Sg -263 シーボーギウム	107 Bh -264 ボーリウム	108 Hs -269 ハッシウム	109 Mt -268 マイトネリウム	110 Ds 281 ダームスタチウム	111 Rg 281 レントゲニウム	112 Cn 285 コペルニシウム						

図-4.4.1　周期律表

b) 種類と特徴

　8 種の自然由来重金属等の自然界での存在形態や特徴，工業的用途について**表-4.4.1** に概説する．

c) 人体への影響

　トンネル工事で発生した掘削ずりから，有害な自然由来重金属等が雨水などで溶出し，地下水や表流水を汚染し，その水が飲用されるなど体内に直接摂取されることによって健康被害が発生する可能性が考えられる．自然由来重金属等の人体への影響等について**表-4.4.2** に概説する．

d) 日本列島における分布と地質

　自然由来重金属等の一般的な分布傾向を**表-4.4.3** に示す．これらのほかに，自然由来重金属等を含む岩石が侵食され，下流に堆積する場合もある．

e）文献調査結果

　山岳トンネル工事における自然由来重金属等によるリスクの顕在化事例を文献調査した．その結果，全文献数 109 編，そのうちトンネル名を公表した文献が 42 編（**表-4.4.4**），トンネル数としては 20 本あることがわかった．**図-4.4.2** にトンネル名の公表・非公表文献数を自然由来重金属等の種類別に分類したグラフを示す．複数の自然由来重金属等が検出される場合もあるため，文献数は重複している．また，**図-4.4.3** に 20 本のトンネル一覧と概略位置を示す．

表-4.4.1　自然由来重金属等の特徴と工業的用途

種類	特徴	工業的用途
カドミウム	地殻の平均含有量は 0.098〜0.2mg/kg 程度と比較的少ないが，亜鉛・銀・銅などとともに存在する．海成堆積物で濃度が高い傾向があり，リン酸塩には 15mg/kg 程度含まれることがある．歴史的に鉱山開発，精錬などによって環境中へ排出された．	電気メッキ，半導体原料，充電式電池など電子的用途
六価クロム	クロムとしての地殻の平均含有量は 65.2〜185mg/kg 程度，花崗岩中で 2〜60mg/kg 程度含まれる．超塩基性岩や蛇紋岩などで 1000mg/kg を上回る含有量を示すものもある．その他，火山灰や火山性ガスにも含まれる．主要な含有鉱物としてはクロム鉄鉱があるが，自然状態のクロムはほとんど三価の状態で存在する．	六価クロム化合物がクロムメッキ，塗料，皮なめし剤，触媒など
水銀	地殻の平均含有量は 0.054〜0.08mg/kg 程度．火山，金属鉱床周辺の熱水脈に介在することが多く，岩石中では硫化物の辰砂（HgS）あるいは自然水銀として存在する．湖水，海水中で生物によって有機化し，メチル水銀に変換され，食物連鎖を通じてマグロ，キンメダイ，クジラなど大型魚類や海生哺乳類に蓄積，比較的高い濃度で含まれている．	各種電極，金・銀などの抽出剤，温度計・気圧計・血圧計・整流器，水銀灯，歯科用アマルガムなど
セレン	地殻の平均含有量は 0.05mg/kg 程度．砂岩，石灰岩，リン灰岩などの堆積岩で 1〜100mg/kg と高い含有量を示すことがあり，石炭中にも高濃度で含まれる場合がある．水中ではセレン酸・亜セレン酸として存在し，藻類，魚介類，肉類，卵黄に豊富に含まれる．人体には約 0.17mg/kg 程度含まれる．必須元素のひとつ．	光電池，照度計，整流器など電子工業
鉛	銅や金に次いで古くから人類が利用した金属の一つで，地殻の含有量平均値は 8〜23.1mg/kg 程度．土壌中では粒子表面へ吸着するほか，有機金属錯体やキレートといった形態で存在する．銅，亜鉛，すずなどの金属鉱床に共存して高濃度で含有されている．	鉛蓄電池，散弾，鉛管，放射線遮断材，活字，ハンダ，顔料塗料，ゴム塩化ビニル添加剤，農薬など
砒素	地殻に広く分布する元素で，含有量平均値は 1〜9mg/kg 程度．銅・鉛・鉄などの金属と一緒に存在することが多い．硫化物に伴って存在することが多く，硫砒鉄鉱（FeAsS）などとして産出する．三価の砒素は毒性が強く，亜砒酸（As₂O₃）による中毒事件が知られる．	半導体の原料，木材の防腐・防蟻剤，触媒，脱硫剤，ガラス添加剤など
ふっ素	空気，海水，地下水，土壌中などに存在し，地殻内の平均濃度は 625mg/kg 程度で，一般的に蛍石（CaF₂），氷晶石（Na₃AlF₆）やふっ素燐灰石（Ca₅(PO₄)₃F）などの鉱物として存在することが多い．海域で堆積した泥質岩などにもよく含まれるほか，海洋の魚介類・海藻などにも含まれる．熱水の影響を受けた岩石に高濃度で含まれることがある．適量のふっ素摂取は虫歯予防の効果があるとされ，欧米では水道水にふっ素添加を行っている国もある．	虫歯予防表面処理剤，ふっ素樹脂原料，ガラス・金属の表面処理，代替フロンの原料など
ほう素	地殻の平均含有量は 10mg/kg，海水中には 4.5mg/L 程度含まれており，海域で形成された細粒堆積物中に多く含まれ，海成泥岩では 100mg/kg 程度を含むことがある．pH7.5〜9.0 で堆積粒子などへ吸着されやすく，土壌堆積物に吸着して存在することが多い．環境中での移動は，海水の蒸発散・火山作用で大気中に放出されるほか，海成泥質岩の風化から土壌・水域への移動が生じる．	鉄合金等の硬度増加剤，原子炉中性子吸収剤，ガラスや陶器への添加，金属表面処理，電気機器，印刷材料等

表-4.4.2　自然由来重金属等の人体への影響

種類	人体への影響
カドミウム	長期の高濃度摂取でイタイイタイ病に代表される腎機能障害，骨軟化症を発症する．他に肺気腫，異常疲労，貧血など．
六価クロム	発がん性があるとされ，他に呼吸器・消化器障害や腎臓障害，肝炎などを生じる．
水銀	無機水銀では中枢神経系・腎臓障害などを生じる．有機水銀は無機水銀に比べ毒性が非常に強く，水俣病に代表される神経系障害を生じる．他に嘔吐，下痢，口内炎など．
セレン	過剰摂取による皮膚の障害，末梢神経障害，胃腸障害などが生じる．長期間曝露による毒性影響は爪・頭髪・肝臓でみられる．他に嘔吐，痙攣，貧血など．
鉛	経口や呼吸により吸収された鉛化合物はとくに骨に固定されることが多い．貧血・消化器不全・神経・腎障害をもたらす．他に疲労，嘔吐，頭痛など．
砒素	三価の砒素は毒性が強く，亜砒酸（As_2O_3）は毒薬として有名．慢性中毒症としては皮膚や腎臓の異常・末梢血管障害・皮膚がん・肺がん・末梢の循環不全などが報告されている．
ふっ素	一定濃度を飲用水として継続摂取すると，軽度の斑状歯が発生，骨へのふっ素沈着は骨折リスクが増加するとされている．多くは尿から排泄されるが，骨や歯に吸収されたふっ素はほぼ固定される傾向にある．他に腹痛，下痢，皮膚・粘膜の刺激等．
ほう素	中枢神経障害，腸障害，皮膚紅疹，下痢，嘔吐などが生じる．ほう酸あるいはほう砂の動物曝露実験により，雄生殖器官への毒性が報告されている．

表-4.4.3　自然由来重金属等の一般的な分布

種類	主な分布箇所
カドミウム 鉛	銅，亜鉛，スズなどの金属鉱床 　（グリーンタフが分布する地域，三波川変成岩類の分布地域，鉱脈型の熱水鉱床，スカルン鉱床）
六価クロム	蛇紋岩
水銀	熱水性金属鉱山（金，銀，鉛，亜鉛とともに存在）
セレン	・　硫化物を主とする金属鉱山周辺 ・　炭鉱地域 ・　砂岩，石灰岩，リン灰岩などの堆積岩
砒素	・　熱水性の金属鉱床（鉱脈鉱床，黒鉱鉱床） ・　海成泥質岩などの堆積岩 ・　沖積層，洪積層
ふっ素 ほう素	・　海域で形成された地層（とくに海成細粒堆積岩） ・　粘土鉱物

表-4.4.4 トンネル名を公表した文献一覧

	文献名	文献数
1	土木学会年次学術講演会講演概要集	12
2	施工体験発表会（山岳）	7
3	トンネルと地下	5
4	トンネル工学研究論文・報告集	3
8	ジオシンセティック技術情報	2
7	応用地質	2
6	土と基礎	2
5	日経コンストラクション	2
15	建設の施工企画	1
14	四国地方整備局管内技術・業務研究発表会論文集	1
13	第8回環境地盤工学シンポジウム	1
12	土木学会論文集F4（建設マネジメント）	1
11	東京大学農学部演習林報告	1
10	平成22年度東北地方整備局管内業務発表会	1
9	北海道開発技術研究発表会	1
	計	42

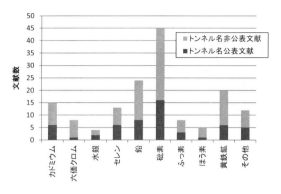

図-4.4.2 自然由来重金属等の文献調査

	トンネル名
1	幌延深地層研究施設（7文献）
2	下白滝トンネル
3	中越トンネル（2文献）
4	兜トンネル
5	馬追トンネル
6	オロフレトンネル
7	青葉トンネル
8	三豊トンネル
9	八甲田トンネル（9文献）
10	雪沢第二トンネル（2文献）
11	新仙人トンネル、滝観洞トンネル
12	仙台地下鉄東西線（2文献）
13	甲子トンネル（3文献）
14	奥秩父トンネル、雁坂トンネル（土捨て場）
15	秦梨トンネル
16	第二伊勢道路2号トンネル（4文献）
17	長沢トンネル（2文献）
18	川登トンネル
19	唐八景トンネル
20	北薩トンネル（出水工区）

図-4.4.3 公表されている20本のトンネル一覧と概略位置

　20本のトンネル事例を地質時代別にまとめたものを**図-4.4.4**に示す．これより，新第三紀の地質に頻繁に自然由来重金属等が含まれることがわかる．これは，日本列島において火成活動が活発だったのが新第三紀であり，火成活動によってグリーンタフ，各種鉱床，熱水性鉱化変質岩などが広く生成されたことによる．地質としては，火山岩（玄武岩，安山岩，デイサイト，流紋岩），深成岩（閃緑岩，花崗岩），火山砕屑岩（凝灰岩，凝灰角礫岩），堆積岩（砂岩，泥岩，頁岩），変成岩（片岩，片麻岩）などがあげられる．

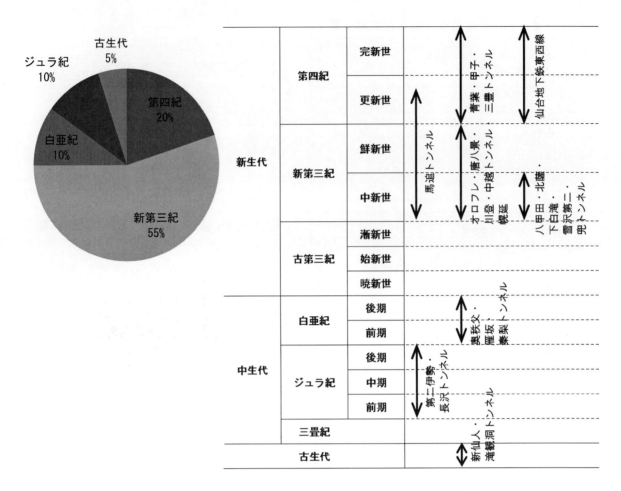

図-4.4.4　公表されている20本のトンネルの地質時代別区分

(2) 黄鉄鉱による酸性水の発生と自然由来重金属等の溶出メカニズム

　自然由来重金属等を含む地質には，主として海成堆積物および鉱床に起因するものがある．これらの岩石には黄鉄鉱（FeS_2）が含まれ，工事による掘削の結果，環境が変化し酸性水を発生させるとともに，自然由来重金属等を溶出させることがある．

　海成堆積物のうち新第三紀〜完新世にかけての堆積物は，河川や湖沼等の陸域の環境と，河口や浅海等の海域の環境が繰り返す過程で海成粘土等が堆積し，続成作用の過程で硫化物が形成される．これらの地層は，地下水面下では溶存酸素量の低い環境にあり，還元状態で平衡に達している．これらを掘削した場合，堆積物中の黄鉄鉱の化学反応（酸化反応）が生じ，酸性水が発生する．酸性水の発生原因のほとんどは，海成粘土中に存在する黄鉄鉱である．また，これらの海成堆積物から鉄，マンガン等の溶出事例が報告されている．とくに海水中には，ふっ素，ほう素が多量に含まれていること，砒素についても海底堆積物中に濃集することが知られている．

　鉱床に起因するものとして，銅，鉛等を産出する鉱床や火山岩や深成岩の小岩体に起因する鉱化変質部が上げられる．このような地質では，黄鉄鉱，黄銅鉱（$CuFeS_2$）などの硫化鉱物が非常に多く含まれる．また，これらの岩石にはカドミウム，砒素等も高濃度で含まれている可能性が高い．

　地質体に含まれる硫化鉱物の酸化による酸性水の発生は，古くから酸性坑廃水として，また農業分野では酸性硫酸塩土壌として知られた現象である．酸性水の発生に寄与する主な鉱物は黄鉄鉱で，海成泥岩や未固結堆積物，硫化鉱物を含む鉱床等に普遍的に含まれる．

　以下にEvangelou[50]に解説されている黄鉄鉱の酸化メカニズムを示す．地層中に含まれる黄鉄鉱が掘削ずりと一緒に地表に露出した場合，酸素（O_2）を含む降水や地表水（H_2O）が黄鉄鉱を多く

含む掘削ずりと接触することで黄鉄鉱が風化（酸化）され，2価鉄（Fe^{2+}）や水素イオン（H^+）が生成される．2価鉄はすぐに酸化されて3価鉄（Fe^{3+}）となり，3価鉄が水と接触することで水素イオンが生成されるため，水のpHをさらに下げる．低いpH環境下（＜4.5）においては，3価鉄は酸素よりも強い酸化剤として作用するため，黄鉄鉱をさらに酸化し，硫酸を生成する（図-4.4.5）と同時に，自然由来重金属等を溶出することになる．

このように，黄鉄鉱を含む岩石から硫酸が発生するには，次の3つの条件が必要となる．
① 岩石中に黄鉄鉱（素因）が含まれること
② 水（誘因）があること
③ 水の中に酸素（誘因）が含まれること

このうち1つでも欠ければ硫酸は発生しないことになるが，水と酸素は通常普遍的に存在するため，黄鉄鉱があれば硫酸が生成されると考えた方が良い．

一方で，岩石中には方解石や斜長石など酸化を緩衝する能力を有する鉱物が含まれる．これらの鉱物は硫酸と反応することにより，水のpHの低下を抑制する．よって，岩石から酸性水が発生するか否かは，黄鉄鉱の酸化により生成された硫酸量と方解石や斜長石の中和反応能のバランスによると言える．

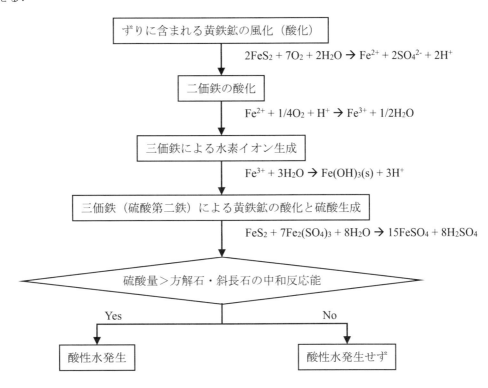

図-4.4.5 酸性水の発生機構

(3) 法的枠組みと管理基準
a) 関連法規

自然由来重金属等に関しては，土壌などに含まれるものや水中に溶け込んでいるものに関して，以下の6法律が適用される．なお，地方公共団体の条例等により，さらに厳しい基準値の採用（上乗せ基準），対象物質や適用範囲の追加設定等がなされている場合もあるので，十分な留意が必要である．

i) 環境基本法（平成5（1993）年施行）

環境の保全についての基本理念を定め，環境の保全に関する基本的な施策を示したものである．本法制定以前は，昭和42（1967）年制定の「公害対策基本法」および昭和47（1972）年制定の「自

然環境保全法」の 2 つの基本的な法律の枠組みに従って行われてきたが，本法制定により公害と自然環境との枠組みを包括した総合的な環境政策の枠組みができた．

ii) 農用地の土壌の汚染防止等に関する法律（昭和 46（1971）年施行）

本法では，カドミウムおよびその化合物，銅およびその化合物，砒素およびその化合物を「特定有害物質」に指定し，農用地の土壌に含まれる特定有害物質量に基準を定め，基準値を超える地域を「農地用土壌汚染対策地域」に指定するととともに，当該地域より生産される米についても特定有害物質の基準値が定められた．農用地の土壌汚染対策地域の指定基準値は，カドミウム（0.4mg/kg を超えるもの），銅（125mg/kg 以上），砒素（15mg/kg 以上）である．

iii) 水質汚濁防止法（昭和 46（1971）年施行）

公共用水域および地下水の水質の汚濁の防止を図り，それによって国民の健康を保護すること，生活環境を保全することおよび工場・事業場から排出される汚水や廃液で人の健康に係る被害が生じた場合の事業者の損害賠償の責任を定めることにより，被害者の保護を図ることを目的として，27 特定物質と水質汚濁に係る環境基準が示されている．

iv) 排水基準を定める省令（昭和 46（1971）年施行）

事業所からの排水に含まれる有害物質の許容限度を定めた省令

v) 地下水の水質汚濁に係る環境基準について（平成 9（1997）年告示）

地下水に含まれる特定物質の基準値が示されている．

vi) 土壌汚染対策法（平成 15（2003）年施行），一部を改正する法律（平成 22（2010）年施行）

土壌汚染の状況調査，土壌汚染による人の健康被害の防止に関する措置等を規定した法律である．この中で，土壌溶出量基準として揮発性有機化合物等，重金属等および農薬等の 25 物質，土壌の含有量は自然由来重金属等 8 物質とこれらに関する基準が定められている．

本法における許容摂取量の考え方は，基本的に慢性毒性の観点で設定されている．慢性毒性の観点では，有害物質ごとに許容される摂取量を設定し，一生涯（70 年間）その環境で生活を続けた場合に土壌の直接摂取や地下水飲用によって許容される摂取量を超えることがないように設定されている．許容される摂取量とは，有害物質ごとに摂取しても健康影響がないと考えられる量で，許容される摂取量は，根拠データの性質や個人差などによる不確実性を考慮して，安全側の値が設定されている．

b) トンネル掘削ずりへの適用

山岳トンネル工事において，掘削ずりが自然由来重金属等を含む可能性がある場合，その取扱いに関してはいくつかの解釈があるため，事業に対しての土壌汚染対策法の適用については，都道府県または土壌汚染対策法にもとづく政令市の担当部局に確認する必要がある．

たとえば，同法についての通知「土壌汚染対策法の一部を改正する法律による改正後の土壌汚染対策法の施工において」[51]では，「トンネルの開削の場合には，開口部を平面図に投影した部分の面積をもって判断」とあり，地下掘削のトンネル区間は土地の形質の変更には当たらないことが示されている[52]（**図-4.4.6**）．

一方，同通知には，「同一の手続きにおいて届出されるべき土地の形質の変更については，土地の形質の変更が行われる部分が同一の敷地に存在することを必ずしも要せず，土壌汚染状況調査の機会をできる限り広く捉えようとする法の趣旨を踏まえれば，同一の事業の計画や目的の下で行われるものであるか否か，個別の行為の時間的接近性，実施主体等を総合的に判断し，当該個別の土地の形質の変更部分の面積を合計して 3000 平方メートル以上となる場合には，まとめて一の土地の形質の変更の行為とみて，当該届出の対象とすることが望ましい．」とあり，トンネル工事に伴うトンネル区間，仮設備ヤード，工事用道路等も届出の対象とするような記述が示されている．

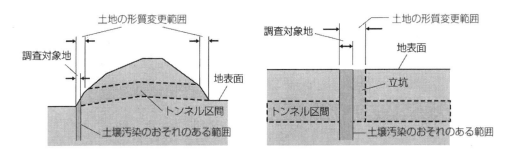

図-4.4.6 トンネル等の地下掘削の場合の土地の形質変更範囲と調査対象地[52]
(出典：日本建設業連合会；汚染土壌の取扱いについて，2013)

c）各事業者によるマニュアルや基準類

山岳トンネルの掘削ずりのように岩石中に含有される自然由来重金属等に関する知見や環境汚染防止のための対応方法については，「建設工事における自然由来重金属等含有岩石・土壌への対応マニュアル（暫定版）」に取りまとめられている．その他，自然由来重金属等を含有する岩石について行政機関や発注者などで作成され，公表された基準類を以下に示した．詳細については，各基準類を参照されたい．

- i) 建設工事における自然由来重金属等含有岩石・土壌への対応マニュアル（暫定版），平成22年3月，建設工事における自然由来重金属等含有土砂への対応マニュアル委員会
- ii) 日本海沿岸東北自動車道 大館〜小坂間トンネル掘削土判定・処理・管理マニュアル，平成18年3月，東日本高速道路株式会社東北支社委託（財）高速道路技術センター
- iii) 土壌汚染調査における簡易分析法採用マニュアル（重金属編），平成18年7月，東京都環境局
- iv) 自然由来汚染土壌に係る取扱い，平成19年12月，北海道
- v) 仙台地下鉄東西線建設発生土処理マニュアル，平成20年5月，仙台市交通局
- vi) 新東名高速道路 豊川工事事務所管内 土工設計・施工マニュアル（案），平成20年8月，中日本高速道路株式会社名古屋支社豊川工事事務所
- vii) 道道西野真駒内清田線（こばやし峠）トンネル掘削ずり適正処理指針（案），平成22年3月，札幌市建設局土木部
- viii) 東九州自動車道・トンネル掘削土の管理方法について，記者発表，平成22年2月，国土交通省九州地方整備局宮崎河川国道事務所，NEXCO西日本九州支社
- ix) 札幌市における自然由来重金属を含む建設発生土の取り扱いについて（答申），平成23年3月，札幌市自然由来重金属検討委員会
- x) 神奈川県土壌汚染対策マニュアル第4編 土壌汚染調査，平成23年4月，神奈川県環境農政局環境部大気水質課
- xi) 新名神高速道路兵庫工事事務所管内 自然由来の重金属を含有する岩石と土壌に関する施工マニュアル（概要），平成23年9月，西日本高速道路株式会社関西支社兵庫工事事務所
- xii) 建設工事で発生する自然由来重金属等含有岩土対応ハンドブック，平成27年3月，独立行政法人土木研究所，一般財団法人土木研究センター地盤汚染対応技術検討委員会
- xiii) 建設工事で遭遇する地盤汚染対応マニュアル（改訂版），平成24年4月，一般財団法人土木研究センター地盤汚染対応技術検討委員会

(4) 対策工の事例

文献調査した20本のトンネルにおいて採用された対策工の一覧と割合を**図-4.4.7**に示す．モニタリングは，厳密には対策工ではないが，各種対策工実施後，将来にわたるその健全性を管理するために適用されている．

遮水工はすべて遮水シートによる封じ込めで，管理型土捨場の構造に準じる封じ込めと盛土内への封じ込めがある．第二溶出量基準を超過する場合には不溶化等の処理を併用している．

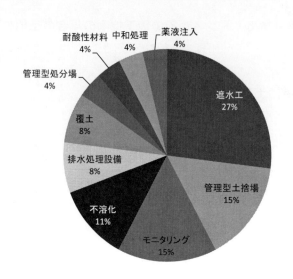

図-4.4.7 文献調査した20本のトンネルで採用された対策工

4.4.2 計画・調査・設計段階のリスクと対策

(1) 調査・試験計画

計画・調査・設計段階の調査・試験が不足すると，施工段階において想定外の重金属等を含む掘削ずりに遭遇し，工事中止による事業費の増大，工事工程遅延のリスクが生じるおそれがある．

そのため，計画・調査・設計段階から対策の要否，対策土量の推定，試験・判定方法，酸性水の有無についてリスク低減のため適切な調査，試験を実施するのが望ましい．

計画・調査・設計段階に考えられるリスク要因およびその提言（対策）を以下に示す．

【調査・試験計画におけるリスク要因】
① 対策の要否，対策土量の推定，試験・判定方法，酸性水の有無についての調査・試験不足．
② 設計技術者・発注者の認識不足．

【解説】 ①，②について　トンネルは，線状構造物であり，計画および地形・地質条件によって延長等の規模が異なる．トンネルの土被り，延長の規模が大きくなると調査，試験箇所も多くなる．しかし，計画・調査・設計段階では，事前調査費用も制約されることから，その中で適切な調査，試験の実施が望まれる．調査精度が悪い場合は，施工時の対策規模が想定よりも大きくなってしまい工事費の増大を招くばかりか事業予算の逼迫につながる．

トンネル掘削ずりに含まれる重金属に関して，設計技術者および発注者の認識不足によって，施工段階で想定外の対策が必要となる場合がある．

施工段階で工事が中止しないために計画・調査・設計段階で検討すべき調査・試験を立案する．

【調査・試験計画におけるリスク回避または低減に対する提言】
① 対策要否判定のため施工前概略調査を実施する．
② 対策土量推定のため施工前概略調査から施工前詳細調査を実施し調査すべき地質の絞り込みを行う．
③ 酸性水の有無を確認する．
④ 試験・判定方法をあらかじめ理解しておく．

【解説】　①について　計画・調査・設計段階の調査・試験が不足すると，施工段階になって工事中止による事業費の増大および事業工程の遅延等のリスクが生じるおそれがある．**表-4.4.5**に各段階において検討・実施すべき調査および試験の項目と目的を示す．これらのうち，計画・調査・設計段階で検討すべき調査・試験は，施工前概略調査および施工前詳細調査に分類される．

　重金属等の対策要否の判断材料を得ることを目的として，施工前概略調査が実施され，試料等調査にもとづき地質調査の範囲および内容の絞り込みを行う．

　施工中の調査には，先進ボーリングや工事段階で把握した地質分布等の把握・試料採取，工事中の表流水および地下水の状況・水質把握などがある．施工中の調査は，**4.4.3 施工段階のリスクと対策**にて詳述する．

表-4.4.5　各段階の調査および試験[53]

調査の各段階	項目	目的
施工前概略調査	試料等の調査	地質調査の範囲・内容の絞り込み
	地質調査	地質の分布を把握 構成地質ごとの試料採取
	水文調査	表流水，地下水および湧水の状況，水質，水利用の状況を把握
	スクリーニング試験※	溶出試験の実施の要否判定
	溶出試験（必要に応じて）	スクリーニング試験の基準値を超過した地質の溶出量の把握
施工前詳細調査	地質調査・水文調査	概略調査にもとづき，詳細な地質分布等の把握・試料採取
	スクリーニング試験（不足している場合）	試験対象元素の絞り込み 要対策地質およびその土量の把握・施工計画への反映
	溶出試験	スクリーニング試験の基準値を超過した地質の溶出量の把握
	迅速判定試験（必要に応じて）	施工中の岩石・土壌の管理や対策の要否判定に迅速判定試験を用いる場合の判定方法・判定基準の構築
施工中調査	地質調査	先進ボーリングや工事の進行に伴い判明した詳細な地質分布等の把握・試料採取
	水文調査	工事施工中の表流水および地下水の状況・水質把握
	スクリーニング試験（必要に応じて）	事前に試験を実施していない場合や予測と異なる地質が出現した場合の溶出試験の実施の要否判定
	溶出試験（必要に応じて）	スクリーニング試験の基準値を超過した地質の溶出量の把握
	迅速判定試験	管理や対策の迅速な要否判定

※スクリーニング試験：溶出試験の実施には時間を要するため，全含有量試験結果とスクリーニング基準値を比較し，溶出試験に供する試料をスクリーニング(取捨選択)する試験

(出典：ジェオフロンテ研究会；改訂現場技術者のための重金属を含むずり処理に関するQ&A，2013.)

②について　前述のとおり，施工前概略調査により，地質調査の範囲および内容の絞り込みを行い，対策の要否の判断材料を得ることができる．それ以降の施工前詳細調査を実施することで，さらに詳しく調査すべき地質の絞込みを行い，その地質を中心に調査・試験を実施する．

この地質調査の絞込み自体が，重金属等が存在する範囲や量の精度に大きな影響を与える．

ただし，重金属が存在する範囲や量の調査精度は，対象とするトンネルの規模によって異なり，施工前に限られたボーリングのコアで調査・試験を実施するため，予想量と実際量の乖離がある．

そのため，後述の施工段階における施工中調査により，確認・判断しながら施工を進めることが重要である．**表-4.4.6** に施工前調査の重金属含有量の予想と実際の出現量の比較事例を示す．

表-4.4.6　重金属含有量の予想量と出現量の比較事例 [54]

	予想量と出現量の概要
事例1（予想より多かった事例）	八甲田トンネルは，全長 26km455m の延長を 6 工区に分割して施工しており，工区全体の鉱化変質岩の発生状況は，当初全体掘削量の 17%弱と予想していたが，実際の出現量は，予想量を若干上回って 20%となった．
事例2（予想より少なかった事例）	全長 1,657m を施工したトンネルでの要対策土の発生状況は，当初 29.3%と予想していたが，実際の出現量は，0.26%と非常に少ない結果となった．

（出典：ジェオフロンテ研究会；改訂現場技術者のための重金属を含むずり処理に関する Q&A, 2013.）

③について　土壌汚染対策法における重金属等の基準値として，**表-4.4.7** に示す土壌含有量基準，土壌溶出量基準，第二溶出量基準がある．このうち土壌含有量基準は，土壌に含まれる特定有害物質の量に関するもので，人間の胃の中で溶解する量を想定した基準量となっている．また，土壌溶出量基準は，土壌に水を加えた場合に溶出する特定有害物質の量に関するものである．第二溶出量基準は，土壌溶出量基準の 30 倍が第二溶出量基準として設定されており，基準を超過する場合には，遮断型処分場への搬出等の高度な対策が要求される．

表-4.4.7　土壌汚染対策法における重金属等の基準値 [55]

種　類	指定基準		
	土壌含有量基準 (mg/kg)	土壌溶出量基準 (mg/L)	第二溶出量基準 (mg/L)
カドミウム(Cd)及びその化合物	150 以下	0.01 以下	0.3 以下
六価クロム(Cr^{6+})化合物	250 以下	0.05 以下	1.5 以下
水銀(Hg)及びその化合物	15 以下	0.0005 以下	0.005 以下
		アルキル水銀不検出	アルキル水銀不検出
セレン(Se)及びその化合物	150 以下	0.01 以下	0.3 以下
鉛(Pb)及びその化合物	150 以下	0.01 以下	0.3 以下
砒素(As)及びその化合物	150 以下	0.01 以下	0.3 以下
ふっ素(F)及びその化合物	4,000 以下	0.8 以下	24 以下
ほう素(B)及びその化合物	4,000 以下	1 以下	30 以下

（出典：ジェオフロンテ研究会；改訂現場技術者のための重金属を含むずり処理に関する Q&A, 2013.）

同法の溶出量分析の試料は土壌を乾燥後，団粒をほぐし 2mm ふるいを通過したものを用いる．

切羽面あるいは，ずり仮置き場から採取される試料は土壌ではなく，2mm 以上の岩片が主なため，これを全量砕いて 2mm 以下に粒度調整される．このときに必要な試料の量は 1 項目につき粒度調整後で 50g 程度とされている．粒度調整された試料を使って試験ごとの方法にしたがい検液が作成され，この検液中の重金属量をそれぞれ決められた方法により計量する．表-4.4.8 に試験目的と検液の作成方法を示す．

表-4.4.8 試験目的と検液の作成方法[56]

測定法	項目	試験目的	検液の作成方法	規格
公定法	含有量試験	有害金属を含む土壌を人が直接摂取した場合の基準を示すことから，胃酸を想定した 1 規定塩酸溶液によって溶出される重金属含有量を測定する(摂食および皮膚接触を通じた人の健康被害を想定)．	試料に pH1 以下の溶液(純水＋塩酸)を加え，2 時間連続振とうする．	土壌含有量調査に関わる測定方法 環境省告示第 19 号 平成 15 年 3 月 6 日
	溶出量試験	弱酸性水(雨水)によって溶出される重金属量を測定する(雨により岩から重金属が溶出し流れ出た場合を想定)．	試料に塩酸と純水で pH5.8 〜6.3 に調整した溶液を加え，6 時間連続振とうする．	土壌溶出量調査に係わる測定方法 環境省告示第 18 号 平成 15 年 3 月 6 日
旧公定法	全含有量試験 (全量分析)	硫酸・塩酸・硝酸などの強酸により岩に含まれる重金属の全含有量を測定する(岩全体に含まれる重金属を想定)．	試料に強酸(硫酸の原液および硝酸を加熱したもの. pH0 に近い)を加え十分加熱し，分解・濃集する．	底質調査法 (昭和 63 年 9 月 8 日付環水官第 127 号)

(出典：ジェオフロンテ研究会；改訂現場技術者のための重金属を含むずり処理に関する Q&A，2013.)

④について[57]　トンネル計画対象地盤から酸性水が発生し，重金属等の溶出促進が懸念される場合は，過酸化水素水を用いた水素イオン濃度（pH）試験および溶出試験等の促進酸化試験により，酸性化による影響を調査する．

この結果から，重金属等の溶出が確実となった場合，要対策となる地質の詳細な分布と賦存量の調査を行い，この結果から，ずり捨て場の仕様など対策方法を決定する．

(2) ずり処分計画

計画・調査・設計段階の調査・試験が不足すると，施工段階になってから想定外の重金属等を含む掘削ずりに遭遇し，掘削ずりの搬出が滞り，工事中止による事業工程の遅延等のリスクが生じるおそれがある．

そのため，計画・調査・設計段階からずり処分の計画についてリスク低減のため適切な検討およびリスク評価を実施するのが望ましい．

計画・調査・設計段階に考えられるリスク要因およびその提言（対策）を以下に示す．

【ずり処分計画におけるリスク要因】
① 要対策土量の想定が難しい．
② 要対策土の種類や酸性水の有無がわからない．

【解説】　①，②について　地質構造が断層破砕帯の影響で複雑な場合や地質形成から異なる地層が重なり合い土被りの厚くなる場合には，地表からの判断およびボーリング調査からの判断が難しくなる．このような場合，施工時になって想定外の要対策土が出現すると事後の対策方法や処分地を決定するまでの間，工事中止となる場合がある．

対策方法や処分地の決定には，多大な時間を要するため，計画路線全体の事業工程の遅延に繋がる．施工段階で工事が中止しないために計画・調査・設計段階で検討すべきずり処分の計画を立案する．

【ずり処分計画におけるリスク回避または低減に対する提言】
① 関係諸法にしたがって処分方法，処分先を検討する．
② 対策の要否，対策土量の推定，試験・判定方法，酸性水の有無についての施工前概略調査から施工前詳細調査を実施し調査すべき地質の絞り込みを行う．
③ 土量変化率を考慮した最適なずり処分計画をたてる．

【解説】　①について　土壌汚染対策法が適用される場合には，ずりの処分方法，処分先の対策検討にあたっては，以下のさまざまな法的制約[58]を受けることに留意する必要がある．

a) 土壌汚染状況調査における法的制約

・指定調査機関（法第3条，第4条および第5条）：
　　土壌汚染状況調査は環境大臣または都道府県知事が指定する「指定調査機関」で行う必要がある．

・調査を省略した場合の扱い（規則第11条第1項および第2項）：
　　汚染する可能性の調査および試料調査等を省略することは可能であるが，その場合すべての項目は，土壌含有量基準および第2溶出量基準が超過した状態とみなされる．

b) 汚染の除去等における法的制約

・汚染の除去等の措置（法第7条，則第36条および第39条）：
　　土壌汚染状況調査の結果より，特定有害物質の摂取経路があり健康被害のおそれがあると判断される場合は要措置区域に指定される．この場合，摂取経路の遮断を行うか汚染の除去を行う必要がある．

・汚染土壌の搬出時の事前届出（法第16条）：
　　汚染土壌を要措置区域外へ搬出しようとする者は，当該汚染土壌の搬出に着手する日の14日前までに都道府県知事に「汚染土壌の区域外搬出届出書」を提出しなければならない．

・許可業者への処理の委託（法第18条および第22条）：
　　汚染土壌を要措置区域等外へ搬出する者は，処理を汚染土壌処理業者に委託しなければならない．

・汚染土壌の運搬基準（法第17条）：
　　汚染土壌の運搬者は，特定有害物質などの飛散等防止措置，汚染土壌を運搬している旨の表示，混載などの禁止，積替，保管，荷卸および引渡しに関する規定，管理票の携行などの運搬基準（則第65条）にしたがって運搬しなければならない．

・管理票（法第20条）：
　　汚染土壌を要措置区域等外へ搬出し，運搬または処理を他人に委託する場合には，管理票を交付しなければならない．

　また，ずりの処分方法，処分先と関係する法律を**表-4.4.9**に示す．公共用水域や地下水は，水質汚濁防止法の適用を受ける．処分方法のうち（i）通常盛土，（ii）不溶化処理後に盛土，（iii）盛土後に遮水シート等で被覆，（iv）管理型土捨場へ捨土については，観測井等の設置によるモニタリングを行うのが望ましい．

　脱水ケーキは，重金属等が基準値以上となる場合は，（v）管理型産業廃棄物最終処分場にて処分しなければならない（基準値以下の場合，自治体の判断により盛土に転用できる場合がある）．

表-4.4.9　ずりの処理方法（処分先）と関係法律[58]

番号	ずりの処理方法(処分先)	関係する法律
i	通常盛土	水質汚濁防止法
ii	不溶化処理後に盛土	水質汚濁防止法
iii	盛土後に遮水シート等で被覆	水質汚濁防止法
iv	管理型土捨場へ捨土	水質汚濁防止法
v	管理型産業廃棄物最終処分場にて処分	廃棄物の処理及び清掃に関する法律

(出典：ジェオフロンテ研究会；改訂現場技術者のための重金属を含むずり処理に関する Q&A, 2013.)

　②, ③について　計画・調査・設計段階において, 事業費, 工程を考慮した最適なずり処分計画は以下のとおりである.

a) 施工前概略調査, 施工前詳細調査の確実な遂行による対策要否の判断および対策土量推定

　施工前概略調査, 施工前詳細調査を確実に実施することにより, 施工前に対策要否の判断が可能となり, 対策が必要な場合には対策土量の推定できる.

b) ずり運搬コストミニマムに着眼した土配計画

　a) で推定した対策土量に対し, ずり搬出先, 搬出経路を想定し, ずり運搬コストが最小となる土量配分計画を行い施工時に必要となる事業費, 工程などを把握する.

c) トンネル工事の中止回避を目的としたずり仮置き場の確保および対策方法の立案

　重金属調査・試験期間を考慮したずり仮置き場および対策方法を施工前に計画することで施工段階の不測の事態を回避でき円滑な事業が行える. また処分地は, 土量変化率を考慮した十分な容量を確保する.

4.4.3 施工段階のリスクと対策

(1) 施工中調査

　施工段階においては, 自然由来重金属等に対し, 事前の概略調査結果に基いて仮設備計画やずり処理計画を作成することになるが, 事前の調査結果と異なる重金属等の出現や, 予期しない地質や場所から自然由来重金属等が出現した場合には, 大きく計画が変更となり工事費の増大や工期の遅延などのリスクが生じる. したがって, 工事着手前に設計段階での調査に不足がないかを確認したうえで詳細な調査を実施するとともに, 施工中においても工程・コストを考慮しながら計画的に適切な頻度および方法で調査を実施することがリスク低減のためには重要である.

　調査計画の立案にあたっては, 施工条件（施工方法, ずり仮置き場の面積, 仮置き期間等）や対象となる範囲の環境条件（地質, 地下水流動状況, 地下水位, 気象, 民家までの距離等）を考慮して計画を立てる必要がある.

　施工時には, 発生土が要対策土か否かに主眼をおいた判定フロー（**図-4.4.8**）を立案することが重要である.

　施工段階の調査時に考えられるリスク要因およびその提言（対策）を以下に示す.

【施工中調査におけるリスク要因】
① 設計段階で特定したものと異なる種類の重金属等が出現する.
② 設計段階で特定した重金属等含有地質の位置・範囲が異なる.

【解説】　①について　設計段階で特定したものと異なる種類の重金属等が出現した場合, 判定方法が想定していた方法と異なり変更しなければならないことや, 排水処理方法および対策方

法を変更しなければならない可能性がある．予定していた対策と異なる対策の検討に時間を要し，工程に影響を及ぼしたり，対策費用が増加する等のリスクがある．

<u>②について</u>　設計段階での自然由来重金属等の位置・範囲の特定は，ボーリング調査位置（試料採取位置）や調査箇所数によって精度が大きく異なる．現地条件等によっては限られた調査結果から重金属等を含む地質の範囲や位置を特定しなければならない．そのため，設計と異なる範囲から重金属等を含むずりが発生することがあるが，その場合には，対応を検討するための工程ロスのほか，ずり仮置き場の不足による代替地の確保や排水処理設備の増強，対策費用の増大などのリスクが生じる．

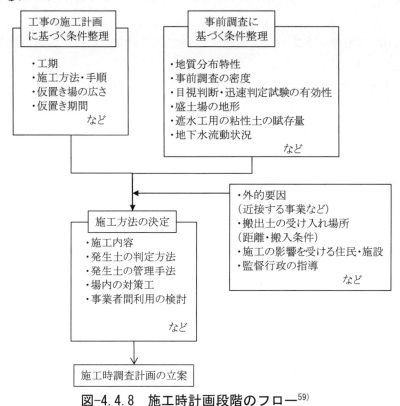

図-4.4.8　施工時計画段階のフロー[59]

（出典：土木研究所ら；建設工事で発生する自然由来重金属等含有土対応ハンドブック，2015．）

【施工中調査におけるリスク回避または低減に対する提言】
① 施工前に地上もしくは坑口からのボーリングで，できる限り長い距離を調査する．
② 施工中はずり仮置き場の容量と合致した頻度，距離で前方探査を実施する．

【解説】　施工段階における調査では，採取方法，頻度，調査範囲の選定が重要であるが，これらの選定に際しては，設計段階で予測した重金属等の発生状況を基本としながら，トンネルの進行，重金属等含有土の発生量，搬出方法，仮置場所の広さ，周辺環境を考慮して選定することが重要である．対策要否判定のために必要な試料採取の方法と特徴を**表-4.4.10**に示す．その特徴と現場条件を勘案し，必要に応じて複数の方法を組み合わせて実施することも重要である．

表-4.4.10に示した試料採取方法の特徴を以下に示す．

- 地上からの鉛直ボーリングや斜めボーリングは，トンネルの施工前に実施することができ施工サイクルへの影響はないが，要対策土の位置を詳細に特定することが難しく，他の方法と合わせての実施が必須である．
- 坑口からの水平ボーリングは施工前に実施することで施工サイクルへの影響をなくすことが

できる．短いトンネルであれば事前に全線調査すれば，施工サイクルへの影響はないが，延長の長いトンネルの場合は，施工途中での坑内からの水平ボーリングが必要になる．採取したコア試料の分析により，対策要否の判断を事前に行うことができる．

・切羽からの水平ボーリング（先進ボーリング）は，工法によっては施工サイクルに組み込んで実施することができ，サイクルへの影響を小さく抑えることができる．

・先進導坑は，確実に発生箇所の特定を行うことができるが，調査期間中はトンネル進行を止める必要があるため，地山状況が悪いなど現地条件と合致する場合に採用を検討する．

・切羽周辺での採取は，掘削時に切羽で発生したずりを直接採取するものである．現地での採取となるため，発生位置の特定には確実であるが，判定結果が出るまでの期間に進行した掘削ずりを全て仮置きする必要があり，広大なずり仮置きのスペースが必要になる．

・ずり仮置き場での採取の場合も，切羽での採取と同様に判定結果が出るまでのずりを仮置きできるスペースが必要になる．

・切羽で採取する場合も，ずり仮置き場で採取する場合も，一定期間ごとにずりを分別しておかなければ，要対策の判定が出た場合に 1 箇所に仮置きしたずりすべてを要対策土と判定することになり，対策費が増大する．

表-4.4.10　試料採取の方法と特徴

試料採取方法	試料採取可能な時期	施工サイクルへの影響	対策要否の判断
地上からのボーリング（鉛直、斜め）	設計〜施工中	なし	△
坑口からの水平ボーリング	設計〜施工中	小	○
坑内水平ボーリング（先進ボーリング）	施工中	小	○
先進導坑	施工中	大	○
切羽周辺での採取	施工中	小	○
ずり仮置き場での採取	施工中	中	○

　①について　地上からの追加ボーリングや施工前に実施する坑口からの水平ボーリングは，施工サイクルへの影響が小さく，よく採用されている．できるだけ長い距離を事前に実施することができれば，施工中のサイクルへの影響がより小さくなり，ずり処理計画にも寄与する．

　②について　トンネル切羽からの定期的な先進ボーリングは，判定試験結果が出るまでの日数およびずり仮置き場の容量を考慮して頻度，距離を決定して実施すれば，工程への影響を小さくすることができる．

　現場状況に合わせて**表-4.4.10** の方法を組み合わせ，現場工程に最も影響のない方法を選択することが事業費の拡大を抑えるためには重要である．**表-4.4.11** に判定試験の方法と頻度について事例を示す．

表-4.4.11 判定試験の方法と頻度の事例

トンネル名	物質	試験方法	試験頻度
八甲田トンネル	Pb・Cd・As・Se・(Zn・Cu・黄鉄鉱)	・目視 ・帯磁率 ・簡易溶出試験 ・S含有量試験	毎日1回
青葉トンネル	As・Pb・Hg・Cd・(Fe・Zn)	・溶出試験、含有量(蛍光X線) ・全含有量分析(蛍光X線), pH,EC測定	・事前垂直Br、先進Br(10m毎) ・不明
馬追トンネル	As	繰り返し溶出試験	・10m毎、5点法(先進Br)
オロフレトンネル	As・Cd・Pb・(Cu・Zn・Fe・S)	短期溶出試験	
唐八景トンネル	(黄鉄鉱)	・含有量、溶出試験、 ・簡易pH試験	・200m毎 ・コア1m毎
川登トンネル	As・Pb・Hg	公定法	・5項目:1回/100㎥ ・27項目:1回/5000㎥
甲子トンネル	Pb・Se・As・Cd	・pH、S含有量(蛍光X線)、簡易溶出	・5m毎(先進Br) ・毎日(掘削時)
三豊トンネル	As・Se	公定法、簡易分析(蛍光X線)	10m毎
下白滝トンネル	As・Pb	・溶出試験(18号)、含有量試験 ・公定法、(成分分析、溶出試験)	・10m毎(先進Br100m/回) ・事前の先進Brと異なる地層確認時
仙台地下鉄東西線	As・Cd・F・Pb・Se・(黄鉄鉱)	・溶出試験、含有量試験 ・迅速分析(即時溶出、酸化溶出)	・1回/5000㎥
第二伊勢道路2号トンネル	As・(黄鉄鉱)	溶出量試験、含有量試験(蛍光X線)	
長沢トンネル	As	公定法	
中越トンネル	As	公定法	
幌延深地層研究施設	Cd・As・Se・F・B・(黄鉄鉱)	公定法より浸透時間短縮、前処理法簡略化した現地分析を考案	
雪沢第二トンネル	As・Se	・簡易溶出試験, 強熱減量, S含有量, S/Ca比 ・簡易試験(指標試験)、詳細試験	・10m毎(先進Br100m/回) ・不明
兜トンネル	Pb・As・F	公定法	

(2) 仮設備

　自然由来重金属等が含まれる地質においてトンネルを掘削する場合には，有害物質の流出等によって人体および周辺環境への影響が及ぶことを防止しなければならない．有害物質の流出経路や場所をあらかじめ想定し，重金属等に対応した仮設備の設置を計画する必要がある．

　仮設備計画時に想定されるリスク要因およびその提言（対策）を以下に示す．

> 【仮設備におけるリスク要因】
> ① ずり仮置き場から重金属等を含有する水の流出や粉じんの飛散が発生する．
> ② ずり運搬時に重金属等を含有する水の流出や粉じんの飛散が発生する．
> ③ トンネル湧水や工事排水から重金属等を含有する水が流出する．

【解説】　①〜③について　仮設備計画時におけるリスクには，ずり仮置き場，ずり運搬時，トンネル湧水，工事排水から重金属等を含有した水や粉じんが発生することで，周辺住民や環境に影響を及ぼす可能性がある．防止対策が不十分で，重金属等を含む排水の流出や粉じんの飛散が生じれば，工事が遅延するのみならず補償費，対策費などに膨大な費用がかかる可能性がある．

【リスク回避または低減に対する提言】

① 遮水性，排水管理，拡散防止対策および対策要否判断期間のずり保管量，切羽ごとの分別等を考慮したずり仮置き場とする．

② ずり運搬時の重金属等含有水の流出防止対策や粉じん飛散防止対策を検討する．

③ 重金属等に対応した濁水処理設備とする．

【解説】　①について　仮置きしたずりから，重金属等が溶出した排水が場外に出ることや重金属等を含有する粉じんの飛散を防止するため，排水を適切に処理する排水設備や仮置き場周辺の仮囲いの設置など飛散防止対策を計画しなければならない．

　またずり仮置き場は，対策の要否判断が出るまでに出てくるずりを保管できる容量・広さとし，進行に応じて切羽ごともしくは1日ごとのずりを分別できる構造を検討し，工程やコストを勘案して決定する必要がある．仮置き場の容量が不足した場合にはトンネルの掘削が停止するなど工程が遅延するリスクがある．また，仮置き場の構造が分別型でない場合には，要対策ずりと判定された場合には仮置きしたずり全てが対象となり，工事費が大きく増大するのみならず，対策型処分先の用地確保が困難となり，工程が大きく遅延するリスクがある．

　②について　坑内からずり仮置き場までの運搬においては，散水等による飛散防止対策を検討するとともに，ずり仮置き場から場外へ搬出する場合には，タイヤ洗浄やダンプ荷台のシートなど泥の持ち出しや粉じん飛散防止の対策を講じる必要がある．

　③について　重金属等が溶出した湧水や工事排水を処理する場合，排水基準を満たす濃度まで重金属等の数値を低下できる能力を有する濁水処理設備を計画しなければならない．

　処理方法は，重金属等の種類や濃度によって，**表-4.4.12**に示す方法がある．

表-4.4.12　重金属等を含む湧水の処理方法の例[60]

種類	処理方法	最適pH
カドミウム	水酸化物凝集沈殿法により水酸化カドミウムとして凝集沈殿	pH11-12
鉛	水酸化物凝集沈殿法により水酸化物として凝集沈殿	pH10付近
六価クロム	還元剤を用いて三価クロムに還元したのち、水酸化物凝集沈殿法により水酸化クロムとして凝集沈殿	pH8-9
水銀	硫化剤を用いて硫化物凝集沈殿法により硫化水銀として凝集沈殿／活性炭やキレート樹脂により吸着	中性領域 pH1-6
ヒ素	鉄塩を用いて共沈法により難溶性塩として凝集沈殿	pH4-5
セレン	セレン（Ⅳ）は水酸化鉄（Ⅲ）を用いて凝集沈殿	中性〜弱酸性

（出典：三好康彦；汚水・排水処理の知識と技術，2002.）

　黄鉄鉱等の含有によりトンネル湧水が酸性となる場合には，酸性水対策を講じた濁水処理設備が必要である．

　排水計画は，重金属等が溶出し基準値を上回った排水が場外に出ないように策定する．重金属等の含有濃度によって湧水や工事排水を分離することで処理水量を低減できる可能性がある場合には，排水系統を適切に分割して工事費の増大を抑制することを検討する．

(3) ずりの処分・対策

　自然由来重金属等を含有するずりの処分方法・対策については，基準値によって対策工の種別が異なるため，各段階において調査，試験等を実施して対策工を選定する必要がある．

　ずりの処分方法・対策を検討する際に想定されるリスク要因およびその提言（対策）を以下に示す．

【ずりの処分・対策におけるリスク要因】

① 処分場から地下水等を経由して重金属等含有水が移動拡散する．

② 処分場において人が直接採取する．

③ 場外処分場の能力超過，運搬経路近隣住民の苦情申し立てが起き，工事がストップする．

【解説】　①～③について　発生したずりを盛土や埋戻し土等に利用する場合，処分場所から地下水等を経由して，周辺に重金属等が流出拡散し，周辺環境や人体に影響を及ぼす可能がある．

　また，処分場所に人が立ち入る場合は，粉じん，湧水等により，人体に直接影響を及ぼす危険性がある．

　場外処分場において処理する場合においても，当該工事からの受入れだけでなく，他の工事からの受入れが生じたり，発生量の増加によって処理能力を超過することが考えられる．代替処分場を探すのに時間を要し，その間工事が停止するリスクがある．また，運搬経路近隣住民への事前説明が十分でない場合や，想定よりも搬出期間が長くなる，あるいは1日当たりの走行台数のの増加等により，住民からの苦情が発生し，対応策を講じるまで工事が中止されるリスクがある．

【リスク回避または低減に対する提言】

盛土・埋土利用において

① 利用箇所周辺の動植物や周辺住民に対して，溶出する地下水のリスク対策を検討する．

② 直接採取によるリスク対策を検討する．

場外処分場での処理において

③ 周辺の処分場処理能力，運搬距離を十分考慮する．

④ 住民説明・情報開示の実施や周辺住民に配慮した運搬経路を検討する．

【解説】　①～④について　重金属等の含有土の処理方法は，対策を講じて盛土や埋土に利用する方法と，掘削除去して場外に搬出する方法がある．また前者の場合でも，その対策には封じ込めや不溶化，浄化など様々な方法がある．対策の種類を**表-4.4.13**，対策の特徴を**表-4.4.14**，対策の事例を**表-4.4.15**に示す．

　処理方法の選定にあたっては，それぞれの特徴を十分に理解し，現場条件および事業費や事業工程等を勘案し，総合的に判断することが重要である．

表-4.4.13 盛土利用時の対策の種類[61]

対策の概要	対策のイメージ図
①粘性土による封じ込め 　自然由来重金属等含有土の盛土の表面に粘性土を敷設し，雨水・地下水の浸透の防止，滲出水の発生の防止，および溶出した重金属等の拡散を防止する対策である．	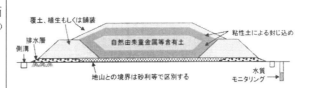
②一重遮水シートによる封じ込め 　自然由来重金属等含有土からの重金属等の溶出を防止するため，一重遮水シートで封じ込めを行う対策である． 　あらかじめ地盤の整地を行い，シート工は専門業者が施工することが望ましい．	
③転圧による雨水浸透の低減 　自然由来重金属等含有土の盛立の際に必要に応じて粘性土を混合して転圧し，盛土の透水係数を低減させる対策である． 　盛土内部への水や空気の侵入を防止し，重金属等の溶出低減を期待するものである．	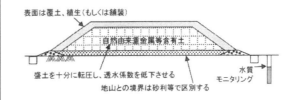
④不溶化処理による溶出低減 　自然由来重金属等含有土に重金属等の溶出を低減させるため，材料を添加混合する対策である． 　不溶化処理に用いる材料には，各種不溶化剤，セメント等が挙げられる．	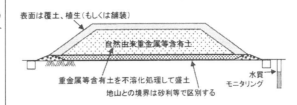
⑤吸着層の敷設による重金属等の捕捉 　自然由来重金属等含有土の盛立基礎に重金属等吸着層を敷設することにより，重金属等が地下に浸透することを防止する対策である．	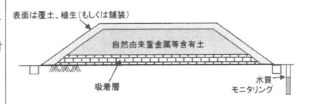
⑥滲出水処理による重金属等の回収 　掘削した発生土を降水にさらした状態で盛土し，滲出水中に溶出した重金属等を適切に水処理して回収する対策である． 　滲出水処理により，発生土の重金属等に関する土壌溶出量基準値を満足すれば，通常の建設発生土として取り扱うことができる．	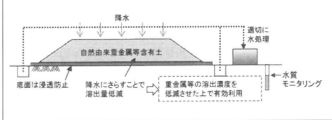

上記対策の共通の留意点として以下の項目が挙げられる．
・施工中は降雨などによる自然由来重金属等含有土の流出防止対策が必要である．
・自然由来重金属等含有土の盛立施工中は釜場排水などの処理を行い，施工後は雨水が侵入しないような措置を図る．
・植生工を施工する場合は根が封じ込め層を損傷しないように留意する．
・被覆構造体内の遮水性については，井戸で確認する方法や構造体外への排水ドレーンからの排水の有無により確認する方法などもある．

(出典：土木研究所ら；建設工事で発生する自然由来重金属等含有土対応ハンドブック，2015.)

表-4.4.14 重金属等含有ずり処理対策の特徴 [62]

工法区分	封じ込め		不溶化・固定化			浄化				掘削除去
処理場所	原位置・掘削後		原位置・掘削後			原位置		原位置・掘削後		処分場
工法名	遮水工	遮断工	化学的不溶化	セメント固化	化学的固定化	揚水抽出	電気分解	加熱処理	洗浄	掘削除去
工法の概要	第二溶出基準適合の汚染土を遮水壁で封じ込め	厚さ35cm以上の鉄筋コンクリート遮断壁で汚染土を封じ込め	塩化第二鉄等の薬剤を利用して化学的に無害化	セメントによる固定化	新結晶鉱物中に特定有害物質を固定化	ボーリング孔を利用した水の強制循環抽出	電流により電気分解させ金属イオンを回収	加熱して揮発あるいは燃焼させ回収または空中放散	掘削後分級洗浄、原位置にて超高圧洗浄水により特定有害物質を除去	中間処理を経て処分場処理、一部セメント原料化処理
適用	△第二溶出基準適合のみ	○	△第二溶出基準適合のみ △第二溶出基準不適合は封じ込めと併用 ×含有量基準を超える場合は不適			○	○	△揮発性のものに限る	○	○
長期的な安定性	△封じ込め構造物の劣化監視が必要		△再溶出の可能性あり	△再溶出の可能性あり	○化学的に安定	○特定有害物質が減少する △結合度の高い重金属等は適用が難しい	○特定有害物質が減少する	○特定有害物質が減少する	○特定有害物質が減少する ×粘土質の場合は廃棄物が多くなる	◎特定有害物質が除去される
工期 (3,000m³)	○数ヶ月		◎1ヶ月以内	◎1ヶ月以内	○1ヶ月程度	×数ヶ月～1年			△1～数ヶ月	◎1ヶ月以内
工費	△比較的高い		◎安い	◎安い	○比較的安い	△比較的高い				×高い
総合的特徴	△土地の再利用が極めて制限される ×近隣住民への理解が得難い		△長期的な安定に疑問 ×複合汚染では薬剤が複数	△長期的な安定に疑問	○長期的に安定 ○第二溶出基準量以下や自然的原因の汚染土改良に最適	△重金属等含有量の除去率は30～70%で、数10%以上残留する ×浄化後に残留した重金属が再溶出し、溶出基準を超える事例がある ○各工法の完成度の吟味と対象物質による適応条件の慎重な検討が必要 △工法によっては非常に長期間を要する				×汚染土の受け入れ施設が少ない ×不法投棄等による汚染拡散の可能性がある

(出典：和田信彦；重金属汚染土の対策工法の現状と問題点，2003.)

表-4.4.15 ずり処理対策事例

トンネル名	物質	ずり処理方法	対策土量ほか
八甲田トンネル	Pb・Cd・As・Se・(Zn・Cu・黄鉄鉱)	管理型土捨て場（管理型処分場相当）	対策土量：540,000m³
青葉トンネル	As・Pb・Hg・Cd・(Fe・Zn)	管理型土捨て場（二重遮水シート、浸出水処理設備等設置）、ホタテ貝殻による中性化	対策土量：97,000m³
オロフレトンネル	As・Cd・Pb・(Cu・Zn・Fe・S)	密封型盛土（表面を防水シート、吹付けコンクリートで被覆）	選別を実施せず全量を処理（91,000m³）
唐八景トンネル	(黄鉄鉱)	海中投棄による還元環境への封じ込め	
川登トンネル	As・Pb・Hg	管理型処分場へ搬出（不溶化処理し、産業廃棄物として処理）	
甲子トンネル	Pb・Se・As・Cd	封じ込め（本線盛り土内、2重遮水シート）	対策土量：50,000m³
三豊トンネル	As・Se	管理型土捨場（2重遮水シート、上面を遮水シートでキャッピング）	
下白滝トンネル	As・Pb	封じ込め（路体盛土、遮水シート）	
仙台地下鉄東西線	As・Cd・F・Pb・Se・(黄鉄鉱)	封じ込め（底面遮水シート、一般土による覆土、締め固めによる空気との接触制限）	対策土量：400,000m³
長沢トンネル	As	道路敷地内、不溶化処理、封じ込め（覆土して盛土、底盤には吸着材敷設）	
中越トンネル	As	封じ込め（一重遮水シート、本線盛り土内）、仮置ヤードの遮水構造（アスファルト遮水シート、養生シート）	対策土量：800,000m³
秦梨トンネル	(黄鉄鉱)	封じ込め（改良土による遮水層を鎧戸方式にして覆う）	
幌延深地層研究施設	Cd・As・Se・F・B・(黄鉄鉱)	遮水工封じ込め型ずり置き場に盛土	
雪沢第二トンネル	As・Se	管理型盛土（土質系遮水層および遮水シートの組み合わせ）	対策土量：14,000m³
兜トンネル	Pb・As・F	旧道トンネル内に一重遮水シートで封じ込め	選別を実施せず全量を処理

(4) モニタリング

　モニタリングは，工事に伴う環境変化の把握，対策工の効果確認等のため，必要な項目について適正に実施する必要がある．

　モニタリングに関して想定されるリスク要因およびその提言（対策）を以下に示す．

【モニタリングにおけるリスク要因】
① 不十分なモニタリングにより，周辺環境への影響や対策工の効果を確認できない．

【解説】　①について　施工前から施工後にわたりモニタリングを正しく実施してデータを保管することにより，汚染の経緯を把握することが可能となる．しかし，モニタリング項目を正しく選定していない場合や適切な頻度で測定できていない場合は，追加対策の検討時期が遅れるなど望ましくない状況となる．

　汚染状況の変化を適切に把握していれば，追加対策の検討，実施やリスク評価の見直しなど，その後の対策に迅速に反映させることができる．

【モニタリングにおけるリスク回避または低減に対する提言】
① モニタリングの目的を正しく理解する．
② 適正な時期，項目，頻度で調査を実施し，結果を正しく判断する．

【解説】　①について　「建設工事における自然由来重金属等含有土砂への対応マニュアル」では"工事による水環境への影響と対策効果の確認，およびリスク評価結果の検証"がモニタリングの目的であるとしている．モニタリングは，施工前，施工中，施工後の各段階において実施する．各段階におけるモニタリングの目的を**表-4.4.16**に示す．

　②について　モニタリング調査項目には，流量，水位，水温，pH，電気伝導率，酸化還元電位，浮遊物質量，溶存イオン濃度，重金属等濃度などがある．それぞれの項目の測定目的を**表-4.4.17**に示す．

表-4.4.16　各段階で行うモニタリングの目的[63]

モニタリングの各段階	対象		目的
	事業敷地内の井水など	周辺環境水	
施工前	○	○	バックグラウンド値や初期値として把握し、影響予測等に活用する．
施工中	○	△	工事による作業環境や周辺環境への影響を監視し、対策工の確実な施工を確認する．
施工後	○	△	対策効果および影響予測結果を検証し、さらに長期的な影響について監視する．

　　　　○：基本的に実施
　　　　△：必要に応じて実施

（出典：土木研究所ら；建設工事で発生する自然由来重金属等含有土対応ハンドブック，2015.）

表-4.4.17　モニタリング項目の事例 [63]

項目	対象		目的
	事業敷地内の井戸水など	周辺環境水	
重金属等濃度	○	○	濃度分布と経時的変化を把握し，周辺への影響の有無を確認・予測する．
pH	○	○	酸性土による影響の有無をその可能性および重金属等の溶出の可能性を把握する．
電気伝導率	○	○	対策工による周辺への影響の有無を経時的な変化などをもとに把握する．
酸化還元電位	△	△	重金属等の溶出や土への吸着などの現象を把握する．
溶存イオン濃度	△	△	重金属等の土への吸着現象の推定のほか，イオンの種類によっては対策工の効果の確認に用いる．
水位・流量	○	△	対策工に伴う観測井戸での水位観測や滲出水などの流量観測は対策効果の確認に必要となる．環境水に対しては，水質変化などに対する基本調査項目とする．

○：基本的に実施
△：必要に応じて実施

(出典：土木研究所ら；建設工事で発生する自然由来重金属等含有土対応ハンドブック，2015.)

(5) 酸性水対策

施工段階における酸性水のリスク要因を以下に示す．

【酸性水対策におけるリスク要因】
① 計画・調査・設計段階で設定したものと異なる区間で酸性水が発生する．
② 計画・調査・設計段階で設定した量よりも多い酸性水が発生する．
③ 支保部材や覆工が劣化する．
④ ずり置き場から酸性水が漏出し，周辺環境を汚染する．

【解説】　①～④について　鉱脈の周辺には，鉱化変質岩とよばれる黄鉄鉱に富む岩石が広範囲に分布していることがある．このような岩盤をトンネル掘削する際には，酸性水の発生に十分留意しなければならない．

鉱化変質岩中の黄鉄鉱は，地中にある場合には還元状態で安定している．しかし，トンネル掘削等により酸素と水に触れると酸化反応し，酸性水が発生する．また，この酸性水は鉛や砒素の重金属等を溶出させるため，土壌汚染などの悪影響を及ぼす可能性もある（図-4.4.9）．

さらには，4.4.1で述べたように，酸性水生成過程において硫酸が生じるため，支保工および覆工等のトンネル構造部材に様々な悪影響を及ぼす．

ロックボルトや鋼製支保工のような金属製の支保部材は，酸性水の影響を大きく受け，腐食する可能性が高い．しかしながら，一般には支保工に対する酸性水対策を実施している事例は少ないのも事実である．

覆工の構造部材には，主にコンクリートが使用されるが，坑口部や都市部山岳工法で施工されたトンネルでは，力学的性能を付加する目的で鉄筋補強されるケースがある．一般的には，地下水の移動がなければ，コンクリートの中性化は覆工表面に限定されるものと考えられる．しかし，黄鉄鉱を含む地山内の地下水流動が継続する場合や覆工からの漏水がある場合は，覆工表面の中性化が内部まで進行し，鋼材腐食によって覆工の劣化を促進させてしまうこととなる．したがっ

て，トンネル掘削段階（施工段階）においては支保工，覆工に対する酸性水対策に配慮するとともに，掘削ずり管理等の対策も検討しなければならない．また，維持管理段階においては覆工劣化を抑制するため，点検等のモニタリングに関しても計画や施工段階等早い段階から検討しておくとよい．

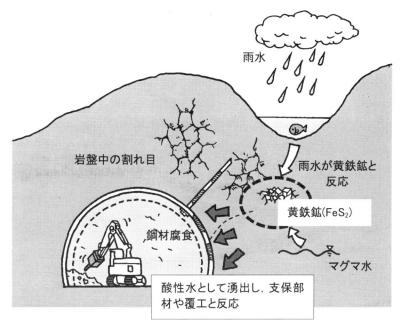

図-4.4.9　酸性水湧出のメカニズム

施工段階で検討すべき酸性水対策について以下に述べる．

> 【リスク回避または低減に対する提言】
> ① 先進ボーリング等の施工中調査を検討する．
> ② 酸性水に対する劣化対策を考慮した支保部材や覆工を検討する．
> ③ 酸性水が漏出しない処分方法や漏出検知モニタリング方法を検討する．

【解説】　①について　施工段階では，計画段階や調査段階である程度特定した鉱化変質岩のトンネルに対して計画した支保工や覆工等および掘削ずり処理の対策について，先進ボーリングによる一次判定，および掘削ずりによる二次判定によって対策の妥当性を検証し，必要であれば対策の見直しを図る．

②について　酸性水が発生することが懸念される場合，支保工や覆工の劣化防止対策を検討することが望ましい．前述のように，黄鉄鉱を含有する岩を掘削すると，岩に含まれる硫化鉱物が空気と地下水に接触して酸化反応がおき，地下水が強酸性化する場合がある．このような酸性水が支保部材に及ぼす影響を防止，または緩和するために，唐八景トンネルでは次のような対策を実施している．[64]

・吹付けコンクリートの材料として，耐酸性を有する高炉Bセメントを採用
・ロックボルトをエポキシ樹脂でコーティング
・充填剤に耐酸性定着剤を採用

また，オロフレトンネルでは，pH2.0程度の酸性湧水浸出防止として，i) 吹付けコンクリートを下地にした連続防水シートを全線に設置，ii) 覆工コンクリートへの影響を考慮して酸食余裕厚を10cmとする対策を実施している．[65]

このように支保工にも酸性水対策を施す例があるものの，一般的には上記ⅱ）のように覆工巻厚の酸食余裕厚を増やす程度の対策が多い．

また，地下水が地山内を流動し，さらに黄鉄鉱と接触し続けることで酸化反応が持続する可能性がある．逆に地下水の流動がなければ，初期のコンクリートと酸性水との接触で中和反応が生じ，酸化反応にともなう劣化（石膏化）による強度低下は覆工表面に限定され，コンクリート内部への劣化が進行しにくくなると考えられている．したがって，酸性水の発生が懸念される区間では，より慎重な止水処理を施し，酸性水の地山内流動を抑制することが有効である．

<u>③について</u>　酸性水の影響を受け酸性を呈しているずりでは，その対策を怠ると容易に浸出水が周辺地盤を汚染することになる．八甲田トンネルでは，酸性水発生に関する岩石判定手法の提案と判定基準値を設定し（**図-4.4.10**および**図-4.4.11**），その基準値に応じて土捨場を一般型と管理型に分類している[66]．さらに一般型土捨て場においても，浸出水の水質を経時的にモニタリングして，酸性水を徹底管理している．

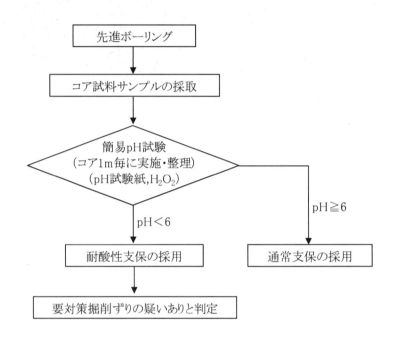

図-4.4.10　ボーリングコアを用いた一次判定のフロー

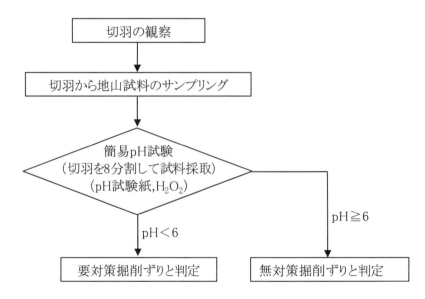

図-4.4.11　切羽で採取した岩石試験を用いた二次判定のフロー

4.4.4 維持管理段階のリスクと対策

維持管理段階における酸性水のリスク要因を以下に示す.

【酸性水対策におけるリスク要因】
① 覆工コンクリートや付帯構造物の機能が低下する.

【解説】 ①について 地山に硫化鉱物を含有する場合，トンネル掘削による地下水位の変化はトンネル周辺地山の酸化・還元環境の変化をもたらし，酸性水が発生する可能性がある．酸化反応の進み方は現場条件により異なるものの，長期にわたって酸性水の影響を受け，覆工コンクリートや付帯構造物の機能が低下することがある.

酸性水対策については，維持管理段階においてもトンネル機能低下のリスクが生じるため，以下の点について留意しなければならない.

【リスク回避または低減に対する提言】
① 排水構造の場合は酸性水発生が継続することに注意する必要がある.
② 覆工からの漏水が酸性の場合には，長期耐久性に注意を払わなければならない.

【解説】 酸性水の生成過程における酸化反応の進み方は，硫化鉱物の含有量や岩質だけでなく，掘削ずりの粒径によっても異なる．掘削ずりの粒径は岩盤の硬さや掘削方式によって様々であるため，酸性水が発生するまでの時間もそれぞれのトンネルの現場条件により異なる．酸性水の発生（酸化反応）までの時間に関して，次の通りいくつかの知見が得られている.

・ 黄鉄鉱を含む粉砕物が，室温30℃，湿度100%の環境下において，1ヶ月で酸化した.
・ 掘削ずりを80日間雨ざらし状態にしておくと浸出水のpHが2〜3に低下した.
・ 掘削ずりを擁壁背面の埋戻し材に使用したところ，施工から約18ヶ月後に擁壁の水抜き孔から赤水が発生した．埋戻し材を分析したところ黄鉄鉱が含まれていた.

このように，酸性水発生までの時間を要するとの報告もあるのに加え，覆工に対しても次に示すように，排水構造によっては長期的な酸性水の影響も懸念される.

①について トンネルが排水構造である場合には，覆工施工後でもトンネル周辺地山の地下水位は完全に回復せず，地下水は空気を含む通気帯（不飽和帯）となると考えられる．これにより，トンネル周辺地山は掘削以前の還元環境から徐々に酸化環境へと移行し，地山に含有する黄鉄鉱が酸化していく．したがって，地山内には長期的に酸性水発生が継続する可能性が危惧される．酸性水によるコンクリートの劣化は，漏水が浸透する範囲のコンクリートや目地モルタルの劣化も引き起こす．酸性水による劣化の特徴の一つは覆工背面から進行することにも念頭に置くべきである.

②について 上田ら[67]は，大正から昭和初期に建設されたコンクリートブロックおよび場所打ちコンクリートの鉄道6トンネル（**表-4.4.18**）を対象に，現地調査ならびにコンクリートコアによるX線回折分析等を実施し，劣化メカニズムを大きく2つ（**図-4.4.12**）に分けた上で，酸性水の長期的な漏水が劣化をもたらす可能性に言及している.

このように，トンネル供用後，数十年経た覆工コンクリートの劣化について，興味深い知見を得ている例もある.

表-4.4.18 調査を実施したトンネルの概要[67]

トンネル	竣工年	単複線の別	調査箇所の覆工材料
A	1937	単線	C
B	1924	単線	CB
C	1927	単線	側壁：C，アーチ：CB
D	1950	単線	C
E	1939	単線	C
F	1923	単線	CB

CB：コンクリートブロック
C ：コンクリート

（出典：上田ら；トンネル覆工コンクリートの劣化について，2004．）

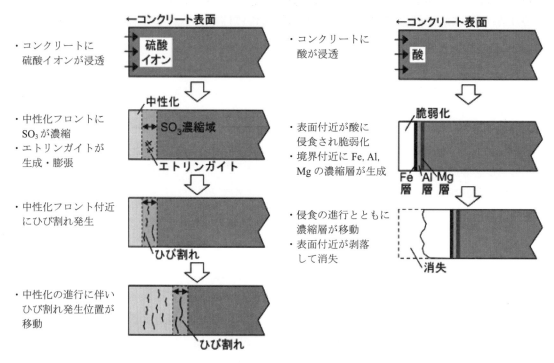

図-4.4.12 硫酸塩によるコンクリートの劣化メカニズム[67]
（出典：上田ら；トンネル覆工コンクリートの劣化について，2004．）

参考文献

1) 環境省：一律排水基準，http://www.env.go.jp/water/impure/haisui.html．（2018.3.6 アクセス）
2) 環境省：人の健康の保護に関する環境基準，http://www.env.go.jp/kijun/wt1.html．（2018.3.6 アクセス）
3) 環境省：生活環境の保全に関する環境基準，http://www.env.go.jp/kijun/wt2-1-1.html．（2018.3.6 アクセス）
4) 環境省：地下水の水質汚濁に係る環境基準，http://www.env.go.jp/kijun/tika.html．（2018.3.6 アクセス）
5) 日本産業機械工業会：汎用ポンプ保守管理について，2016．

6) 日本建設情報技術センター：事業紹介　BIM/CIM 普及推進事業　CIM とは？．
   http://www.jcitc.or.jp/bimcim/cim/．（2018.3.6 アクセス）

7) 土木学会：トンネル標準示方書　［山岳工法］・同解説，p. 37，2006.

8) 土木学会：トンネル標準示方書　［山岳工法］・同解説，p. 27，2006.

9) 玉腰幸士，森和紀：開発に伴う水文環境への影響とその評価—地下水位・河川流量の変化に
   着目して—，日本大学文理学部自然科学研究所研究紀要 No. 49，p. 86，2014.

10) 土木学会：建設マネジメント委員会インフラ PFI 研究小委員会，道路事業におけるリスクマ
    ネジメントマニュアル（Ver. 1. 0），p. 21，2010.

11) 太田英雄，高橋智洋，加藤勝彦，西園裕一：酸性水が湧出するトンネル計画の長期耐久性に
    関する検討　—国道 17 号　新三国トンネル—，トンネルと地下，第 45 巻 9 号，pp. 35-44，
    2014.

12) 岩渕誠，篠田耕二，原淳二，新居直人：重金属と突発湧水への対応　—国道 289 号　甲子ト
    ンネル—，トンネルと地下，第 37 巻 11 号，pp. 15-23，2006.

13) 武藤章，鈴木和夫：北アルプスの大湧水（平湯低速度帯）に挑む　国道 158 号安房トンネル
    調査坑，トンネルと地下，第 20 巻 6 号，pp. 7-14，1989.

14) 後藤正登，井口哲也，真邉剛典，川越佳人：石灰岩区間における高濁度突発湧水の克服　—
    第二東名高速道路　浜松トンネル—，トンネルと地下，第 37 巻 4 号，pp. 17-27，2006.

15) 田村央，平田大輔，井上啓，加藤宏征：周辺水環境に配慮し止水注入とセグメントによる早
    期覆工を採用　—圏央道　高尾山トンネル—，トンネルと地下，第 43 巻 10 号，pp. 7-14，
    2012.

16) 太田英雄，高橋智洋，加藤勝彦，西園裕一：酸性水が湧出するトンネル計画の長期耐久性に
    関する検討　—国道 17 号　新三国トンネル—，トンネルと地下，第 45 巻 9 号，pp. 35-44，
    2014.

17) 石垣弘規，山根丈，藤田一宏：周辺水文環境を総合的に分析しトンネルを施工　—名護東道
    路 2 号トンネル—，トンネルと地下，第 41 巻 11 号，pp. 7-13，2010.

18) 地質調査所編：日本鉱産誌，BV-b，東京地学協会，1975.

19) 金原均二，本島公司，石和田靖章：天然ガス—調査と資源—，朝倉書店，p. 361，1958.

20) 高木英夫：トンネル工事のガス対策，トンネルと地下，第 8 巻 3 号，pp. 13-21，1977.

21) 兼子勝：本邦天然ガス鉱床の地質学的研究，地質調査所報告第 169 号，pp. 46-47，1956.

22) 湯原浩三，瀬野錦蔵：温泉学，地人書館，p. 293，1969.

23) 石井康夫：メタンガス爆発防止対策入門（1），トンネルと地下，第 10 巻 6 号，p. 63，1979.

24) 前郁夫，花安繁郎，鈴木芳美，堀井宣幸：ガス滞溜地層の地質学的特性等に関する研究，
    SRR-No80 トンネル建設工事におけるガス爆発等に対する総合安全対策，産業安全研究所
    特別研究報告，pp. 87-103，1980.

25) 佐藤久：地下工事の作業環境対策（3），トンネルと地下，第 21 巻 9 号，pp. 73-79，1990.

26) 酸素欠乏症等防止規則（昭和四十七年九月三十日労働省令第四十二号），1972.

27) 竹林亜夫，滝沢文教，上野将司，奥村興平：山岳トンネルにおける不良地山に関する地質工
    学的考察，応用地質技術年報 No. 25，pp. 85-86，2005.

28) 農林水産省：土木工事等施工技術安全指針　第 17 章トンネル工事，pp. 221，2010.

29) 「山岳トンネル工事の環境保全」連載講座小委員会：山岳トンネル工事の環境保全（14），
    トンネルと地下，第 34 巻 8 号，pp. 55-65，2003.

30) 長尾和明, 山本浩之, 笠博義, 竹津英二, 木村義弘：可燃性ガス発生が懸念される山岳トンネルにおける計測および対策について, トンネル工学研究論文・報告集第13巻, pp. 263-268, 2003.

31) 東京海上日動リスクコンサルティング株式会社：新潟県南魚沼市の国道253号八箇峠トンネルでのガス爆発事故, リスクマネジメント最前線, pp. 1-6, 2012.

32) 八箇峠トンネル（南魚沼工区）その2工事の爆発事故に関する再発防止策および工事再開に向けた提言（中間報告）, 八箇峠トンネル事故に関する調査・検討委員会, 2013.

33) 新版 ずい道等建設工事における換気技術指針－換気技術の設計及び粉じん等の測定－, 建設業労働災害防止協会, 2012.

34) 原田実：建設環境エンジニアリング－環境対策事例の技術展開と活用評価－, 山海堂, 2000.

35) 平出廣和, 小林真一, 吉沢正洋：可燃性ガスを含む膨張性地山の施工 北陸新幹線 飯山トンネル新井工区, トンネルと地下, 第33巻6号, p. 15, 2002.

36) 土木学会：トンネル標準示方書［山岳工法編］・同解説, pp. 222-223, 2016.

37) 小池真史, 佐藤剛史：可燃性ガス発生のおそれのあるトンネル工事における安全管理 ―国道253号 八箇峠トンネル(十日町工区)―, トンネルと地下, 第46巻9号, pp. 7-14, 2015.

38) 労働安全衛生総合研究所：労働安全衛生総合研究所技術指針－ユーザーのための工場防爆設備ガイド－, 2012.

39) 山岳トンネル工事に係るセーフティ・アセスメントに関する指針・同解説, 社団法人日本トンネル技術協会, 1997.

40) 厚生労働省労働基準局：平成27年に発生した酸素欠乏症等の労働災害発生状況について 基安労発0803第1号, 2016.

41) 厚生労働省：なくそう！酸素欠乏症・硫化水素中毒(安全衛生関係リーフレット), 2003.

42) 内閣：労働安全衛生法施行令(昭和四十七年政令第三百十八号)別表第六(第6条, 第21条関係), https://www.jaish.gr.jp/horei/hor1-1/hor1-1-7-1-7.html, (2018.4.25アクセス)

43) 労働省：酸素欠乏症等防止規則 第二章 第五条 (昭和四十七年九月三十日労働省令第四十二号), 1972.

44) 労働省：酸素欠乏症等防止規則 第十二条 (昭和四十七年九月三十日労働省令第四十二号), 1972.

45) 大阪市建設局：酸素欠乏症等危険作業保安管理要網, 2017.

46) 農林水産省：土木工事等施工技術安全指針, 第17章トンネル工事, pp. 242-243, 2010.

47) 「山岳トンネル工事の環境保全」連載講座小委員会：山岳トンネル工事の環境保全 (14), トンネルと地下, 第34巻8号, p. 55, 2003.

48) 日本トンネル技術協会：山岳トンネルのずり出し方式実態調査報告書 参考資料2 換気量について, p. 参2-2 p. 参2-3 p. 参2-4, 2009.

49) 農林水産省：土木工事等施工技術安全指針, 第17章トンネル工事, p. 240, 2010.

50) Evangelou, V. P. : Environmental soil and water chemistry: Principles and applications 1st edition, John Wiley and Sons Inc., pp.261-263, 1998.

51) 環境省：土壌汚染対策法の一部を改正する法律による改正後の土壌汚染対策法の施行について, 環水大土発第100305002号, 平成22年3月5日改正, http://www.env.go.jp/water/dojo/law/kaisei2009/no_110706001.pdf (2018.3.6アクセス), 2010.

52) 日本建設業連合会：汚染土壌の取扱いについて, パンフレット (出版物No.091),

http://www.nikkenren.com/publication/pdf/91/panf_osendojyo.pdf（2018.3.6 アクセス），p.4,
2013.

53) ジェオフロンテ研究会環境対応 WG：改訂現場技術者のための重金属を含むずり処理に関する Q&A，p.38，2013.

54) ジェオフロンテ研究会環境対応 WG：改訂現場技術者のための重金属を含むずり処理に関する Q&A，p.39，2013.

55) ジェオフロンテ研究会環境対応 WG：改訂現場技術者のための重金属を含むずり処理に関する Q&A，p.26，2013.

56) ジェオフロンテ研究会環境対応 WG：改訂現場技術者のための重金属を含むずり処理に関する Q&A，p.36，2013.

57) ジェオフロンテ研究会環境対応 WG：改訂現場技術者のための重金属を含むずり処理に関する Q&A，p.93，2013.

58) ジェオフロンテ研究会環境対応 WG：改訂現場技術者のための重金属を含むずり処理に関する Q&A，p.20，2013.

59) 土木研究所・土木研究センター地盤汚染対応技術検討委員会：建設工事で発生する自然由来重金属等含有土対応ハンドブック，大成出版，p.42，2015.

60) 三好康彦：汚水・排水処理の知識と技術，オーム社，2002.

61) 土木研究所・土木研究センター地盤汚染対応技術検討委員会：建設工事で発生する自然由来重金属等含有土対応ハンドブック，大成出版，p.63，2015.

62) 和田信彦：重金属汚染土の対策工法の現状と問題点，第 13 回環境地質シンポジウム論文集，pp.133-138，2003.

63) 土木研究所・土木研究センター地盤汚染対応技術検討委員会：建設工事で発生する自然由来重金属等含有土対応ハンドブック，大成出版，p.75，2015.

64) 大我龍樹，囲勝則，井上正広，大佐古泰紀，村山秀幸：熱水変質によるトンネル地山の酸性化と対策，トンネル工学報告集，Vol.19，2009.

65) 原田勇雄：オロフレトンネルの設計施工－鉱化変質帯のトンネル施工例，土と基礎，Vol.37，No.9，1989.

66) 服部修一，太田岳洋，木谷日出男：鉱山地域におけるトンネル掘削ずりの管理手法に関する検討，トンネル工学研究論文・報告集，Vol.12，2002.

67) 上田洋，松田芳範，西尾壮平，佐々木孝彦：トンネル覆工コンクリートの劣化について，コンクリート工学年次論文集，Vol.26，No.1，2004.

【参考資料】地質環境リスクに関する事例調査

事例 01　岡谷トンネル ……………………………………………………290

事例 02　箕面トンネル ……………………………………………………291

事例 03　八王子城跡トンネル ……………………………………………292

事例 04　歯長山トンネル …………………………………………………293

事例 05　新三国トンネル …………………………………………………294

事例 06　甲子トンネル ……………………………………………………295

事例 07　浜松トンネル ……………………………………………………296

事例 08　新宇津トンネル …………………………………………………297

事例 09　能生トンネル ……………………………………………………298

事例 10　某歩道トンネル …………………………………………………299

事例 11　飯山トンネル（富倉工区）……………………………………300

事例 12　飯山トンネル（新井工区）……………………………………301

事例 13　鍋立山トンネル …………………………………………………302

事例 14　島道トンネル ……………………………………………………303

事例 15　新榎トンネル ……………………………………………………304

事例 16　八箇峠トンネル …………………………………………………305

事例 17　ケーソン（大阪市）……………………………………………306

事例 18　建築基礎坑（東京都）…………………………………………307

事例 19　某山岳トンネル（和歌山県）…………………………………308

事例 20　甲子トンネル ……………………………………………………309

事例 21　第二伊勢湾道路 2 号トンネル ………………………………310

事例 22　八甲田トンネル …………………………………………………311

事例 23　唐八景トンネル …………………………………………………312

事例 24　オロフレトンネル ………………………………………………313

事例 01

トンネル名	岡谷トンネル	発注者	日本道路公団名古屋建設局
トンネル延長	上り線：1,386m 下り線：1,450m	施工者	—
地質	新生代新第三紀鮮新世塩嶺累層	岩種 層相	凝灰角礫岩，輝石安山岩，泥質凝灰角礫岩
リスク	水源の枯渇	リスク要因	帯水層（塩嶺水盆）

計画・設計段階のリスク対策

①水文地質，水収支および水文環境等の水文調査.

②地質・水理地質を専門とした学識経験者および研究者で構成された湧水調査委員会を設置．委員会による既往調査の検討，地質調査，現地踏査を実施し，水理地質構造を検討.

③上記②の検討結果を踏まえ，3次元FEM地下水流動解析により影響範囲およびトンネル恒常湧水量を予測.

①　代替水源（深井戸）の確保.

表-1　地下水位調査総括

	調査法	数量	備考
水文地質	ボーリング調査	50 点	延 4,785m
	弾性波探査	12測線	〃 9,200m
	電気探査	2測線	〃 3,400m
	水質分析	600試料	δ180, 210pb
水収支	流量観測	47か所／年	
	水位観測	53か所／年	
	降水量観測	2か所／年	
水環境	水利用実態調査	3 回	

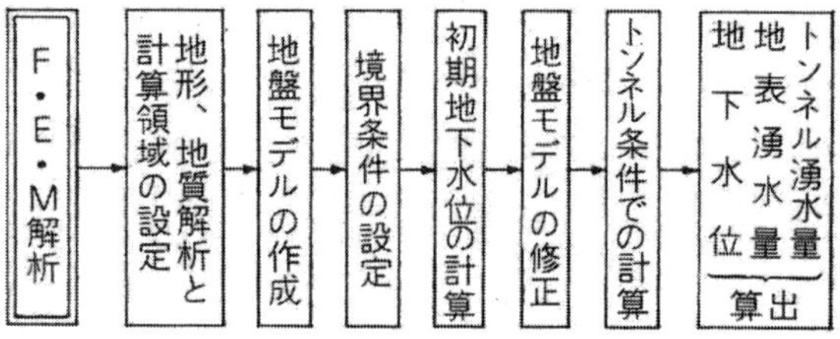
F・E・M解析
地形、地質解析と計算領域の設定
地盤モデルの作成
境界条件の設定
初期地下水位の計算
地盤モデルの修正
トンネル条件での計算
トンネル湧水量
地表湧水量
地下水位
算出

図-1　FEM 地下水流動シミュレーションのフロー

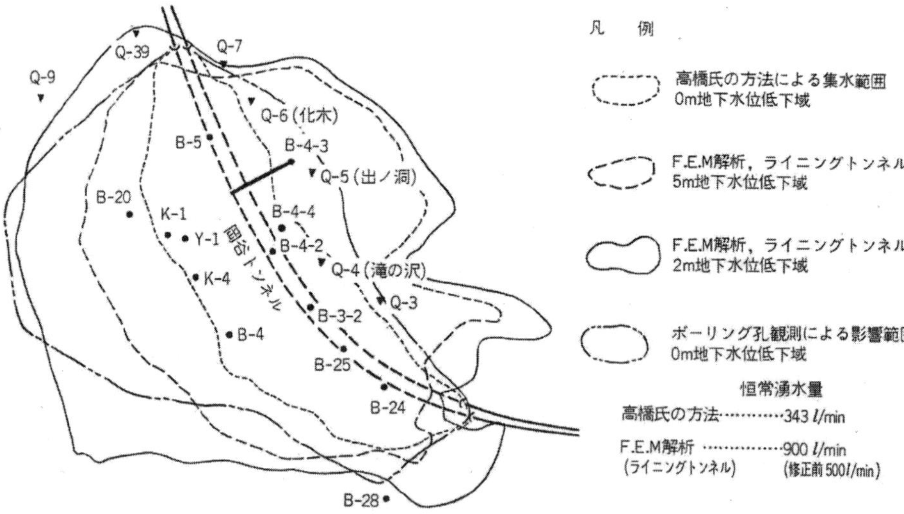
Q-9
Q-39
Q-7
Q-6（化木）
B-5
B-4-3
Q-5（出ノ洞）
B-20
K-1
Y-1
B-4-4
B-4-2
岡谷トンネル
K-4
Q-4（滝の沢）
Q-3
B-3-2
B-4
B-25
B-24
B-28
凡　例
高橋氏の方法による集水範囲
0m地下水位低下域
F.E.M解析，ライニングトンネル
5m地下水位低下域
F.E.M解析，ライニングトンネル
2m地下水位低下域
ボーリング孔観測による影響範囲
0m地下水位低下域
恒常湧水量
高橋氏の方法…………343 l/min
F.E.M解析 ……………900 l/min
（ライニングトンネル）　（修正前500l/min）

図-2　岡谷トンネル影響予測

出典	代田武夫，田牧厚，西谷直人：糸静構造線の湧水地帯にトンネルを掘る　中央自動車道長野線　岡谷トンネル，トンネルと地下，第17巻1号，pp.19-28，1986.

事例 02

トンネル名	箕面トンネル	発注者	西日本高速道路（株）
トンネル延長	上り線：4,997m 下り線：4,982m	施工者	―
地質	中生代ジュラ紀丹波帯箕面コンプレックス	岩種 層相	混在岩（頁岩主体，砂岩，チャート，緑色岩などを含む）
リスク	水利用への影響	リスク要因	透水性の高い断層破砕帯
計画・設計段階のリスク対策	①3次元飽和・不飽和浸透流解析による地下水流動解析. ②沢，河川流量への降雨の影響を評価するために，タンクモデル法による流出解析を併用. ③事前解析結果に基づく施工方針の立案. 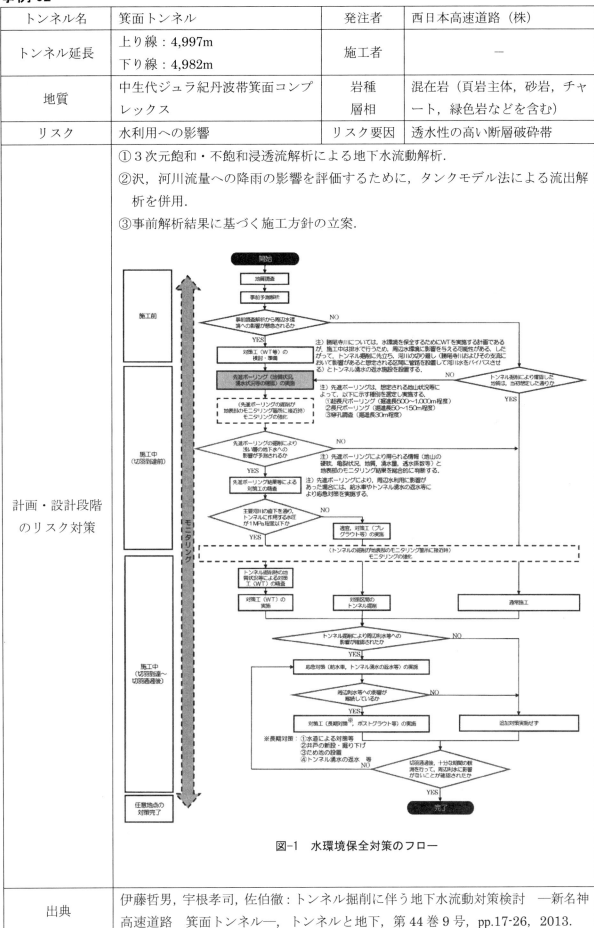 図-1　水環境保全対策のフロー		
出典	伊藤哲男，宇根孝司，佐伯徹：トンネル掘削に伴う地下水流動対策検討 ―新名神高速道路　箕面トンネル―，トンネルと地下，第44巻9号，pp.17-26, 2013.		

事例 03

トンネル名	八王子城跡トンネル		発注者	国土交通省関東地方整備局
トンネル延長	上り線：2,383.5m 下り線：2,379.5 m		施工者	大成・清水・錢高ＪＶ
地質	中生代白亜紀小仏層群		岩種 層相	砂岩，頁岩，砂岩・頁岩互層
リスク	史跡である井戸，滝の枯渇		リスク要因	帯水層
施工段階の リスク対策	①事前に水収支解析を行い，止水対策の範囲を決定. ②トンネル周辺地山 5 m の範囲に止水注入. 施工延長が短い滝ノ沢部は切羽から注入. 施工延長が長い城山川部は工程短縮を図るため，中央導坑を先進させて導坑内から注入. 先進導坑は，施工時の地下水位低下を防止するため，泥水加圧式密閉型 TBM を採用. ①非排水覆工構造. 覆工後の漏水対策としてリペアシステムを採用. 図-1　止水構造 図-2　リペアシステム			
出典	足立賢一，千場洋，吉富幸雄，野中良裕：山岳トンネルにおける高水圧ウォータタイトの施工　―圏央道　八王子城跡トンネル―，トンネルと地下，第 38 巻 11 号，pp.17-24，2007.			

事例 04

トンネル名	歯長山トンネル	発注者	西日本高速道路（株）
トンネル延長	2,053 m	施工者	五洋・日本国土開発ＪＶ
地質	中・古生代ペルム紀〜ジュラ紀秩父帯	岩種層相	チャート，頁岩，石灰岩，緑色岩
リスク	自然湧水源の枯渇	リスク要因	帯水層

施工段階のリスク対策	①学識経験者で構成される施工技術検討委員会を設置． ②地下水流動状況を確認するために，アクチバブルトレーサを実施． ③湧水源の実測流量（自動連続計測）とタンクモデル法によるトンネル掘削の影響がない場合の湧水源の推定流量の比較によるリアルタイム影響評価． ④先進ボーリングによる地質・帯水層の概略把握． ⑤先進導坑と長尺水抜きボーリングによる地質の詳細把握と本坑掘削時の早期影響把握． 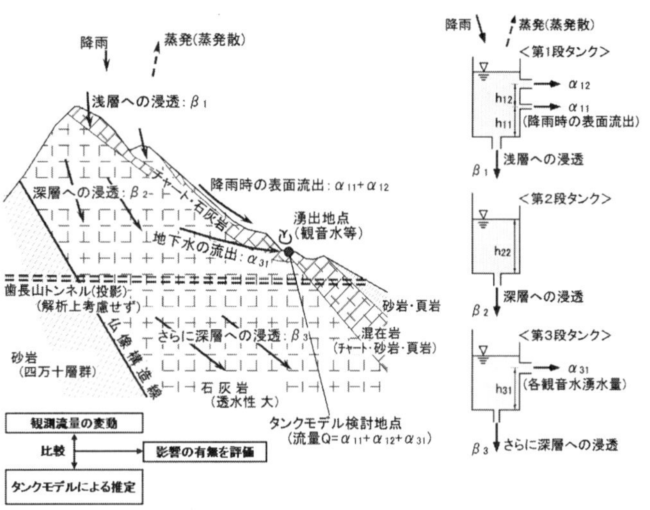

図-1　タンクモデル概念

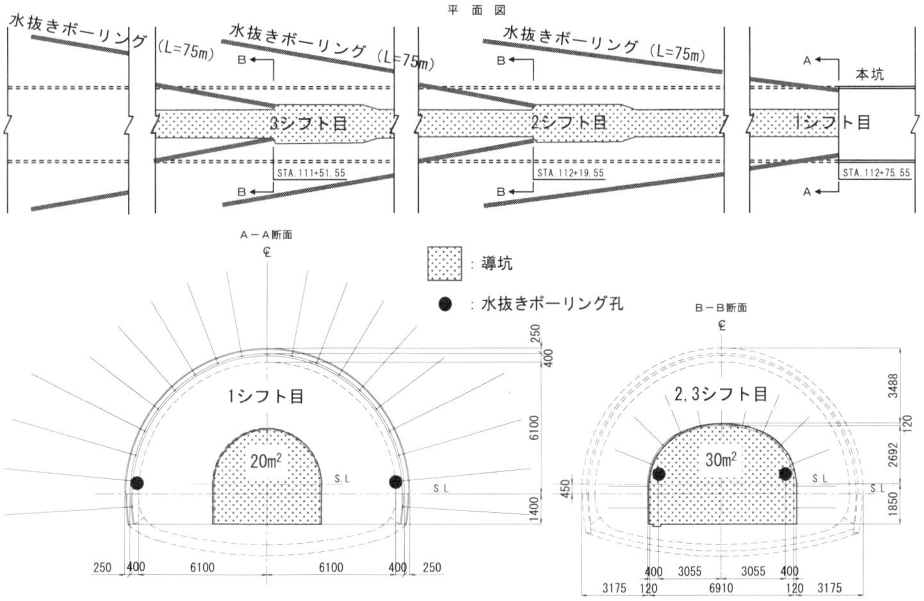

図-2　水抜きボーリング施工位置

出典	前田良文，和田信良，近森博，土田淳也：名水百選など周辺水環境に配慮し中央導坑方式を採用　—四国横断自動車道　歯長山トンネル—，トンネルと地下，第40巻8号，pp.17-25，2009．

事例 05

トンネル名	国道 17 号　新三国トンネル	発注者	国土交通省　関東地方整備局
トンネル延長	1,284 m	施工者	—
地質	新世代新第三紀　赤谷層	岩種 層相	ひん岩，泥岩，断層破砕帯（構造線）
リスク	貯水池への影響 トンネル構造物の劣化進行	リスク要因	計画路線周辺の既設トンネルで酸性水の溶出を確認
計画・設計段階のリスク対策	【概要】 　三国トンネルは昭和 32（1957）年に建設が完了，昭和 34（1959）年に供用を開始したが，地山からの強酸性水の湧出による覆工コンクリートの劣化が顕著となり，供用後 15 年間に，覆工コンクリートの増厚などの補修・補強工事が実施されてきた．そのためトンネル内空は縮小断面となり，大型車同士のすれ違いが困難な状況となっている． 【新三国トンネル計画における課題】 ・酸性水による周辺環境への影響 ・酸性水による NATM 支保部材の劣化 ・酸性水による覆工コンクリートの劣化 ・酸性水により発生する沈殿物による排水機能の劣化 【リスク回避または低減対策】 ・「三国トンネル技術検討委員会」の設立 ・周辺環境に配慮した線形計画 ・NATM 支保部材検討 ・覆工コンクリートの構造検討（覆工コンクリート，防水シート構造） ・排水構造物の検討 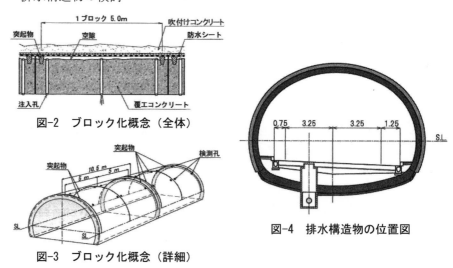 図-2　ブロック化概念（全体） 図-3　ブロック化概念（詳細） 図-4　排水構造物の位置図 図-1　三国トンネル位置図	
出典	太田英雄，高橋智洋，加藤勝彦，西園裕一：酸性水が湧出するトンネル計画の長期耐久性に関する検討　―国道 17 号　新三国トンネル―，トンネルと地下，第 45 巻 9 号，pp. 35-44，2014.		

事例 06

トンネル名	国道289号　甲子トンネル	発注者	国土交通省　東北地方整備局
トンネル延長	4,345 m	施工者	戸田・フジタ特定建設ＪＶ（下郷工区） 清水・飛島特定建設ＪＶ（西郷工区）
地質	中生代ジュラ紀　大戸層	岩種 層相	堆積岩類，ホルンフェルス，粘土，風化・未固結・半固結
リスク	河川への影響 温泉地への影響	リスク要因	トンネル掘削施工に伴う濁水の発生（突発湧水の発生）
施工段階の リスク対策	【概要】トンネル掘削時，土石流状の礫交じり湧水が鏡右側から発生．土砂の流出を伴うこの出水は2回で流出土砂量約50m³に上った．以降は湧水のみが流出する状況となった． 【甲子トンネルにおける課題】 　流出した土砂は，ジュラ紀の大戸層の堆積岩類（ホルンフェルス）とそれに介在する白色粘性土と確認．本来ホルンフェルスは硬質な変成岩であるが，甲子トンネルに分布する岩は，本地域がカルデラ壁近傍にあること，この区域が甲子火山岩類との境界に近いことなどより亀裂が多く認められ結合度の低い岩であった．  図-1　甲子トンネル位置図 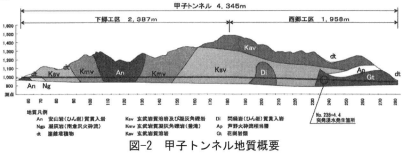 図-2　甲子トンネル地質概要 【リスク回避または低減対策】 ・緊急対策として，ドリルジャンボにて探り削孔を行い空洞の有無および形状，空洞内に残留堆積していると思われる土砂の状況を調査し，トンネル周辺地山のゆるみ防止を目的に，懸濁液型の注入材およびウレタンによる改良を実施． ・ドリルジャンボにより，GFRP管を用いた中尺（11 m）の排水削孔を多数実施し，切羽付近の水圧の低減を図ったほか，切羽前方の湧水帯の分布および地質構造を探る目的と長尺排水ボーリングを兼ねて先進ボーリングを実施 ・湧水区間の施工では，先進ボーリングの結果より，湧水圧が1.5MPaと高く近傍には未固結の粘性土層などを伴うことが確認されたため，以降の掘削施工は十分に水圧を下げた後，探り削孔により地山条件，先受け補助工法の必要性と範囲，残留水圧などを確認．
出典	岩渕誠，篠田耕二，原淳二，新居直人：重金属と突発湧水への対応　―国道289号　甲子トンネル―，トンネルと地下，第37巻11号，pp. 15-23, 2006.

事例07

トンネル名	新東名高速道路浜松トンネル	延長	中日本高速道路（株）
トンネル延長	上り線：3,200m 下り線：3,262m	施工者	熊谷組・東急建設・大本組特定建設JV
地質	ジュラ紀‐石炭紀　秩父中古生層	岩種 層相	石灰岩，混在岩， 陥没地形
リスク	観光地への影響 水道水・農業用水への影響 トンネル構造物の劣化進行	リスク 要因	・石灰岩区間には随所に亀裂・空洞（鍾乳洞）を確認. 坑内湧水の起源として，陥没地形（ドリーネ）に集まる雨水の可能性. ・トンネル復水による完成後のトンネル構造としての安全性低下
施工段階，維持管理段階のリスク対策	【概要】連続雨量164mmにより東坑口から約600m付近の石灰岩区間において，ＴＢＭ導坑内から高濁度突発湧水が発生した. この現象は，その後もまとまった雨が降ると繰り返され，上下線に本坑止水注入を行ったが，下り線上半肩部吹付けコンクリートを破壊する突発湧水が発生した. 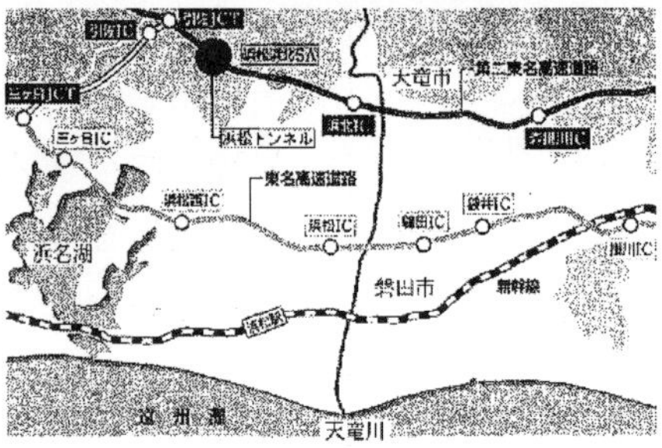		

【概要】連続雨量164mmにより東坑口から約600m付近の石灰岩区間において，ＴＢＭ導坑内から高濁度突発湧水が発生した. この現象は，その後もまとまった雨が降ると繰り返され，上下線に本坑止水注入を行ったが，下り線上半肩部吹付けコンクリートを破壊する突発湧水が発生した.

図-1　浜松トンネル位置図

【浜松トンネルにおける課題】
- 浜松トンネルの流末には，観光地および水道水・農業用水の取水口があり，流末である都田川水系の放流基準はss濃度：平均20ppm（最大30ppm）以下と制限されている.
- 湧水の発生により周辺地山の劣化・空洞化による地山の安定性低下.
- トンネル完成後，地下水の上昇に伴う圧力増加により過度の応力が覆工コンクリートに作用し，トンネル構造としての安全性低下.

【リスク回避または低減対策】
- 水抜き導坑からの排水・導水，噴出物の処理を含めた長期的なメンテナンス計画および横坑（空洞）の安定化対策（高濁度突発湧水を路面に流出させずに坑外に導水するため，濁水処理ピットおよび専用の導水管などの設置.）
- 将来的な観測計画（過去のデータを考慮しても最大湧水量や土砂流出状況などの確定，覆工コンクリートへの影響の把握が困難なため，観測を継続. 観測は，流量計，間隙水圧計，覆工応力計等の自動計測計を設置し，高濁度突発湧水の湧水量，土砂発生量，覆工コンクリートへの水圧の影響を観測，監視.）

出典	後藤正登，井口哲也，真邉剛典，川越佳人：石灰岩区間における高濁度突発湧水の克服　―第二東名高速道路　浜松トンネル―，トンネルと地下，第37巻4号，pp.17-27，2006.

事例 08

トンネル名	国道 113 号新宇津トンネル	発注者	建設省東北地方建設局
トンネル延長	4,345 m	施工者	－
地質	中生代ジュラ紀　大戸層	岩種	背斜構造
		層相	沼沢層・湯小屋層・宇津峠層

施工前の予見	背斜軸に近く，地質構造的には石油やガスが貯留している可能性が指摘されていた．
可燃性ガスの状況	1. 水平ボーリングにより可燃性ガスの発生箇所判明． 2. 1000m³/min の換気全開状況でも，切羽から離れた場所で5%LEL（0.25%vol）以上のガス濃度を検知．
可燃性ガスの測定方法	1. 作業開始前に可燃性ガス濃度測定を実施（ガス濃度測定者配置） 2. 坑内定点（メタンガス100 m，酸素200 m 間隔）にセンサーを配置し，坑外の集中監視装置で測定および自記記録を行うとともに，坑内電力を自動遮断する定置式ガス警報装置を採用．また，定点に非常警報ボタンを併設し非常時には手動で警報発令を行う．
可燃性ガス対策	1. 自動ガス検知システムの採用 2. ガス管理体制の確立 3. 防爆構造（非常照明，検知警報装置，無線通信機） 4. 換気設備の設置（全送風能力 3,000m³/min に増強） 5. 避難，入坑基準の設定

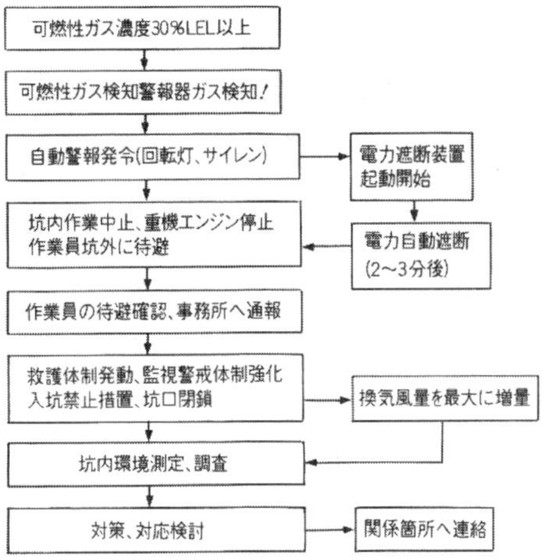

図-1　避難通報フロー[1]

表-1　作業内規[1]

管理レベル	可燃性ガス濃度 VOL%	可燃性ガス濃度 %LEL	警報,信号など	措置,対策
I	0.5%未満	10%未満		通常作業
II	0.5～1.0%	10～20%	集中監視盤警告灯点灯	通常作業換気量増量
III	1.0～1.5%	20～30%	待避警報（回転灯，サイレン作動）	作業中止待避，坑内電力遮断換気全開
IV	1.5%以上	30%以上	警報継続	入坑禁止換気継続

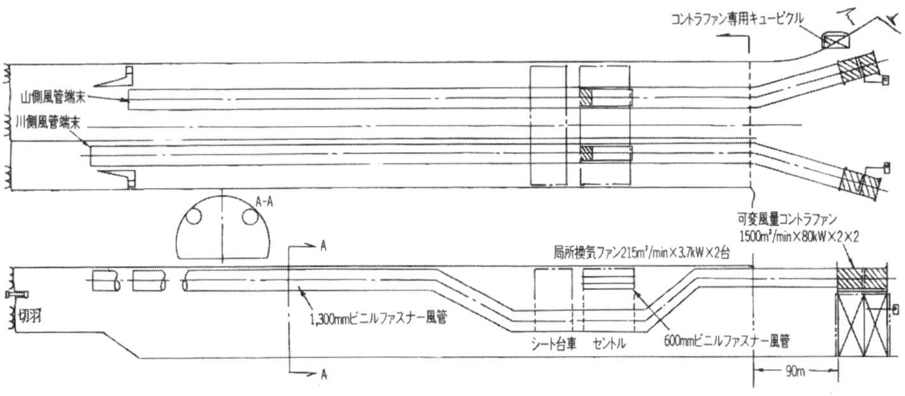

図-2　換気設備の配置[1]

出典	1. 中山隆，大利泰宏，吉田広幸：膨張性地山と可燃性ガスを克服　国道 113 号新宇津トンネル，トンネルと地下，第 22 巻10 号，pp.25-31，1991. 2. 国土交通省北陸地方整備局：八箇峠トンネル事故に関する調査・検討委員会【第 2 回】説明資料，p.24，2012.

事例 09

トンネル名	北陸自動車道能生トンネル	延　長	東工区 1,448 m，西工区 1,554 m
施工期間	1983 年〜1986 年	所在地	新潟県糸魚川市
地質	新第三紀 泥岩・シルト岩	岩種 層相	亀裂多く軟質 能生谷層・川詰層・名立層
可燃性ガスの 状況	掘削中に，油やメタンガスおよびアンモニアガスを少量ながら検出．		
可燃性ガスの 測定方法	1.　ガス測定器によるガス濃度測定 2.　ガス検知警報システムによる可燃性ガスの常時測定．		
可燃性ガス対策	坑内換気設備により対応		
図表	【図：可燃性ガスの湧出メカニズム（推定）】 爆発の要因となったトンネル坑内に蓄積した可燃性ガスは，トンネル掘削に伴う環境の変化，すなわち，地山から地下水が抜けたことや地盤のゆるみの進行が要因となって，地下深部の小規模な天然ガス層から漏れ出してきたものと考えるのが妥当である．		
出典	1.　粂田俊男：北陸自動車道能生トンネル西工事－第三紀泥岩層における NATM 計測管理の一例－，西松建設，シンポジウム論文集，pp.95-111. 2.　国土交通省北陸地方整備局：八箇峠トンネル事故に関する調査・検討委員会【第 2 回】説明資料，p.24，2012.		

事例 10

トンネル名	某歩道トンネル	延　長	783 m
施工期間	1992 年～1996 年	所在地	新潟県
地質	新第三紀中新世，硬質頁岩とこれに貫入した石英閃緑ひん岩，石英斑岩	岩種層相	貫入岩体，柱状節理
施工前の予見	温泉ガスやメタン等の可燃性ガス発生の可能性が認められた．		
可燃性ガスの状況	調査ボーリング孔において爆発下限値である 5%LEL（0.25%vol）以上のガス濃度を確認．		
可燃性ガスの測定方法	1. 携帯式検知器による測定（ガス管理者用：GX-110B 型，ガス測定者用：GX-82NHS 型，切羽用：GP-322 型（カンテラタイプ），HS-87 型（ポケッタブル））． 2. 切羽から 50m 後方，坑口より 100m，中間部それぞれに自動検知器を設置．		
可燃性ガス対策	1. 先進ボーリングによる調査実施 2. 管理基準値の設定，緊急連絡体制確立，入坑時の作業基準設定 3. 自動ガス検知システムの採用 4. 防爆構造（非常用蛍光灯，携帯用ガス検知器，切羽用自動警報器付携帯用ガス検知器，酸素及び硫化水素自動検知器，坑内電話器） 5. 内燃機関の使用制限		
図表	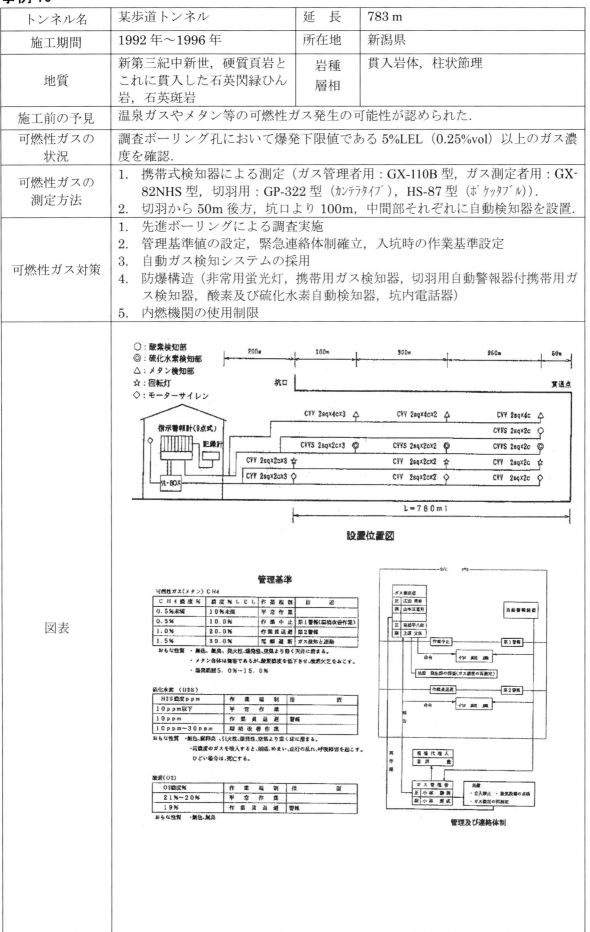		

事例 11

トンネル名	北陸新幹線飯山トンネル（富倉工区）	延　長	3,800 m
施工期間	1998年～2007年	所在地	長野県飯山市
地質	新第三紀中新世 泥岩・砂岩・凝灰角礫岩	岩種 層相	褶曲構造 灰爪層・西山層・椎谷層
施工前の予見	石油，天然ガスの湧出が確認されていた．		
可燃性ガスの状況	切羽において，原油の湧出と最大1.1MPaにも及ぶ高圧可燃性ガス（主にメタンガス）を観測．		
可燃性ガスの測定方法	1.　ガス測定器によるガス濃度測定． 2.　坑内定点（切羽から150m間隔及びガス停滞が予想される箇所）にセンサーを設置し，坑外の集中監視装置で測定及び自記記録を行う．		
可燃性ガス対策	1.　先進ボーリングによるガス抜き実施 2.　換気設備の設置 3.　防爆構造（ボーリングマシン，センサー，検知警報装置，坑内ブースファン） 4.　坑内の火源対策設定 5.　自動ガス検知システムの採用 6.　入坑時の作業基準設定		
図表	図-1　地質縦断		
出典	国土交通省北陸地方整備局：八箇峠トンネル事故に関する調査・検討委員会【第2回】説明資料，p.24，2012．		

事例 12

トンネル名	北陸新幹線飯山トンネル （新井工区）	延　長	3,345 m
施工期間	1999 年～2004 年	所在地	長野県飯山市～新潟県妙高市
地質	新第三紀～第四紀 泥岩，砂岩，凝灰角礫岩	岩種 層相	背斜構造 寺泊層・椎谷層・西山層
施工前の予見	事前調査段階から原油，可燃性ガスが胚胎している可能性が指摘され，特に背斜軸付近での可燃性ガスの湧出・噴出が懸念されていた．		
可燃性ガスの状況	メタンガスのほかに，油田系ガスのエタン，プロパンを少量観測．		
可燃性ガスの測定方法	1. ノンコアによる先進調査ボーリングの実施 2. 携帯式ガス測定器によるガス濃度測定． 3. 坑内定点にメタンガス検知器，酸素濃度検知器，硫化水素検知器を設置し，坑外の現場詰所で自動記録を行う．異常時には現場事務所に自動通報．		
可燃性ガス対策	1. 厳しい可燃性ガス対策管理基準値を設定 2. 換気設備の設置（送風能力 3,000m³/min，0.5m/sec 以上の坑内風速） 3. 防爆構造（中継ファン，パトライト，サイレン他） 4. ガス検知・管理システム 5. ガス管理体制（ガス管理者の任命，ガス測定責任者・ガス測定員の選定）		

図表

表-1　可燃性ガス対策管理基準

メタンガス濃度 Vol %	メタンガス濃度 % LEL	管理基準	警報	作業	火気制限	電源	ガス測定	換気
0.00	0							
0.25	5	平常作業基準	なし	平常作業	作業届出	制限なし	通常測定	通常換気
0.50	10	一次警戒基準	警戒警報	作業継続 警戒態勢	火気作業禁止	制限なし	測定強化 発生源調査	換気点検・改善
1.00	20	二次警戒基準	警戒警報	作業継続 警戒態勢	火気作業禁止	制限なし	測定強化 発生源調査	換気点検・改善
1.50	30	避難基準	避難警報	作業中止・退避	火気作業禁止	坑内電源遮断	測定強化 発生源調査	換気増強 風量増大
法規制濃度		入坑禁止基準	避難警報	入坑禁止	火気作業禁止	坑内電源遮断	自動測定のみ	換気増強 風量増大
5.00	100							
爆発下限濃度								

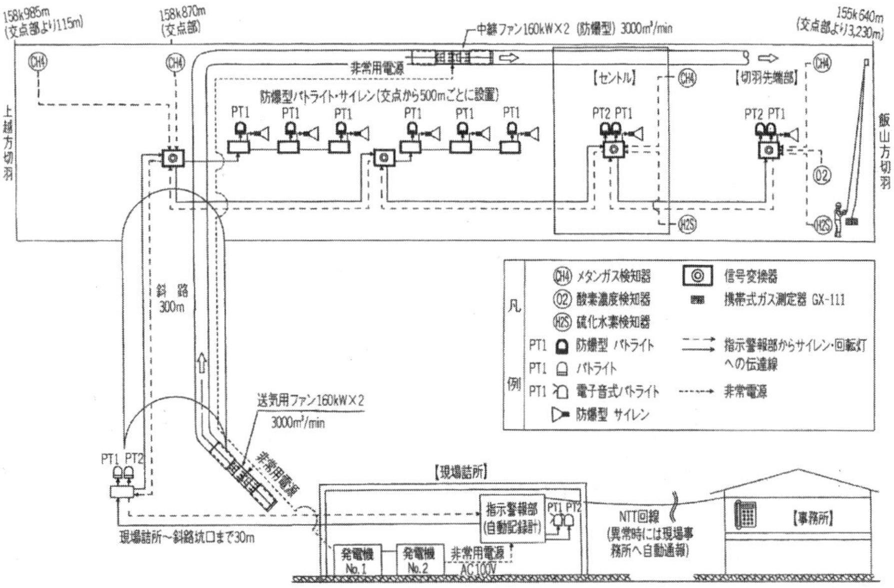

図-1　ガス検知・管理システム概要

出典	平出廣和，小林真一，吉沢正洋：可燃性ガスを含む膨張性地山の施工　北陸新幹線　飯山トンネル新井工区，トンネルと地下，第 33 巻 6 号，pp.7-16，2002.

事例 13

トンネル名	北越北線鍋立山トンネル	延　長	9,017m
施工期間	1973 年〜1995 年	所在地	新潟県十日町市
地質	新第三紀中新世〜鮮新世 泥岩主体，砂質凝灰岩	岩種 層相	背斜構造，向斜構造 椎谷層・西山層・寺泊層
施工前の予見	事前のボーリング調査により，背斜軸，向斜軸を含む激しい褶曲を受けた地質構造を確認，メタンガス，石油が湧出．		
可燃性ガスの状況	東工区：少量であるがメタンガス湧出 中工区：0.8〜1.0%のメタンガスを検知 西工区：施工中，湧水（200L/min）と同時に 4m³/min のメタンガス噴出．その後 0.1〜0.2%のガス濃度確認		
可燃性ガスの測定方法	1.　ガス測定器によるガス濃度測定 2.　ガス検知警報システムによる可燃性ガスの常時測定		
可燃性ガス対策	1.　可燃性ガス管理基準 2.　ガス検知体制，換気設備の設置 3.　防爆構造（配線，照明，掘削作業箇所の機械類） 4.　火薬類の使用区分設定 5.　安全教育の徹底		
図表			
出典	1.　谷利章，小島隆：超膨張性地山への再挑戦　北越北線鍋立山トンネル，トンネルと地下，第 17 巻 10 号，pp.35-44，1986. 2.　国土交通省北陸地方整備局：八箇峠トンネル事故に関する調査・検討委員会【第 2 回】説明資料，p.24，2012.		

事例14

トンネル名	帝石新青海ライン 島道トンネル	延 長	2,870 m
施工期間	2007 年～2009 年	所在地	新潟県上越市～糸魚川市
地質	新第三紀中新世・泥岩層，砂岩泥岩互層とこれに貫入した石英閃緑ひん岩	岩種 岩相	貫入岩体
施工前の予見	既往文献から，泥岩と石英閃緑ひん岩の地質境界部鉱化変質体でメタンガスの湧出が懸念された.		
可燃性ガスの状況	坑口より約 400 m 地点で事前に実施した地質調査ボーリング孔からメタンガス（1.5%（30%LEL）以下）の湧出を確認.		
可燃性ガスの測定方法	1. 定置式検知器を坑口，坑口から 300 m ごと，切羽付近に設置し，連続測定を行った. 2. 携帯式検知器により，坑口，定置式検知器の中間地点，切羽，異常を認めた場所において毎方の作業開始前などに測定を行った. 3. 切羽前方の可燃性ガスの有無を把握するために，切羽から先進ボーリング（L=20～30 m，φ65 mm，ラップ長約 2m）を施工し，調査孔の口元でガス測定を実施.		
可燃性ガス対策	1. 所要換気量を 0.5 m/sec（＞0.3 m/sec：ランク 1）とした. 2. 緊急時の希釈設備として，局所送風機（17m³/min）を設置. 3. 自動電源遮断システムの採用（可燃性ガス濃度 1.5%（30%LEL）以上） 4. ガス管理体制の確立 5. 可燃性ガス濃度段階別作業基準 6. 火源対策		
図表			
出典	吉村輝樹：小断面トンネル（矢板工法）における可燃性ガス対策施工実績－帝石新青梅ライン　島道トンネル工事－		

事例15

トンネル名	国道351号新榎トンネル	延　長	2,394 m
施工期間	1977年～1987年	所在地	新潟県長岡市
地質	新第三紀中新世 泥岩・砂岩・凝灰岩	岩種 岩相	過褶曲，背斜構造 西山層・椎谷層
施工前の予見	鉛直ボーリング(15本)より，最大95.88cm³/secのメタンガスを確認		
可燃性ガスの 状況	先進ボーリングを実施し，最大2%のメタンガスを検知．その後，1週間程度で 0.5～0.25%に低減		
可燃性ガスの 測定方法	1.　携帯式ガス測定 2.　ガス検知警報システムによる可燃性ガスの常時測定		
可燃性ガス対策	1.　先進ガス検知ボーリング：切羽より25～30mの水平ボーリングを実施 2.　換気：①トンネルの両サイドに風管を設置し，切羽に取付けたガス検知器が0.5%のガス濃度を検知した場合，自動的に左側が作動する換気システムを採用（最大風量800m³/min）．②常に設定した風量が送気されているかチェックするため，風管内に熱線式風速計を設置し，自動記録装置により確認． 3.　ガス検知警報システム及び携帯式検知器によるガス測定実施 4.　防爆対策：坑内の換気設備は防爆構造		
図表	 図-1　新榎トンネル位置図 [1] 図-2　トンネル地質縦断面図 [1]		
出典	1.　佐々木隆男，山岸俊男：超膨張性地山区間と湧水区間におけるNATM　国道351号新榎トンネル，トンネルと地下，第13巻5号，pp.25-31，1982. 2.　国土交通省北陸地方整備局：八箇峠トンネル事故に関する調査・検討委員会【第2回】説明資料，p.24，2012.		

4. 地質環境に関するリスク管理　　　305

事例16

トンネル名	八箇峠トンネル	延長	2,840m
施工期間	2007〜2012 年	所在地	新潟県
地質	新第三紀中新世中期〜 第四紀更新世	岩種 層相	泥岩 魚沼層，西山層，和南津層
リスク	ガス爆発	リスク要因	貯留層からの天然ガス湧出
施工段階の リスク対策	「八箇峠トンネル事故に関する調査・検討委員会で提言されたガス爆発事故の再発防止に向けた留意事項と工事再開に向けた安全対策」 Ⅰ：事故の再発防止に向けて（留意事項） ・ 調査で可燃性ガスの存在が認められない場合でも，地質構造的に可燃性ガスが胚胎する可能性のある場合は，微量の可燃性ガスが湧出する可能性があることを十分認識する必要がある． ・ 可燃性ガスの測定値が通常の施工状態で検出下限値以下であっても可燃性ガスの湧出がないことを必ずしも意味しない．とくに，地質構造が前項に該当する場合は慎重な判断が必要である． ・ 冬期の工事中止など通常の状況と異なる状態となる場合は，慎重に可燃性ガスの状況を把握するとともに，工事の再開に向けての手順，対策を検討することが必要である． ・ 通常の施工状態で可燃性ガスが検知できない場合，危険性の認識の維持が難しくなりがちであるが，第1項での地質条件下では潜在的な危険性に十分留意することが重要である． Ⅱ：工事の再開に関する安全対策 ①冬期休工解除時に講ずる事項 ・ 坑内の可燃性ガス濃度と酸素濃度の測定を行い，安全性が確保されたことを確認してから入坑すること． ・ 坑内換気設備の起動は，外の安全な場所から行うこと． ②施工時に講ずる事項 ・ 「可燃性ガスが発生している」という前提で，関係法規，指針などにもとづいた適切な設備の設置，使用，運用を行うこと． ・ 可燃性ガスが発生していることを常に意識し，安全に工事を行うことを作業員も含め徹底すること． ③トンネル貫通までの間に配慮すべき事項 ・ 南魚沼工区の完成後も，トンネル貫通までに期間を要することから，貫通するまでの間の安全対策に配慮すること． 【委員会の提言を受けた八箇峠トンネル工事の具体的安全対策】 　　対策①：トンネル坑内の 24 時間連続換気 　　対策②：トンネル坑内への可燃性ガス発生量の予測 　　対策③：可燃性ガスの早期検知 　　対策④：避難者の早期確認および避難訓練
出典	小池真史，佐藤剛史：可燃性ガス発生のおそれのあるトンネル工事における安全管理　―国道 253 号　八箇峠トンネル(十日町工区)―，トンネルと地下，第 46 巻 9 号，pp.7-14，2015．

事例 17

トンネル名	ケーソン		延長	立坑　φ6m，深さ21m
施工期間	－		所在地	大阪市
地質	第四紀		岩種 層相	粘土層，砂れき層
リスク	酸素欠乏		リスク要因	酸素欠乏空気の逆流

<table>
<tr><td rowspan="1">施工段階</td><td>

発生年月日:昭和41年7月，　発生場所:大阪市，　被害:死亡4名

　運河に高速道路の橋脚を建造するもので，S式潜函(図)を使用して1日平均1m沈下させ，災害発生当日は地下19mに達していた.

　工事着工の当初から大阪で一番汚れの激しい運河のため，メタンガスなどの発生による災害防止の重点をおき，掘削作業を続けていた. 湧出が少なく，地下16mでの送気圧は0.6〜0.8kg/cm²であった. 災害発生の前日は0.8kg/cm²の函内圧力で作業していたが，土壌が粘土層から青みがかった砂れき層に変わり，砂れき層を45cm掘下げ，午後11時30分ごろ作業をやめ，作業者は全員函外に出た. その後責任者は0.4kg/cm²に減圧して潜函を沈下させ，送排気弁を調節して元の0.8kg/cm²に圧を戻して帰宅した. 翌朝，ゲージマンが気圧計をみたところ，圧力は0となっており，しかもロックの上ぶたが開いていた. 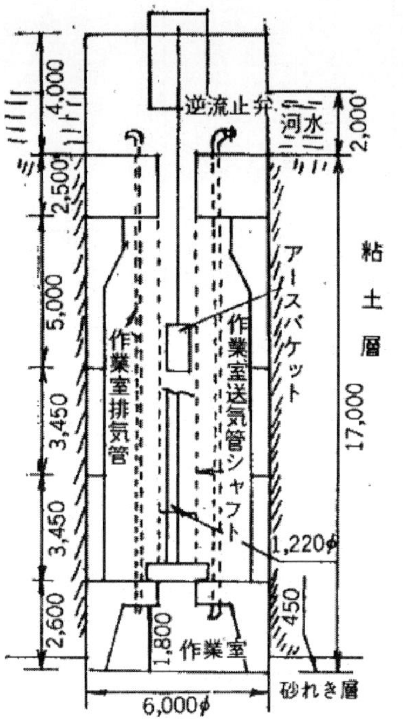

　まず，Yが函内状況調査のため入函し，約13m降りたが，身体がだるく頭が重く感じたので，前からの風邪の症状であると自己判断して昇函し，ロックマンに「函底は水がたまってなく条件は良好である」旨の連絡をした. そしてYは風邪にかかったと思い，その日の作業を休んだ.

　死亡した4人は，Sを先頭に函内につぎつぎと降りていった. この4名が函内に入るとき，ロックマンが「下に降りたら信号を送れ」と指示しておいたにもかかわらず，約15分たっても信号がないので，上から様子をうかがうと4名とも作業室に倒れていた. ロックマンはただちに班長Kにこの旨を知らせた. Kは救急車を呼ぶ一方，みずから酸素呼吸器を着用して函内に入り，かけつけた救急隊員とともに倒れた4人の救出にあたったが，ときすでにおそく4名とも死亡していた.

　原　因:前夜いったん圧をかけ，翌朝は送気が止められていた(責任者は，前夜送気を止めて0.8kg/cm²の圧にして帰った). このことから，砂れき層に圧入された空気が酸素を失って再び函内にもどってきたため，酸素欠乏の状態になった物と判断される.

</td></tr>
</table>

図-1　S式潜函

出典	中西吉造：酸欠問題とその対策，トンネルと地下，第3巻12号，p.5，1972.

事例18

トンネル名	建築基礎坑 (最高裁判所新庁舎建築工事)	延長	深さ34m
施工期間	—	所在地	東京都
地質	—	岩種 層相	—
リスク	酸素欠乏	リスク要因	酸素欠乏空気の湧出
施工段階	発生年月日:昭和46年7月 発生場所:東京都 被害:死亡2名 　ベノト工法(図)で深さ34mの建築基礎杭を掘削,鉄筋かごをクレーンでつり,その玉掛ワイヤにかけたシャックルを手直しに,坑口から4mほどクレーンワイヤを伝わって降りた労働者が1名転落した.これを救助しようとして降りた者も失神して命綱で宙づりとなった.宙づりとなった者はただちに引きあげられ,人工呼吸が施されたが,呼吸は回復せず死亡した.また,さきに墜落した者は消防署の救助隊により,3時間後に遺体となって引きあげられた. 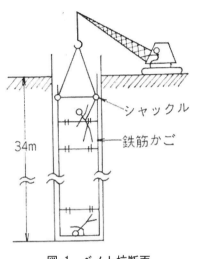 図-1　ベノト坑断面 表-1　酸素濃度の測定結果 	深さ(m)	0	0.2	1.0	2.0	5.0	10.0	15.0	17.0
---	---	---	---	---	---	---	---	---
酸素(%)	15-17	8	5	2	1.8	1.2	1.0	0.8 | 原　因:建築基礎杭の底部から酸素欠乏の空気が湧出して,基礎杭全体において酸素の濃度が著しく低下していた. 　この工事付近には,圧気工法による地下鉄工事などが行なわれていたので,貫流による酸素欠乏が考えられる.		
出典	中西吉造:酸欠問題とその対策,トンネルと地下,第3巻12号,p.5,1972.		

事例 19

トンネル名	某山岳トンネル	延長	―
施工期間	1963 年頃	所在地	和歌山県
地質	中生代ジュラ紀	岩種	鳥の巣層群頁岩
		層相	
リスク	トンネル内の酸素欠乏	リスク要因	酸素欠乏空気の発生

施工段階

発生年月日:昭和 38 年 10 月

発生場所：和歌山県

被害：蘇生 7 名

　全長 553 m のトンネル工事で,底設導坑を貫通させる予定のところ,途中の地盤が軟弱のため,中間の 80m を残して掘削を中止した.

　10 月 30 日,調査員 3 名が湯田川側から 220 m 地点で調査中に,全員が呼吸困難を覚え自力で脱出した. このときは単なる換気不足によるものと考えられていた.

　11 月 18 日係員が導坑の土圧状況調査をしようとしたが,ガスのため坑内に入ることができなかった.

　その後,導坑の開口部を閉塞しながら切広げを行ったが,労働者がしばしば呼吸困難を訴えていた.

　12 月 3 日,ガス採取中の労働者 2 名が失神卒倒した.

　12 月 14 日, 坑内の環境測定を行った結果, 酸素が 0～4%で炭酸ガスが 10.3%であった. その後はトンネル切羽に大量の空気を送入し, 換気を十分に行ない, かつ, 当初の底設導坑を掘さく土砂で塡塞しながら作業を続行したが, 異常なく工事が進められた.

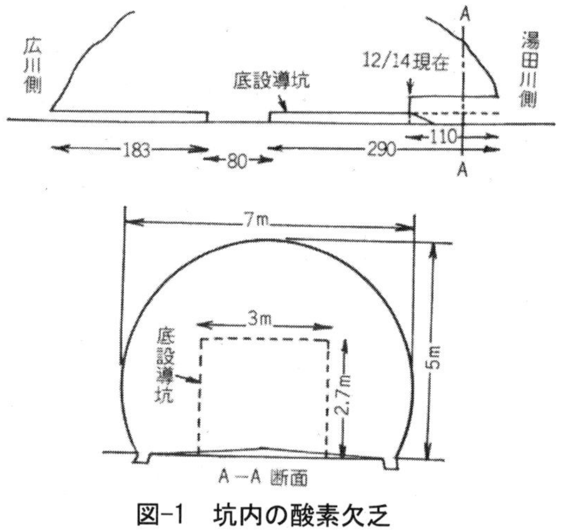

図-1　坑内の酸素欠乏

原因：坑内の地層が中生代ジュラ紀, 鳥の巣層群頁岩で, これが空気にさらされると低温酸化および酸素吸収の過程により, 空気中の酸素が著しく消費され, 炭酸ガスが発生し, その結果酸素欠乏になったものと考えられる.

　なお, 緑色凝灰岩からなる地層, 頁岩からなる地層であって, 断層または節理のあるところ, および黒色変岩との境界にある粘土化している蛇紋岩からなる地層などにおいて, トンネルなどを掘さくする場合は, 酸素欠乏を警戒する必要がある.

出典	中西吉造：酸欠問題とその対策, トンネルと地下, 第 3 巻 12 号, p.6, 1972.

事例 20

トンネル名	甲子トンネル		発注者	国土交通省東北地方整備局
トンネル延長	トンネル全長：4,345 m 下郷工区 2,387 m 西郷工区 1,958 m		施工者	戸田・フジタ特定建設工事共同企業体，清水・飛島特定建設工事共同企業体
地質	第四紀火山岩類		岩種 層相	玄武岩質溶岩，玄武岩質火砕岩
リスク	重金属等含有水の流出		リスク要因	重金属等含有ずり
施工段階の リスク対策	① 対策要否の判定試験：先進ボーリングコアサンプルによる一次判定試験および掘削ずり採取による二次判定試験． ② 要対策ずり量の低減：ずり仮置き場の分類． ③ 重金属対応処理設備の設置：カドミウム・鉛は水酸化物反応処理方式，ヒ素は水酸化物供沈法，セレンは TRP 吸着工法． 図-1　甲子トンネル地質概要 表-1　測定頻度 図-2　判定フロー 図-3　濁水設備概要図			
出典	中根稔ら：トンネル掘削に伴う重金属を含んだ変質岩および地下水の処理計画とこれまでの実績について，土木学会年次学術講演会（第 59 回），pp.787-788, 2004.			

事例 21

トンネル名	第二伊勢道路2号トンネル	発注者	三重県
トンネル延長	トンネル全長：3,260 m 河内工区：1,603 m	施工者	熊谷組
地質	秩父累帯，御荷鉾帯	岩種層相	緑色岩，滑石片岩，チャート，頁岩，砂岩，凝灰岩
リスク	環境汚染（重金属等の流出）	リスク要因	重金属等含有岩
施工段階のリスク対策	① 短期的リスク評価：ボーリング採取試料を用いた重金属の溶出量・含有量試験 ② 長期安定性確認：強制酸化溶出試験，酸・アルカリ溶出試験，pH試験，硫黄含有量試験． ③ ずりの分類：ベッセルを利用したストックヤードの分別と搬出先の明示（赤：要対策土，青：一般残土，黄：分析中）． 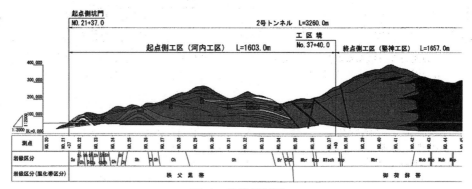 図-1　地質縦断図 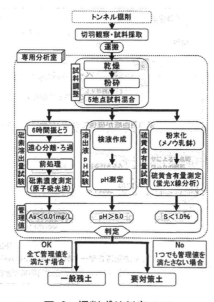 図-2　掘削ずり判定フロー  写真-1　白木トンネル坑口表示盤		
出典	伊藤省二ら：トンネル工事における自然由来重金属含有掘削ずりの管理，建設の施工企画（日本建設機械施工協会），pp.51-58, 2012.		

事例22

トンネル名	八甲田トンネル	発注者	鉄道建設・運輸施設整備支援機構
トンネル延長	掘削延長：約26,500 m	施工者	－
地質	新第三系下部中新統ほか多種	岩種 層相	多種多様
リスク	土壌汚染，水質汚染	リスク要因	鉱山，鉱床，（黄鉄鉱）
施工段階の リスク対策	①酸性水発生に関する岩石判定手法の提案と判定基準値の設定． ②ずり処理対策：土捨場を一般型と管理型に分類． ③一般型土捨て場も浸出水水質の経時変化をモニタリング． 図-1 遮水層断面図（底版部） 図-2 八甲田トンネルの酸性水等溶出に関する岩石判定フロー 図-3 八甲子トンネル周辺の地質図 表-1 八甲子トンネルにおける岩石判定基準値設定の概要 （表-1 内容 下記）		
出典	たとえば，服部ら：八甲田トンネルにおける掘削残土の酸性水溶出に関する判定手法の評価，応用地質，第47巻，6号，pp.323-336，2007.		

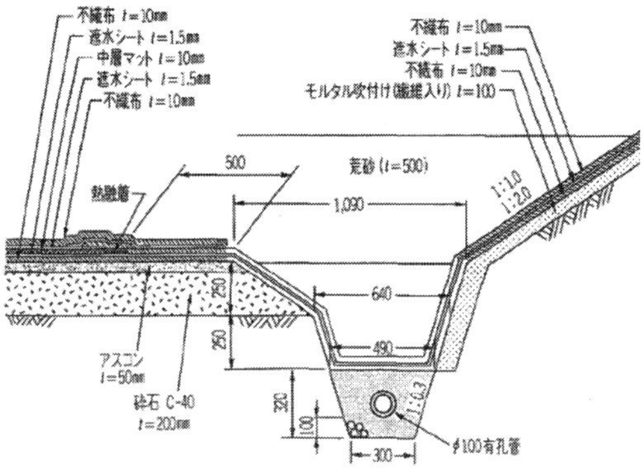

図-1 遮水層断面図（底版部）

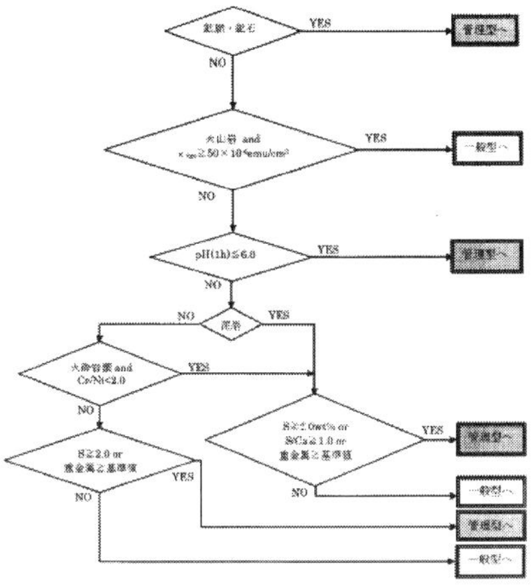

図-2 八甲田トンネルの酸性水等溶出に関する岩石判定フロー

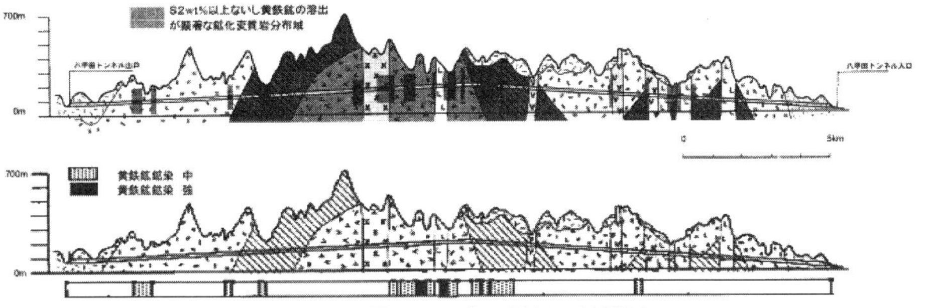

図-3 八甲子トンネル周辺の地質図

表-1 八甲子トンネルにおける岩石判定基準値設定の概要

判定項目	判定基準値	基準値設定の根拠
帯磁率（κ_{cgs}）	$\kappa_{cgs} \geqq 50*10^{-6}$emu/cm^3 → 一般型	・基準値以上の火山岩で酸性化を示す試料がみとめられない． ・基準値以下でSを2.0wt%以上含む火山岩は非常に少ない．
溶出水のpH	1時間後のpH≦6.0 → 管理型	・1時間後の溶出水pHが6.0以下を示す試料はすべて，56日後でも酸性を示す．
火砕岩類のCr/Ni比	Cr/Ni＜2.0 → 泥岩に準拠	・火砕岩類は，Cr/Ni比が1.0前後の試料と2.0以上の試料とに大別される． ・泥岩のCr/Ni比は1.0前後で，火成岩のCr/Ni比は2.0以上である． ・Cr/Ni比が1.0前後の火砕岩類の溶出特性が泥岩に類似する．
泥岩および火砕岩類（Cr/Ni＜2.0）のS/Caモル比	S/Caモル比≧1.0 → 管理型	・S/Caモル比が増加すると溶出水のpHが低下する． ・S/Caモル比が1.0以上で溶出水が酸性化する場合が認められる．
S含有量	S≧2.0wt% → 管理型	・溶出水が酸性を示す火成岩類は，Sを2.0wt%以上含むことが多い．

事例 23

トンネル名	唐八景トンネル	発注者	長崎県
トンネル延長	延長：1,826m 酸性土区間：580m（中央部）	施工者	フジタ・小田急・中嶋 特定建設工事共同企業体
地質	第三系火山岩類（熱水変質）	岩種 層相	安山岩質凝灰角礫岩，安山岩溶岩
リスク	支保部材劣化，地山酸性化	リスク要因	黄鉄鉱含有，地下水位変動
施工段階のリスク対策	①簡易pH試験の採用：酸性土を簡便に判定する手法．先進ボーリングで採取したコア試料による一次判定時と切羽到達時に採取した岩石試料による二次判定時に． ②耐酸性支保を採用：エポキシコーティングロックボルト，耐酸性ドライモルタルと高炉セメントを用いた吹付けコンクリート． ③耐酸性支保の採用区間を工夫し，コスト大幅削減． 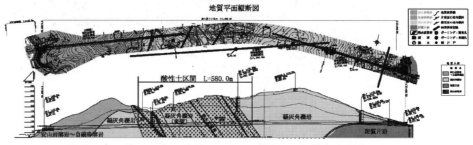 図-1 唐八景トンネル地質平面および縦断図と熱水変質帯区間 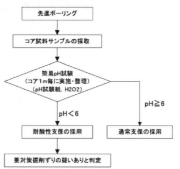 図-2 ボーリングコアを用いた一次判定のフロー 表-1 地盤の酸性度に対する規準 | pH値 | 使用条件 | |---|---| | 5.5以上 | 地下水が停滞している場合，良質のグラウトであれば侵食されない． | | 5.5〜3.5 | 水密性グラウトを使用すること．微粉燃料灰(pfa)や高炉スラグは効果的である． | | 3.5以下 | ポルトランドセメント系グラウト以外の防錆効果のある注入材料を使用しなければならない． | 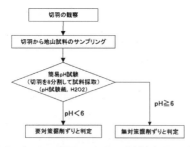 図-3 切羽で採取した岩石試料を用いた二次判定のフロー 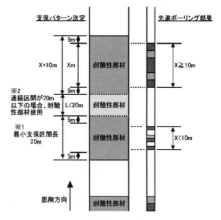 図-4 耐酸性支保の採用区間長に対する考え方
出典	大我ら：熱水変質によるトンネル地山の酸性化と対策，トンネル工学報告集，第19巻，pp.73-80, 2009.

事例 24

トンネル名	オロフレトンネル	発注者	北海道
トンネル延長	延長：935 m 全線：硫化鉄，硫黄等の鉱染	施工者	—
地質	新第三系火山岩（鉱化変質）	岩種 層相	斜長流紋岩・同質凝灰角礫岩，安山岩質溶岩類
リスク	支保部材劣化，環境汚染	リスク要因	有害重金属類，膨張性地圧
施工段階のリスク対策	①吸水膨張性地圧の抑制：側壁導坑先進上部リングカット工法の採用． ②酸性湧水滲出防止対策：全線，防水シート設置等． ③酸性湧水による覆工への影響を考慮：酸食余裕厚 10cm（当初．pH3.5，溶食速度約 10cm/100年）→吹付けコンクリートを下地に全線連続防水シート（施工中．pH2.0）． 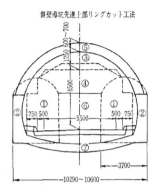 図-1 標準断面図 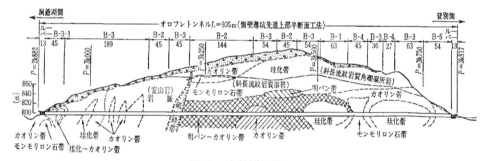 図-2 地質縦断図 表-1 鉱化変質帯トンネルの諸問題と対策	
出典	原田勇雄：オロフレトンネルの設計施工－鉱化変質帯のトンネル施工例，土と基礎，第 37 巻 9 号，pp.101-104，1989.		

5. 維持管理に関するリスク管理

5.1 概　説

　主としてトンネル施工中のリスクについて述べた前章までの内容に対し，本章では供用中のトンネルにおける維持管理に関するリスク管理について取り扱う.

　数年間の施工期間で建設されるトンネルは，多くの場合，数十年あるいは100年以上にわたって利用される. これは，トンネルに限らずほとんどの土木構造物に当てはまる. このように長期にわたって利用される構造物については，トンネルとしての用途（道路，鉄道，水路等）や劣化の進行についてもリスク管理において考えておく必要がある.

　ところで，トンネルの種類を分けるにはいくつかの方法があるが，多くの場合，施工法による分類と用途による分類が用いられる. 前者には，本ライブラリーで取り扱う山岳工法の他に，シールド工法，開削工法等による分類があり，後者には，道路，鉄道，水路等による分類がある. 維持管理に関するリスクを論じる場合，その"トンネルが安全に利用されているか？"や，"トンネルが利用されている中で，維持管理に関わる作業が安全に行われているか？"等，トンネルが利用されている段階での視点が重要となる. このため，トンネルの施工法よりも，トンネルの用途についての観点が重要となる. ただし，維持管理段階のリスクを低減するためには，変状が生じにくいトンネルを建設する，維持管理上のリスク管理において懸念される事項が設計・施工時に明らかとなった場合は，設計や施工段階において対応しておく，といった試みが望まれることから，維持管理段階でのリスク管理においても計画，設計，施工段階での配慮は必要である.

　ここで，用途別に想定されるリスク（とくに，人への影響）を考えてみたい. 道路トンネルの場合，供用時は車や人への影響を考えておく必要がある. 鉄道トンネルでは，乗客を乗せた列車への影響を考えることとなる. 一方，水路やガス・ケーブル洞道等の場合は，人が利用するトンネルではないため，人への安全性については対象とはならない. 以上は利用段階でのリスクについてであるが，点検や補修工事等の維持管理に関わる作業は上記とは異なり，次のようである. 道路における点検や補修工事は，一般には車線規制下で実施される. このため，トンネルを利用する車や人への影響と同時に，作業従事者の安全確保も考える必要がある. 一方，鉄道や水路では，列車や水がトンネル内を通らない状態での作業となることが多い. すなわち，道路トンネルでの維持管理作業は活線作業となり，他の用途のトンネルと比較すると事故リスクが高いといえる.

　本章では以上を考慮して，維持管理に関するリスクについて道路トンネルを中心に整理し，リスク低減のための提言を述べることとする. 5.2〜5.4では，外力性の変形，はく落，漏水といったトンネルで見られる変状現象に対するリスクについて述べ，5.5ではトンネル内の附属物の落下に対するリスクについて述べる. ここまでは，トンネルの構造や材料に起因するリスクである. 一方，5.6および5.7では，トンネルの点検作業におけるリスクについて取り扱う. また，各節において，トンネルの計画・調査・設計時，施工時，維持管理時におけるリスク要因について示すとともに，リスク低減に向けた提言をとりまとめる.

5.2 外力性の変形に関するリスク管理

5.2.1 外力性の変形一般

　山岳トンネルは周辺地山の土被り圧や地殻変動，あるいは水圧など，様々な外力を受けて変形することがしばしばある．例えば，**図-5.2.1(a)**に高場山トンネルの地すべり事例[1]を示す．これは，地すべりによって，地すべり土塊内部に位置していた供用中のトンネルが崩落した事例である．同図(b)には，盤ぶくれのトンネル変状の一例[2]を示す．これはトンネル底盤近傍の膨張性軟岩が膨張することで，底盤に鉛直上向きの外力が作用する現象である．また，同図(c)に，青函トンネルの平面および縦断図[3]を示す．青函トンネルでは施工時の切羽に高い水圧が作用したため，幾度かの出水があったようである．このような海底トンネルでは，高い水圧が作用することでトンネル断面に変形を招くことも考えられる．同図(d)には保土ヶ谷トンネルの近接施工に伴う改良計画[4]を示す．このように，既設構造物に近接してトンネルを掘削する場合には，応力解放に伴う地山の緩みの影響を受ける懸念がある．

　以上のような外力性の変形を受けた山岳トンネルは，施工者や管理者，利用者が安全を損なう可能性，すなわちリスクを内在している．山岳トンネルに作用するこれら外力の分類[5]を**図-5.2.2**に示す．

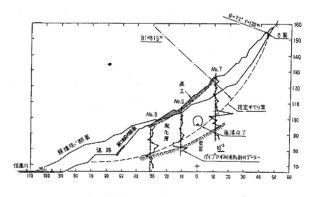

(a) 高場山トンネルの地すべり[1]

（出典；山田ら：地すべり，Vol.8, No.1, 1971.）

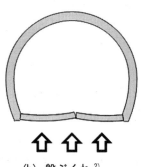

(b) 盤ぶくれ[2]

（出典；土木学会：山岳トンネルのインバート，2013.）

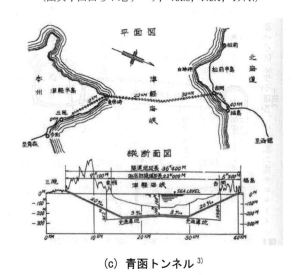

(c) 青函トンネル[3]

（出典；持田：青函トンネルから英仏海峡トンネルへ，1994.）

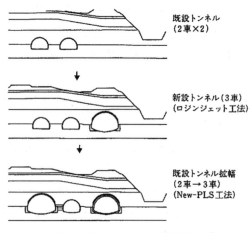

(d) 保土ヶ谷トンネルの近接施工[4]

（出典；三浦：土木学会論文集，No.516/VI-27, 1995.）

図-5.2.1　外力性のトンネル変形の要因

本ライブラリーでは，完成後のトンネルに外力性の変形を生じさせる外力のうち，盤ぶくれや膨張性地山（図中，塑性圧に分類）に関するリスク低減については 3.2 に，近接施工に関するリスク低減は 3.4 に，地すべり・偏圧・斜面クリープに関するリスク低減は 3.5 に詳細に取りまとめているので，ここでは参照先を整理している．

　本項では，鉛直土圧，水圧，凍上圧，地盤沈下について，計画・調査・設計段階，施工段階，維持管理段階，それぞれで起こり得るリスク要因と対策を提言し，その詳細を解説する．

　表-5.2.1 は外力性の変形に関するリスク要因を，計画・調査・設計段階，施工段階，維持管理段階に分類して整理したものである．また，図-5.2.3 は外力性の変形の発生要因の相関図である．

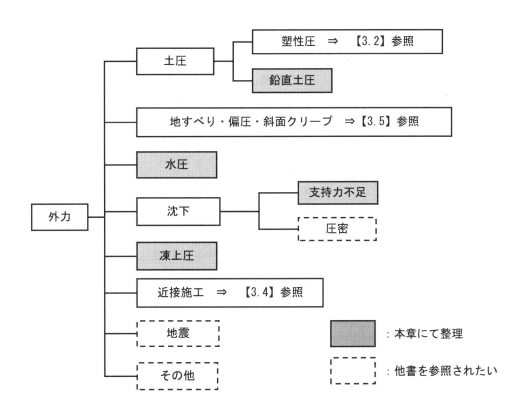

図-5.2.2　トンネルに作用する外力の分類

表-5.2.1 外力性の変形に関するリスク要因

外力	計画・調査・設計段階	施工段階	維持管理段階
鉛直土圧	・矢板工法において，覆工背面地山が長期的に安定すると考えて背面空洞充填工を計画していないトンネルの背面空洞が長期的に崩落し，覆工が変状する．	・矢板工法では，覆工背面地山の健全性に関わらず，背面空洞充填工を計画する．	・小土被りトンネルの供用後に地表面に想定外の盛土や道路，構造物などが構築されることや，覆工背面空洞の地盤が崩落することなどにより，鉛直土圧が作用して覆工天端部に開口ひび割れが発生してはく落が生じる．矢板工法トンネルにおいては，覆工背面空洞の規模が大きくなると岩盤崩落による覆工崩落も懸念される．
水圧	・高水圧の作用や水圧変化が想定されることに対して，適切な状況把握と詳細な地下水情報不足により適切な対策が講じられずに，施工後に水圧が作用して覆工が変状する．	・排水型トンネルにおいて，湧水対策が不十分のために，供用後に地下水位上昇を招き，想定外の水圧が作用して覆工が変状する．	・排水型トンネルにおいて，供用後の排水能力の低下や地表水の流入などにより，トンネル周辺地山の地下水位が上昇して覆工に水圧が作用して，湧水の増加や覆工のひび割れ，圧ざ，はく落などが生じる．
凍上圧	・凍上が懸念されるトンネルにおいて適切な凍上対策を講じられずに，施工後に凍上圧が作用して覆工が変状する．	・矢板工法トンネルにおいて，覆工背面空洞の充填が不十分となり，供用後に凍上圧が作用して天端に圧ざが生じる．	・凍上対策を講じていないトンネルにおいて，凍上圧が作用して覆工に段差や開口ひび割れによるはく落が生じる．
沈下	・支持力が不足している地盤において，支持力評価や沈下対策を講じておらず，施工中や施工後にトンネルが沈下して覆工が変状する．	・支持力不足の地盤において，沈下対策が不十分のために，供用後にトンネルが沈下して覆工が変状する．	・支持力低下を想定していないトンネルにおいて，地盤の劣化等によってトンネルが沈下して覆工に開口ひび割れが生じてはく落が生じる．

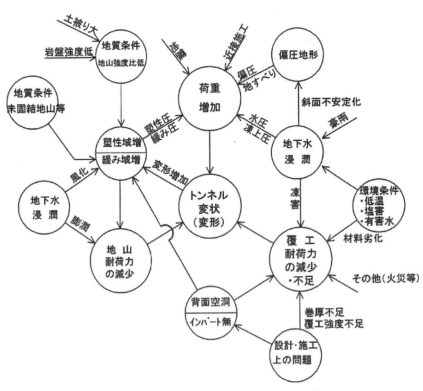

図-5.2.3 外力性の変形の相関図[5]

(出典；土木学会：トンネルの変状メカニズム，2003.)

5.2.2 計画・調査・設計段階のリスクと対策

【計画・調査・設計段階のリスク要因】

『鉛直土圧』

① 矢板工法において，覆工背面地山が長期的に安定すると考えて背面空洞充填工を計画していないトンネルの背面空洞に崩落し，覆工が変状する．

『水圧』

② 高水圧の作用や水圧変化が想定されることに対して，適切な状況把握と詳細な地下水情報不足により適切な対策が講じられずに，施工後に水圧が作用して覆工が変状する．

『凍上圧』

③ 凍上が懸念されるトンネルにおいて適切な凍上対策を講じられずに，施工後に凍上圧が作用して覆工が変状する．

『沈下』

④ 支持力が不足している地盤において，支持力評価や沈下対策を講じておらず，施工中や施工後にトンネルが沈下して覆工が変状する．

【解説】 ①について 覆工背面の空洞充填は，一般に地質が悪い場合や小土被りの場合に実施されることが多く，地山が健全と判断された場合には実施されないこともある．しかしながら，掘削時に生じたわずかな地山の応力解放の経年劣化や風化の進行，地下水による細粒分の流失などにより空洞の拡大や強度の低下によって，はく落した岩片の堆積や大きな岩塊の落下などによる鉛直土圧が作用して覆工に変状を生じさせることがある．

②について 水圧における外力性の変形によるリスクは2つに大別できる．1つ目は，水圧変化にともなってトンネルが変形，変位するリスクである．山岳トンネルは一般に排水型のトンネルなので，平常時にはほとんど水圧は作用しないと考えられるが，地下水の変動や揚水，豪雨などによる水圧の作用が考えらえる．実際に上野地下駅や新小平トンネルでは，トンネルや地下構造物の浮き上がりが観測されている．水圧の急激な上昇の要注意箇所としては，沢直下などの地表水が集中する箇所や大雨による鉄砲水がみられる箇所，および貯水池やダムなどの新設に伴う湛水箇所などが挙げられる．2つ目は，水頭が高くトンネルに高水圧が作用する場合であり，主に大土被り高地下水位トンネルや海底トンネルにおいて発生するリスクと言える [3]．このような環境に対して地下水位の低下や水圧対策などの必要な対策が講じられていない状況で，そのまま施工に及んだ場合には，水圧による覆工変形が生じるリスクが高くなる．

③について 凍上圧は覆工背面の地山が凍結することで生じる．凍上が発生するトンネルにおいて，十分な凍上対策を計画していないと，覆工変状が生じるとともに，対策として断熱材を設置した場合には建築限界を確保できなくなり，交通供用にも支障をきたすことになる．

④について 地山にトンネルを掘削すると，トンネル内部の地山荷重が軽減される一方で，鉛直土圧がトンネル周辺地盤に集中して地盤応力が初期状態より増加する．この時，地盤の耐荷力を超過するとトンネルを含めて周辺の地盤が沈下する．トンネル調査・設計にあたって，トンネル脚部およびインバートの支持力の評価，対策が不十分であると，施工時もしくは供用後にトンネルが沈下して覆工に変状をきたすことがある．

【計画・調査・設計段階のリスク回避または低減に対する提言】

『鉛直土圧』

① 矢板工法では，覆工背面地山の健全性に関わらず，背面空洞充填工を計画する．

『水圧』

② 地下水位の変動や地質および地山の力学的性質を詳細に把握したうえで，地下水解析に基づき，水圧の低減や覆工強度の向上などの対策をしておく必要がある．

『凍上圧』

③ 適切な凍上発生予測に基づき，最適な対策工を選定して所要建築限界を確保する．

『沈下』

④ トンネルの支持地盤の支持力評価に必要な地盤情報を収集のうえ，適切な検討に基づき必要な対策工を選定する．

【解説】 ①について 平成25年道路法施工令改訂以降のトンネル点検や補修設計においては，矢板工法の覆工背面に有害な変状を引き起こすことが懸念される空洞が認められた場合には，地山の健全性に関わらず空洞充填がなされている実態を勘案すると，矢板工法の設計時点においては，覆工背面地山の健全性評価に関わらず背面空洞充填工を計画しておくべきである．

②について トンネルに水圧が作用するリスク要因を十分に把握のうえ，的確な対策の実施が必要である．トンネル周辺地下水への地表水供給の影響が大きい場合には，地表における排水工の整備が有効である．地表水の流入制御が困難な場合には，トンネル排水性能の向上，およびトンネル周辺地盤への薬液注入による改良や覆工厚の増大や鉄筋補強などの覆工強度の確保も考えられる．いずれにせよ，地山の地質状況やその力学的性質を事前に調査しておき，水圧作用による影響が大きいと懸念される場合は，地下水位を計画・調査・設計段階から詳細に把握しておくことがリスク低減には必要である．

③について 積算寒度によって寒冷地とされる地域において，覆工背面地山の粒度分析等の指標から水分が供給されやすいと判定された場合に凍上発生が懸念される．計画・調査・設計段階においては，これら判定指標に必要な情報を十分に調査し，凍上が懸念される場合には，覆工背面地山の置換や覆工内面への断熱工法の採用など，必要な対策工を計画したうえで，所要建築限界を確保する必要がある．

④について トンネルの支持力評価は，一般に，地盤反力度と支持地盤の極限支持力度によって評価する．矢板工法においては，地山のゆるみ荷重と覆工自重から地盤反力度を算出のうえ，地盤の極限支持力度に対して必要な側壁底版幅を決定し，必要に応じてインバートや基礎杭の設置を検討する．一方，NATMにおいては，小土被りトンネルなどで土被り荷重と覆工自重等により覆工脚部に作用する荷重が想定できる場合を除き，トンネル掘削による周辺地山の応力再配分による脚部付近への応力集中を考慮する必要があるため，一般にFEM解析等の数値解析により地盤反力度を算出して，支持地盤の極限支持力度に対してインバートの設置等の必要な対策を講じる．

5.2.3 施工段階のリスクと対策

【施工段階のリスク要因】

『鉛直土圧』

① 矢板工法のトンネルにおける背面空洞の崩落により鉛直土圧が作用して覆工が変状する．

『水圧』

② 排水型トンネルにおいて，想定外の水圧が作用して覆工が変状する．

『凍上圧』

③ 矢板工法トンネルにおいて，供用後に凍上圧が作用して天端に圧ざが生じる．

『沈下』

④ 支持力不足の地盤において，供用後にトンネルが沈下して覆工が変状する．

【解説】 ①について 覆工背面の地山が長期的に安定すると判断して，覆工背面空洞を充填し

ないことがある．また，空洞充填を試みても，流動性が低くて掛矢板の背面に十分に注入材料が十分に充填されない場合や，湧水で注入材が散逸してしまう場合，および酸性などの湧水の水質に適合しない注入材の配合により所要の強度が発現しない場合などにより空洞充填が不十分になることが考えられる．この場合，背面空洞内において長期間にわたる断続的な崩落が生じることで覆工背面に鉛直土圧が作用し，覆工に変状を生じることがある．

②について　地表水の影響が大きい場合には，施工時に水抜き工等による湧水対策を講じていても，異常気象等により施工時以上の地下水位となる可能性がある．また，排水工の目詰まりなどによる排水能力の低下が地下水位を上昇させることが懸念される．この結果，覆工に想定外の水圧が作用することで，変状を生じることがある．

③について　主に矢板工法トンネルにおいては，覆工天端部付近の背面に空洞が存在すると，構造的に地盤バネが抜けた状態となるため，トンネル外周から凍上圧が作用した場合には，覆工天端部が損傷し，覆工内側に圧ざが生じることがある．

④について　計画・調査・設計時点では，トンネル全線にわたって的確な支持力評価を行うことは，地質調査の限界もあり，実質的には困難である．トンネル支持地盤の確認が不十分のまま支持力不足の地山で対策なしで施工すると，施工中もしくは供用後にトンネルが沈下することで，覆工に変状が生じるリスクがある．

【施工段階のリスク回避または低減に対する提言】

『鉛直土圧』

① 矢板工法では，覆工背面地山の健全性に関わらず，背面空洞充填工を計画する．また，注入材は湧水量や水質に適合した適切な配合とするとともに，必要な流動性を確保する．

『水圧』

② 排水型トンネルにおいて，施工時に確認された実際の湧水量に応じて計画・調査・設計段階での湧水対策を補正し，将来的な地下水位の変動に対応できる適切な排水工を設置する．

『凍上圧』

③ 鉛直土圧の項と同様，覆工背面空洞は充填材により確実に充填する．

『沈下』

④ 支持力不足が懸念される地山においては，支持力を確認のうえ，側壁の底版幅の拡大やインバートの設置などの対策を講じる．

【解説】　①および③について　計画・調査・設計段階と同様に，施工時においても，覆工背面に生じる空洞は必ず充填することとし，確実な充填を確保するために，注入材の流動性を確保するとともに，湧水の有無，湧水量，水質などを勘案して，注入管の配置や注入材の配合を適切に選定する必要がある．

②について　地下水の予測解析では，広範囲にわたる地盤の詳細の特性を反映するのは難しく，施工時の湧水量や周辺地下水の変動などを考慮して，計画・設計段階での地下水対策を適切に補正し，必要に応じて修正する必要がある．地表水の影響が大きい箇所においては，地表水流入対策の実効性や，地盤改良強度や範囲，覆工強度についても確認する必要がある．また，排水能力の経年劣化を防止するために，湧水に細粒分が含まれる場合を考慮して，フィルター材の設置や，排水管径の拡大など，将来的な目詰まり防止対策も有効である．

④について　施工時には支持地盤を直接確認できるため，原位置試験などにより，極限支持力を確認し，長期安定性を考慮した安全率を踏まえて，所要の側壁底版幅の決定やインバートの設置など，適切な対策を講じる必要がある．

5.2.4 維持管理段階のリスクと対策

【維持管理段階のリスク要因】

『鉛直土圧』

① トンネルに鉛直土圧が作用して覆工天端部に開口ひび割れが発生してはく落が生じる．矢板工法トンネルにおいては，覆工背面空洞の規模が大きくなると岩盤崩落による覆工崩落も懸念される．

『水圧』

② 排水型トンネルにおいて，湧水の増加や覆工のひび割れ，圧ざ，はく落などが生じる．

『凍上圧』

③ 凍上対策を講じていないトンネルにおいて，凍上圧が作用して覆工に段差や開口ひび割れによるはく落が生じる．

『沈下』

④ 支持力低下を想定していないトンネルにおいて，地盤の劣化等によってトンネルが沈下して覆工に開口ひび割れによるはく落が生じる．

【解説】 ①について　矢板工法トンネルの覆工背面空洞は，平成18年8月に発生した広島送水トンネル崩落事故のように，破砕質岩が地下水流動により劣化が進んだことで長期的に大空洞となり，巨大な岩塊が崩落して覆工を突き破ることがある．図-5.2.4に鉛直土圧による変状例の模式図を示す．

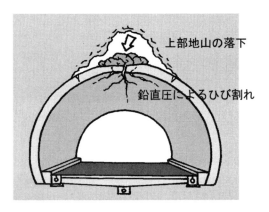

図-5.2.4　鉛直土圧による変状例

②について　トンネル供用後のダムや貯水池の構築などを原因として，想定外の地下水位の上昇や，排水工の目詰まりなどによる排水能力の低下などによって地下水位が上昇するリスクがある．図-5.2.5に水圧による変状例の模式図を示す．

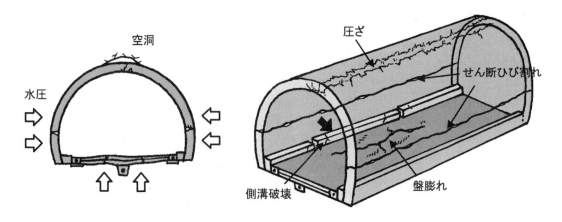

図-5.2.5　水圧による変状例

③について　供用前までは凍上が生じていないトンネルに対しても，排水工の能力低下や空洞拡大による水分供給量の増加により新たに凍上が発生する場合が考えられる．また，必要な凍上対策を講じていないトンネルにおいて，背面空洞の拡大にともなう凍上圧に対する抵抗力の低下によって覆工の変状が生じる可能性がある．

④について　支持力の不足によるトンネルの沈下は，インバートを設置していない区間で発生することが多い．図-5.2.6に支持力不足による変状例の模式図を示す．

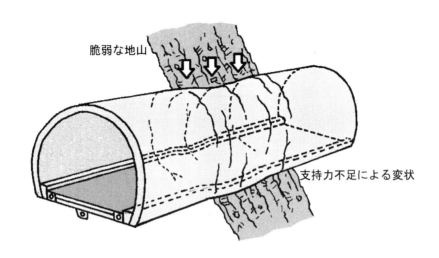

図-5.2.6　支持力不足による変状例

【維持管理段階のリスク回避または低減に対する提言】
『鉛直土圧』
① 背面空洞が起因している場合においては，空洞充填により地盤のゆるみの進行を抑制したうえで，変状の程度によって，覆工の補強対策を講じる．
『水圧』
② 地表水の流入対策や排水機能の回復，向上による地下水位の低下対策を講じる．
『凍上圧』
③ 覆工背面の空洞充填や水抜き工設置による水分量の低減や，覆工内面への断熱材の貼り付けなどを講じる．
『沈下』
④ トンネル沈下が進行している場合は，インバートの設置や地盤改良等により地盤支持力を向上させる．

【解説】　①について　覆工の補強については，損傷の程度により，内巻工，内面補強工，ロックボルト工等を選定する．

②について　地表水の流入に起因している場合は，地表水の排水やトンネル周辺地盤の薬液注入による浸透防止対策を講じる．排水能力の回復，向上を図る場合には，導水工の清掃や管径の拡大，増設，もしくは水抜き工の設置が有効である．

③について　断熱工法には，覆工内面への断熱材の貼り付けや発泡性樹脂の吹付け工法などがある．この時，建築限界に抵触することのないように厚さを設定する等の注意が必要である．

④について　インバート設置や地盤改良等の地盤支持力向上対策工事のためには，工期も長くなり，通行止めが必要となる場合がある．また，施工には舗装や軌道の撤去が必要となり，既設覆工へのさらなる影響を及ぼすことが懸念されることから，慎重な施工計画の立案が必要である．

5.3 はく落に関するリスク管理

5.3.1 はく落一般

本項では，利用者に影響を及ぼすはく落に関するリスクを扱う．とくに，目地部周辺の種々の要因によるはく落，補修材のはく落，コールドジョイントに起因するはく落，閉合ひびわれに起因するブロック状のはく落，背面空洞に起因するはく落，鋼材腐食に伴うはく落，表層劣化に伴う表層はく離などである．

これらのリスク要因を，計画・調査・設計段階，施工段階，維持管理段階に分類すると，**表-5.3.1**のように整理される．上記のはく落に対するリスク要因を，各段階に起きるリスク要因と次段階での発生要因との相関関係で示すと，**図-5.3.1**のようになる．また，はく落のリスク要因を示した概念図を，**図-5.3.2**に示す．

表-5.3.1　はく落に関するリスク要因

	計画・調査・設計段階	施工段階	維持管理段階
目地部周辺	・目地構造の選定不具合によるはく落 ⇒適切な目地構造の選定 ・同一スパンにおける有筋部と無筋部の混在や覆工厚の変化による境界部へのひびわれ発生 ⇒構造境界への目地設置	・目地形状特性によるはく落 ・横断目地部（過押しつけ，押しつけ不足，のろ）施工不良によるはく落 ・矢板工法迫め部，工区境界迫め部におけるはく落 ・非常駐車帯褄部の施工不良によるはく落	・目地周辺に変状が集中する傾向がある ⇒目地周辺の適切な点検計画立案，実施が重要
背面空洞	・対象とならない	・背面空洞に起因するはく落 ⇒矢板工法では施工法上生じやすい	・背面空洞に起因するはく落 ⇒背面空洞対策（押しぬきせん断，圧ざ）の計画的実施
断面欠損 背面不陸	・覆工拘束の作用によるクラックに起因したはく落 （地山凹凸や拡幅方式フォアパイリングの覆工厚変化に伴う覆工拘束） ⇒拘束力の発生予測と適切な目地位置の選定	・防水シートのたるみ，背面地山の凹凸等による覆工厚不足に起因するはく落	・対象とならない
補修材	・対象とならない	・補修モルタルのはく落 ⇒補修モルタルの採用は避ける	・補修モルタルのはく落 ⇒モルタル採用を避ける．たたきすぎない．
コールドジョイント	・対象とならない	・コールドジョイントによるはく落 ⇒適切な材料ロジスティクス（コンクリート供給時間）計画の策定	・対象とならない
閉合ひびわれ	・対象とならない	・対象とならない	・閉合ひびわれによるはく落，過度のたたき点検による破損の拡大 ⇒適切な点検・補修の実施
鋼材腐食	・対象とならない	・断面欠損がみられ，構造用鋼材として機能不全⇒被り不足	・断面欠損がみられ，構造用鋼材として機能不全⇒漏水，表層劣化
表層劣化	・対象とならない	・対象とならない	・漏水による覆工コンクリートの劣化（漏水侵入による不連続はく離面の発生，進展，漏水，結露などによる材料分離，劣化） ・風化・老化，酸劣化・硫酸塩劣化による表層剥離

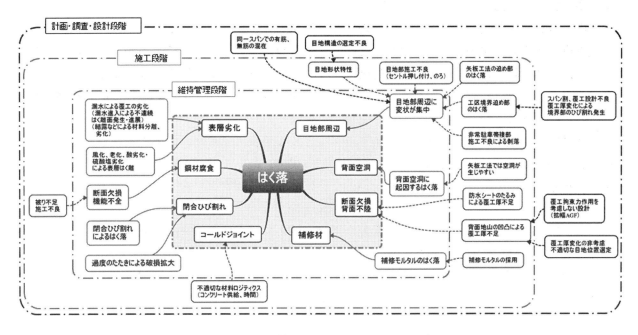

図-5.3.1　はく落に対するリスク要因の相関図

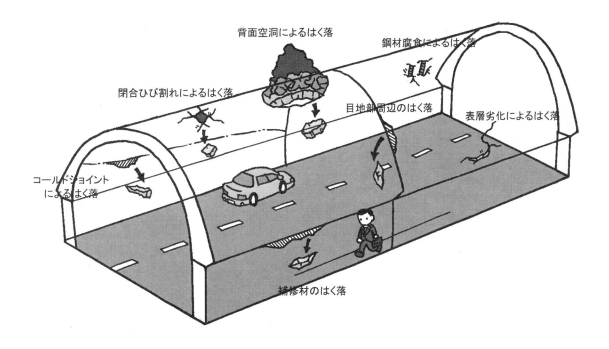

図-5.3.2　はく落のリスク要因概念図

5.3.2　計画・調査・設計段階のリスクと対策

【計画・調査・設計段階のリスク要因】
『目地部周辺』
① 目地構造の選定不具合によるはく落
② 目地設置位置の選定不良によるひびわれ発生やはく落
『断面欠損，背面不陸』
③ 覆工拘束の作用によるクラックに起因したはく落

【解説】　山岳トンネルにおける目地部は，目地形状，施工方法などに起因して，はく落変状が

生じやすい箇所である.

　計画・調査・設計段階においては，目地構造の選定不具合によるはく落に対して，適切な目地構造を選定する必要がある．トンネルの変状の大半は目地周辺に生じることが多いことが知られている．目地形状は将来的なはく落を誘発する原因ともなっており十分に留意する必要がある.

　同一スパンにおける有筋部と無筋部の混在や覆工厚の変化により，境界部へのひびわれ発生やはく落が懸念される場合がある.

　背面地山の不陸や拡幅方式フォアパイリングなどによる覆工厚変化部が覆工に拘束力を与え，ひびわれが発生し，これに起因してはく落が生じる場合がある．計画・設計時には，不陸による覆工の拘束や，施工法に伴う覆工厚変化がはく落に影響を及ぼすことを認識し，適切な目地配置を検討する必要がある.

　①について　設計時には目地形状の選定までは実施していないのが実状であるが，目地形状がはく落を生じさせる一因になっている.

　②について　同一スパンに有筋部と無筋部が混在する場合，その境界部周辺にひびわれなどの変状が生じることが知られている．また同一断面内で断面厚が変化する場合も同様に変状が生じやすい.

　③について　施工上生じる背面地山の不陸や，施工法に伴い生じる覆工厚変化が覆工に拘束力を与え，その結果ひびわれが発生した結果，はく落が生じる場合がある.

【計画・調査・設計段階のリスク回避または低減に対する提言】

『目地部周辺』

① 適切な目地構造を選定する.

② 同一スパンにおける有筋部と無筋部の混在や，覆工厚の変化を避ける.

『断面欠損，背面不陸』

③ 拘束力の発生予測と適切な目地位置を選定する.

【解説】　覆工コンクリートの目地部は特にはく落が生じやすい箇所であり，目地構造に起因した変状も想定されるため、適切な目地構造を選定することが重要である.

　①について　一般的には設計時に目地位置，目地構造まで規定していないが，目地部で多くの変状が発生している実情に鑑み，設計時においても適切な目地構造を提案することが重要であろう．かつての突合せ目地は目地欠けが生じやすく，台形目地は型枠設置不良による隣接コンクリートが流れ込み，薄片状にはく落が生じることがある．三角目地は比較的良質な目地を形成できることから，現時点での推奨目地構造といえよう。

　②について　同一スパン内で有筋部と無筋部が混在しないように，目地配置を提案することが重要である．また覆工厚が変化すると，変化点でひび割れが発生しやすいため，覆工厚変化を避けた目地配置を提案することが望ましい.

　③について　背面地山の不陸や，施工法に伴い生じる覆工厚変化が覆工に拘束力を与え，ひび割れが発生し，はく落が生じることがある．どのような場合に覆工コンクリート背面に拘束力が発生するかを予測し，覆工厚に変化を与えず一定に保つ，必要な場合はなめらかに断面厚変化させる，適切な目地配置に留意するなど，設計時に提案できる事項については適正に提案に盛り込むことが重要である.

5．維持管理に関するリスク管理　　327

5.3.3　施工段階のリスクと対策

【施工段階のリスク要因】

『目地部周辺』

① 目地形状特性によるはく落

② 横断目地部の（型枠の過度な押し上げ，打ち込み不足，のろ）施工不良によるはく落

③ 目地部の打ち込み不足による豆板の発生

④ 矢板工法迫め部の施工に起因したはく落

⑤ 工区境界迫め部におけるはく落（工区境界の後施工側覆工打設時に打ち込み不足による迫め部の施工不良に起因したはく落，トンネル供用後の周辺環境の変化により，想定外の漏水が発生する懸念がある）

『背面空洞』

⑥ 背面空洞に起因したはく落

『断面欠損，背面不陸』

⑦ 防水シートのたるみ，背面地山の凹凸等による覆工厚不足に起因するはく落

『補修材』

⑧ 補修モルタルのはく落

『コールドジョイント』

⑨ コールドジョイントに起因したはく落

『鋼材腐食』

⑩ 鋼材腐食に伴い構造用鋼材として機能不全な状況，および断面欠損によるはく落

【解説】　①～⑤について　覆工コンクリートの目地および打継ぎ目付近は，表-5.3.2に示すように施工要因に伴い変状，はく落が生じやすく，点検時には最も留意すべき箇所である．

1) 目地形状は，図-5.3.3のように，三角目地，台形目地が多く，かつては突合せ目地が使われていた．台形目地では，打設継ぎ目を見かけ上隠すことができ一時期多用されたが，後施工側覆工打設時に，目地を覆い隠すように「のろ」が薄く残ることがあり，はく落の要因となることがある．

2) 覆工コンクリートの目地および打継ぎ目は，コンクリート面が分離された部分であり，周辺にひびわれが発生した場合，図-5.3.4に示すように目地および打継ぎ目とつながりコンクリートがブロック化し易い．

3) セントル（型枠）設置・撤去の衝撃により，目地および打継ぎ目付近にひびわれが発生することがある．

4) 型枠の過度な押し上げにより天端部で半月状にブロック化する，打ち込み不足により目地横で巻厚が不足しブロック状にコンクリートが欠落する，型枠設置不良により横断目地をまたいで舌状に隣接覆工コンクリートが打ち込まれている状態など，施工要因により様々なはく落要因が集中的に発生する．

5) 温度伸縮などにより覆工コンクリートの横断方向目地付近に応力が集中し，ひびわれ，はく離，はく落が発生することがある．

6) 施工の不具合などで段差などが生じた箇所をモルタルで補修することがあり，補修モルタルがはく落することがある．

7) 覆工コンクリートが逆巻き工法で施工されたトンネルは，縦断方向の打継ぎ目に化粧モルタルを施工することがあり，化粧モルタルや事後の補修モルタルがはく落することがある．

表-5.3.2 施工要因に伴う目地部周辺の変状，はく落事例[7), 25), 26)]

変状原因		変状事例写真	
横断目地部の施工方法	型枠の過度な押し上げ		ひび割れと横断目地との組み合わせで半月状にブロック化（アーチ天端）.
	打ち込み不足		横断目地付近で覆工コンクリートの巻厚が不足し，ブロック状にコンクリートが欠落
	型枠設置不良		横断目地をまたいで舌状に隣接覆工コンクリートが打込まれている状態（アーチ天端）
	コールドジョイント		コールドジョイントと横断目地との組み合わせでブロック化（アーチ天端）.
	その他		横断目地沿いに，幅10cm程度の帯状に覆工コンクリートがブロック化（一部はコンクリートが欠落）

(出典；土木研究所：土木研究所資料第3877号（道路トンネル変状対策マニュアル（案）），2003.)

(出典；国土交通省 道路客 国道課：道路トンネル定期点検要領（案）（参考資料），2002.)

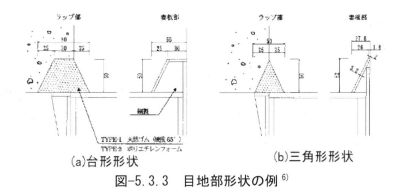

(a)台形形状 (b)三角形形状

図-5.3.3　目地部形状の例[6]

（出典；土木学会：トンネル標準示方書，2016．）

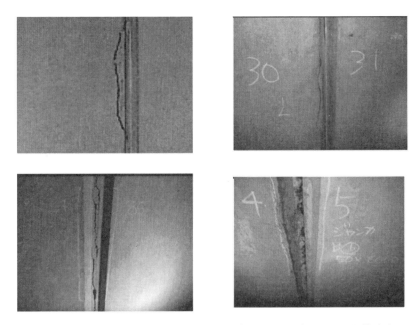

図-5.3.4　目地部周辺の変状（ひびわれ，豆板），はく落事例

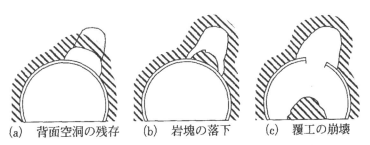

(a) 背面空洞の残存　(b) 岩塊の落下　(c) 覆工の崩壊

図-5.3.5　背面空洞に起因した突発性崩壊の例[8]

（出典；日本道路協会：道路トンネル維持管理便覧【本体工編】，2015．）

⑥について　矢板工法のトンネルでは，覆工打設の施工法に起因して背面空洞が生じやすい．とくに目地迫め部では覆工厚が薄く，背面空洞が生じていることが多い．このため，側圧が卓越した地山では空洞部が弱部となり空洞に接した覆工が圧ざを受け，はく落が生じることがある．また背面空洞が大規模な場合は，岩塊の落下により覆工が押抜きせん断を受け，突発性崩壊を生じさせる場合がある．（**図-5.3.5**参照）

⑦について　防水シートのたるみ，支保工台座，ロックボルトプレート，箱抜き部など種々の原因により断面欠損する場合がある．また発破に伴う背面地山の不陸は，覆工へ偏荷重を作用させる要因となることがある．これらに起因したはく落が生じることが懸念されるため，施工時に

は万全の対応をとることが望ましい.

⑧について　目地部，ひびわれ，はく落跡などに対して従来は補修材料としてモルタルが多用されていた時期があり，補修モルタルのはく落が問題となっている．とくに在来工法における水平目地は側壁コンクリート打設後の間詰めとしてモルタル補修がされており，同箇所の「うき・はく落」が高い頻度で発生している．これら補修材のはく落リスクについて，施工時には十分に留意する必要がある．(**図-5.3.6**, **5.3.7**, **5.3.8** 参照)

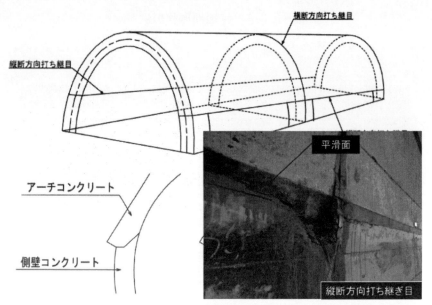

図-5.3.6　縦断方向打ち継ぎ目の間詰めモルタルのはく落事例 [9]元図を引用
(出典；国土交通省　道路局　国道・防災課：道路トンネル定期点検要領，2014.)

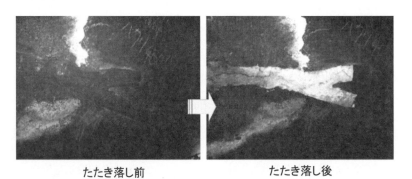

図-5.3.7　「補修モルタルのはく落」によるリスク
(出典；国土交通省　道路局　国道・防災課：道路トンネル定期点検要領，2014.)

図-5.3.8　「補修モルタルのはく落」によるリスク事例 [10]
(出典；国土交通省　道路局　国道・防災課：道路トンネル定期点検要領，2014.)

⑨について　コールドジョイントは施工の不具合により，本来一体であるべきコンクリートが分断された箇所である．コールドジョイントの付近にひび割れが発生しやすいため，コンクリートがブロック化することがある．とくにコールドジョイントが覆工の軸線と斜交する場合は，薄くなった覆工コンクリート表面にひび割れが発生し，はく落し易い．また，せん断に対する抵抗力が低下する原因となる．

コールドジョイントに起因した変状のうち，ブロック状に形成されたひびわれによるはく落，コールドジョイント沿いの不連続部に漏水がまわり劣化が進行してはく落する事例などが認められる．施工時には，これらのはく落リスクについて考慮する必要がある．（**図-5.3.9，5.3.10 参照**）

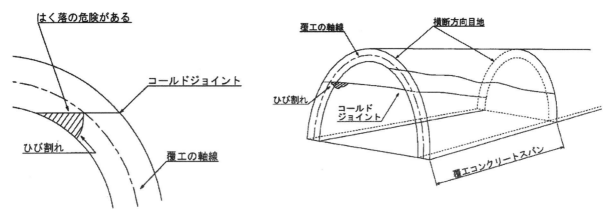

図-5.3.9　コールドジョイントに起因したはく落の概念図 [11]

（出典；国土交通省　道路局　国道・防災課：道路トンネル定期点検要領，2014．）

図-5.3.10　コールドジョイントに起因したはく落の事例

⑩について　施工時に鉄筋のかぶり不足による断面欠損やひび割れからの劣化因子の侵入により鉄筋腐食が生じ，構造用鋼材としての機能が損なわれている場合，局所的に覆工がはく落する懸念がある．（**表-5.3.3 参照**）

表-5.3.3　鋼材腐食に伴う覆工はく落の事[12]

判定区分		変状写真	変状概要
Ⅰ			鋼材腐食が生じてない，またはあっても軽微なため，措置を必要としない状態
Ⅱ	Ⅱb	側壁部	表面的あるいは小面積の腐食があるため，監視を必要とする状態
	Ⅱa	アーチ部	孔食あるいは鋼材全周のうき錆がみられるため，重点的な監視を行い，予防保全の観点から計画的に対策を必要とする状態
Ⅲ			腐食により，鋼材の断面欠損がみられ，構造用鋼材として機能が損なわれているため，早期に対策を講じる必要がある状態
Ⅳ			腐食により，鋼材の断面欠損がみられ，構造用鋼材として機能が著しく損なわれているため，緊急に対策を講じる必要がある状態
備考			
坑門コンクリートのように，構造部材として鋼材が計算に基づき使用されている場合，また，坑口部で鉄筋が使用されている場合は，その影響を考慮して判定する必要がある．			

（出典；国土交通省　道路局　国道・防災課：道路トンネル定期点検要領，2014.）

【施工段階のリスク回避または低減に対する提言】

『目地周辺』

① 将来的な目地周辺のうき，はく落が発生しにくい目地構造を選定する．

② 目地周辺は施工時にはく落が生じる原因を作ることを認識し，入念な施工を心がける．

③ 均質な打ち込みを心がけ，目地欠損を防止する．

④ 迫め部の施工はとくに入念に行う.

⑤ 目地施工時の「のろ」の発生を防止し，施工後の確認で適切に除去する.

『背面空洞』

⑥ 背面空洞に起因した変状が想定される場合は，適切に背面空洞充填を行うことが望ましい.

『断面欠損，背面不陸』

⑦ 施工時には，極力断面欠損，背面不陸が生じないように対策をとることが望ましい.

『補修材』

⑧ 補修材がはく落の原因とならないように，補修材の選定，はく落防止対策を講じる必要がある.

『コールドジョイント』

⑨ コールドジョイントが生じないように，適切な材料ロジスティクス（コンクリート供給時間）計画を策定し対応する必要がある.

『鋼材腐食』

⑩ 鋼材腐食が生じないように，適正な鉄筋被りを確保し，ひびわれの発生を抑える対応をとる必要がある.

【解説】 ①〜⑤について　覆工コンクリートの目地および打継ぎ目付近は，施工要因に起因したはく落が生じやすい箇所であり，施工段階におけるリスク回避，低減に努めるべきである.

目地形状については，かつての突合せ目地は，打込み不足による目地欠け，豆板，ひびわれなどが生じやすい. また矢板工法の時代は打設方法が引抜き方式であったため，迫め部の打ち込みを十分に行うことができず，覆工厚不足や品質不足によるブロック状のはく落が生じやすい原因にもなっていた. 現在では，三角目地，台形目地が使われているが，台形目地の場合，型枠設置不良により横断目地をまたいで舌状に隣接覆工コンクリートが打ち込まれている状態が多く発生し，はく落に繋がる変状が見受けられた. 三角目地は比較的良質な目地を形成できることから，現在の主流といえよう. このように目地形状がはく落に与える影響は無視できないため，維持管理段階でのリスクを考慮して，形状を選定する必要がある.

また型枠の過度な押し上げや打ち込み不足，および型枠設置・撤去時の衝撃などを避け，均質で良質な打設に留意することが重要である. とくに迫め部での対応は重要であり，工区境の最終打設スパン迫め部などは覆工厚不足，覆工内不連続面，低品質化などの問題が生じやすいため，適切な施工に配慮する必要がある. なお，これらの対策として，近年，セントルの押し上げを制御する装置やバイブレータを搭載した覆工セントルを使用することがある.

⑥⑦について　NATM では比較的背面空洞が生じることはないが，断面欠損,背面不陸などと条件が重複することにより，矢板工法と同様の背面空洞が及ぼすはく落リスクともなり得るので，慎重な対応が望ましい.

⑧について　現在，化粧モルタルを補修材として使用することはほとんど見受けられないが，補修材がはく落リスクとなることに配慮して，補修材料，補修工法を選定することが望ましい.

⑨について　コンクリート供給に時間を要し，打設時の材料分離，材料硬化による打設不良などの状況が生じる場合がある. 適切な材料供給計画を策定し，コールドジョイントの発生を防止する必要がある.

⑩について　施工時に鉄筋のかぶり不足による断面欠損や開口クラックに起因する鉄筋が腐食している場合,構造用鋼材としての機能が損なわれたり，局所的に覆工がはく落する懸念がある. 施工時には鉄筋のかぶりを確保し，ひびわれの発生を防止して漏水や劣化因子が回りこまないような対応が必要である.

5.3.4 維持管理段階のリスクと対策

【維持管理段階のリスク要因】

『目地部周辺』

① 目地形状，目地部施工法に起因した変状が目地部周辺に集中する傾向がある．

『背面空洞』

② 背面空洞に起因した変状（圧ざ）によるはく離や，押し抜きせん断による突発性崩壊が生じる恐れがある．

『補修材』

③ 矢板工法では縦断方向打ち継ぎ目（水平目地）に間詰めモルタルを使用した事例が多く，打音により連鎖的にはく落する危険性がある．

『閉合ひびわれ』

④ 閉合ひびわれによるはく落，過度のたたき落としによる破損の拡大の恐れがある．

『鋼材腐食』

⑤ 鋼材腐食に伴い構造用鋼材として機能不全な状況，および断面欠損によるはく落

『表層劣化』

⑥ 漏水による覆エコンクリートの劣化，および風化・老化，酸劣化・硫酸塩劣化による覆エコンクリートの表層剥離

【解説】 ①について　目地部周辺は，半月状ひびわれ，目地欠け，豆板などの施工に起因した変状や，漏水およびトンネル内環境影響などによるひびわれや劣化の促進が生じやすい．とくに矢板工法では横断目地に加え，縦断方向の水平打継ぎ目地付近で，はく落の可能性が高い．参考として，**図-5.3.11** に点検時の重点着目箇所を示す．

　②について　背面空洞が天端部に存在すると，側圧によりトンネル構造が内空側へ押された結果，天端部の空洞側へ変形が逃げ，圧ざが生じるおそれがある．また覆エ巻厚が薄く，しかも過度の空洞が存在する場合，空洞上部の岩塊が崩落すると，押し抜きせん断を受けて突発性崩壊が生じる可能性がある．

　③について　ひびわれ補修や，水平目地および横断目地の補修材にモルタルを使用している場合は，とくに入念に打音検査を行ってうきの状況を把握する必要がある．矢板工法における逆巻き工法では，水平目地の打ち込み部の段差を化粧モルタルで修復した事例が多く，うきの可能性が高い．

　④について　ひび割れが閉合してブロック状にはく落する危険性がある．**図-5.3.12～図-5.3.15** に一例を示す．ひび割れのみによる閉合もあり得るが，目地とひびわれのブロック化，コールドジョイントとひびわれのブロック化など，複合ブロックによる場合の方が発生頻度は高い．また，過度のたたき落としによる破損拡大も懸念される．

　⑤について　鉄筋かぶりが薄く，塩害や漏水による影響を受け鋼材が腐食した場合，鋼材が機能不全になるとともに，鋼材腐食に起因した断面欠損によるかぶり部コンクリートのはく落が懸念される．

　⑥について　漏水による覆エコンクリートの劣化（漏水浸入による不連続はく離面の発生，進展，漏水，結露などによる材料分離，劣化），および風化・老化，酸劣化・硫酸塩劣化による表層はく離が懸念される．**図-5.3.16** に一例を示す．

5．維持管理に関するリスク管理

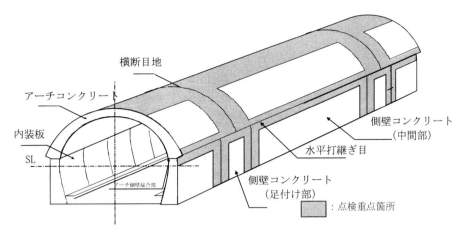

(a) 矢板工法によるトンネル

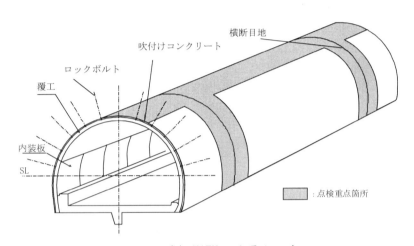

(b) NATMによるトンネル

図-5.3.11　点検時における重点着目箇所[13]
(出典；日本道路協会：道路トンネル維持管理便覧【本体工編】，2015.)

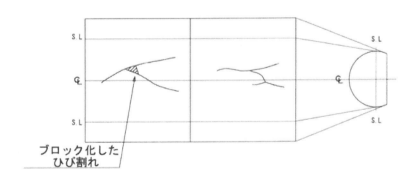

図-5.3.12　複数のひびわれでブロック化したはく落懸念箇所（例1）[14]

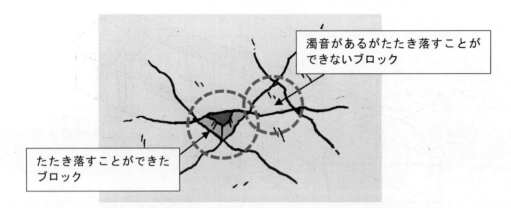

図-5.3.13 複数のひびわれでブロック化したはく落懸念箇所（例2）[15]
(出典；国土交通省 道路局 国道・防災課：道路トンネル定期点検要領, 2014.)

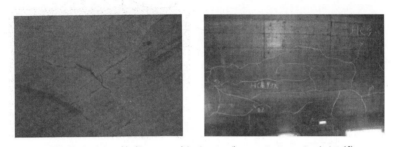

図-5.3.14 複数のひびわれでブロック化した事例[16]
(出典；国土交通省 道路局 国道・防災課：道路トンネル定期点検要領, 2014.)

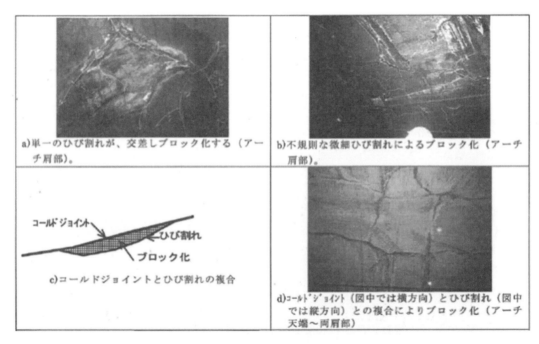

図-5.3.15 コールドジョイントとひびわれの複合化によるはく落リスク[17],[27]
(出典；土木研究所：土木研究所資料第3877号（道路トンネル変状対策マニュアル（案）), 2003.)
(出典；国土交通省 道路客 国道課：道路トンネル定期点検要領（案）（参考資料）, 2002.)

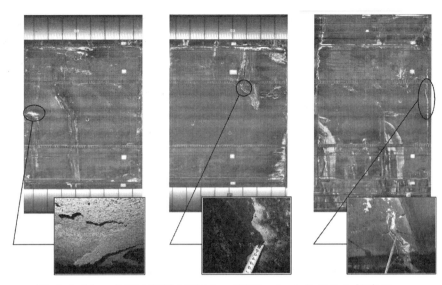

図-5.3.16 「表層剥離(有害水,煤煙)」によるリスク概念図

【維持管理段階のリスク回避または低減に対する提言】
『目地周辺』
① 目地周辺の適切な点検計画立案,実施を行う必要がある.
『背面空洞』
② 空洞に起因する変状が予測される場合は,背面空洞充填を確実に行い,はく落防止対策を実施する必要がある.
『補修材』
③ 目地修復,水平目地の間詰め,断面修復,ひびわれ対策などに補修モルタルを使うべきではない.また打音検査時に過度の打音により連鎖的にはく落させないように,たたき過ぎに注意する必要がある.
『閉合ひびわれ』
④ 閉合ひびわれによるブロック状のはく落が懸念される場合は,適切な点検,補修の実施が求められる.
『鋼材腐食』
⑤ 鋼材腐食を助長させないように,漏水浸入対策,表層劣化対策を講じることが望ましい.
『表層劣化』
⑥ 漏水による覆工コンクリートの劣化(漏水侵入による不連続はく離面の発生,進展,漏水促進,結露などによる材料分離,劣化等)を防止する.
⑦ 風化・老化,酸劣化・硫酸塩劣化による覆工コンクリートの表層はく離を防止する対策を講じる必要がある.

【解説】 ①について 目地部周辺は,施工に起因したはく落変状が生じやすい.横断目地のほか,縦断方向の水平目地についても入念な点検計画を立案し,打音検査によって確実な点検を実施する必要がある.

②について 背面空洞に起因した変状が想定される場合は,適切に背面空洞充填対策を実施する必要がある.背面空洞の範囲は,地中レーダによって探査することが一般的であるが,レーダ探査を正しく理解するには相応の専門技術力が求められる.したがってレーダ探査結果の正しい解析を行い,適切な充填ボリュームを求め,適正な手法にて充填することが必要である.加えて,レーダ解析の実施にあたって,コアボーリングによるキャリブレーションを実施することが望ましい.

③について　目地修復，水平目地の間詰め，断面修復，ひびわれ対策などに補修モルタルを使うべきではない．既往の補修事例で，ひびわれ補修や，水平目地および横断目地の補修材にモルタルを使用している場合は，とくに入念に打音検査を行ってうきの状況を把握する必要がある．在来の逆巻き工法では水平目地の打ち込み部の段差を化粧モルタルで修復した事例が多く，うきの可能性が高い．打音検査時には，入念に打音確認する必要があるが，過度なたたき落し処理により連鎖的にはく落する懸念がある場合は，はく落の危険性と対策工法，時期を踏まえて，叩き落し範囲を検討する必要がある．また補修材料に樹脂モルタルを使っている場合は，濁音がして，うきが確認された場合においても，はく落に直結してない場合があるため，補修材の種別を踏まえて判定する必要がある．

　④について　ひびわれが閉合してブロック状にはく落する危険性がある．ブロック化していることがすぐにはく落に直結するわけではない．過度のたたき落としにより破損の拡大化を招くことのないように留意する必要がある．打音検査時にうき，はく離の状況を的確に把握するとともに，ブロック塊を叩き落としで完全除去するか，残置するべきか，残置の場合の対策工の必要性の有無を判断するなど，技術者による正しい判定が求められる．

　⑤について　鉄筋かぶりが薄く，塩害や漏水による影響を受け鋼材が腐食した場合，かぶり部コンクリートを除去し，断面修復を行う必要性の有無を判断する必要がある．修復後に再度腐食が進行しないように，発生要因を排除する対策を講じる必要がある．

　⑥および⑦について　漏水による覆工コンクリートの劣化（漏水侵入による不連続はく離面の発生，進展，漏水促進，結露などによる材料分離，劣化），および風化・老化，酸劣化・硫酸塩劣化などによる表層はく離が懸念される．

　トンネル覆工の主な劣化の要因は，下記の通りである．
　　・　中性化（炭酸化），風化・老化（成分溶脱）
　　・　化学的腐食（酸劣化，硫酸塩劣化）
　　・　アルカリシリカ反応
　　・　凍害

　このうち，特殊な条件を必要とせず，一般的に生じる可能性がある劣化は，中性化（炭酸化）と風化・老化（成分溶脱）である．

　また，化学的腐食については，酸性水や酸性土壌のような特殊ケース以外であっても，覆工表面に付着した煤に含まれるNO_xやSO_xが結露や漏水などの水分と反応し酸性となり生じることがあり，一種の酸劣化と言える．

　以下，表-5.3.4に3種類の劣化について述べる．

　覆工が劣化して著しい強度低下を起こせば覆工が破壊し崩落するが，局所的な劣化で覆工全体の強度は低下しない場合においても，劣化部にひびわれが発生するなどした場合にははく落等が発生する可能性がある．

　成分溶脱（風化老化）や炭酸化（中性化）による劣化では，劣化が進行して表面が脆くなった場合には，自重により脆弱部が落下することもある．

　酸劣化は，覆工面に付着した煤が水と反応することで酸が生成され，酸の接触部から劣化が進行し水和物の溶解により結合力が低下することで局所的なひびわれやはく落が生じる劣化である．

　酸性水が浸透することで生じる酸劣化および硫酸塩劣化では，浸透した硫酸イオン等が覆工表面側で乾燥することで濃縮し，エトリンガイト等が生成され，生成物の膨張圧や析出圧によりひびわれが発生する劣化である．いずれのケースも基本的には結露や漏水などによる水分の供給と乾湿繰返しが劣化の主要因である．これに加え，コンクリートの巻厚不足や打設充填が不十分であった場合などの施工不良要因により，コンクリートが密実ではない場合には劣化が生じやすい．

5．維持管理に関するリスク管理　　　339

表-5.3.4　山岳トンネル覆工における劣化の種類

	①炭酸化，成分溶脱等による物理的劣化	②表層剥離等の化学的劣化	③硫酸塩劣化等の化学的劣化
外観の状態	セメントペースト(カルシウム)が溶脱し，劣化跡が茶褐色となり監査廊面などに砂が流出したように堆積する．	覆工表層が薄く剥離し，骨材が露出する．綿状の白い析出物が付着し，監査廊面に落下した析出物が付着する．	エトリンガイト等によって膨張し，亀裂によりブロック状に剥がれ落ちる．②同様に，綿状の白い析出物が付着する．
原因	炭酸化や漏水等による成分の分解や溶脱が生じ，コンクリートの脆化し脱落する．②が同時に発生して誘因となる場合もある．	煤に含まれる NO_x や SO_x が水と反応して発生した硫酸イオンや硝酸イオンにより酸劣化が生じ，コンクリートの結合力が低下し脱落する．NO_x や SO_x は乾湿繰返しにより濃縮されると考えられる．	酸性水の浸透により酸劣化を受けるとともに，$Ca(OH)_2$ などにより中和されることで硫酸塩が生じ腐食する．覆工表面に石こうやエトリンガイト等が析出する際の圧により膨張破壊する．

　材料劣化は，一般的には進行速度が緩やかであるため，点検等による監視を行いながら管理し，進行に応じた対策が可能であると考えられる．しかし，定期点検による近接目視や打音検査では，範囲は確認できても深度方向の進行性は確認できない．また，地下水による劣化の場合は，背面地山側の劣化が進行することもあるため，やはり表面の目視では確認ができない．

　したがって，材料劣化の監視においては，コア抜き＋分析試験による劣化深度の確認が必要である．建設後の経過時間と劣化深度を把握できれば，以後の進行速度が概ね把握できる．

　以下，主要な対策工を列記する．①はつり落とし工＋断面修復工，②壁面洗浄工，③漏水対策，④表面保護工，⑤内巻きコンクリートまたは部分改築工

5.4 漏水等に関するリスク管理

5.4.1 漏水一般

　山岳トンネルにおける供用中の漏水は，ひびわれ箇所や覆工コンクリートの打継ぎ目等から生じ，走行車両，軌道設備，トンネル内の各種設備に影響を及ぼし，覆工コンクリートや関連する補強材料の劣化促進およびコンクリート片のはく落などの原因となる．とくに漏水とともに地山も一緒に流出するような場合では，トンネル背面地山の空洞化による変状や路盤沈下などトンネル構造への影響なども考えられる．また，漏水は寒冷地において，つららや側氷を発生させ，氷塊の落下等により走行車両や列車の安全走行に影響を及ぼすことがある（図-5.4.1）．また漏水による建築限界への支障やつららの除去が問題となる場合もある．

　これらのリスク要因を，計画・調査・設計段階，施工段階，維持管理段階の各段階に分類すると表-5.4.1のようになる．また，漏水に関するリスクと各段階でのリスク要因との相関関係を示すと図-5.4.2のようになる．

表-5.4.1　漏水等に関するリスク要因

計画・調査・設計段階	施工段階	維持管理段階
・水環境の変化による漏水 ・未固結地山等での地山流出に伴うインバート下の空洞 ・不適切な排水計画に伴う排水性能の低下 ・寒冷地での不適切な設計によるつらら，側氷等の発生	・施工時における排水工や防水シートの破損に伴う漏水	・漏水による走行車両への影響 ・軌道や設備等の劣化促進 ・覆工や補修材の劣化に伴う落下等 ・寒冷地における凍結，融解の繰り返しによる材料の劣化やつらら，側氷の発生 ・凍結によるスリップ事故等 ・遊離石灰等による排水・導水の性能低下

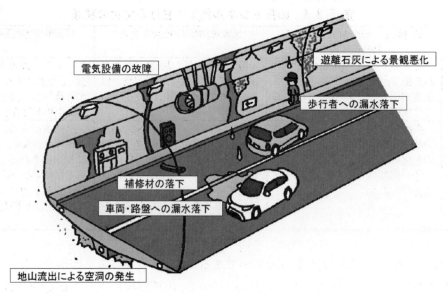

図-5.4.1 漏水による走行車両や設備への影響

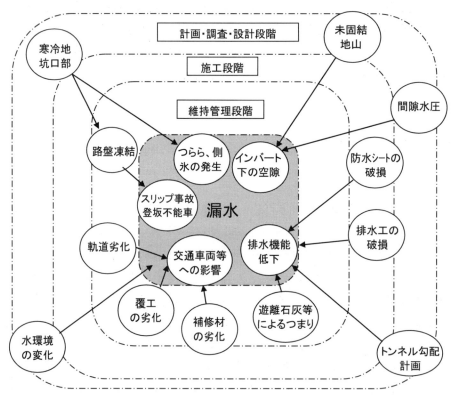

図-5.4.2 漏水等に対するリスク要因の相関図

5.4.2 計画・調査・設計段階のリスクと対策

【計画・調査・設計段階のリスク要因】
① トンネル供用後の周辺環境の経過に伴う水環境の変化．
② 未固結地山等において，繰り返し荷重等により湧水とともに地山が流出する．
③ 坑口部等においてつららや側氷対策の検討が十分に行われない場合．
④ 不適切なトンネル勾配等の影響により排水機能が低下する．

【解説】　①について　設計段階において想定されないようなトンネル供用後の周辺の水環境の

変化（地下水位の復元等）に伴う想定外のトンネル湧水の発生がリスクとして挙げられる．

②について　未固結地山等において，車両の通行に伴う繰り返し荷重による間隙水圧の上昇等の影響によって，湧水とともに細粒分が排水管より流入し，インバート下面に空隙が生じるおそれがある．また膨張性地山ではインバート下部地山が乱されることによる路盤変状等がリスクとして挙げられる[18]．

③について　寒冷地において，つららや側氷の発生に伴い，氷塊の落下等により走行車両や列車の安全走行に影響を及ぼすことや，建築限界への支障や，つららの除去作業が生じることなどが問題となる．図-5.4.3につららや側氷の発生による影響の概要図を示す．つららや側氷の規模については，トンネル内外の気温，地山温度，漏水量等により影響するが，とくに外気温の影響を受けやすい坑口部付近で発生する．また，凍結については，凍結・融解の繰り返しにより覆工材料の劣化の促進などのリスクが挙げられる．つらら対策として覆工表面に断熱材を設置する際は，内空断面に余裕があることが必要となり，断熱材の厚さによっては十分な断熱効果が期待できない場合もある．

④について　排水機能の低下に伴うリスクとして，覆工コンクリートからの漏水や水圧によるトンネル変状や，路盤下の間隙水圧上昇による路盤材料の劣化などが挙げられる．

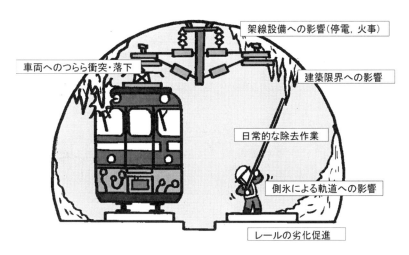

図-5.4.3　つららや側氷の発生による影響

【計画・調査・設計段階のリスク回避または低減に対する提言】
① 将来の周辺環境の変化についても考慮した排水・導水・防水対策を行う必要がある．
② 未固結地山や膨張性地山の場合はインバート下面への影響について予測・検討を行う必要がある．
③ 十分な排水・防水性能を有し，必要に応じて積極的に断熱材等を併用する．また，つららの発生状況を十分に予測・照査する必要がある．
④ 将来にわたる湧水量を予測して，余裕をもったトンネル勾配の設定や，十分な排水機能を有する材料を選定する．

【解説】　①について　計画・調査・設計段階において，周辺環境等から将来のトンネル漏水を予測し，適切な排水工，導水工および防水工を設計することが重要である．とくにトンネル供用後において周辺環境の変化に伴う地下水位の復水によるトンネル漏水の発生も将来の維持管理に影響することから，これらのリスクについても考慮した排水工および防水工の設計が求められる．

②について　未固結地山等においてインバート下面に空隙が生じるおそれがある場合や，膨張性地山についてはインバート下部地山の変状が発生することから，このようなリスクが想定され

る場合については，必要に応じて排水管をトンネル内（インバート上面）に設置するなどの計画を行うことが重要である．

③について　トンネル供用後のつららや側氷の発生防止対策工，つららの除去作業が発生しないように計画・調査・設計段階から，つららや側氷の発生を予想して十分な排水・防水工および必要に応じて断熱工を積極的に併用することも将来の維持管理段階への負荷を少なくすることに有用である．つらら発生領域については，理論的な予測方法や実績に基づく予測法があるが，トンネル延長，トンネル断面積や冬季の気温，卓越風などの自然条件についても十分照査して予測することが必要である[19]．

④について　側溝および排水工の設計時において，想定される湧水量やトンネル横断・縦断勾配，インバートの有無等を考慮して，適切な排水方法および設置位置を検討する必要がある．

5.4.3　施工段階のリスクと対策

> 【施工段階のリスク要因】
> ①　排水工等の設置時や覆工コンクリートの打設作業時における排水工への影響
> ②　ロックボルトの頭部や吹付けコンクリートの凹凸等による防水シートへの影響
> ③　湧水集中箇所の対策不足や上半支保工の底板突出部等での保護処理不足

【解説】　①について　排水工設置時や覆工コンクリートの打設作業時において，排水管等の破損が発生することが考えられる．施工時の排水設備の破損を施工時に見落とすことがあった場合，将来において路盤下を掘り起こしての修繕あるいは改築作業を伴い，交通規制や補修対策工事の費用が大きくなるリスクが挙げられる．**図-5.4.4** に側溝・排水溝のつまりの要因について示す．

②について　施工時において吹付けコンクリート面の凹凸処理が不十分な際やロックボルトの頭部に接触することによる防水シートの破損が発生することが考えられる．

③について　集中湧水箇所での導水処理や上半鋼製支保工の底板突出部のシートの保護処理が十分でない場合，供用後の導水機能不足やシート破損による漏水発生のリスクとなる．

> 【施工段階のリスク低減に対する提言】
> ①　排水工や防水工では，施工時においても破損しないような材料および施工方法の選定を行う必要がある．
> ②　防水シートが破損しないような施工法や材料の選定，十分な施工管理を行う．
> ③　上半支保工の底板突出部など不具合が発生しやすい箇所においてはとくに留意して適切な処理を行う必要がある．

【解説】　①について　排水工や防水工は，排水工設置時や覆工コンクリートの打設作業などに耐えうるような材料やこれらの材料の性能を低下させないような適切な施工法の選定が将来の維持管理において重要となる．

②について　防水シートが，施工時に破損しないように，適切な施工管理計画に基づき，吹付けコンクリート面の凹凸処理，ロックボルト頭部の処理を行う．また，防水シートの傷を可視化できる技術等もリスクの低減に有効である．

③について　集中湧水箇所での予測される湧水量を考慮した導水処理や，CII パターンの上半鋼製支保工の底板突出部等の不具合が発生しやすい箇所の施工方法について十分に留意することが，将来において，このような弱部での漏水発生のリスク低減に寄与するものと考えられる．

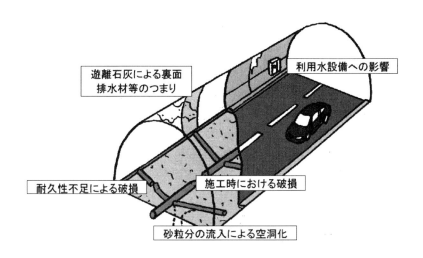

図-5.4.4　側溝・排水工のつまり

5.4.4　維持管理段階のリスクと対策

【維持管理段階のリスク要因】
① 供用中のトンネルにおける漏水の影響
② 寒冷地トンネルにおける凍結・融解の繰り返し，つらら，側氷の発生
③ 寒冷地とうでの湧水に伴う路面凍結
④ 経年や温泉余土，遊離石灰等による排水管や導水工のつまり

【解説】　①について　トンネル供用中の漏水は，トンネルの維持管理段階において様々な問題が生じ，健全度評価においても重要な要因であると考えられる．供用中の漏水については，漏水が路面や通行車両に及ぼす安全走行への影響があるほか，軌道や内装板等の腐食の促進や架線や電気設備への影響についてもリスクが挙げられ，覆工ひびわれへの漏水侵入による不連続剥離面の発生，ひびわれ進展，結露等による材料分離による覆工片落下による二次災害の発生も大きなリスクとなる．また，トンネル内の漏水は車両や点検者，歩行者への安全性および作業性の低下やトンネル表面の美観低下なども生じる．漏水状況や対策工の施工不良等により，十分な導水効果が得られない場合や，漏水に伴う劣化等により対策工材料自体が剥離・落下することも考えられる．

　②について　寒冷地においては，凍結・融解の繰り返しにより覆工材料の劣化の促進のほか，つららや側氷の発生に伴い，坑内の風圧や通行車両の振動等による氷塊の落下等により走行車両や列車の安全走行に影響を及ぼすことや，建築限界への支障やつららの除去作業が生じることなどが問題となる．また，側氷は，歩行者の通行の妨げとなることや，規模によって路面や軌道へ覆うようになる場合は走行車両の事故に繋がる．とくに，つららや側氷は除去しても日常的に繰り返されることから，維持管理作業の大きな負担となっているのが現状である．つららや側氷の規模については，トンネル内外の気温，地山温度，漏水量等により影響するが，とくに外気温の影響を受けやすい坑口部付近で発生しやすい．

　③について　寒冷地トンネルでは，つらら，側氷と同様に路面の凍結が発生し，車両事故や走行車両の速度制限や，列車の走行の安全に大きく影響することが考えられる．とくに道路トンネルにおいては，トンネル坑口付近で路面の凍結に気づかずに，トンネル内で減速してスリップ事故を引き起こしやすい．また，上り勾配区間における登坂不能車両の発生や，それに伴う交通渋滞等がリスクとして挙げられる．図-5.4.5に路面凍結による影響について示す．

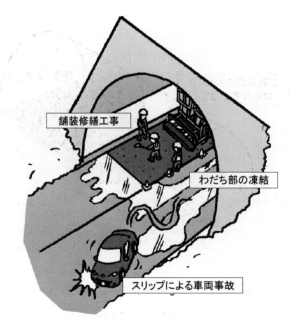

図-5.4.5 路面凍結による影響

④について 図-5.4.6に示すように，経年や遊離石灰の発生等に起因する側溝や排水工（裏面排水工，横断排水管，中央排水管），導水工のつまりは，トンネルの排水・導水機能に大きく影響し，供用後については覆工裏や路盤下であるため，点検や清掃が困難となり，補修作業が必要な場合は交通規制等が必要となる．トンネルの排水機能の低下は，地下水圧の上昇によるトンネル構造への負荷や消火用水，管理用水などの利用水への影響も考えられる．排水機能の低下が生じた際は，場合によっては路盤下の地山がトンネル坑内に流出し，その結果，トンネル路盤下に空洞が生じて路盤沈下などの変状が発生することも考えられる．

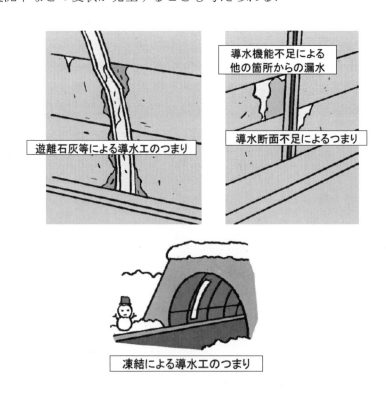

図-5.4.6 漏水対策工のつまり

【維持管理段階のリスク回避または低減に対する提言】
①-a 漏水箇所，漏水量，要因等を分析して適切な漏水対策（導水，止水対策）を実施する．
①-b 適切な排水，導水および止水効果により，軌道や設備の劣化抑制に寄与する．
①-c 想定される漏水状況を考慮したはく落対策工および漏水対策材料の選定を行う．
② つらら，側氷の日常的な除去作業とともに断熱処理工などの発生抑制・防止対策を考える．つららの発生状況等より変状の発生原因を分析し，耐火性も考慮した適切な補強対策を行う．
③ わだち解消のための路盤舗装改修等の対策を行うことにより路面凍結による事故発生を防止する．また必要に応じて排水性舗装やロードヒーティング装置等を採用することが望ましい．
④ 排水管の閉塞防止対策や，点検ますを設置して定期的な管理を十分に行い，適切な材料の選定や，定期的なメンテナンスおよび劣化具合に応じた補修や交換を行う．

【解説】　①について　漏水は，覆工の劣化を促進させる大きな因子のひとつであることから，漏水状況の調査観察により，要因や進行状況を確認して健全度に応じた対策を講じる必要がある．漏水対策工については，溝切り工の導水ゴム，接着材などの使用材料自体の経年劣化についても十分検討を行い，ライフサイクルコストも考慮した適切な対策工の選定および維持管理が重要となる．とくに漏水による遊離石灰やバクテリアスライムの発生や，漏水に錆汁が混じっている場合など材料劣化による覆工や対策工の剥離・落下などの二次的な事故にもつながることから，漏水の発生箇所，発生要因，ひびわれの進展状況についても十分観察を行うことが重要である．

　②について　維持管理段階における凍結対策としては，導水層，断熱層，防火層による表面断熱処理工法等が一般的であるが，凍上圧によりトンネル変状が発生するような場合は，つららの発生領域などの推定を行い，別途に適切な対策を行うことが重要である．また，断熱材などの使用材料については，つららが架線に接触した際等の発火に備えて，十分な耐火性を考慮した材料を選定し，火災のリスクを低減することも考慮する[20]．

　③について　路面凍結対策の例として，走行車両によるわだちが発生している場合には，わだち部が周辺水を引き込み凍結に至ることから，わだち解消のため，路面舗装の改修工事等を行う必要がある．トンネル内における路面凍結は，トンネル内の漏水や，車両によりトンネル内に引き込まないよう計画・調査・設計段階から，漏水対策や冬季の気温を予想して十分な排水・防水性能を有する構造や，適切なトンネル縦断勾配とする．とくに気温低下の著しい坑口部付近では排水性舗装やロードヒーティング装置（融雪装置）や，凍結抑制舗装等について検討を行うことが路面凍結による車両事故等のリスク低減に寄与する．

　④について　維持管理段階においてトンネルの排水性能が正常に保たれていることを確認するため，季節おきに地表水の影響を確認することが重要である．経年による排水工への影響として，温泉余土等による排水管のつまりが生じることがあるため，排水管の閉塞防止対策や，点検ますを設置して定期的に管理していくことが重要となる．また，排水工のつまりが，トンネル湧水を利用している消火用水，洗浄水，管理用水にも影響を与え，緊急時などに設備の性能が十分発揮されなくなるようなリスクも考えられる．溝切り工法や導水樋工法の導水工は，施工後内部は不可視となり，導水状況の確認が困難となるため，つまりが発生しにくい材料や漏水状況が分かるような導水樋工を選定するとよい．また，つまりの要因が遊離石灰化による事例も多いことから，漏水状況に応じて，定期的なメンテナンスおよび使用材料の劣化具合に応じた交換作業を行う必要がある．

5.5 附属物落下に関するリスク管理

5.5.1 附属物落下一般

附属物落下のリスク要因を，計画・調査・設計段階，施工段階，維持管理段階に分類すると**表-5.5.1**のように整理される．また，附属物落下に対するリスク要因を，各段階に起きるリスク要因と発生要因の相関関係を示すと**図-5.5.1**のようになる．

図-5.5.2および**図-5.5.3**に示すように，一般的に供用中の道路トンネルでは照明，換気設備および非常用施設，鉄道トンネルでは架線等の附属物が設置される．このような附属物は，取付金具を介して各種ボルトによって覆工コンクートに取付けられている場合がほとんどである．そのため，取付け箇所が天端部付近等の場合は落下により利用者への被害が発生するリスクがあることから，計画・調査・設計段階，施工時段階および維持管理段階のそれぞれの段階で附属物落下のリスク低減に向けて適切な対応を行うことが重要である．

表-5.5.1　附属物落下に関するリスク要因

計画・調査・設計段階	施工段階	維持管理段階
・落下により第三者被害が発生する場所への附属物の取付け ・附属物の経年劣化や環境要因による破損等に対する認識不足	・管理段階で点検が効率的に行えない位置への附属物の取付け ・附属物の取り付ける部分（主に覆工コンクリート部）の確認不足	・多種多様な附属物の取付けによる点検の煩雑化 ・附属物本体にのみに注意を払うことによる取付け金具への注意不足

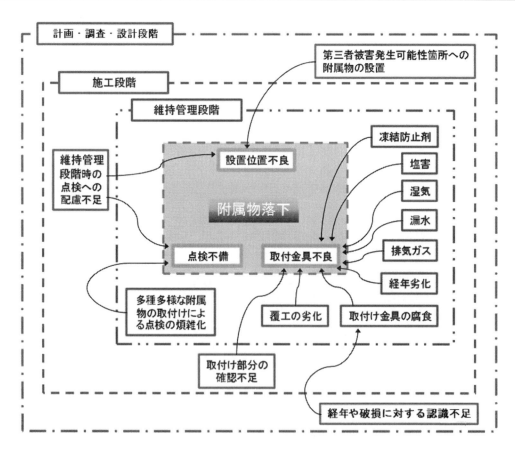

図-5.5.1　附属物落下に対するリスク要因の相関図

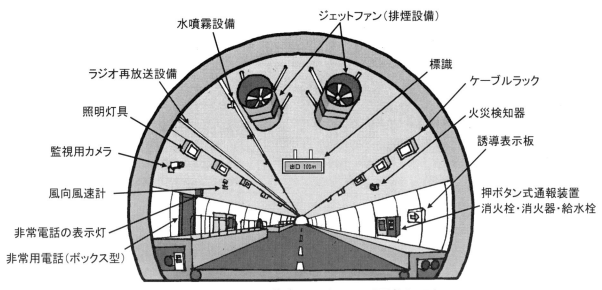

図-5.5.2 道路トンネルの附属物設置例

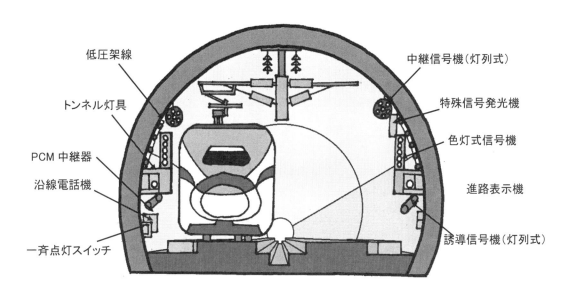

図-5.5.3 鉄道トンネルの附属物設置例

5.5.2 計画・調査・設計段階のリスクと対策

【計画・調査・設計段階のリスク要因】
① 附属物の取付け位置が，落下により第三者被害が発生する位置となっている．
② 附属物が経年劣化や環境要因により破損する．

【解説】　①について　附属物を取付けるにあたって，道路トンネルの場合は，照明等の附属物が落下した場合に走行車両や歩行者に当たる等，取付けたものが落下した場合に，第三者被害が発生する位置に取付けられている可能性がある．

②について　附属物自体および取付け金具等が経年劣化や走行車両による振動および凍結防止剤散布による腐食等の環境要因による損傷により落下する可能性がある．

【計画・調査・設計段階のリスク回避または低減に対する提言】
① 附属物は，落下しても第三者被害の無い，もしくは少なくなるように取り付け位置，あるいは取り付け方法等を検討する．
② 附属物は取付金具も含めて環境条件による劣化の進行が少なくなるように検討する．

【解説】　①，②について　計画・調査・設計段階において，附属物の設置箇所や取り付けるための金具について下記の検討をすることにより附属物の落下のリスクを低減することができる．

a）附属物の設置箇所を天端部からの変更

　トンネルに設置される附属物は，安全施設，管理施設，電気施設，通信施設など多数あり，取付ける構造も多様であるが，落下することにより利用者に被害が生じる可能性があるものは，設置箇所を落下しても利用者への被害が発生しない，もしくは被害が少なくなる場所に計画を変更する必要がある．計画にあたっては，取付け箇所を変更することによって附属物の機能効率が悪くなる場合があるが，交通規制がかけやすくなり点検・更新が容易になる等の副次的な効果もあるため，設置箇所に関しては各種条件を総合的に判断することが重要である．

b）緩み止めナット

　附属物の取付けおよび落下防止に使用されるナットは施工後の交通振動や経年劣化等によるナットの緩みや脱落を予防するため，ゆるみ止めナットを使用することが非常に有効である．

c）腐食（劣化）防止

　トンネル内の閉塞された環境下では湿気，トンネル漏水および道路トンネルでは凍結防止剤の散布や自動車の排気ガス等により附属物の腐食や劣化が坑外環境と比較して進行する場合がある．腐食箇所が附属物を固定している本体部分や取付け金具・アンカーボルトに発生すると附属物荷重に対する耐久性が低下して，附属物落下の可能性が出てくる．そのため，附属物には溶融亜鉛メッキを施したり材質をステンレスにする等の腐食防止処置をとることが重要である．

d）フェールセーフ機構の設置

　附属物の支持機構に設計基準を超える事象が発生した場合や取付け部分の劣化等による落下を防止するために，ワイヤーロープを主材とし，アンカーボルト，アイナット，アイボルト，シャックル等を使用して附属物本体と結合したフェールセーフ機構を設置することが有効である．

5.5.3　施工段階のリスクと対策

【施工段階のリスク要因】
① 附属物を取り付けるにあたっての配慮が不足している．
② 附属物を取り付ける部分（主に覆工コンクリート部）の確認が不足している．

【解説】　①について　附属物を取り付けるにあたっての配慮不足により，管理段階における点検効率が落ち，点検精度自体の低下を招き，附属物の落下の予兆の把握が難しくなる可能性がある．

　②について　附属物の主な取付け部分である覆工コンクリートの健全度不足により，アンカーボルト等の部材が本来の能力が発揮されず附属物の落下につながる可能性がある．

【施工段階のリスク回避または低減に対する提言】
① 附属物の取付けにあたっては，ボルト，ナットへの合いマークの設置等，効率的な点検を行えるようにする．
② 附属物の取付けにあたっては，取付け部分の状態を確認するとともに，確認状況の記録を残しておく．

【解説】 ①，②について 施工段階において，管理段階において点検が効率的かつ精度よく行えるような下記の検討を行うことにより附属物の落下のリスクを低減することができる．

a) ボルト，ナットへの合いマークの設置

附属物を取付け金具を介して設置されているボルトやナットには点検のために，ボルト・ナット，座金およびプレート部に連続したマーキングである合いマークの設置を施工時に行うことが望ましい．合いマークの設置には，対象となるボルト・ナットが緩んでいないことを目視で緩みの確認ができるようにボルト，ナットだけではなく座金やプレートにも連続して合いマークを設置する．点検時に目視で確認しやすいように，施工時には塗料の色を考慮する必要がある．もし，ボルトや金具に腐食または亀裂が生じている場合は，交換した後に合いマークの再設置を行う．

b) 覆工コンクリートの健全度確認

覆工コンクリートにアンカー類を施工している箇所の周辺にひびわれが発生していると本来必要とされるアンカーの付着を損なう可能性がある．そのため，設置時にはアンカー周辺のコンクリートの確認を行うとともに，付着に問題があり補修した場合や付着に問題ない程度の損傷がある場合は補修履歴や損傷状況の記録を残しておき維持管理段階に引き継ぐことが望ましい．さらに，附属物の点検時には本体だけでなくアンカー周辺のコンクリート部についても点検を実施して損傷が進行していないかを確認する必要がある．

5.5.4 維持管理段階のリスクと対策

【維持管理段階のリスク要因】
① 附属物は，定期的な点検が実施されるが，多種多様な附属物が取り付けられているため，点検計画が個々に異なり複雑である．
② 附属物は，定期的な更新が必要となるが，本体更新の複雑性のため，取付け金具に対する注目度が低い．

【解説】 ①について 附属物は定期的な点検が実施されるが，附属物の種類に応じて点検頻度が異なったり，機能点検や法令点検のようにその性格が違う点検が複数実施されており，点検が煩雑になっている．

②について 附属物は定期的な更新が必要となるが，更新自体が，取付け金具も含めてすべて更新の場合から本体の一部の更新まで，その更新方法や工程が個別に異なるため，落下に直結する取付け金具に対する注目度が低い可能性がある．

【維持管理段階のリスク低減に対する提言】
① 附属物の点検は各々の特徴を考慮して適切に行う．
② 附属物の更新は本体だけでなく取付け金具も含めて適切な時期に行い，あわせて新技術の動向にも注意を払う必要がある．

【解説】 ①，②について 維持管理段階においては，効率的な点検によるリスク低減とともに附属物の更新時に合わせた取付け金具の取換えにより附属物落下リスクを低減することができる．

a) 日常点検，通常点検，定期点検，臨時点検，応急処置

附属物の維持管理は，附属物の種類・延長等に応じて規模，内容および設置箇所とそれぞれ異なる特徴を考慮して，管理している各組織により実施されている．

点検の一例としては，ある一定の頻度で日常点検，通常点検，定期点検を実施して異常の有無，附属物の良否の確認を実施している．また，これら点検時に異常が発見された場合には異常時点検，集中豪雨・地震およびトンネル内事故等の災害発生時には臨時点検を実施して，その結果や

過去の点検記録も参考に診断を行い，監視，整備，更新の処置の判定を行っている．また，各附属物の点検で異常が発見された場合に，緊急的または応急的な対応を行い，道路トンネルでは通行車両や歩行者等の利用者被害を未然に防止するとともに，附属物が本来有する機能の確保に努めている．

b) 附属物の更新

附属物の更新は正常な機能の確保を目的として適切な時期に計画的，効率的かつ経済的に実施することが重要である．そのためライフサイクルコストを考慮して更新計画を策定して，計画的に実施することが望ましい．更新計画の策定にあたっては附属物の劣化の状況，更新する附属物等の入手の困難さ，設備の陳腐化，また健全度，機能的耐用限界についても十分考慮し，附属物本体だけでなく取付け金具等の更新も含めた長期的視点に立った更新計画の策定および実行が必要である．

c) 技術の進歩による附属物の更新

付属施設の更新において，技術水準の向上によるランニングコストの低下等により更新時期を迎えていない場合でも，新技術が導入された附属物に更新した方がライフサイクルコストを考えた場合には有利になることがあるため，新技術の動向には十分に注意を払っておく必要がある．

d) フェールセーフ機構の点検

附属物の落下対策としてフェールセーフ機構が設けられている場合は，フェールセーフ機構自体が機能しているか，損傷していないか等を各種点検時に附属物本体と合わせて点検する必要がある．

e) モニタリングシステムの導入

附属物の落下対策として，加速度センサー等の各種センサーを附属物に設置したモニタリングシステムの研究が行われている．今後はこれら研究にも注意を払い，第三者被害のリスク低減に努めることが重要である．

5.6 作業中の事故に関するリスク管理

5.6.1 作業中の事故一般

本項では，各種トンネル用途のうち，第三者被害リスクが大きいと考えられる鉄道および道路トンネルの点検調査と補修補強工事の作業中に発生しうる事故を抽出し，それらに対するリスク要因と対策について，計画・調査・設計段階，維持管理段階についてそれぞれ整理する．なお，施工段階のリスク要因については，作業中に発生しうる事故に影響する項目は認められないため記載していない．

表-5.6.1はトンネル用途に対する発生しうる事故を抽出し，段階ごとに整理したものである．また，**図-5.6.1**は抽出した発生しうる事故を分類，整理し，その発生要因を導きだした相関図である．

表-5.6.1 計画・調査・設計・維持管理段階のリスク要因

トンネル用途	発生しうる事故	考えられる要因	
		計画・調査・設計段階	維持管理段階
道路	・トンネル点検車の作業デッキが走行車両に接触する	・維持管理作業を考慮せずに附属物設置位置を計画している	・操作ミスによる作業デッキの走行車線へのはみ出し
	・走行車両がトンネル点検車に追突する	・維持管理作業を考慮せずに車線幅員を設定している	・交通誘導設備の不備による規制車線への走行車両の進入
	・交通規制設備と走行車両が接触する		・不適切な交通誘導設備の配置
	・走行車両が巡回車に追突する	・対象とならない	・巡回車の低速走行伝達不足
	・走行車両が作業員と接触する	・監視員通路スペースが狭い	・作業者の不注意 ・交通規制が不十分
	・点検車両が無人自走して事故を起こす	・対象とならない	・点検車両駐車時固定措置が不十分
鉄道	・作業員が中央通路に転落する	・対象とならない	・作業員の不注意 ・転落防止対策の不備
	・架線やレールへの接触により作業員が感電する	・対象とならない	・作業員の不注意
	・往来する列車が作業員と接触する	・対象とならない	・作業員の不注意
共通	・作業員が作業デッキから転落する	・対象とならない	・安全対策の不備
	・作業用具やはく落片が落下して作業員等に落下する	・対象とならない	・作業車両の対策不備 ・作業員の不注意
	・作業員が覆工やトンネル附属物にぶつかる	・対象とならない	・作業員の不注意 ・デッキ操作ミス
	・薬液やコンクリート片等が作業員の目や口に入る	・対象とならない	・作業員の不注意 ・装備不足(ゴーグル・マスク)
	・削孔ドリルに作業員が手を巻き込む	・対象とならない	・作業照度不足 ・服装の不具合
	・削岩機やコアドリルなどが脱落,転倒する	・対象とならない	・治具の養生不足 ・安全確認不足
	・注入ホースが脱落して注入材が周辺に飛散する	・対象とならない	・過大な圧力による脱落 ・飛散防止措置の不備

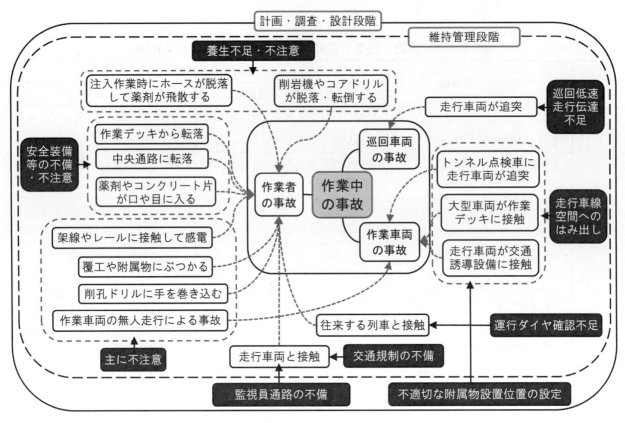

図-5.6.1 作業中の事故に対するリスク要因の相関図

5.6.2 計画・調査・設計段階のリスクと対策

【計画・調査・設計段階のリスク要因】
① 維持管理作業を考慮せずに附属物設置位置を計画している．
② 維持管理作業を考慮せずに車線幅員を設定している．
③ 監視員通路スペースが狭い．

【解説】　①について　道路トンネル附属物の点検，補修，交換作業等の維持管理作業を実施する際には，一般に高所作業車が用いられる．これらの作業を車線規制によって交通供用を確保しながら実施する場合に，図-5.6.2に示すように高所作業車等の作業車両が走行車線にはみだすことで走行車両に接触するなど十分な車線規制ができないリスクが生じる．

　②について　交通量が少なく規格の低い道路では車線幅員が狭く計画されるため，コスト縮減の観点からトンネル断面も最小限で設計されることが多い．トンネル維持管理を交通供用を確保しながら実施する場合には，規制車線と走行車線の境界にセーフティーコーンを設置する必要がある．セーフティーコーンは走行車両の邪魔にならないように，規制車線内に設置することが望ましい．車線幅員や路肩が狭い場合に，セーフティーコーンが走行車線にはみ出てしまうと通行の安全を確保できなくなる．

　③について　道路トンネルの覆工および附属物の点検を交通規制を伴わずに実施する場合は，作業員が監視員通路や監査廊を歩行することになる．作業員が通行する幅員が適正に確保されていない場合，作業員が走行車両に接触する可能性がある．

図-5.6.2　作業デッキと大型走行車両との接触イメージ

【計画・調査・設計段階のリスク回避または低減に対する提言】
① 安全で効率的な維持管理を想定したトンネル附属物設置位置の選定
② 安全な維持管理作業ができる内空断面の設定（適正な車道幅員の設定）
③ 安全な維持管理作業ができる内空断面の設定（適正な作業員通路の設定）

【解説】　①について　維持管理作業時に使用する高所作業車の作業デッキが走行車線にはみ出でることの無いように，メンテナンスを考慮した位置にトンネル附属物を設置する必要がある．とくに，重量構造物であるジェットファンは，取り外しや設置にあたっての運搬・設置車両の配置を考慮した位置に設置する設計とする必要がある．

②について　維持管理作業のために片側交互通行による車線規制が必要となる道路トンネルでは，交通供用時の必要内空断面のみならず，作業車両の幅員，セーフティーコーンなどの交通規制設備の設置幅を考慮し，作業安全に配慮した内空断面を確保することが望ましい．

③について　トンネル断面設計時には作業員と走行車両が抵触しないように建築限界を設定し，安全に維持管理できる内空断面を確保することが望ましい．

5.6.3　維持管理段階のリスクと対策

【維持管理段階のリスク要因】
① 操作ミスによる高所作業者作業デッキの走行車線へのはみ出し
② 運行ダイヤ確認不足による列車との接触や，交通誘導不備による走行車両との接触，走行車両の規制車線への誤進入
③ 点検作業に対する注意喚起伝達不足
④ 作業者の不注意
⑤ 安全対策装備，作業環境の不備
⑥ 作業デッキからの飛散，落下物対策の不備

【解説】　①について　道路トンネルでは，トンネル点検車（ローラーデッキ）のデッキ部分が規制車線を越えて走行車線にはみ出てしまうと走行車両と接触するリスクがある．

②について　鉄道トンネルでは，運行ダイヤの確認不足や列車往来時の作業中断指示が不十分であることによって作業員と列車が接触するリスクがある．道路トンネルでは，車線規制用のセーフティーコーンは，走行車線に近づけすぎると走行車両が接触するリスクがある．また，図-5.6.3に示すように，設置間隔をあけすぎると走行車両が規制車線に誤進入して点検車両に衝突するリスクも考えられる．

図-5.6.3　点検車両・作業員への走行車両による追突イメージ

③について　道路トンネルでは，トンネル内の歩道や監視員通路等を歩行することによる目視点検では歩行者や自転車，走行車両と点検員の接触リスクがあり，巡回車両による低速走行などによる日常点検では，巡回車両への後続走行車両からの追突などの事故発生リスクがある．

④について　デッキ上の作業には様々な事故リスクが考えられる．作業員がデッキから転落するリスク，頭上の狭いトンネル端部では頭部打撲やはさまれのリスク，空洞充填やロックボルト打設などの注入時の過大圧力による注入ホース脱落で作業員や一般走行車両に危害を及ぼすリスク，削孔機材の治具の養生不足による脱落事故リスクなどが考えられる．また，道路トンネルでは，縦断勾配のある道路における点検車両の駐車時の停止措置不足による無人逸走リスクもある．

⑤について　装備や設備の不備による，点検や補修作業における薬液やコンクリート片，粉じん，ばい煙等が目や口に入るリスクや，設備の不備による作業員がデッキから転落するリスクがある．鉄道トンネルでは高圧電線での感電や，新幹線トンネルの中央通路などの段差のあるトンネルにおいては，図-5.6.4に示すように，作業員が落下するリスクがある．

図-5.6.4　鉄道トンネルにおける作業員の事故リスクイメージ
（作業員の感電および中央通路への転落）

⑥について　作業デッキから，はつり落としコンクリート片や点検ハンマーなどの点検道具，注入材等が作業員のほか，道路トンネルでは走行車両に，鉄道トンネルでは往来する列車などに落下，飛散するリスクがある．

【維持管理段階のリスク回避または低減に対する提言】
① 点検車両および作業デッキが規制車線からはみ出ないように交通誘導員と連携をはかる．【道路】
② 最新の運行ダイヤの確認と鉄道事業者の指定する有資格者の配置【鉄道】，適切な交通誘導設備配置による走行車両との接触や規制車線への誤進入防止，および衝突時被害の最小化対策の実施．【道路】
③ 走行車両に対して点検作業中であることを的確に伝達する．【道路】
④ 不注意による作業員の労働災害を防止するために適切な教育を実施する．【共通】
⑤ 作業員および作業場所に応じた適切な装備を施し，安全に十分配慮する．【共通】
⑥ 作業デッキから落下物や飛散物が生じないよう，落下・飛散防止対策を講じる．【共通】

【解説】　①について　一般通行車両と接触しないよう，適切な点検車の設置位置を選定するとともに，地上交通誘導員と連携して適切なデッキ位置を設定する必要がある．

②について　鉄道トンネルにおいては，作業開始前に，当日の最新ダイヤを確認のうえ，鉄道事業者の指定する資格を有する列車見張り員を配置し，列車往来時には作業の中断と作業員の退避を徹底する．道路トンネルにおいては，作業予告看板の適切な配置により，運転者への早期警戒意識を促すことが肝要である．セーフティーコーンは走行車線側にはみでないように規制車線内に適切な間隔で設置する．さらに，不測の衝突に備えて身構えるなどの危険回避行動に備えるため，デッキ上では走行車両に向かって作業することで危険を察知しやすくするとともに，車両の接近は地上交通誘導員が警笛を鳴らして点検員に伝達する．作業車両への多重衝突を回避するため，規制車線内の駐車車両はハンドルを路肩側に切った状態としておくなどの配慮も有効である．

③について　巡回車両によるトンネル点検作業中であることを，回転灯や電光掲示版によって後続走行車両に伝達することが望ましい．また，歩行による点検作業にあたっては，保安施設の設置や交通規制による安全確保が望ましいが，通行規制を実施しない場合においても，予告看板の設置や交通規制補助員の配置などによる，一般走行車両に対する適切な速度抑制注意喚起対策が望ましい．

④について　作業員がデッキから転落しないように安全帯を使用するとともに，デッキへの出入りは安全柵を開閉することとし，安全柵を跨がないようにする．また，点検車両の移動・停止は点検員と運転者が十分に連携して行うとともに，移動速度の急激な変化を避ける．頭上の狭いデッキ上での作業では周囲に注意を払い頭部を保護することや，挟まれ防止対策が必要である．空洞充填やロックボルト打設などの注入時には，圧力のかけすぎによる注入ホースが脱落しないように手元圧力を確認する．また，縦断勾配がある道路で点検車両を駐車する場合はサイドブレーキを2度引きするとともに，輪止めをする必要がある．なお，ギアはAT車では「P」，MT車では上り坂「1速」下り坂「後退」とする．ディーゼルエンジンの場合は自走によりエンジンがかかることがあるため，「ニュートラル」にしておく必要がある．

⑤について　作業員がデッキから転落しないように安全柵を設置するとともに，薬液やコンクリート片，粉じん，ばい煙等から身を守るために，保護メガネと防塵マスクを装着する．削孔ドリルに巻き込まれないように，手元の照度を適正に確保し，ダブついた衣服や手袋を避ける．削孔器などの治具は適切な人数によって設置し，作動前に取付け状況等の安全を確認する．トンネ

ル内に段差のある場合には，作業員が転落しないようにライトによる足元照度の確保，歩きながらの記帳の禁止を徹底する．高圧電線がある場合には，機材や作業員との離隔を十分に確保して，必要に応じて送電停止措置を取る．

<u>⑥</u>について　作業デッキ上での落下防止，飛散防止対策としてシート等養生を施す．さらに，地上交通誘導員と連携を図り，車両が近接している場合は，はつり落とし作業や注入作業などは行わないなどの対策を講じる必要がある．

5.7 点検困難箇所に関するリスク管理

5.7.1 点検困難箇所一般

トンネル内には種々の附属物が設置されることがあるが，この附属物によって点検が困難となることがある．本節では，点検が困難となる箇所を"点検困難箇所"と称することとし，これによって生じるリスクについて述べる．

トンネルの点検には種々の方法があるが，その目的は覆工表面，覆工内部の変状状況を把握することになる．維持管理の業務では，その結果をもとにトンネルの機能ならびに利用者への影響の有無を判断することとなる．点検結果からではそれらの判断が困難な場合は，各種の調査を実施するが，その調査の必要性を判断することも点検において求められる．

トンネル点検の方法としては，覆工面に近接して目視・写真撮影等を行う近接目視，覆工面から離れて目視・写真撮影等を行う遠望目視，覆工面をハンマー等で打撃した際に発する音で異常を把握する打音検査がある．いずれにしてもトンネル覆工表面が点検者から視認できることが求められる．

一方，トンネルには各種の施設が取り付けられていることがあり，その場合，施設の背面などは目視や打撃が困難となり，点検作業が阻害されることがある．例えば道路トンネルの代表的な点検困難箇所には，以下のようなものがある[21]．

・ジェットファン背面
・照明施設背面
・非常用施設背面

図-5.7.1に，道路トンネルにおける設備の点検困難箇所を示す．

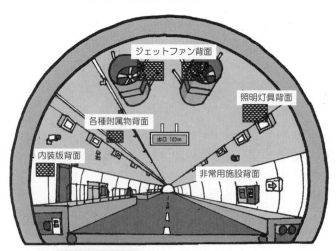

図-5.7.1　トンネルにおける点検困難箇所

5.7.2 計画・調査・設計段階のリスクと対策

点検困難箇所に対するリスクは，点検時に生じるものであり，計画・調査・設計段階は対象とならない．なお，各種設備の取付け位置等を工夫することで，点検時に生じるリスクへの対策となることが考えられる．この点については，**5.7.4** において触れる．

5.7.3 施工段階のリスクと対策

点検困難箇所に対するリスクは，点検時に生じるものであり，施工段階は対象とならない．

5.7.4 維持管理段階のリスクと対策

【維持管理段階のリスク要因】
① 点検困難箇所を点検するために点検者が危険にさらされる（点検作業に起因するリスク）．
② 点検困難箇所の点検を省略したために，重大な変状を見逃す（点検省略に起因するリスク）．

【解説】 ①について　点検作業に起因するリスクとは，点検困難箇所を点検する際に，点検者が無理な態勢をとるなどによって，危険にさらされることをしめす．例えば，ジェットファン背面での近接目視や打音検査では高所作業車の作業床から身を乗り出すことが想定される．

②について　点検省略に起因するリスクとは，例えば，上記のような点検困難箇所の点検を省略したことで当該箇所での重大な変状を見逃し，その変状が進行することで結果的にトンネルの安全性や安定性へ影響を及ぼすものである．

【維持管理段階のリスク回避または低減に対する提言】
① 各種計測装置の利用
② ロボット技術の利用
③ 点検困難箇所を低減する施設配置、機材の開発等

【解説】 点検困難箇所に対する方策としては，点検員（人）以外の方法で点検する，あるいは点検困難箇所を排除するという2種類が考えられる．前者については上記①や②の対応が考えられ，後者については上記③の対応が考えられる．**図-5.7.2** に提言内容の模式図を示す．

①について　点検困難箇所にあらかじめ変状を検知するセンサー類を取り付ける，あるいは点検困難箇所にセンサー類を使用することで，当該箇所における人による点検を省略しようとするものである．例えば，OSV センサー[22]等の利用が考えられる（OSV センサーの事例については **6** 章にて示す）．

②について　人に代わってロボット等による点検を行うものである．ロボットを利用することで人力作業を削減し，点検作業に伴う各種リスクを回避することで，点検員の安全性を確保するものである．

③について　維持管理しやすいトンネルを構築しようとするものである．例えば，道路トンネルでは，照明器具がトンネル肩部に設置されているが，これをさらに低位置とすることで徒歩での点検が可能になるとともに，落下時の被害拡大の抑制も可能となる．また，照明器具にシート型照明を採用することで，落下時の事故被害を抑制し，点検困難箇所には事前に対策を施すことで，点検そのものを省略することも考えられる．ただし，これらは設計基準や施工方法の見直しを伴うものであり，容易に対策がとれるものではないが，設計や施工段階から維持管理を念頭におくことはライフサイクルコストを最小化し，維持管理時のリスクを低減させる上でも重要な視点であり，今後の取組みが期待される．

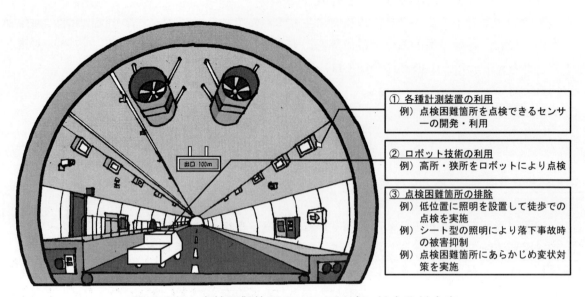

図-5.7.2 点検困難箇所のリスク低減に対する対応案

参考文献

1) 山田剛三，小橋澄治，草野国重：高場山トンネルの地滑りによる崩壊，地すべり，Vol.8，No.1，1971.

2) 土木学会：山岳トンネルのインバート－設計・施工から維持管理まで－，p.200， 2013.

3) 持田　豊：青函トンネルから英仏海峡トンネルへ，中公新書，1994.

4) 三浦　克：大断面道路トンネルと山岳トンネル工法の現状と課題，土木学会論文集，No.516/VI-27，pp.1-13，1995.

5) 土木学会：トンネルの変状メカニズム，p.45，2003.

6) 土木学会：トンネル標準示方書［共通編］・同解説／［山岳工法編］・同解説，p.191，2016.

7) 土木研究所：土木研究所資料第 3877 号（道路トンネル変状対策マニュアル（案）），p.26，2003.

8) 日本道路協会：道路トンネル維持管理便覧【本体工編】，p.45，2015.

9) 国土交通省 道路局 国道・防災課：道路トンネル定期点検要領，p.17，2014.

10) 国土交通省 道路局 国道・防災課：道路トンネル定期点検要領，p.25，2014.

11) 国土交通省 道路局 国道・防災課：道路トンネル定期点検要領，p.26，2014.

12) 国土交通省 道路局 国道・防災課：道路トンネル定期点検要領，p.42，2014.

13) 日本道路協会：道路トンネル維持管理便覧【本体工編】，p.146，2015.

14) 国土交通省 道路局 国道・防災課：道路トンネル定期点検要領，p.21，2014.

15) 国土交通省 道路局 国道・防災課：道路トンネル定期点検要領，p.38，2014.

16) 国土交通省 道路局 国道・防災課：道路トンネル定期点検要領，p.21，2014.

17) 土木研究所：道路トンネル変状対策マニュアル（案），p.I-12，2003.

18) 土木学会：トンネル標準示方書［共通編］・同解説／［山岳工法編］・同解説，p.119，2016.

19) 鉄道総合技術研究所：トンネル補修・補強マニュアル，p.III-4，2007.

20) 土木学会：山岳トンネル覆工の現状と対策，p.163，2002.

21) 寺戸秀和，藤田一宏，安井成豊，林　利行，大石龍太郎；トンネル点検用プラットフォームの開発，土木学会年次学術講演会，VI-542，2017.

22) OSV 研究会；OSV 研究会ホームページ，http://www.osv.sakura.ne.jp/，2018.5.15 アクセス

23) 小笠原洋，門田哲治，小川龍海ほか：送水トンネルの崩落事例とその原因について，地盤と建設，Vol.25 No.1，pp.127-132，2007.

24) 野村貢ほか：ＭＥＭＳ技術によるトンネル内付属物保全モニタリングシステムの研究，トンネル工学研究発表会，論文I-6，2015.

25) 国土交通省 道路客 国道課：道路トンネル定期点検要領（案）（参考資料），p.8，2002.

26) 国土交通省 道路客 国道課：道路トンネル定期点検要領（案）（参考資料），p.11，2002.

27) 国土交通省 道路客 国道課：道路トンネル定期点検要領（案）（参考資料），p.32，2002.

参考資料　維持管理に関する事例調査

【外力性の変形】

1　送水トンネル（西谷接合井～矢野開閉所）・・・・・・・・・・・・・・・・・・・・・・・・362

【付属物の落下】

2　トンネル内付属物・・・・・・・・・・・・・・・・・・・・・・・・・・・・・・・・・・・363

(事例1)[23)]

トンネル名	送水トンネル（西谷接合井〜矢野開閉所）	発注者	(現)広島県企業局広島水道事務所
トンネル延長	2.95km	施工者	—
地質	—	岩種層相	カタクラサイト化した花崗岩，閃緑岩
リスク	鉛直土圧による覆工変形	リスク要因	背面空洞
背面空洞が原因で覆工が崩落した事例	【発生事象】昭和40年に竣工した広島市と呉市を結ぶ水道トンネルが平成18年8月25日に突如崩壊し，18日間にわたって送水が停止した． 【損傷状況】トンネル内は崩落した岩盤が約10mにわたって覆工を突き破って閉塞し，トンネル内に土砂が流出した． 【発生原因】ボーリング調査およびトンネル内からの地質観察により，崩壊部分は，断層活動により破砕されたのちに密着してカタクラサイト化した花崗岩および閃緑岩であった．カタクラサイト化した岩塊は一見硬質に見えるが潜在亀裂が発達しており，指圧でも容易に崩壊する．また，降雨量と地下水位の感度が高いことが確認されたことから，地下水変動の繰り返しにより浸食されて岩盤劣化が進行して空隙が拡大し，岩盤崩落に覆工が耐えられなかったものと考えられる．なお，当該トンネルは水利用者から断水調査の理解が得られず，竣工後，一度も点検されていなかった．  図-1　覆工崩落状況 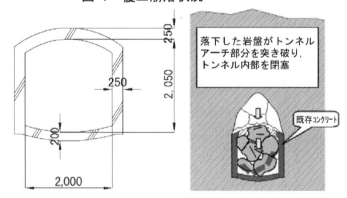 図-2　送水トンネルの標準断面図および崩落概況	
出典	小笠原洋，門田哲治，小川龍海ほか：送水トンネルの崩落事例とその原因について，地盤と建設，Vol.25, No.1, pp.127-132, 2007.		

（事例2）[24]

研究名	トンネル内附属物のモニタリングシステム		
リスク	トンネル内附属物の落下	リスク要因	取付け金具・ボルトの腐食などの劣化・損傷，ボルトの脱落
維持管理時のリスク対策	研究内容としては以下の項目が研究されており，システムの導入効果の一例として経済性評価が示されている． ① 保全モニタリングシステムの性能規定（**図-1**，**表-1**） ② MEMS センサー技術の活用 ③ 照明器具降下実験 ④ 振動検出による異常検知実験 ⑤ システムの提案と効果 図-1　トンネル内附属物に関係する要求性能 表-1　保全モニタリングシステムへの要求事項 図-2　システム構成例		
出典	野村貢ほか：MEMS 技術によるトンネル内附属物保全モニタリングシステムの研究，トンネル工学研究発表会，論文 I－6，2015		

6. 課題と展望

　トンネルの建設および維持管理において，山岳トンネルの計画・調査・設計，施工，維持管理といった各段階におけるリスク要因とその低減対策について述べてきた.

　ここでは，3章〜5章で述べた「押出し・崩壊リスク」，「地質環境リスク」，「維持管理リスク」に対するリスク管理に関する総括として，課題と展望についてまとめた.

6.1 押出し・崩壊リスクに関する課題と展望

6.1.1 事前調査・設計の流れ

　山岳トンネルは，地中の線状構造物であるがゆえに，トンネル全線にわたり詳細な事前調査を実施することが困難である.

　事前調査に多大な費用をかければ，精度の高い調査結果（地山評価）が得られる可能性はある.しかしながら，経済性や事業進捗などからその費用と時間を投入するには限界がある.近年，坑内からの長尺水平ボーリングや切羽前方探査などの調査技術の開発が進められており，施工段階でこれらを有効に活用していくことがリスク対策のポイントとなる.また，過去の調査・設計，および施工結果を分析し，どのような調査を行えばリスクの高い地山でのトンネルにおいて，有益な設計・施工資料となるかを明確にすることも重要な課題である.

　坑口部の水平ボーリングや小土被り部などの鉛直ボーリングは事前調査で必ず実施する，都市部の山岳トンネルでは十分な本数のボーリング調査で地質分布を事前に把握する，問題点などが発生した場合は追加調査を実施するなど，手戻りなく精度の高い設計ができるように適切な工程（事前調査→設計→追加調査→修正設計など）で調査・設計を行う必要がある.

6.1.2 補助工法の体系化

　設計においては適切な地山評価と補助工法の選定が重要である.近年，補助工法の事前検討においては様々な解析手法が用いられている.施工段階の計測データをフィードバックすることや再現解析の実施などにより，補助工法のモデル化や解析手法（2次元，3次元，骨組解析、FEM）など，検討方法の妥当性を確認することが重要である.

　また，小土被りトンネルや地表面沈下の抑制が必要となるトンネル，切羽が自立しにくい地山のトンネルでは，補助工法を採用する場合が多い.補助工法を「補助的な」対策としてではなく，標準的なトンネル掘削工法として体系化することも重要な課題である.

6.1.3 計画・調査・設計・施工情報の共有

　現在多くのトンネル工事では，計画・調査・設計段階，施工段階で発注が分離されている.トンネル工事は，計画・調査・設計，施工完了まで長期にわたることが多く，各段階における情報共有と確実な申し送りが重要である.

　近年，施工段階の初期に発注者・設計者・施工者による設計施工調整会議を開催し，調査・設計時の情報や施工時の課題に対して情報共有や解決策を議論する場が増えているが，今後，確実に実施しておくことが重要である.また，計画・調査・設計，施工から維持管理までの情報を一元管理するためにCIM（Construction Information Modeling）の活用が進められており，トンネル工事においても今後の活用が期待される.

6.1.4 山岳トンネル工事の機械化・自動化

　厚生労働省は，山岳トンネル工事の切羽で岩石が落下する「肌落ち」による労働災害を防ぐため，「山岳トンネル工事の切羽における肌落ち災害防止対策に係るガイドライン」を改正し，切羽を常時監視する専任者の配置や掘削面を小さくする部分断面掘削工法の採用などを求めている．

　一方，現場では熟練作業員の不足が深刻化している．今後は，災害防止の観点からも省人化，機械化，自動化を進める動きが活発化すると考えられる．

　トンネル工事のリスク対策としては，何よりも地山評価が重要となる．現状は，現地で土木技術者が切羽観察を実施しているが，時間を要するうえ，技術者の経験により評価のばらつきも生じやすい．これを解決するために，人工知能（AI）を用いて切羽での地山評価を自動化するシステムの研究開発が進められている．また，コンピュータージャンボによる自動化や吹付けロボットの遠隔操作など，省人化・無人化に向けた取組みが進められ，切羽における安全性や作業環境の改善が期待される．

　機械化・自動化の有効的な活用が最終的判断を行う現場管理者および現場作業員の適切な地山評価や対策工の選定，苦渋作業の省力化につながることを望む．

6.1.5 計測・モニタリング技術の開発

　山岳トンネルでは，動態観測により地山挙動を把握しながら適切に対処する計測管理が重要である．特に切羽での崩落現象は，発生前に小崩落や変位の急増などの兆候が表れることが多く，それを見逃さないために常時モニタリングできる技術が求められる．近年は，自動追尾トータルステーション等による内空変位計測の自動化，レーザースキャナによる測距技術を用いた測量・計測の省力化，切羽の常時監視システムなどが開発，適用されるようになってきており，今後の活用が期待される．また，新しいモニタリング技術として，OSV による「見える化」技術も実用化されてきている．従来の変状監視体制においては，計測器が察知した情報をパソコンに転送し，それをスクリーン上などで図化して，専門技術者が現状を評価するため，変状の発生から警報までにタイムラグを生じる．一方，OSV（On-Site Visualization）とは，新しいモニタリングと情報共有の仕組みであり，監視対象域内に設置する変状（変位や傾き）計測装置に「視覚的な結果表示機能」を付加することを特徴としている．これらの装置は，任意の場所に設置でき，その場所に何らかの変化があれば，発光ダイオード（LED）による光の色などの可視化技術によってその程度が表示されるために，作業員や周辺住民はその変化をリアルタイムで視覚的に確認できる．これは前述の従来の方法（センサーが感知した情報をパソコンなどのメディアで確認するもの）とは多くの点で異なる新しい防災・安全監視システムの構築が可能になることが期待される．具体的な適用事例は**付録**に示している．

6.2 地質環境リスクに関する課題と展望

6.2.1 調査の継続性確保と合意形成

　地下水位低下や水質保全に関しては，水文調査の継続性が重要である．すなわち，トンネル工事開始前から水文調査や数値解析に基づくリスク評価や影響予測を行い，施工段階では事前に対策を立案し，迅速な対応への準備を行うことが必要となる．施工段階においても水文調査と監視は継続し，施工時の影響や突発的な環境リスクに対しては速やかに対策を実施する必要がある．

　さらに，維持管理段階においても一元管理した工事記録の情報に基づき，一定期間水文調査と監視を継続し，施工に伴う影響の有無について確認することも重要である．

一方，地下水位低下や水質への影響は周辺住民に直接的な被害を及ぼすこととなるため，トンネル周辺の地下水の利用，農業，漁業での水利用の実態や希少動植物の生息状況を把握するなど，周辺環境の保全に向けた取組みについて地元住民への説明を丁寧に行い，工事の実施に伴うリスクの低減対策についての合意形成を図ることが必要となる．

近年，箕面トンネルや圏央道高尾山トンネルで行われた地下水還元や止水対策工，完全防水型トンネルなど地下水環境の保全に関して，厳しい管理下でのトンネル施工事例も見られるようになった．トンネルの周辺環境は地域によっても異なり，地元住民との合意形成には長い時間がかかり，保全のための対策に多大な費用がかかる場合もある．リスクが顕在化する前に地下水環境に配慮した対応を行うことが肝要である．

6.2.2 可燃性ガスの検知およびガス爆発

一般に，トンネル掘削工事においては，有害・有毒ガス対策として，作業員の呼吸，内燃機関の排気ガス，発破後（あと）ガスおよび酸素欠乏など，労働安全衛生面について考えられているが，可燃性ガスに対してはほとんど配慮されていないのが現状である．

ボーリング調査などの地質調査段階において，メタンなどの可燃性ガスの湧出層の正確な位置および湧出量の特定は非常に困難である．また施工段階においては，メタンガスは無色・無臭であることから，メタン用自動警報装置等の検知システムが設置されていなければ，ガスの湧出に気づかない可能性が高い．地質調査段階ならびに施工段階における可燃性ガス検知に関する技術開発や，施工段階での管理基準の整備が課題である．

可燃性ガスによる爆発は，事故発生の件数は減少傾向にあるものの，平成24年5月に新潟県南魚沼市で発生した八箇峠トンネル爆発事故に見られるように，些細なきっかけが一瞬にして大惨事に至ってしまう．事故の原因は，往々にして安全対策の不備，日常点検の不備などに起因するところが多い．加えて，可燃性ガスはその特殊性（長期に工事を中断させることで少しずつ坑内に蓄積されること，気体の性質上どこに滞留しやすいのか，など）を十分に理解できていないケースも見受けられる．

過去のガス爆発の事例を参考に，可燃性ガスの性状，ガス検知システムの構築，管理体制などしっかり検討することが望まれる．また，施工段階の工事現場においては安全教育を定期的に実施し，全作業員への周知徹底を図ることが重要である．

6.2.3 酸素欠乏症と有害ガス

酸素は人間の生命の維持に欠かせないため，一旦事故が発生すると人体に多大な影響を及ぼし，死亡率が高いという特徴がある．酸素欠乏症対策は各現場において進んでいるものの，基本対策の欠如という人為的なミスにより撲滅できていない状態が続いている．

酸素欠乏症は測定未実施や換気未実施・換気不十分といった基本的な原因で発生していることから，施工段階において，酸素欠乏となる可能性のある現場で作業をする作業員，計画管理する設計者が十分な知識を有し，危険な状態を作らないことが重要である．

本ライブラリーから過去の事例を学び，発生させないための対策とは何か，発生時はどのような対策が必要かなどのリスクアセスメントを適切に行い，リスクに応じた対応策の検討に活用されることを望む．

6.2.4 自然由来重金属

　計画・調査・設計段階の調査・試験が不足すると，施工段階において想定外の重金属等を含む掘削ずりに遭遇し，工事中止による事業費の増大，工事工程遅延等の課題が生じるおそれがある．

　そのため，計画・調査・設計段階から対策の要否，対策土量の推定，試験・判定方法，酸性水の有無についてリスク低減のため適切な調査，試験を実施する必要があるが，実際に施工段階になって想定以上の重金属含有ずりに遭遇することもあり，予測精度の向上が課題である．

　また，酸性水の発生が想定される場合には，トンネル支保（鋼製支保工，吹付けコンクリート，ロックボルト）の劣化や覆工材料等への影響についても検討が必要となる．耐酸性のトンネル支保材料や覆工材料および防水シートの開発が望まれる．さらに，長大トンネルにおける調査手法の開発（超長尺ボーリング，地表面・空中から地山深部への物理探査など）も必要となる．

　施工段階においても工程・コストを考慮しながら計画的に適切な頻度および方法で調査を実施することがリスク低減のためには重要である．施工段階での調査計画の立案にあたっては，施工条件（施工方法，ずり仮置き場の面積，仮置き期間等）や対象となる範囲の環境条件（地質，地下水流動状況，地下水位，気象，民家までの距離等）を考慮して計画を立てる必要がある．

　設計で想定された重金属類の種類や分布範囲等が施工段階で異なることが確認された場合には，計画を変更し工程や対策費用等への影響を最小限にする必要があり，すべての施工段階（仮設備ヤードでのずり仮置き時，ずり運搬時，ずり処分時等）で，どのような飛散・流出経路であっても，地域住民への影響を確実に回避できる仮設備計画やずり処理計画を立案することが望ましい．

　維持管理段階においては，不可視となる支保部材や覆工背面側コンクリートの定量的な機能評価が課題であり，供用後のトンネル支保や覆工機能の経時変化を定量的に評価できる手法の開発が望まれる．

6.3 維持管理リスクに関する課題と展望

6.3.1 外力性の変形

　計画・調査・設計段階においては，地下水位の変動や地質および地山の力学的性質を詳細に把握したうえで，変状原因の推定と変状要因に対する適切な対策が課題となる．例えば，地下水解析に基づき，水圧の低減や覆工強度の向上などの対策をしておくことも効果的である．また，大きな沈下が想定される場合には，トンネルの支持地盤の支持力評価に必要な地盤情報を収集のうえ，適切な検討に基づき必要な対策工を選定することが重要である．

　施工段階において，排水型トンネルでは，地下水位の変動に伴う過度な水圧作用を防止するために排水量に見合った排水系統の確保が課題となるが，施工時に確認された実際の湧水量に応じて計画・調査・設計段階での湧水対策を補正し，将来的な地下水位の変動に対応できる適切な排水工を設置する．また，施工時に支持力不足が懸念される地山においては，支持力を再確認のうえ，側壁の底版幅の拡大やインバートの設置などの対策を講じる必要がある．

　さらに，維持管理段階において，背面空洞が起因している場合には，空洞充填により地盤のゆるみの進行を抑制したうえで，変状の程度によって，覆工の補強対策を講じる．また，地表水の流入対策や排水機能の回復，向上による地下水位の低下対策や覆工背面の空洞充填や水抜き工設置による水分量の低減を行い，凍上圧への対応として覆工内面への断熱材の貼り付けなどの対策を行うことが望ましい．

　なお，トンネル沈下が進行している場合は，インバートの設置や地盤改良等により地盤支持力を向上させることが重要となる．

6.3.2 はく落

計画・調査・設計段階では，目地構造の選定不具合によるはく落が発生することのないよう適切な目地構造を選定する必要がある．トンネルの変状の大半は目地周辺に生じるため，目地形状が将来的なはく落を誘発する原因となるため十分に留意する必要がある．

施工段階では，将来的に目地周辺のうき，はく落が発生しにくい目地構造を選定するとともに，覆工コンクリート施工時に均質な打ち込みを心がけ，目地欠損を防止することが望ましい．また，目地施工時の「のろ」の発生を防止し，施工後の確認で適切に除去することが重要である．なお，背面空洞に起因した変状が想定される場合は，適切な背面空洞充填が望ましい．

維持管理段階では，目地周辺の適切な点検計画立案，実施を行う必要がある．点検範囲や点検頻度によっては点検期間や点検費用に大きく影響するため，変状の程度に基づき適切に設定することが望ましい．なお，背面空洞に起因する変状が予測される場合は，背面空洞充填を確実に行い，はく落防止対策を実施する必要がある．さらに，目地修復，水平目地の間詰め，断面修復，ひびわれ対策などに補修モルタルの使用を避け，打音検査時に過度の打音により連鎖的にはく落させないように，たたき過ぎに注意する必要がある．

6.3.3 漏水

計画・調査・設計段階では，将来の周辺環境の変化についても考慮した排水・導水・防水対策を行う必要がある．将来にわたる湧水量の予測精度の向上といった課題はあるが，余裕をもったトンネル勾配の設定や，十分な排水機能を有する材料を選定することが望ましい．

施工段階では，実際の湧水量を把握した上で，排水工や防水工では，円滑な排水系統の確保と施工時においても破損しないような材料および施工方法の選定を行う．また，上半支保工の底板突出部など不具合が発生しやすい箇所においてはとくに留意して適切な処理を行う必要がある．

維持管理段階では，漏水箇所，漏水量，要因等を分析して適切な漏水対策（導水，止水対策）を実施する．その結果，適切な排水，導水および止水効果により，軌道や設備の劣化抑制に寄与することが期待できる．さらに，想定される漏水状況を考慮したはく落防止対策工および漏水対策工における材料の選定を行うことも重要となる．

6.3.4 附属物落下

計画・調査・設計段階において，附属物の落下は直接第三者被害につながる可能性が高く，劣化程度の評価方法は課題であるが，仮に落下しても第三者被害の無い，もしくは少なくなるように取付け位置，あるいは取付け方法等を検討し，取付け金具も含めて環境条件による劣化の進行が少なくなるようにする．

施工段階において，附属物の取付けにあたっては，ボルト，ナットへの合いマークの設置等，維持管理時に効率的な点検を行えるようにするとともに，取付け部分の状態を確認したうえで，確認状況の記録を残しておくようにする．

維持管理段階では，附属物の更新は本体だけでなく取付け金具も含めて適切な時期に行い，あわせて新技術の動向にも注意を払う必要がある．

6.3.5 作業中の事故

計画・調査・設計段階において，点検作業時の事故防止が課題であり，安全で効率的な維持管理を想定したトンネル附属物設置位置の選定や内空断面の設定（適正な車道幅員の設定，適正な作業員通路の設定など）を行うことが望ましい．

維持管理段階では，点検作業時の不注意による作業員の労働災害を防止するために，適切な安全教育を実施し，作業員および作業場所に応じた適切な装備を施し，安全には十分留意する．

なお，点検用作業デッキから落下物や飛散物が生じないよう，落下物対策や飛散防止対策を講じることも必要である．

6.3.6 点検困難箇所

トンネル内には種々の附属物が設置されることがあるが，この附属物によって点検が困難となる部分が生じることが課題となっている．その対策としては，点検困難箇所にあらかじめ変状を検知するセンサー類を取り付ける，あるいは点検困難箇所にセンサー類を使用することで，当該箇所における人による点検を省略するといったことが考えられる．

7. おわりに

　必要な社会基盤構造物の1つとして，山岳トンネルの建設を継続する一方で多くの既設トンネル構造物を合理的に維持管理することが求められている．しかし，限られた予算の中で，国民が納得できる安全・安心のレベルを確保しつつ，公共サービスを継続していくことは非常に困難な課題である．

　既に様々な用途を持つトンネル構造物が建設され，これからは供用開始から長い時間を経て性能や機能に劣化を生じたものが一斉に増加していく．そればかりでなく，今後もリニア中央新幹線のように必要に応じてトンネルの建設が継続されるため，維持管理対象の範囲も規模も増大していく．その一方で建設されたものは年ごとに確実に老朽化する．

　本部会では，土木学会として産・官・学のトンネル技術者が集まり，山岳トンネルにおけるリスクについて議論し，発生する確率の高いリスクや一旦発生すると影響度の大きいリスクとして押出し・地山崩壊リスク，地質環境リスク，維持管理リスクといった3つの項目についてそれぞれWGを立ち上げ検討を進めてきた．

　1章では，施工技術の変遷や山岳トンネルにおける重大事故や施工環境，施工条件の変化を踏まえ，本ライブラリー発行にいたる社会的な背景とリスクの低減の重要性について述べるとともに，部会の趣旨や検討経緯ならびに本ライブラリーの構成について述べた．

　2章では，広範囲にわたる一般的なリスクのうち，本ライブラリーで取り扱った「押出し・崩壊リスク」，「地質環境リスク」，「維持管理リスク」に対して，リスク要因とリスクの低減対策について提言として一覧表にまとめた．

　3章では，「押出し・崩壊リスク」に関して詳細な検討を行い，既往文献の調査結果に基づき，不良地山の整理や「押出し・大変形」，「切羽崩壊・地表面陥没」，「近接施工」，「地すべり」，「山はね」の5つのリスク項目を挙げ，計画・調査・設計，施工，維持管理の各段階におけるリスク要因と低減対策に向けた提言としてまとめた．

　4章では，「地質環境リスク」に関して詳細な検討を行い，既往文献の調査結果に基づき，山岳トンネルの工事において，大きなリスクとなりうる地下水や可燃性ガス，酸素欠乏症，硫化水素等の有害ガスに関するリスクおよび近年問題視されてきた自然由来重金属等のリスクについて取り上げ，**3章**と同様に計画・調査・設計，施工，維持管理の各段階におけるリスク要因と低減に向けた提言としてまとめた．

　5章では，山岳トンネルの計画・設計，施工と深く関連した維持管理上のリスク管理として，外力性の変形，はく落，漏水といったトンネルで見られる変状現象に対するリスクについて検討するとともに，トンネルの点検作業におけるリスクや点検困難箇所におけるリスクといった実務者の観点から計画・調査・設計，施工，維持管理の各段階におけるリスク要因と低減に向けた提言についてまとめた．

　なお，**3章～5章**で検討した様々なリスク要因については計画・調査・設計，施工，維持管理の各段階で複雑に関連しているため，実務者の理解を深める目的で各段階におけるリスク要因とリスク低減対策の関連図を用いて説明した．

　6章では，本ライブラリーの各章の総括やリスク低減に向けた提言に関する総括とトンネル実務者への活用方法に関して述べるとともに，今回の検討における課題を整理するとともに，新技術の紹介に基づく将来展望について述べた．

　本ライブラリーでは，山岳トンネルに関連するすべてのリスクを取り上げることはできなかっ

たが，山岳トンネルの建設，維持管理といった場面で，計画・調査・設計，施工，維持管理といった各段階におけるリスク対応策として過去の事故事例に基づくリスクとその対応について分析・評価するとともに，同種条件のトンネル建設にあたり，配慮すべき教訓を少なからず提言できたものと考えている．

一方で，今回取り上げたリスクに関しては山岳トンネル建設のなかで顕在化するリスクの一部であること，狭い意味でのリスクマネジメントのための提言を行う目的から，リスクマネジメント本来のライフサイクルコストの検討（発生確率×費用）までは至ってないのが実情である．

山岳トンネルの建設技術については，NATMの導入や補助工法における技術開発，計測技術の進歩といった要因により，施工時の安全性に関してはかなり改善されたと言える．

しかしながら，本ライブラリーで取り上げた押出し・崩壊リスク，地質環境リスク，維持管理リスクに関しては，今後も同種の施工条件であれば顕在化する懸念がある．

さらに，今後，山岳トンネルを取り巻く環境の変化から，都市部での施工，大断面トンネル，特殊地山，超大土被りというこれまでになかったような厳しい施工条件の下での施工を強いられることも考えられる．

これまでも，数年に1回という頻度で発生する重大事故から学び，新たな対策や指針の改訂が行われることにより，工事の安全確保や維持管理業務の減少につながってきた．

本ライブラリーにおけるリスク低減に関する提言を確実に実践することにより，更なる安全作業の実現と合理的な維持管理の実施につながることを期待する．

一方で，山岳トンネルにおける技術開発も確実に進んできた．脆弱な地山，地下水の多い地山，近接施工などで良く用いられる補助工法や様々な計測技術の進歩は目覚しいものがある．

ここで計測における新技術の一例を示す．山岳トンネルを含む社会インフラの建設・整備に関係するあらゆる工事において施工中，供用時の安全管理，維持管理問題が重要視されるようになってきた．通常の変状監視体制においては，計測器が察知した情報をパソコンに転送し，それをスクリーン上などで図化して，専門技術者が現状を評価する．

すべてが順調に進んでいる場合はこれで問題はないが，データ通信に問題があった場合，専門技術者が監視業務を怠った場合，あるいは予期せぬ問題が生じた場合などにおいては，変状に関する情報が正しく分析されない，あるいはその情報が作業員や周辺住民に正確に，あるいは迅速に伝わらない可能性が出てくる．また，コストなどが主要因で，変状監視体制が取られていない現場は数多く存在するわけであり，変状が起きていても何も分からない，なにも知らされない場合のほうが圧倒的に多いのが現実である．

このような現状を改善するためにOn-Site Visualizationというコンセプトで定義される新しいモニタリングと情報共有の仕組みが提案されている．この方法論では，監視対象域内に設置する変状（変位や傾き）計測装置に「視覚的な結果表示機能」を付加することを特徴としている．

これらの装置は，任意の場所に設置でき，その場所に何らかの変化があれば，発光ダイオード（LED）による光の色などの可視化技術によってその程度が表示されるために，作業員や周辺住民はその変化をリアルタイムで視覚的に確認できることになり，これがOn-Site Visualization (OSV)である．これは前述の従来の方法（センサーが感知した情報をパソコンなどのメディアで確認するもの）とは多くの点で異なる新しい防災・安全監視システムの構築が可能になることを意味している．付録に山岳トンネル・地下工事の施工中に実施されたOSVによるモニタリングの事例を使用するセンサーごとにまとめているので参照されたい．

今後，山岳トンネルの計画・調査・設計，施工，維持管理に関わる実務者，とりわけ経験の浅い若手技術者が本ライブラリーで提案している計画・調査・設計，施工，維持管理の各段階におけるリスク低減に関する提言を参考にすることにより，新設される山岳トンネルにおいては，発

生頻度の高いリスクの回避を可能にするもしくは仮にリスクに伴う施工上の課題が発生してもその影響を最小限に抑制し，これまで経験した不具合や重大事故を未然に防止するために役立つことを期待する．

　本ライブラリーの有効な活用により合理的な計画・調査・設計がなされ，施工段階での予防保全的な対応を行うことにより，山岳トンネルのライフサイクルの中で最も長い維持管理の縮小が図られる．最後に，今後，シールドトンネルやその他の地下構造物の建設に関するリスク低減についての検討が進むことを期待して結びとしたい．

付録：APPENDIX

付録：APPENDIX

付録（APPENDIX）

On-Site Visualization 技術の併用によるリスク低減

1. はじめに

　社会インフラの建設・整備に関係するあらゆる工事において施工中，供用時の安全管理，維持管理問題が重要視されるようになってきた．通常の変状監視体制においては，計測器が察知した情報をパソコンに転送し，それをスクリーン上などで図化して，専門技術者が現状を評価する．すべてが順調に進んでいる場合はこれで問題はないが，データ通信に問題があった場合，専門技術者が監視業務を怠った場合，あるいは予期せぬ問題が生じた場合などにおいては，変状に関する情報が正しく分析されない，あるいはその情報が作業員や周辺住民に正確に，あるいは迅速に伝わらない可能性が出てくる．また，コストなどが主要因で，変状監視体制が取られていない現場は数多く存在するわけであり，変状が起きていても何も分からない，なにも知らされない場合のほうが圧倒的に多いのが現実である．

　このような現状を改善するために On-Site Visualization というコンセプトで定義される新しいモニタリングと情報共有の仕組みが提案されている．この方法論では，監視対象域内に設置する変状（変位や傾き）計測装置に「視覚的な結果表示機能」を付加することを特徴としている．これらの装置は，任意の場所に設置でき，その場所に何らかの変化があれば，発光ダイオード（LED）による光の色などの可視化技術によってその程度が表示されるために，作業員や周辺住民はその変化をリアルタイムで視覚的に確認できることになり，これを On-Site Visualization (OSV)[1]~[13]と名付けている．これは従来の方法（センサーが感知した情報をパソコンなどのメディアで確認するもの）とは多くの点で異なる新しい防災・安全監視システムの構築が可能になることを意味している．ここでは，OSV の技術をトンネルのリスク低減を目的として適用する際の注意点について触れた後に，これまでに開発されてきた OSV のためのセンサーや方法論の一部を紹介する．

2. モニタリングにおける閾値の設定方法について

2.1 リスク低減に関係する任意ファクターの一般的時系列変化

　本ライブラリーに記述されているように，山岳トンネルの施工中から供用中までのそれぞれの段階においては，様々なリスク要因があることがわかる．それらのリスク要因の内容は多岐にわたるが，それに関連するファクターの内，数値的定量化が可能なものについては以下のような一般化した記述が適用できる．例えば，時刻 t における地山内の任意箇所における任意変数を $v(t)$ と表現すると，その時系列変化は例えば**図-1** のようになる．図中で $\dot{v}$ は v の時間変化率を表すものとする．

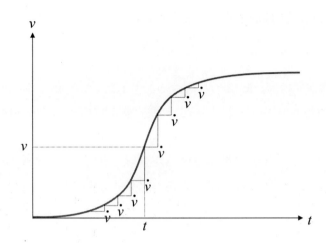

図-1 トンネルに関連する任意変数の一般的時系列変化

　任意変数 $v(t)$ が例えば地山に生じる変位 $u(t)$ であると考えると，$u(t)$ はトンネルの掘削に伴って変化し，切羽が十分に進行してその影響が及ばなくなった後は，ほとんど変動しないというのが正常なパターンである．調査段階で得た情報に基づいてトンネルを設計し，地山の等級や支保パターンを決めて施工を実施すると，$u(t)$ がおおよそどのような時系列変化をたどるのかは予め予想できる．その基本情報と実際の施工時に得られるモニタリング結果，若しくは管理基準値を比較して切羽周辺の安定性を評価するのが通常の安全管理の方法である．この時，モニタリング結果が予想よりも小さい場合には特に問題はないが，逆の場合には現場周辺で予想していた状況とは異なる現象が起きており，地山の安定性が低下している可能性があると判断すべき状況が訪れる．このような場合には，周辺の安全性について迅速に判断して作業員を退避させるなどの対策が必要となる．この時，通常のモニタリング業務では地山の状況に関する計測結果が安全な場所に設置された計測小屋内のパソコンなどに表示されていることが多いが，その方式においては計測データに注意すべき変動が生じた際の警告を周辺の作業員らに迅速に伝達する点で，遅延やミスが生じる可能性がある．この点を克服し，周辺で生じている状況の変化をモニタリングした際に，その結果が常に周辺に可視化された情報として伝達される仕組みが On-Site Visualization（略称 OSV）というコンセプトの下に開発され，その適用が進んでいる．ここでは，この技術を効果的に利用することによってトンネルの様々なリスクを効果的に把握し，適切な対処を適切なタイミングで実施できるようにするための方策と提言について記述する．

　なお，図-1 に関連してトンネル掘削に関する任意箇所の変位 $u(t)$ を例としてあげたが，任意変数 $v(t)$ はトンネルの施工と維持管理に関するその他の情報，地下水の成分や動きに関する情報，吹付けコンクリートに関する情報，二次覆工のひび割れに関する情報，照明器具や換気装置を固定しているボルトのゆるみ量など，多様なリスク要因に関連する任意のファクターになり得るということを強調しておく．

2.2 事象が発生している場所

　リスクに関連する任意変数 $v(t)$ の時系列変化をモニタリングし，そのデータから現状に問題がないのか，あるいは何か注意すべき点があるのかを判断することになるが，まず，その任意変数がトンネル周辺のどの場所で起きている現象に関連しているかを確認しておく必要がある．例えば，トンネル切羽前方 20m に豊富な地下水があるという情報を考える場合，$v(t)$ を定義する場所はトンネル工事関係者からは見えない場所となる．一方で，$v(t)$ が切羽の押し出し変位の場合，それは関係者から見える場所における現象であるということになる．

2.3 情報を可視化するのが適切な場所

　通常のモニタリング体制を採用している場合は，計測データはトンネル内某所に設置した計測小屋内に設置したパソコンスクリーンにおいて監視されているケースが多い．これに対して，OSV を採用した場合は，モニタリングで得た情報を関係者に見やすいように LED の光を利用するなどの方法で視覚的に伝達する方法を取る．従って，情報源が関係者には見えない場所である場合には，そこでセンシングした情報を，見やすい場所（Off-Site）まで引き寄せてから可視化を行う．また，切羽のように関係者に見える場所におけるデータの場合は文字通り，その場で計測した情報を，その場（On-Site）で可視化する方法を採る．

2.4 可視化と閾値設定の方法 [4]

　トンネルのリスクに関連する任意変数 $v(t)$ に注目してモニタリングし，その状況を可視化する際，いくつかの注意点がある．それは，データが正常な範囲内にあるかどうかを判定する際に，その現在の値 v で評価するか，もしくはその時間変化率 $\dot{v}$（$=dv/dt$）で評価するかに関係する．また，モニタリングの実務に際しては，v の時系列変化の全体に対して，どの段階で計測が始まったかということも関係してくるため，以下に安全性判定の際の閾値の設定に関する考え方を整理する．

　ここで，任意変数 $v(t)$ をトンネルの天端沈下量を表す変位 $u(t)$ であるとして，その値（Value）がどのレベルにあるかを 5 段階で可視化することを考える．フルカラー LED による光を利用した装置の場合には例えば，虹の色順を意識して，安全側から危険側に向かって 1)青，2)水色，3)緑，4)黄色，5)赤のような光の色を設定することもできるが，ここでは **図-2** に示すようなグレースケールでそれを説明することとし，薄い方（色 1，安全側）から濃い方（色 5，危険側）に向かって 5 段階の表示をすることを考える．なお，分かりやすくするため，それぞれのグレートーンに数字を表記することとする．ここで対象とする変数に対しての管理基準値を設定できる場合には，それ（第 1 管理基準値のみ，もしくは第 1，2 管理基準値の二つ）をデータ可視化における 5 段階の適切な段階に関連付けておくことが望ましい．

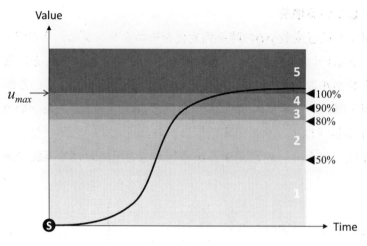

図-2 全プロセスのモニタリング

　第1の閾値設定方法として，トンネル工事中に変動することが予想される変位 u を工事の最初の段階から計測し，その全プロセス（工事が終了し，u の変動がなくなるまで）をモニタリングする「全量可視化手法」を考える．この時，**図-2**で黒丸の S マークは計測が開始される時刻を表し，設計の段階で予想される変位の最大値が u_{max} であるとする．ここで，4つの閾値（例えば u_{max} の 50，80，90，100%）を設定すれば，計測された u の値によって該当する色を 5 段階で表示するモニタリング体制が整うことになる．閾値の値は現場の状況，既存の管理基準値などを勘案して責任者が決定することになる．

　次に，工事途中からのモニタリングについて考える．理想的には全プロセスを診たいところであるが，状況によって計測開始（S マーク）が工事の途中になることがある．トンネルの天端沈下をトンネル内から計測する場合はこの状況となる．このような場合においては閾値の設定に注意が必要である．計測対象の u は工事が開始された直後から発現し，すでに u_i となっているはずであるが，実際に計測されるのは計測開始時以降の増分 Δu である．従って，モニタリング結果を正しく表示するためには，関係者によって最も確からしい u_i を推定した上で

$$u = u_i + \Delta u \tag{2}$$

の計算を行って u のトータル量を決定し，可視化するための該当色を決める必要がある．この時，用意した 5 色の使い方は**図-3**の様な形式にしてもよいし，**図-4**の様に計測開始後のデータ変動に 5 色すべてを対応させるようにしても良い．どちらにしても u のトータル量に基づいて可視化するという意味でこれらは全量可視化手法の位置づけになる．

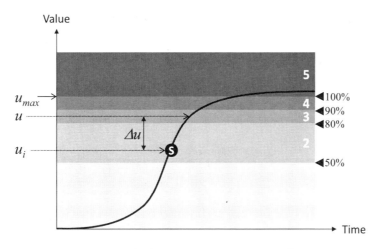

図-3 工事途中からのモニタリング A

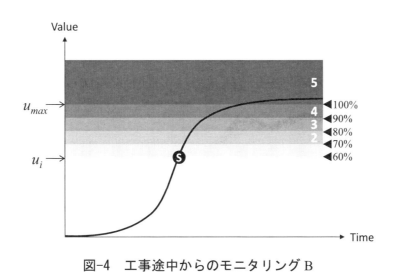

図-4 工事途中からのモニタリング B

　それとは異なり，**図-5** に示す様な施工各段階における予想値からの差を可視化する「ズレ量可視化手法」も考えられる．トンネル工事においても，施工段階ごとに任意箇所の変位がどのような値になるべきかという情報はある程度分かっている．このような場合に，任意施工段階で u が取るべき値を $u_{expected}$ とし，その実測値を $u_{measured}$ とすると，予測値からのズレ Δu を

$$\Delta u = u_{measured} - u_{expected} \tag{3}$$

として計算することができる．この量 Δu に対して閾値を設定して色表示を行うと，「今，あるべき姿からのズレ」を可視化できる．ただし，この方法を採用する場合には，日々変動する $u_{expected}$ と連動して変化する閾値を制御するソフトウェアを準備する必要がある．前述の全量可視化手法に基づいた施工管理を採用した場合で，計測値が予定より早い段階で

固定した値としての管理基準値に近づいた場合，管理基準値以下であればそれに気づかないという可能性がある．従って，緻密な施工管理を実施するためには**図-5**に示すズレ量可視化手法と施工段階に応じて変動する管理基準値を採用することが望ましいと考えられる．

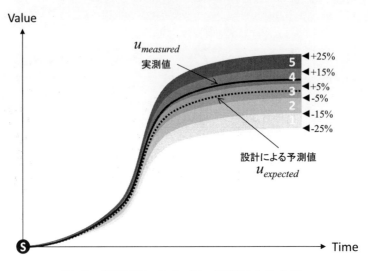

図-5　予測値からのズレを監視する方法

施工が完了し，供用が始まると u に特に変化がない，もしくはその変動量が非常に小さいレベルで毎日繰り返す（例えば温度の日変動に起因する現象）段階に入る．勿論，工事中においても，年末年始などの長期休暇で工事がストップする期間があれば同じ状況になる．このような期間に，**図-6**に示すような u に変化がないことを監視するモニタリングも現場の安全管理の観点からは非常に重要なものとなる．この例も，動くはずがないという予想からのズレを表示することからズレ量可視化手法の位置づけになる．

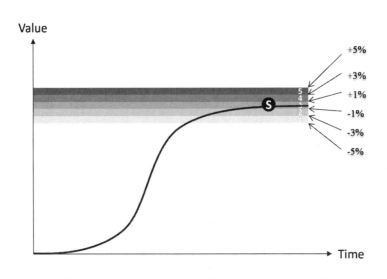

図-6　動かないことを確認するモニタリング

また，トンネル工事においては変位量そのものの値を対象として施工管理する場合に加えて，変位速度に基づく施工管理も場合によっては重要であるため，その場合にも適切な閾値を設定することが要求される．

2.5 可視化した情報を視認する観測者

リスクに関する多様なファクターについて，それらを可視化することによって施工中および供用中の安全管理を行う際には，可視化された情報が視認する側にとって見やすいようにアレンジをすることが重要である．施工中においては切羽周辺，要注意の断層を横切る場合にはその周辺に適切にモニタリングの結果を可視化するなどして，工事関係者にとって見やすい位置で可視化することが望ましい．

供用中においては，二次覆工ライニングの健全性，覆工背面の空洞の状況，盤ぶくれ，トンネル付帯設備の取り付け治具の健全性などさまざまなチェック項目があるが，これらの状態を監視する点検担当者に分かりやすい可視化をすることが推奨される．最近ではカメラや高精度な探査装置を搭載した点検用車両が開発されているため，これらの車両搭載カメラで効率よく可視化情報を記録することが望ましい．また，トンネル供用中はそれを使用するユーザーにもトンネルの状態をわかりやすく可視化し，多数の施設利用者（乗用車，バス，鉄道などの利用者）からの通報の仕組みなどを作ることによって，トンネル構造物の合理的な維持管理を推進することが望ましい．

2.6 事象発生から可視化，認知，行動までの許容時間

リスク低減に関係する多様なファクターを可視化することで，任意ファクターの状態が好ましくない状態にあることが判明した際，迅速に対応策を講じる必要がある．この時，好ましくない状況が発生した時刻 t_1 から，必要な対策を開始すべき時刻 t_2 までの余裕時間 Δt（$= t_1 - t_2$）が十分に大きい場合には特に問題はない．しかしながら，不測の事態で，例えば，切羽の押し出し変位が増大し始め，直ちにその場から退避すべきような状況にあっては Δt はわずか数秒のオーダーになることも有り得るため，情報の可視化は基本的にリアルタイムであることが望ましい．また，切羽の肌落ちによる作業員の被災のようなケースでは，もし仮に肌落ちに部にモニタリング装置が有り，落下の初動を計測してリアルタイムで可視化したとしても Δt がおそらく 1 秒未満になるため，確実に危機回避をすることは現段階では困難である．このような Δt が非常に小さい場合におけるリスク低減に関しては今後のさらなる技術開発が必要である．

2.7 情報を可視化する際に定義しておくべきスペック

トンネルのリスク低減に関連する多岐にわたる要因のうち，そのほとんどは数値的に定量化できるものであり，従って計測可能なものである．計測可能なものは，すべて可視化できる．ただ，それぞれの状況によって，プロジェクトの内容やリスクに関する注意点，

可視化することによって得られるメリット，使える予算などが異なるため，OSV によるモニタリングを実施する際には，まず，関係者の間で**表-1** に上げるような事項についての状況確認と合意形成を図る必要がある．

表-1　OSV を実施する際に考慮する事項

計測して可視化するデータの種類	データサンプリングと可視化の時間インターバル
● 構造物の状態を表現するデータ（変位，相対変位，傾斜，ひずみ，応力，温度など） ● 付帯構造物に関するデータ（取り付け治具の健全性など） ● 水に関するデータ（水圧，水位，水分量など） ● 環境要因に関するデータ（水質，重金属の含有量，有毒ガス濃度など） ● その他	● 完全なリアルタイム ● 1 秒毎 ● 10 秒毎 ● 1 分毎 ● その他
可視化するデータのモード	視認可能な距離
● 生データ ● データの時間変化率	● 1m 以内 ● 10m 以内 ● 100m 以内 ● それ以上
要求する計測の精度	可視化されている部分の大きさ
● 高い ● 中程度 ● 低い	● 1mm 程度 ● 1cm 程度 ● 10cm 程度 ● 1m 程度 ● それ以上
計測する場所	観測者の数
● 観測者から見える場所 ● 観測者から見えない場所	● 数人 ● 数十人 ● 数百人 ● それ以上
可視化する場所	
● 計測している場所，あるいはそのごく近傍 ● 観測者から見やすい別の場所	
可視化のメソッド	
● 光の色で伝える ● 光の明るさで伝える ● 形状で伝える ● 文字で伝える ● Etc.	
可視化された情報の公開度	
● 工事関係者だけに見える ● 一般にも公開する	

　スペックを定義する作業を完了した後に，使用できる予算を勘案して実際にどのような方法で目的を達成するかを決定することになる．一つの情報を計測して，それを可視化し

て観測者に伝えるために，例えば数十万円以上をかけることが必要な場面もあれば，同様のことをするために1000円程度しか使えない場合も存在する．従って，達成したい目的と執行可能な予算の両方を総合的に勘案してOSVのメソッドは決定されることになる．**図-7**に示すように，対象となるデータを計測して，その結果を何らかの形で観測者に可視化情報として伝達するには，電子デバイスを利用した高度な方法から，電力に依存しないシンプルな機械式装置の利用まで多岐にわたるメソッドがあり，現在もさまざまな分野でこれらのカテゴリーのどれかに合致するかたちで，あるいはさらに新しいカテゴリーにおいて可視化の方法論の開発は続いている．

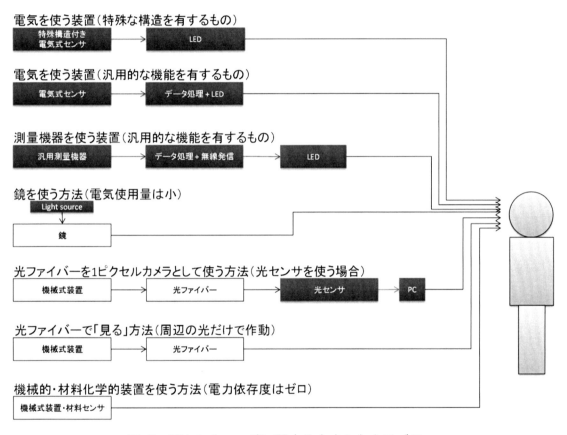

図-7　OSVのメソッドに関する大まかなカテゴリー

3. 山岳トンネルの施工中に実施されたOSVに基づくモニタリングの実施例

表-2に，これまでに実施された代表的な例をカテゴリーごとに示す．2018年3月の段階では，ほとんどの適用例が施工中に実施されたものになっている．笹子トンネルの事故で指摘されたように，供用後の維持管理目的においてもOSVの技術を有効活用することが今後，期待されている．

表-2 山岳トンネル・地下工事の施工中に実施された OSV によるモニタリングの例
(a) 特殊な構造で設計された装置を使用した例

	<u>内空変位の監視</u> 決められた変位増分ごとにLEDの色が青, 空色, 緑, 黄色, 赤と変化する光る変位計を吹付けコンクリート表面に設置した例. (協力：鴻池組, 北斗電子工業)
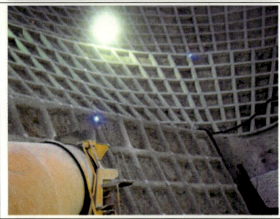	<u>坑口法面の監視例</u> トンネル坑口法面の動きを監視するために光る変位計を設置した例. (協力：鴻池組, 北斗電子工業)
	<u>地盤改良部の変形監視</u> 開削工事に伴い, 地盤改良を実施した箇所のその後の動きを監視するために光る変位計を設置した例. (協力：銭高組, 北斗電子工業)

(b) 汎用的電子デバイスを利用した例

内空変位を監視した例

土被りの浅いトンネルを地上から地盤改良し，その後，掘削を進めた際の内空変位を監視した例．（協力：西松建設，東亞エルメス）

コンクリートの打設圧力を監視した例

セントルを設置し，覆工コンクリートを打設する際に高流動コンクリートの打設圧力を監視した例．（協力：鴻池組，東亞エルメス）

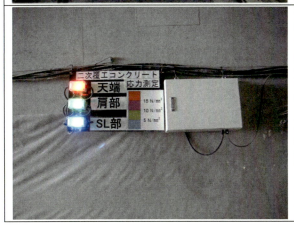

覆工コンクリートの応力を監視した例

覆工コンクリート内にコンクリート応力計を埋設し，その後の応力を計測して可視化した例．（協力：鴻池組，東亞エルメス）

	**温度と湿度を可視化した例** 覆工コンクリートの養生期間中に温度と湿度をモニタリングして可視化した例．（協力：錢高組，東亞エルメス）
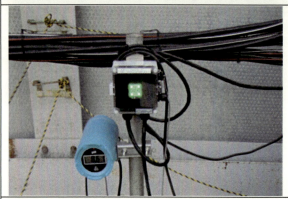	**水の酸性度を監視した例** 河川に近い場所で行われた地下工事における地盤改良による周辺地下水への影響を監視するため地下水の pH を計測して可視化した例．（協力：大林組，東亞エルメス）
	**インバートの変状を可視化した例** 施工中にインバート部の隆起を監視する為のセンサーを埋設し，施工後にそのデータを監視し続けるように設定した例．（協力：大林組，東亞エルメス） 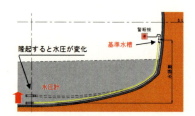
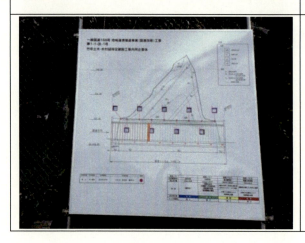	**掘削に伴う地山の変位を坑口に表示した例** トンネル掘削に伴う地山の先行変位を可視化するために，掘削の前段階で傾斜計を設置し，掘削に伴う傾斜の発生から天端沈下を計算してそれをトンネル坑口外に見やすく表示した例．（協力：竹中土木，計測技研，東亞エルメス）

付録（APPENDIX）

ポータブルな傾斜計を利用した例

開削による地下駅構築時に鋼製の中間杭の傾斜をポータブルな傾斜計でセンシングして可視化した例．（協力：三井住友建設，曙ブレーキ工業）

レーザーセンサーを利用した例

吹付けコンクリート表面に設置したセンサーが決められたラインに沿って照射されているレーザー光線が装置のどの位置にあたっているかをセンシングして，そこからトンネルの内空変位を計算して表示した例．（協力：錢高組，演算工房）

トータルステーションを利用した例

トータルステーションを利用した計測で得た変位の情報に基づいて内空変位などを計算し，その結果をミラー横に設置したLED付き無線レシーバーに逆送信して，変位の大きさを可視化した例．（協力：前田建設工業，演算工房）

（←無線レシーバー）

(c) 鏡を利用して傾斜を可視化する例

鏡を利用した例

坑口上部に鏡を配置し，掘削に伴う周辺地山の微細な傾斜を可視化した例．観測場所から坑口法面までの距離は150m程度あり，小さなLEDライトを利用するだけで傾斜の可視化が可能となった例．（協力：鴻池組，オフィスひもろぎ）

（←坑口法面に置いたミラー）

(d) 光ファイバーを利用する例

覆工コンクリートの打設状況確認

覆工コンクリートの打設が型枠最上部まで完全に行われているかどうかを確認するために，光ファイバーを利用した充填確認を行った例．この例では，ポンプから注入される生コンがセントル内を充填し最上部に確実に到達した際，ギャップを有する光ファイバーセンサーのギャップ空間を埋め，その部分の光を遮断することによって充填を確認するしくみ．充填の様子はパソコンで明瞭に確認できる．（協力：鹿島建設，レーザック，環境総合テクノス）

（↑パソコン上で充填を確認）

(e) 電力に依存しない簡易な装置を使用した例

電力に依存しない簡易装置を使用した例

トンネル坑口法面の変位を監視し，それをトンネル内で確認できるようにするために，太陽光を利用する簡易な装置を設置した例．この例では，法面に杭間の相対変位を計測して可視化できる機械式装置を設置し，それが変位を捉えた際に同時に，装置裏に取り付けられた光ファイバーに変位に応じて色が変わる光を送り込む仕組みとなっている．光は太陽光など周辺の自然光をそのまま利用できるので電力は不要となり，完全に運用費ゼロで稼働する．トンネル内では，下図の要領でどの場所が動いているのかを一目瞭然で確認できる．（協力：鴻池組，エスケーラボ）

(f) 機械式装置を利用する例

	**機械式装置で変位を可視化する例** 任意 2 点間に強度の高い糸をはり，その端部に重りを吊るす，もしくはバネで必要最低限の張力を与える仕組みを作って，変位の発生に合わせて表示針が回転する装置．回転軸の直径を小さくすれば小さな変位を針の回転として拡大表示できるため工事現場の各所で利用できる．左の写真はトンネル内空変位を監視するために使用した例（協力：清水建設）
	**グラウンドアンカーの軸力を可視化する例** グラウンドアンカーに変位計測用のケーブルを取り付け，軸力の変動によってそのケーブルから伝えられるテンドンの伸びが表示針の回転によって可視化される完全無電源型の装置．トンネル坑口法面を補強するケースでその後の状態監視目的で利用することができる．（協力：エスイー） 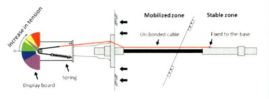

　計測や可視化に関する技術は日々進化を続けており，今後もシンプルで且つ高機能な装置，画像処理を巧みに利用した装置，AR（仮想実空間）技術，さらには計測結果や数値シミュレーション結果を考慮したプロジェクションマッピングの高度利用なども可能となることが期待される．これらの新技術を駆使して，最終的には工事中の事故をゼロにするとともに，供用後の維持管理業務を圧倒的に合理化することが期待される．

参考文献

1) On-Site Visualization 研究会ホームページ，https://osv.sakura.ne.jp/，（2018.2.28 閲覧）
2) 芥川真一：視覚で認知するまでの事象連鎖，On-Site Visualization のすすめ，土木技術，第 72 巻 1 号，pp.61-64，2017.1.
3) 芥川真一：電気を利用したデータ可視化の基本戦略，On-Site Visualization のすすめ，土木技術，第 72

巻 3 号，pp. 77-80，2017. 3.

4) 芥川真一：閾値の設定方法とデータ可視化の方法論に関する基本的考え方，On-Site Visualization のすすめ，土木技術，第 72 巻 5 号，pp. 81-84，2017. 5.

5) 芥川真一：電気を利用したデータ可視化の実践的戦略，On-Site Visualization のすすめ，土木技術，第 72 巻 7 号，pp.92-96，2017.7.

6) 芥川真一：光源や光路に工夫をして変状を可視化する方法，On-Site Visualization のすすめ，土木技術，第 72 巻 9 号，pp.94-98，2017.9.

7) 芥川真一：光ファイバーを利用したアナログ式 Off-Site Visualization の有効利用，On-Site Visualization のすすめ，土木技術，第 72 巻 11 号，pp.83-87，2017.11.

8) 芥川真一：光ファイバーを利用したデジタル式 Off-Site Visualization による任意変状の定性的評価，On-Site Visualization のすすめ，土木技術，第 73 巻 1 号，pp.82-87，2018.1.

9) 藤井宏和、芥川真一：光ファイバーを利用したデジタル式 Off-Site Visualization による定量的評価，On-Site Visualization のすすめ，土木技術，第 73 巻 3 号，pp.83-87，2018.3.

10) 芥川真一：光の屈折率の違いに注目した光ファイバーセンシング，On-Site Visualization のすすめ，土木技術，第 73 巻 5 号，pp.60-64，2018.5.

11) 芥川真一：化学材料の特性を活かした電力不使用の OSV，On-Site Visualization のすすめ，土木技術，第 73 巻 7 号，pp.89-93，2018.7.

12) 芥川真一：メカニカルな方式によるセンシングと可視化，On-Site Visualization のすすめ，土木技術，第 73 巻 9 号，pp.90-94、2018.9.

13) 芥川真一：次世代モニタリングで安全・安心の社会を，On-Site Visualization のすすめ，土木技術，第 73 巻 11 号，pp.82-86，2018.9.

索　引

【A−Z】

ADECO-RS　　37

AE 計測　　129

CIM　　218, 226, 285, 365

OSV　　33, 153, 357, 366, 377

OSV センサー　　357

TSP　　29, 75

【あ】

圧ざ　　318, 324

一次インバート　　44, 48, 122

一律排水基準　　203, 205, 206

いなし効果　　37

影響予測　　90

鉛直土圧　　317, 318, 362

黄鉄鉱　　258, 262, 263, 280, 281, 283, 311, 312

黄銅鉱　　262

応力解放率　　90

押え盛土　　111, 116

押出し　　34, 365

押出し性地山　　35

押し抜きせん断　　334

【か】

開口ひび割れ　　318

崖錐　　62, 105, 109

解析手法　　90, 365

外力性の変形　　317, 318, 368, 371

鏡ボルト　　37, 43

火源対策　　235, 239, 242, 300, 303

ガス検知システム　　237, 238, 297, 299, 367

ガス濃度測定　　242, 297, 298, 300, 301

ガスの希釈　　239, 241

ガスの希釈・排除　　242

ガス爆発　　227, 233, 236, 237, 240, 305, 367

可燃性ガス　　227, 230, 233, 237, 248, 297, 298, 299, 300, 301, 302, 303, 304, 305

換気設備　　240, 246, 248, 253, 297, 301, 302, 305, 346

監査廊　　339, 352

監視員通路　　351, 352

管理型　　266, 270, 282, 311

管理型産業廃棄物最終処分場　　270, 271

管理型土捨場　　266, 270, 271

管理基準値　　44, 89, 100, 215, 253

管理体制　　237, 367

寒冷地トンネル　　343

機械化　　366

強風化地山　　63

許容値　　88, 89

切羽崩壊　　50, 66

近接施工　　83, 86, 316, 317

近接目視　　356

グラウンドアンカー　　111

計測管理　　92, 366

経年劣化　　346, 347

減・渇水　　212, 215

コアディスキング　　128, 133

合意形成　　211, 214, 384

鋼材腐食　　280, 324, 332

高耐力支保工　　37

高濃度濁水　　223

コールドジョイント　　324, 333, 334, 336

【さ】

逆巻き工法　　327

先受け工　　43, 56

削孔検層　　29, 42

三次元浸透流解析　　212, 215

酸性水　　266, 269, 275, 281, 294, 311, 338

酸素欠乏空気　　229, 230, 232, 234, 244, 245,

248, 249, 306, 307, 308

酸素欠乏症　　229, 233, 243, 244, 245, 248, 250

止水注入　　32, 213, 215, 292, 296

地すべり　　103, 109, 232, 316, 317

地すべり解析　　119

地すべり計測　　120

地すべり地形　　103, 105

自然由来重金属等　　258, 259, 260, 261, 262

自動化　　366

自動計測　　99

支保内圧　　36

地山改良工法　　60

地山強度比　　36, 39, 54

地山評価　　31, 40, 365, 366

斜面崩壊　　103

重金属　　220, 258, 259, 260, 262, 268, 271, 275,
276, 279, 295, 309, 310

集水井　　120

集水ボーリング　　120

省人化　　366

情報化施工　　32

情報共有　　101, 365, 366, 372, 377

初期地圧測定　　128

試料採取　　267, 273

人工知能（AI）　　366

浸出　　237, 282

水圧　　30, 317, 318, 344, 368

水温変化　　223

水質汚濁防止法　　203, 205, 206, 264, 270

水質変化　　219, 222, 225

垂直縫地ボルト　　111

水道法　　220

水文調査　　73, 211, 214, 215, 217, 267, 290, 366

スウェリング　　35

数値解析　　90, 97, 320, 366

スクイージング　　35

スメクタイト　　35

ずり処分計画　　269, 271

施工中調査　　268, 271

施工前概略調査　　267, 271

施工前詳細調査　　267, 271

節理　　77

迫め部　　324, 329

繊維補強コンクリート　　37, 46

センサー類　　357, 370

先進導坑　　43, 75, 273, 292, 293

先進ボーリング　　29, 64, 69, 75, 211, 267, 273,
281, 293, 295, 304, 309, 312

前方探査　　29, 30, 31, 75, 211, 365

早期閉合　　37, 42, 45, 84

双設トンネル　　84

層理　　77

側氷　　339, 340

塑性指数　　35

【た】

対策土量　　201, 266, 271, 368

対策要否　　267, 271, 309

対策要否判定　　16, 272

帯水層　　51, 66, 211, 220, 222

代替水源　　212, 215, 217

第二種特定有害物質　　258

第二溶出量基準　　266, 268

大変形　　34

打音検査　　334, 356, 369

濁水処理設備　　223, 275

多重支保工　　37, 42, 44

弾性限界ひずみ　　36

断層　　71, 228, 362

断面欠損　　324, 325

地下水位低下　　58, 199, 210, 213, 215, 217, 292,
366, 367

地下水位低下工法　　58, 173

地下水位低下対策　　210, 211, 213

地下水浄化基準　　203

地下水排除工　　111

地下水リスク　　201

地質構造　　73, 113, 212, 220, 227, 237

地質調査　　29, 267, 321

地表面陥没　　50, 66

長尺フォアパイリング　37
沈下　317, 318, 339
低減対策　8, 365
点検困難箇所　356, 370
天端崩壊　58
凍上圧　317, 318, 345, 368
導水樋　345
動態観測　105, 117, 366
土砂地山　53
土壌汚染対策法　258, 268
土壌含有量基準　268, 270
土壌溶出量基準　264, 268
突出　19, 238, 342, 369

【な】

軟岩地山　66

【は】

排水処理設備　225, 272
排水設備　226, 275, 342
排土工　111
背面空洞　318, 324, 362, 368, 369
背面空洞充填　318, 337, 369
バクテリアスライム　345
爆発限界　233, 237, 238
はく落　318, 324, 325, 336, 339, 351, 369
はく離　324
破砕帯　71
肌落ち　63, 366
発生メカニズム　237
盤ぶくれ　35, 45, 317
フェールセーフ　348, 350
付加体　78, 80
復水　213, 341
附属物　346, 347, 356, 369, 370
覆工　46, 280, 318, 324, 346, 351, 356, 368, 369
覆工コンクリート　281, 324, 346, 369
不溶化処理　270, 271
噴出　238
併設トンネル　84

偏圧地形　105
変状原因　328, 368
変状要因　368
ベンチカット　59, 70
ベンチ長　70
ボアホールカメラ　127, 133
膨潤性地山　35
防水型トンネル　213, 216, 367
膨張性地山　35, 39, 317, 341
補修モルタル　324, 369
補償費　274
補助工法　32, 365

【ま】

未固結地山　54, 55, 339
水抜き工　111, 321, 368
水抜きボーリング　58, 69
めがねトンネル　84
目地　324, 369
目地形状　324, 369
メタンガス　227, 236, 237, 238, 240, 300, 301, 302, 303, 304, 367
モニタリング　266, 279, 350, 363, 366
モニタリングシステム　350, 363
モンモリロナイト　35

【や】

矢板工法　303, 318, 324
薬液注入工法　59
山鳴り　129
山はね　123
有害ガス　234, 250, 367
湧水対策　318, 321, 368
遊離石灰　339
緩み止めナット　348
要因分析　7, 8
要対策土　268, 271
抑止杭　111

【ら】

ライフサイクルコスト　345, 350, 357

利水者　217

利水障害　219

リスクアセスメント　367

リスク移転　7, 8

リスク回避　7, 8

リスク管理　365

リスク対策　312, 313, 365, 366

リスク低減　7

リスクの分類　5, 7

リスク評価　269, 279, 310

リスク保有　7

リスク要因　8, 365

硫化水素　238, 250

流動化　54

レーダ探査　337

ロボット　357, 366

トンネル・ライブラリー一覧

号数	書名	発行年月	版型：頁数	本体価格
1	開削トンネル指針に基づいた開削トンネル設計計算例	昭和57年8月	B5：83	
2	ロックボルト・吹付けコンクリートトンネル工法（NATM）の手引書	昭和59年12月	B5：167	
3	トンネル用語辞典	昭和62年3月	B5：208	
4	トンネル標準示方書（開削編）に基づいた仮設構造物の設計計算例	平成5年6月	B5：152	
5	山岳トンネルの補助工法	平成6年3月	B5：218	
6	セグメントの設計	平成6年6月	B5：130	
7	山岳トンネルの立坑と斜坑	平成6年8月	B5：274	
8	都市NATMとシールド工法との境界領域－設計法の現状と課題	平成8年1月	B5：274	
※ 9	開削トンネルの耐震設計（オンデマンド販売）	平成10年10月	B5：303	6,500
10	プレライニング工法	平成12年6月	B5：279	
11	トンネルへの限界状態設計法の適用	平成13年8月	A4：262	
12	山岳トンネル覆工の現状と対策	平成14年9月	A4：189	
13	都市NATMとシールド工法との境界領域－荷重評価の現状と課題－	平成15年10月	A4：244	
※ 14	トンネルの維持管理	平成17年7月	A4：219	2,200
15	都市部山岳工法トンネルの覆工設計－性能照査型設計への試み－	平成18年1月	A4：215	
16	山岳トンネルにおける模型実験と数値解析の実務	平成18年2月	A4：248	
17	シールドトンネルの施工時荷重	平成18年10月	A4：302	
18	より良い山岳トンネルの事前調査・事前設計に向けて	平成19年5月	A4：224	
19	シールドトンネルの耐震検討	平成19年12月	A4：289	
※ 20	山岳トンネルの補助工法 －2009年版－	平成21年9月	A4：364	3,300
21	性能規定に基づくトンネルの設計とマネジメント	平成21年10月	A4：217	
22	目から鱗のトンネル技術史－先達が語る最先端技術への歩み－	平成21年11月	A4：275	
※ 23	セグメントの設計【改訂版】 ～許容応力度設計法から限界状態設計法まで～	平成22年2月	A4：406	4,200
24	実務者のための山岳トンネルにおける地表面沈下の予測評価と合理的対策工の選定	平成24年7月	A4：339	
※ 25	山岳トンネルのインバート－設計・施工から維持管理まで－	平成25年11月	A4：325	3,600
※ 26	トンネル用語辞典　2013年版	平成25年11月	CD-ROM	3,400
27	シールド工事用立坑の設計	平成27年1月	A4：480	
※ 28	シールドトンネルにおける切拡げ技術	平成27年10月	A4：208	3,000
※ 29	山岳トンネル工事の周辺環境対策	平成28年10月	A4：211	2,600
※ 30	トンネルの維持管理の実態と課題	平成31年1月	A4：388	3,500
※ 31	特殊トンネル工法－道路や鉄道との立体交差トンネル－	平成31年1月	A4：238	3,900
※ 32	実務者のための山岳トンネルのリスク低減対策	令和元年6月	A4：392	4,000

※は、土木学会および丸善出版にて販売中です。価格には別途消費税が加算されます。

定価 4,400 円（本体 4,000 円＋税 10%）

トンネル・ライブラリー32
実務者のための山岳トンネルのリスク低減対策

令和元年　6 月 10 日　第 1 版・第 1 刷発行
令和 2 年　5 月 25 日　第 1 版・第 2 刷発行
令和 5 年 11 月 22 日　第 1 版・第 3 刷発行

編集者……公益社団法人　土木学会　トンネル工学委員会　技術小委員会
　　　　　山岳トンネルのリスク低減に関する検討部会
　　　　　部会長　芥川　真一
発行者……公益社団法人　土木学会　専務理事　三輪　準二

発行所……公益社団法人　土木学会
　　　　　〒160-0004　東京都新宿区四谷一丁目無番地
　　　　　TEL　03-3355-3444　FAX　03-5379-2769
　　　　　http://www.jsce.or.jp/
発売所……丸善出版株式会社
　　　　　〒101-0051　東京都千代田区神田神保町 2-17　神田神保町ビル
　　　　　TEL　03-3512-3256　FAX　03-3512-3270

©JSCE2019／Tunnel Engineering Committee
ISBN978-4-8106-0967-7
印刷・製本：（株）洋文社　／　用紙：（株）吉本洋紙店

・本書の内容を複写または転載する場合には、必ず土木学会の許可を得てください。
・本書の内容に関するご質問は、E-mail（pub@jsce.or.jp）にてご連絡ください。

オンライン土木博物館

ドボ博
DOBOHAKU
www.dobohaku.com

オンライン土木博物館「ドボ博」は、ウェブ上につくられた全く新しいタイプの博物館です。

ドボ博では、「いつものまちが博物館になる」をキャッチフレーズに、地球全体を土木の博物館に見立て、独自の映像作品、貴重な図版資料、現地に誘う地図を巧みに融合して、土木の新たな見方を提供しています。

展示内容の更新や「学芸員」のブログ、関連イベントなどの最新情報をドボ博フェイスブックでも紹介しています。

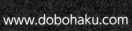 www.dobohaku.com   www.facebook.com/dobohaku

写真：「東京インフラ065 羽田空港」より　撮影：大村拓也